民國建築工程期刊匯編

MINGUO JIANZHU GONGCHENG QIKAN HUIBIAN

42

《民國建築工程期刊匯編》編寫組 編

廣西師范大學出版社
GUANGXI NORMAL UNIVERSITY PRESS
·桂林·

第四十二册目録

建築月刊

THE BUILDER
建築月刊

20976

魯創營造廠
TEL 72237
電話 七二二三七
B.F. YOUNG
GENERAL BUILDING CONTRACTOR
上海
辣斐德路六二三號
623 RUE. LAFAYETTE, SHANGHAI.

輪船鐵路房屋傢具欲使之壽命長遠美麗觀瞻務須採用雙斧牌超等國貨油漆担保用戶諸君得到萬分滿意
雙斧牌油漆
開林油漆有限公司出品
REGISTERED TRADE MARK
製造廠及總事務所 上海江灣西體育會路
本埠發行所 西華德路永同昌 北四川路永元昌
分銷處 本外埠各五金店生漆店及顏料店均有出售
電話
租界 四五五〇五
閘北 一〇三七
江灣 十一
電報掛號
中文 七二九〇
英文 "MULIAKCO"

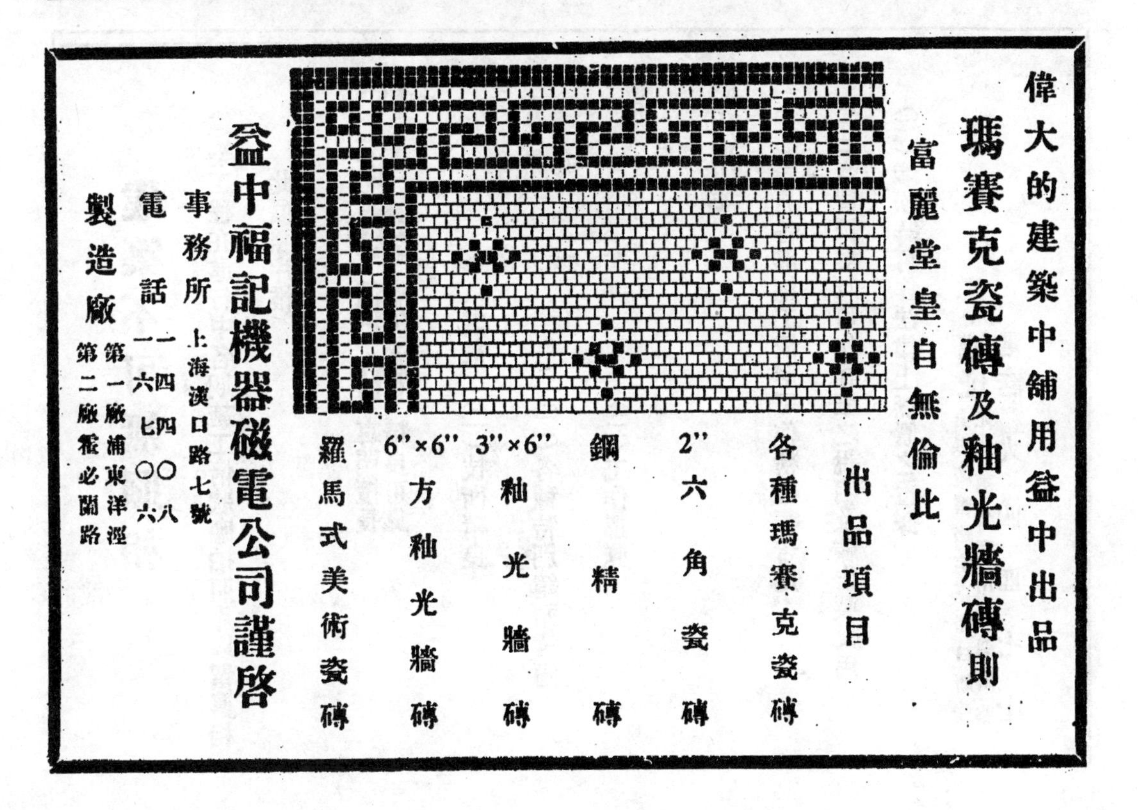

偉大的建築中舖用益中出品
瑪賽克瓷磚及釉光牆磚則
富麗堂皇自無倫比
出品項目
各種瑪賽克瓷磚
2" 六角瓷磚
鋼精磚
3"×6" 釉光牆磚
6"×6" 方釉光牆磚
羅馬式美術瓷磚
益中福記機器磁電公司謹啓
事務所 上海漢口路七號
電話 一四四〇八 一六七〇六
製造廠 第一廠浦東洋涇 第二廠滬必開路

ASIA STEEL SASH CO.
STEEL WINDOWS, DOORS, PARTITIONS & ETC.
OFFICE: No. 625 CONTINENTAL EMPORIUM,
NANKING ROAD, SHANGHAI.
TEL. 90650
FACTORY: 609 WARD ROAD.
TEL. 50690
上海南京路大陸商場六二五號
電話九〇六五〇
製造廠
上海華德路遂陽路口
電話五〇六九〇

CITROËN
Wheelbase 167"
異軍突起之兩噸
雪鐵龍
六汽缸運貨汽車
構造堅固。機力强大。
費用節省。駛行極便。
投資於此。萬無一失。
總經理
法大汽車公司
上海霞飛路四二四——四二六號
電話 八四一〇四 八四一〇五

久記營造廠

事務所 上海圓明園路二十三號

電話 一九一七六
一六二七〇

廠設上海南市機廠街二一七號

本廠專造

碼頭

鐵道

橋樑

以及一切大小

鋼骨水泥工程

本廠最近承造工程之一 大上海影戲院

Specialists in

HARBOR, RAILWAY, BRIDGE, REINFORCED CONCRETE AND GENERAL CONSTRUCTION WORKS.

THE KOW KEE CONSTRUCTION CO.

Office: 23 Yuen Ming Yuen Road. Tel. {19176 / 16270}

Factory: 217 Machinery Street, Tungkadoo.

牡丹雖好　猶須綠葉相扶

偉大的建築中糊以

美麗花紙則

美奐富麗自無倫比

上海美麗花紙行特派專員向歐美各大名廠直接採辦各色時新出品運華以應社會需要是以各色花紙莫不

品質高貴價格公道

花色之繁多與新異堪稱海上巨擘故海上各種最新式建築中無不樂予採用如中國飯店，一品香，大中華飯店，冠生園，及其他公館或私人住宅等是如蒙參觀或採用必當竭誠爲君服務

上海美麗花紙行

南京路三百另六號

電話九二八六〇號

英商

中國造木有限公司

唯一機器製造的木工專家

上海楊樹浦路一四二六號

電報掛號"woodworkco"

電話五另另六八號

進行工程

漢密爾登大廈（第二部）
建業公寓『D』及『E』
業廣建築師法萊才先生住宅
麥特赫斯脫公寓
祁齊路公寓
法商電車公司寫字間
貝當路公寓
北四川路狄斯威路口公寓

已竣工程

漢密爾登大廈（第一部）
河濱大廈
都城飯店
大華公寓
建業公寓『A』『B』及『C』
海格路公寓
李斯特研究院
業廣協理白克先生住宅

總經理

英商祥泰木行有限公司

葛烈道門

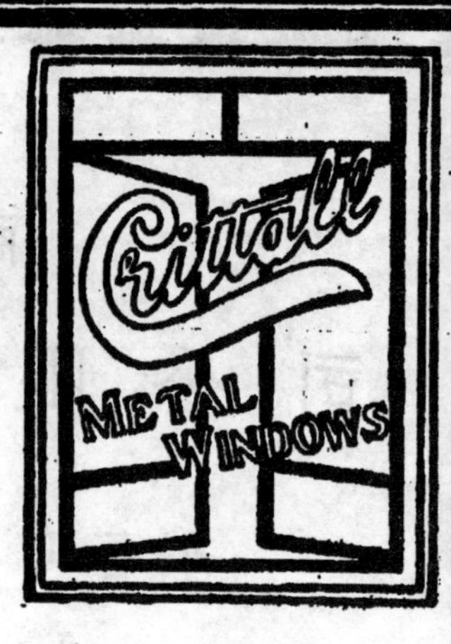

本公司特設鋼窗製造廠於上海，專造各式鋼門鋼窗，精美耐用，信譽素著。且深知處此商戰時代，『高價必無人顧問』，並爲優待惠顧諸君起見，故定價亦力求低廉，倘　蒙垂詢，當以最低價格奉答也。依本公司多年觀察之經驗，建築師或業主等因未曾下詢，致常以高價購置他種劣貨鋼窗，損失不貲，

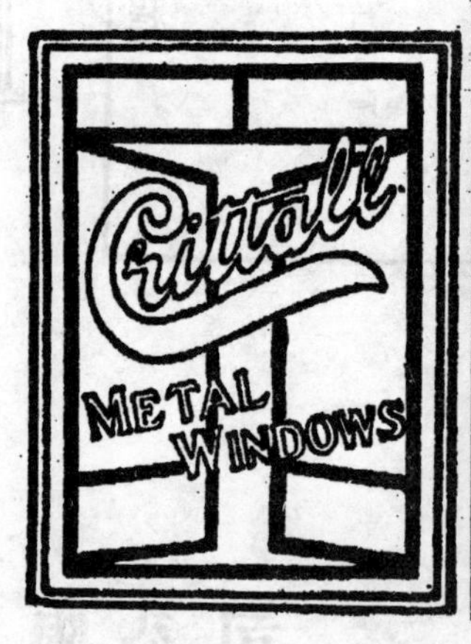

本廠磚瓦用機器製造工品精良為吾國空前未有

馬牌 龍牌 三星 壽字 C.B.C. C.B.C.A.1. 斧頭式 木梳式 大小 紅白

紅瓦 青瓦 紅瓦 青瓦 火磚 火磚 火磚 火磚 火磚 火磚 灣磚 火泥

瑞和磚瓦廠

凡火車、輪船、水泥紗廠、麵粉、餅乾、電燈、兵工、造幣、造酸等廠。需要各式鍋爐火磚。均可照樣定製。火力高强。物質堅固。早經著稱于世。且用本廠以上各種三星等火磚做銀行銀庫及高大房屋牆壁火爐者。不可勝數

本廠附設坩堝部供給玻璃搪磁琺瑯等熔化之用

事務所：上海南京路福建路餘興里第五一二號

電話 九〇九九二、九一七七〇

電報掛號 有無線〇一九七

製造廠：上海小沙渡路蘇州河口 電話三四九三二

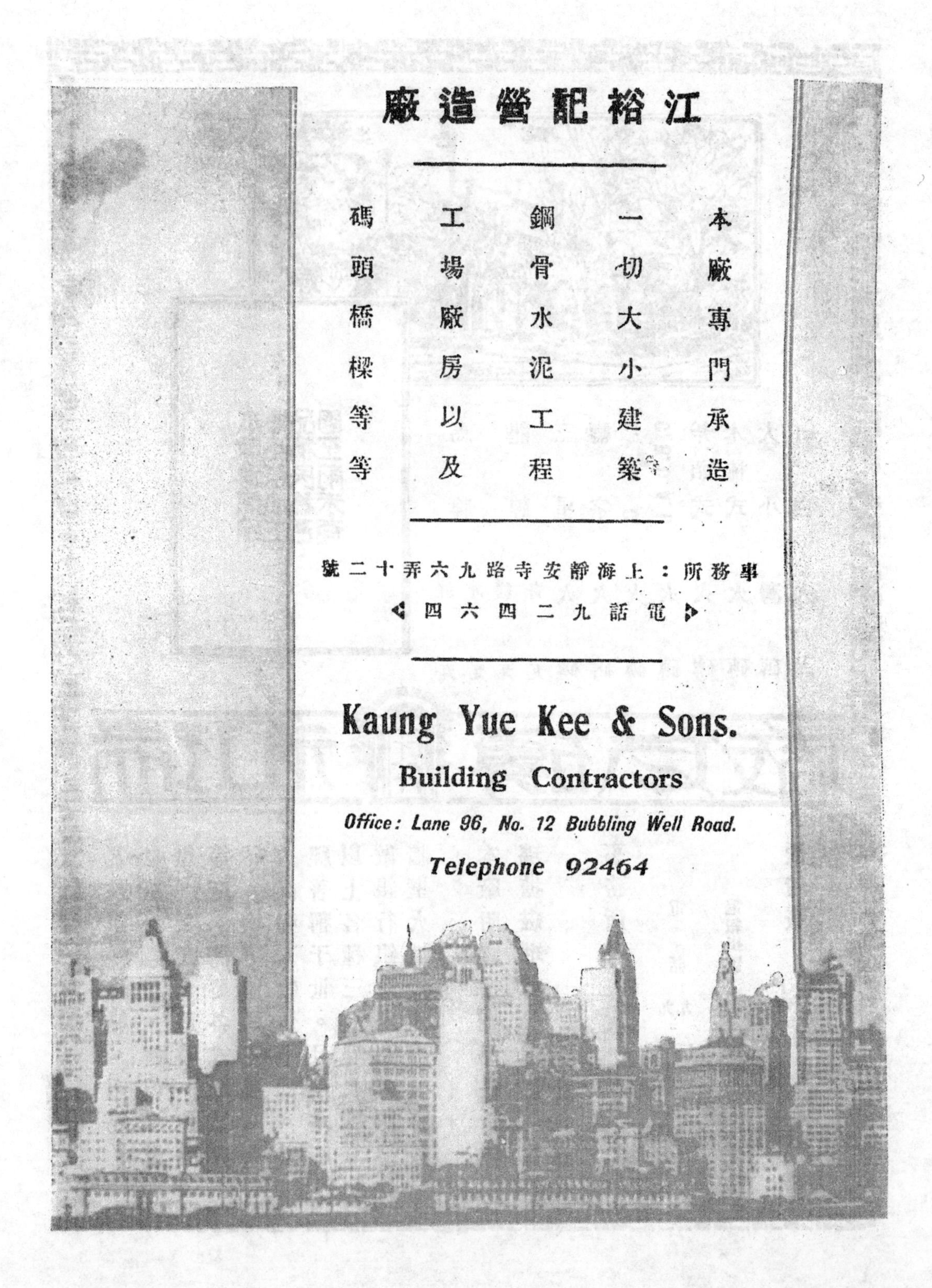
江裕記營造廠
本廠專門承造
一切大小建築
鋼骨水泥工程
工場廠房以及
碼頭橋樑等等
事務所：上海靜安寺路九六弄十二號
電話九二四六四
Kaung Yue Kee & Sons.
Building Contractors
Office: Lane 96, No. 12 Bubbling Well Road.
Telephone 92464

POMONA PUMPS

凡裝自流井而欲求最經濟之水源請採用最新式「普摩那」電機抽水機

最新式之抽水設備

PUMPING WATER

THE MODERN WAY

「普摩那」透平式抽水邦浦。利用機械與水壓原理製成。適得其宜者。

「普摩那」透平邦浦。絕對可靠。費用儉省。而出水量較多。

常年運用。幾無需耗費管理或修理等費。

時間減少。出水量增多。無需裝置價格昂貴之壓氣機等設備。大小邦浦。皆可裝置自動機件。

出水量。每分鐘自十五伽倫至五千伽倫。大小俱備。

抽水機軸。每隔十尺。裝有橡皮軸承。用水潤滑。靈便。可靠。

所佔裝置地位極小。

用美國威斯汀好司廠馬達發動之。

滬上各處裝置。成績優良。咸皆贊美。

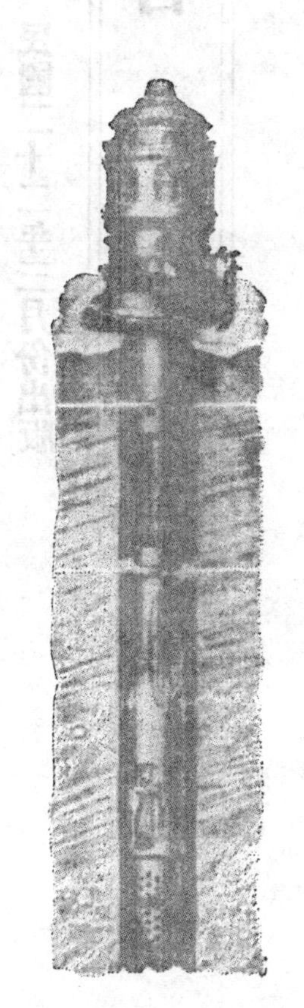

總經理美商茂和公司

上海福州路九號　電話一三一一〇

建築月刊 第一卷第五號

民國二十二年三月份出版

目錄

插圖

編著

建築材料欄

20995

廣告索引

大中磚瓦公司
營創營造廠
開林油漆公司
協隆地產建築公司
益中機器公司
榮仁茂玻璃鋼條號
中華照相館
大美地板公司
東方鋼窗公司
法大汽車行
大陸實業公司
久記營造廠
美麗花紙行
茂烈道鋼窗公司
新仁記營造廠
瑞和磚瓦廠
江裕記營造廠

美商茂和公司
元泰磁磚公司等（小廣告）
周順記營造廠
潘榮記營造廠
信昌機器鉄廠
朱森記營造廠
華安飯店
雪園
陶伯克洋行
興業瓷磚公司
謙信機器有限公司
新申營造廠
五和洋行
順昌機製石粉廠
德興電料行
茂昌煟記銅鐵製造所
瑞昌銅鐵五金工廠

昌升建築公司
桂蘭記營造廠
新金記康號營造廠
中國鋼鉄工廠
安記營造廠
會計雜誌
馥記營造廠
新亨營造廠
新仁昌五金號
泰康行
振華油漆公司
余洪記營造廠
祥泰木行
元豐公司
永固造漆公司
公勤鐵廠

如欲徵詢

請函本會服務部

本會服務部爲便利同業與讀者起見，特接受徵詢。凡有關建築材料，建築工具，以及運用於營造場之一切最新出品等問題，需由本部解答或効勞者，請塡寄後表，當卽答辦。（均用函覆，請附覆信郵資；本欄擇尤刊載。）如欲得各種材料貨樣貨價者，本部亦可代向出品廠商索取樣品標本及價目表，轉奉不誤。此項服務，基於本會謀公衆福利之初衷，純係義務性質，不需任何費用，敬希台督爲荷。

上海市建築協會服務部

上海南京路大陸商場六樓六二零號

徵詢表

問題：

姓名：

住址：

“一日辛勤之後”

晚餐既畢，對爐坐安樂椅中，回憶日間之經歷，籌劃明天之工作，更進而設計將來之幸福的享用，興味盎然。神往於烟繚絲繞之中，腦際湧起構置新屋之思潮。思潮推進，希望『理想』趨於『實現』：下星期，下個月，或者是明年。

欲實現理想，需要良好之指助；良助其何在？是惟『建築月刊』。有精美之圖樣，專門之文字，能告你如何佈置與知友細酌談心之客房，如何陳設與愛妻起居休憩之雅室；且能指示建築需用材料，與夫房屋之內部位置外部裝飾等等之智識。『建築月刊』誠讀者之建築良顧問，『一日辛勤後』之良伴侶。伊將獻君以智識的食糧，贈君以精神的愉快。——伊亦期君為好友。如君歡迎，伊將按月趨前拜訪也。

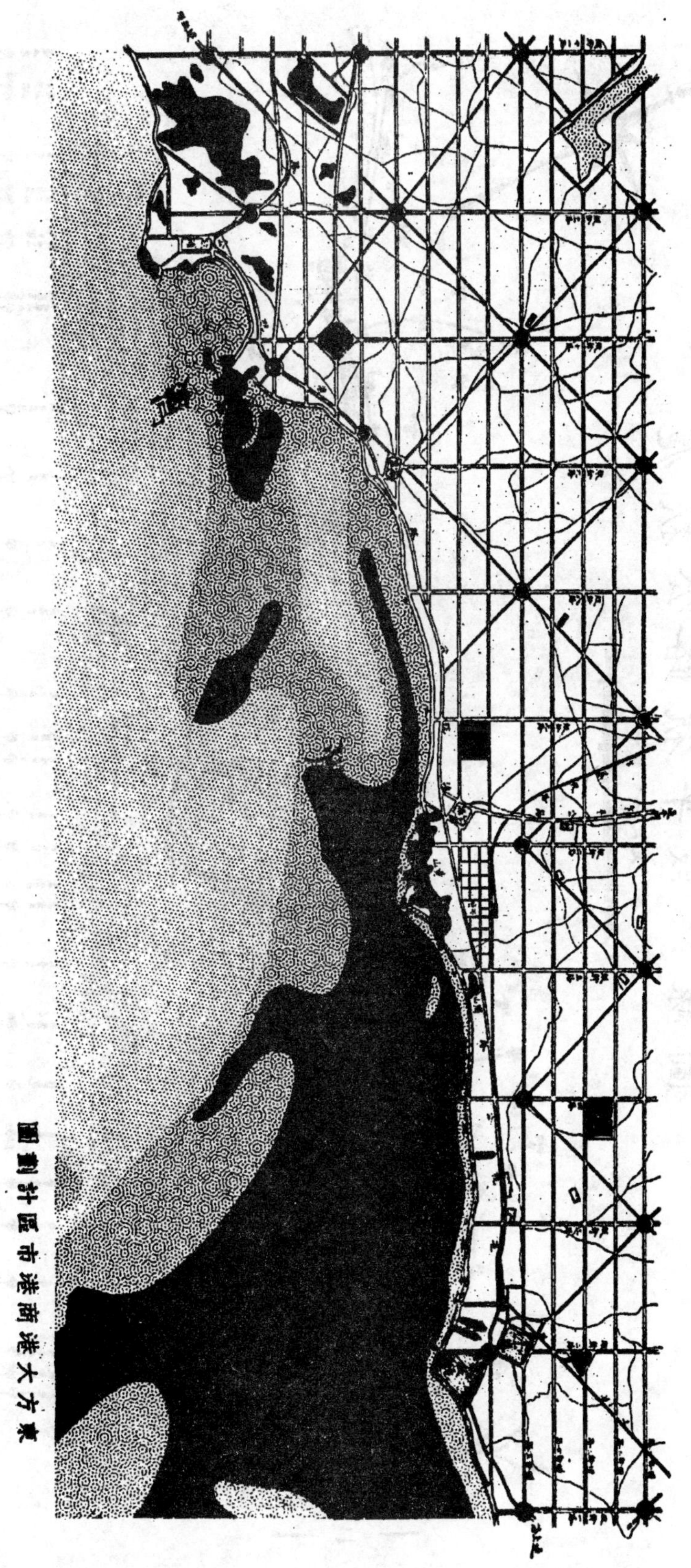

東方大港商港市區計劃圖

滬杭公路平杭段路線圖

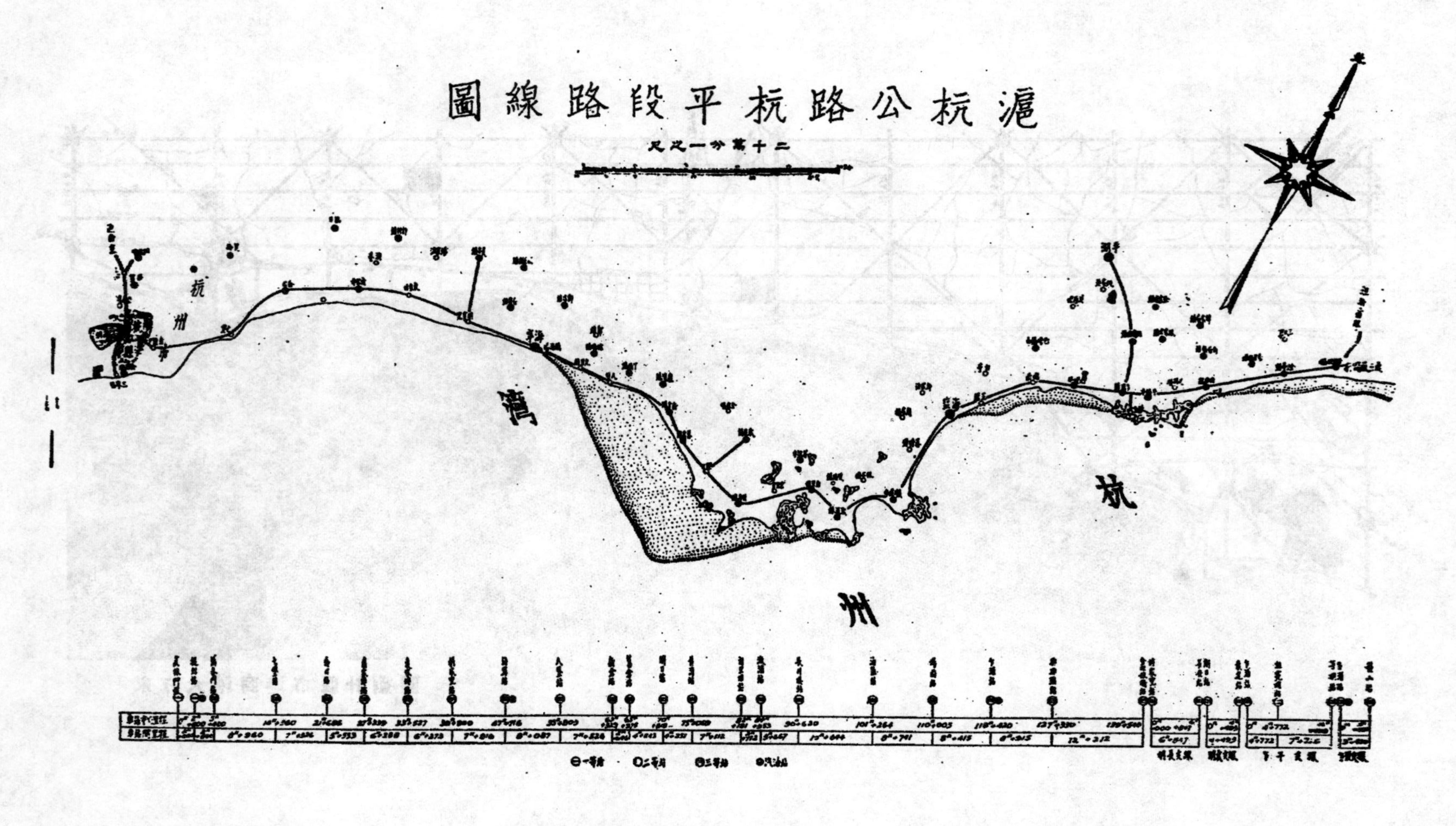

開闢東方大港的重要及其實施步驟（續）

杜漸

市政府與所屬各局的臨時辦公室，構造與部署可參照圖樣所表各節。此種式樣爲各個分立的聯貫式，每一室的長度計叁拾尺，寬六十尺，足容對坐雙人寫字棹四只，單人寫字棹一只，以及櫥架等的陳設。牆壁用一寸六寸松板企口板，屋頂用中國瓦。每一室的門外，佈置草坪，列植花木，造成清新幽美的環境，使公務員司陶冶於自然，以免政界中利慾之惡習發生。臨時的辦公處雖屬簡陋，只要內外的布置合宜，也能鼓起辦事的精神，養成高尚的品格。

市府的前面，闢一公園，園中劃定一大方草地爲運動場，除供民衆與公務員的鍛鍊身體外，并可作警察、保安隊及商團等操練的場所。如有市長召集公衆團體開會等情事時，也可在這寬大的場地上舉行。（有圖詳示）

市府總辦公處的房屋，應較各局高一層，也用木板釘搭，前面挑出洋台一座，用爲市長對公衆演說及受賀等之地位。下層中間闢一大廳。廳的兩旁及樓上都作辦事室之用。房屋前圓場中間豎一旗杆，這旗杆的座子用水泥澆製，雕鐫花紋。旗杆木宜高，則國徽飄揚於雲霄，使人一見卽油然而起莊嚴燦爛的觀念。當晨晚升降國旗的時候，指定軍警之一部吹號舉槍如儀行禮致敬，以示隆重。不在場的長官及屬下於可能範圍內，聞得號聲向國旗所在致禮。

正對旗杆的另一端，築一黨徽式的花壇，四時種植花卉，依顏色綴成黨徽式樣。中間建一總理銅像，像座用蘇石。銅像宜取演講的姿勢，須神采奕奕，栩栩如生，有人去瞻仰的時候，彷彿在親聆總理的訓教，團結一致抗禦頑敵，光我中華，實現大同。那末一切壞的現象當不會發現於這新都市呢。

銅像的彫塑應先行徵求圖樣，然後決定雕塑工程的實施。應徵者可不拘國籍，只求眞才。報酬定等級撥給，對於落選者也要給以補償，以免彫塑家怕落選後受損失而不參加應徵。

也許有人會說，這些問題都是平淡而瑣碎的，何必顧慮到這種方面。不過，愈是平淡的事，別人愈是不注意，因此不愼於平淡的事而失敗的也愈多，所謂「不絆於山而絆於垤」者就是，所以這些瑣屑之點，作者不能不加以籌劃。

再就我國已往的政治狀態而言，政府常因忽略於小的處所，而失信於民衆。譬如到了這國難日深的時候，政府雖有剴切的剖白，結果還是不能取信於民衆，推其原因，無非政府於平日不能將瑣小的地方詳爲規劃，使民衆加以信任的結果。

市府及各局的建築設施，約如上述，讀者試把文字與圖畫對照一閱，自能了如指掌。倘讀者有何高見，常希隨時函示。

計劃雖好，實行在人，得人則治，否則也難免遺誤，所以人治問題，也很重要。人的問題，很難解決，不像一件貨物可以拿來化驗其質素的優劣的。如一根鋼條一立方寸的拉力多少，一立方寸的壓擠力多少，這是很容易地可以試驗出來的，但試驗人的優劣不能這樣容易，因爲人的能力與賦性是不能用化學方法去化驗的。他是否純潔的爲民衆服務，是否肯負担責任，這都是很難有確切的試驗的。我國政界上已往的人物，大都只知爲自己的利益而努力，毫無公衆與國家的利益觀念，以致國事糟到如此地步。乍浦商埠實現時，這種壞風氣，我們一定要予以排除。

目前的我國政治正處在黑暗時期，政界的人物，好比海面的浪潮，一個浪波衝來，前者卽爲撲滅，前仆後繼，迄無寧已。浪裏帶來的，不外乎親兄弟，堂叔姪，大舅子，小阿姨，跳上舞台，拉直嗓子就唱，居然能文能武，能生能丑，能淨能旦，結果呢，鬧的不知所云。

不久，接着又是另一浪頭，吞滅了原有的，而重串新戲，當然也是一副老腔調，跟着也就給人打倒。他推我擠，你去我來，二十餘年的政治舞台老是這麽一種氣象，那裏能有清明政治的實現啊！

這種怪現象的主角，當然是熱中利慾的軍閥政客，至于促其成者，却還是一般身居主人翁地位的民衆，因爲他們毫不覺悟，毫不加以糾正，坐視宵小的橫行，以致遺誤國家。

乍浦商埠的公務人員，須有錄用眞才的決心，經嚴密的考慮而錄行，一掃我國政治的積習，造成一新的光明的都市政務。人治問題因此也有詳細探討的必要。

（待續）

上海四行二十二層大廈構築鋼架攝影

上海四行二十二層大廈地盤樣

鄔達克建築師

馥記營造廠

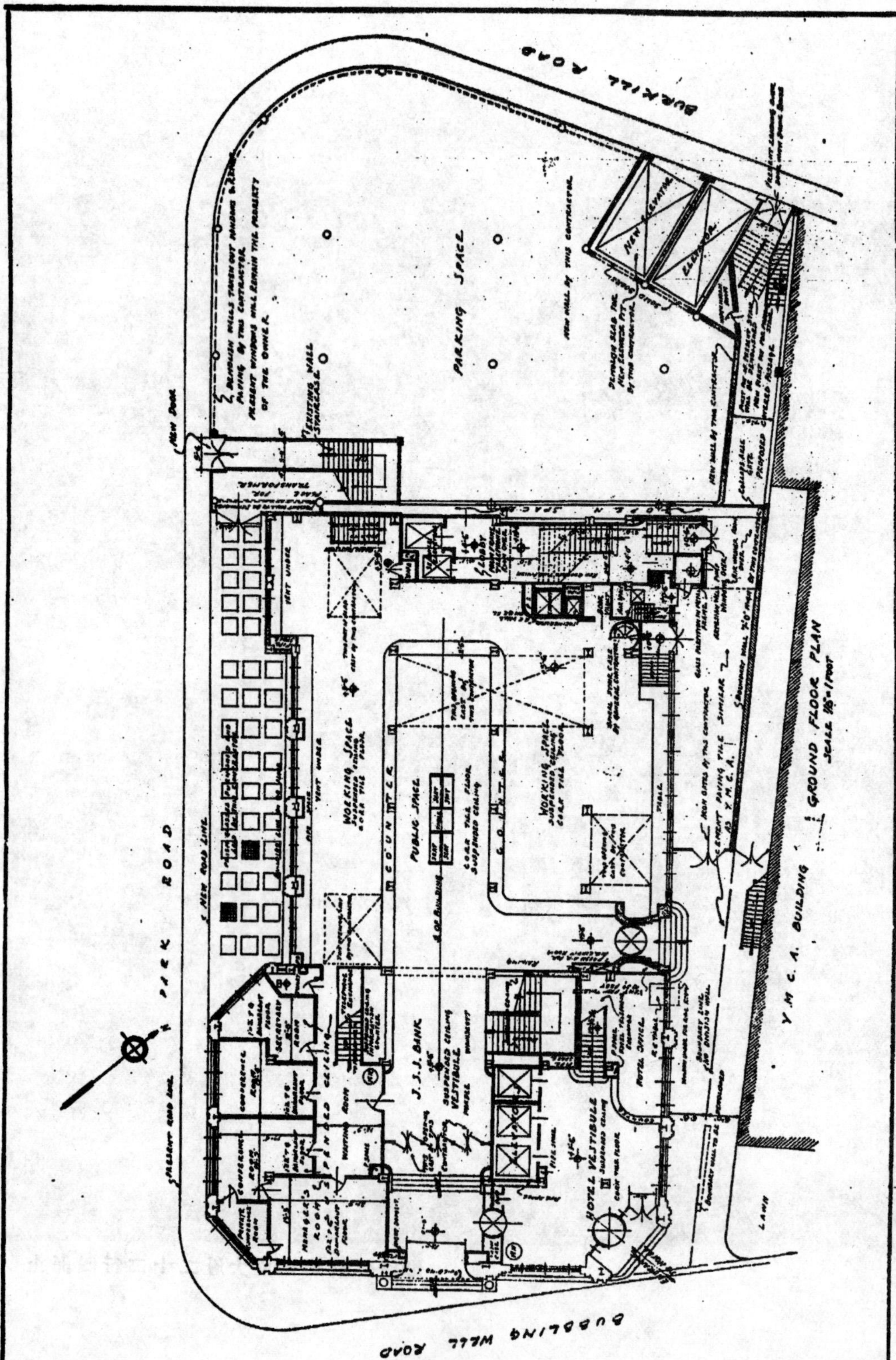

21004

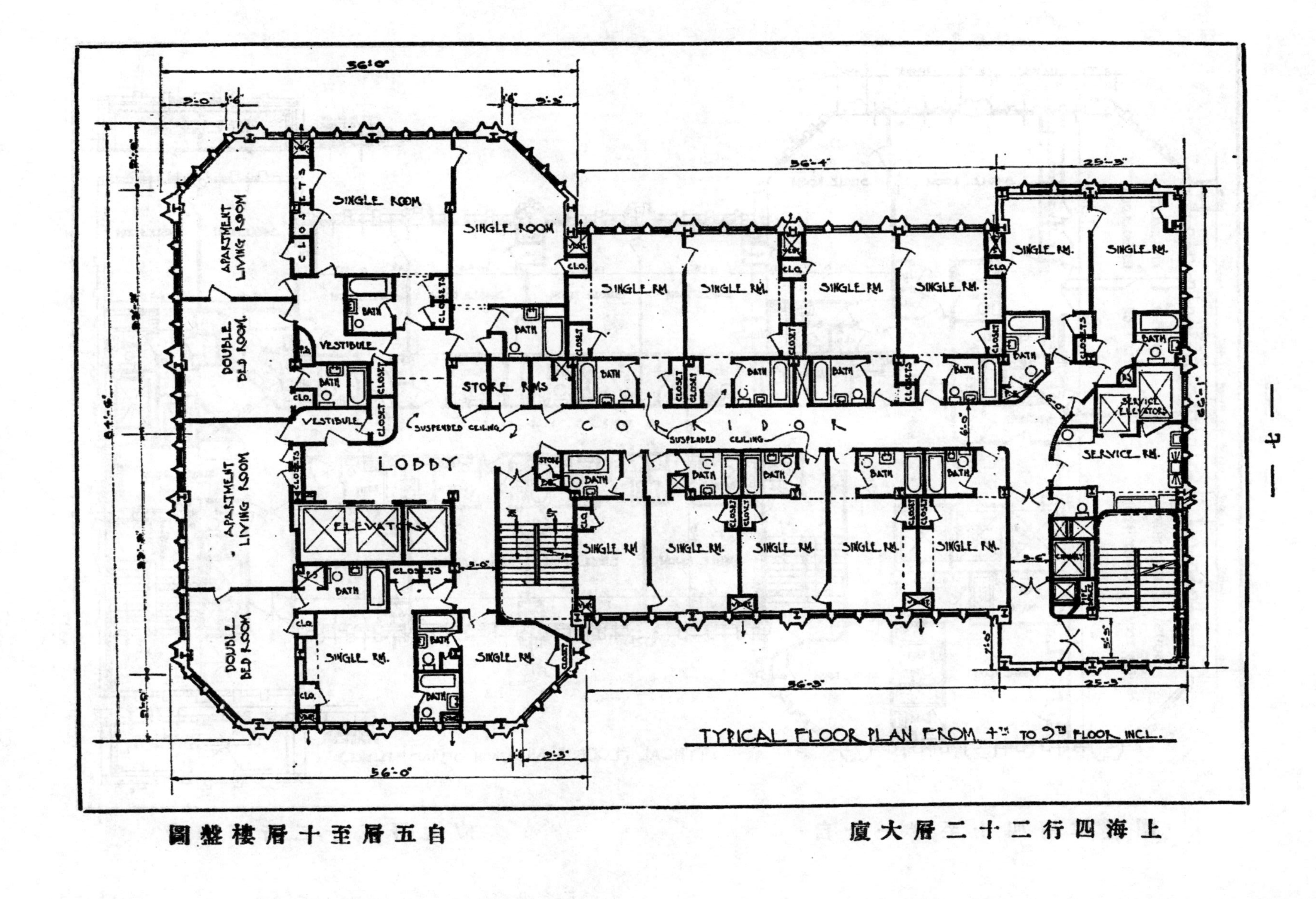

TYPICAL FLOOR PLAN FROM 4TH TO 9TH FLOOR INCL.

上海四行二十二層大廈

自五層至十層樓樣圖

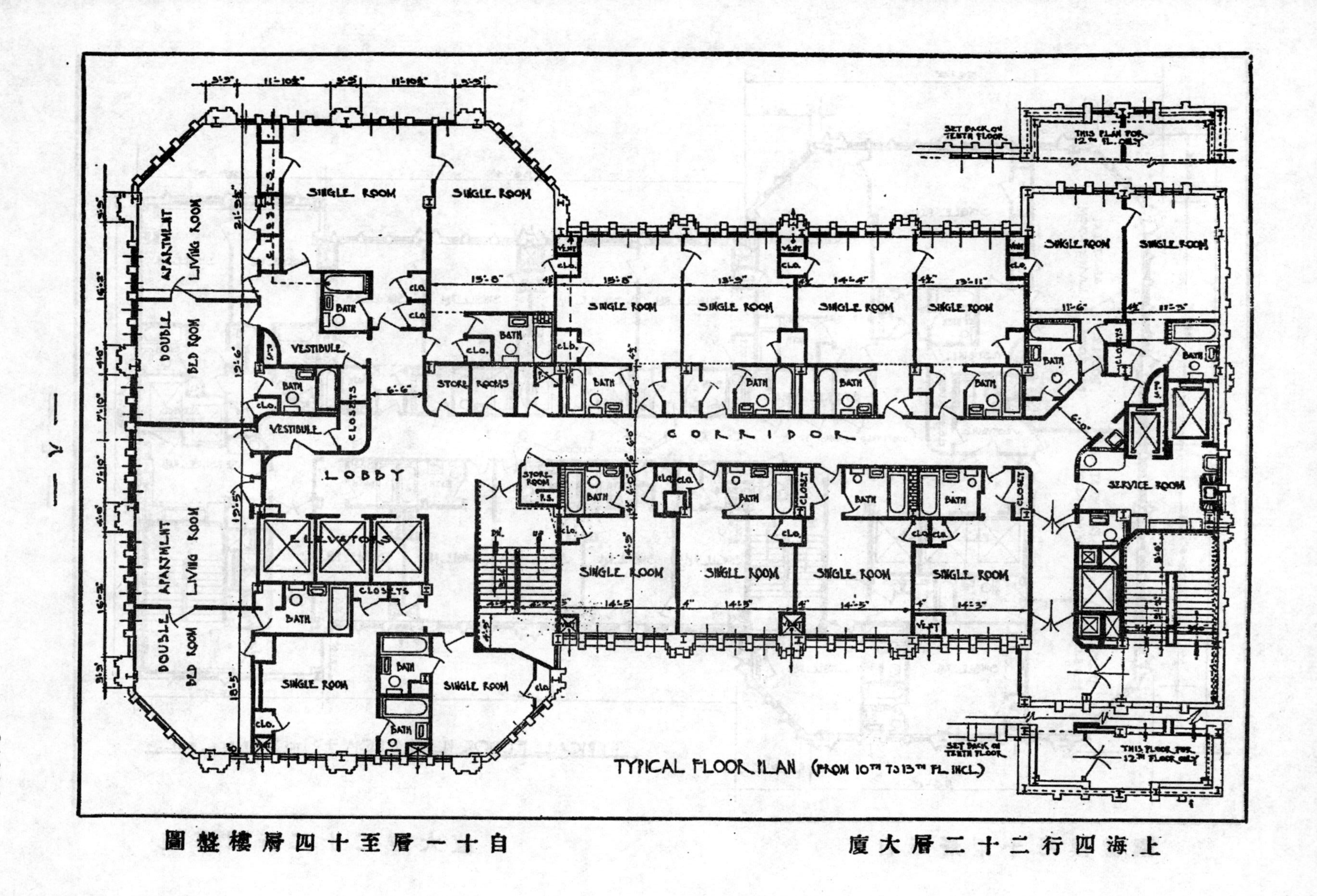

上海四行二十二層大廈 自十一層至十四層樓盤圖

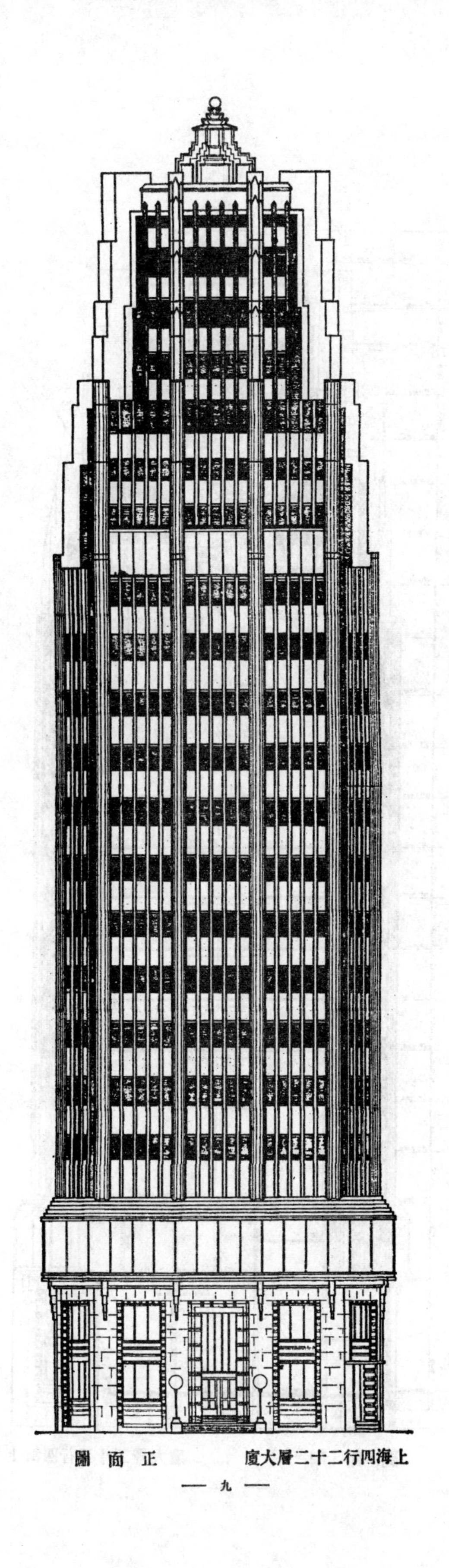

上海四行二十二層大廈正面圖

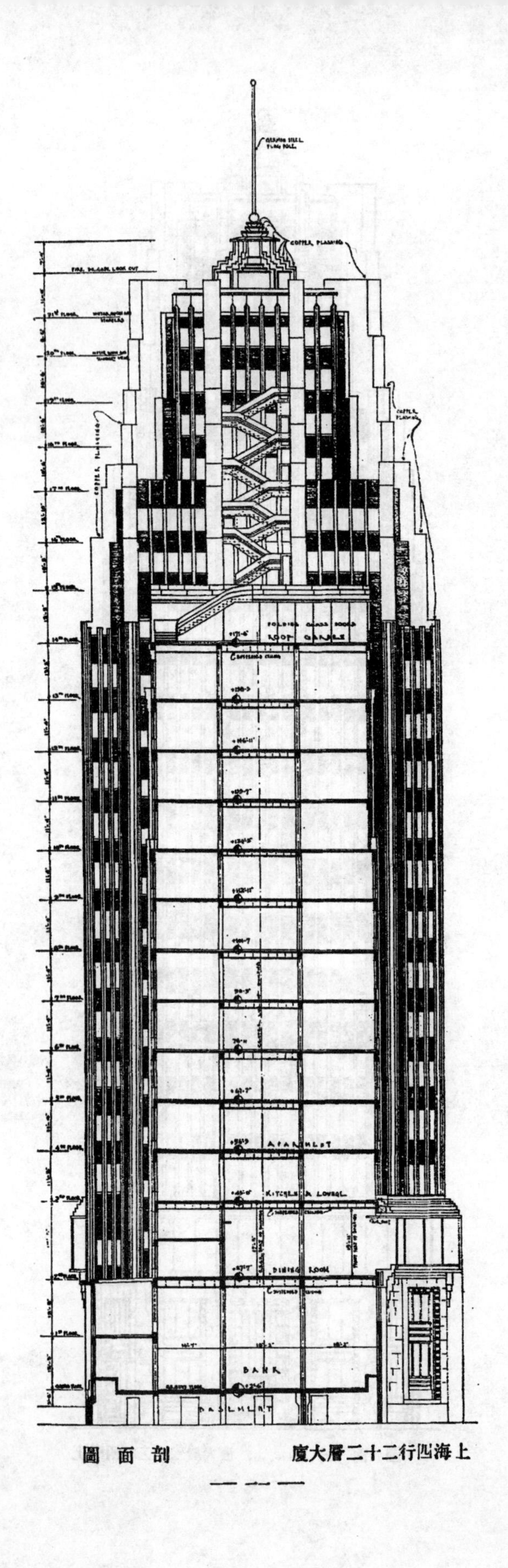

上海四行二十二層大廈　剖面圖

鄔達克建築師小傳

鄔達克建築師。匈牙利籍。畢業於Budatest之大學。一九一四年爲匈牙利皇家建築師學會會員。迨歐戰發生。氏於一九一五年突被拘禁。至一九一八年大戰告終。始行釋放。旋即來滬。與克利氏(Mr.R. A. Curry)合組事務所。執行建築師業務。自一九一八年至一九二四年。氏所負責之工程計有：

（一）美豐銀行
（二）中西女塾
（三）福州路美國總會
（四）萬國儲蓄會霞飛路公寓

自一九二五年以至於今。氏所設計之工程有：

（一）宏恩醫院
（二）寶隆醫院
（三）西門外婦孺醫院
（四）德國禮拜堂
（五）慕爾堂
（六）羅別根路西人公墓禮拜堂
（七）廣學會
（八）浸信會
（九）漢口路四行儲蓄會
（十）閘北水電廠（在吳淞）
（十一）上海大戲院改裝工程
（十二）浙江大戲院
（十三）虹口大戲院
（十四）交通大學工程館
（十五）愛文義公寓
（十六）上海啤酒廠
（十七）工程之正在進行中者：
（甲）大光明影戲院
（乙）四行儲蓄會二十二層大廈
（丙）上海啤酒廠宜昌路廠房
（丁）美國社交會堂

南京華僑招待所

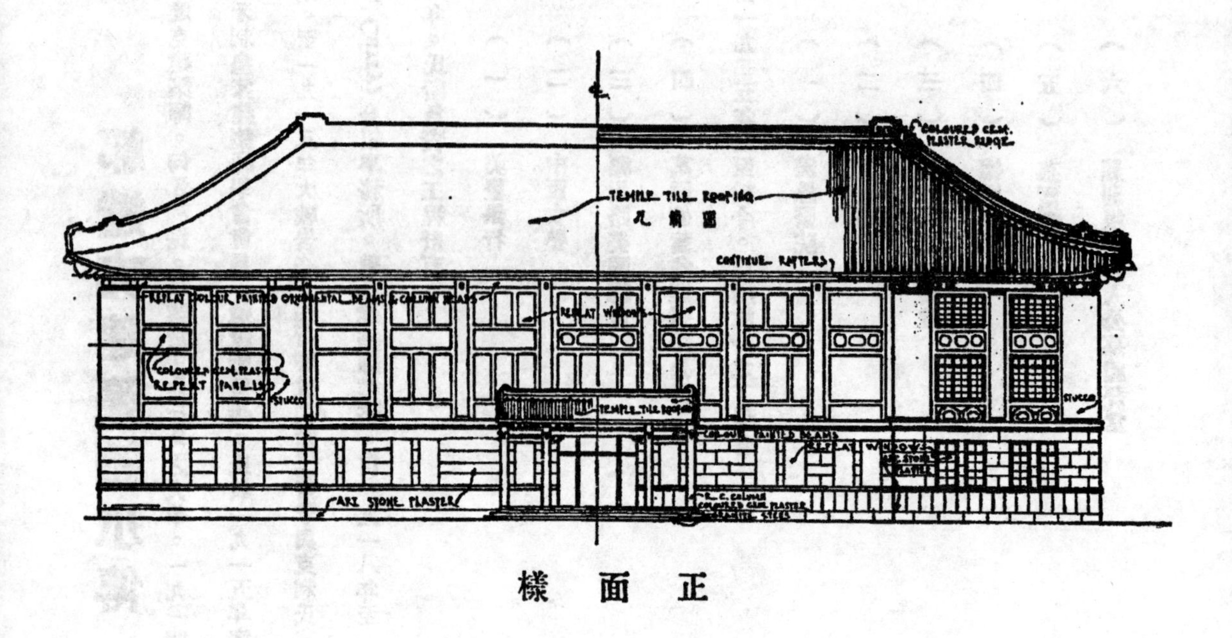

正面樣

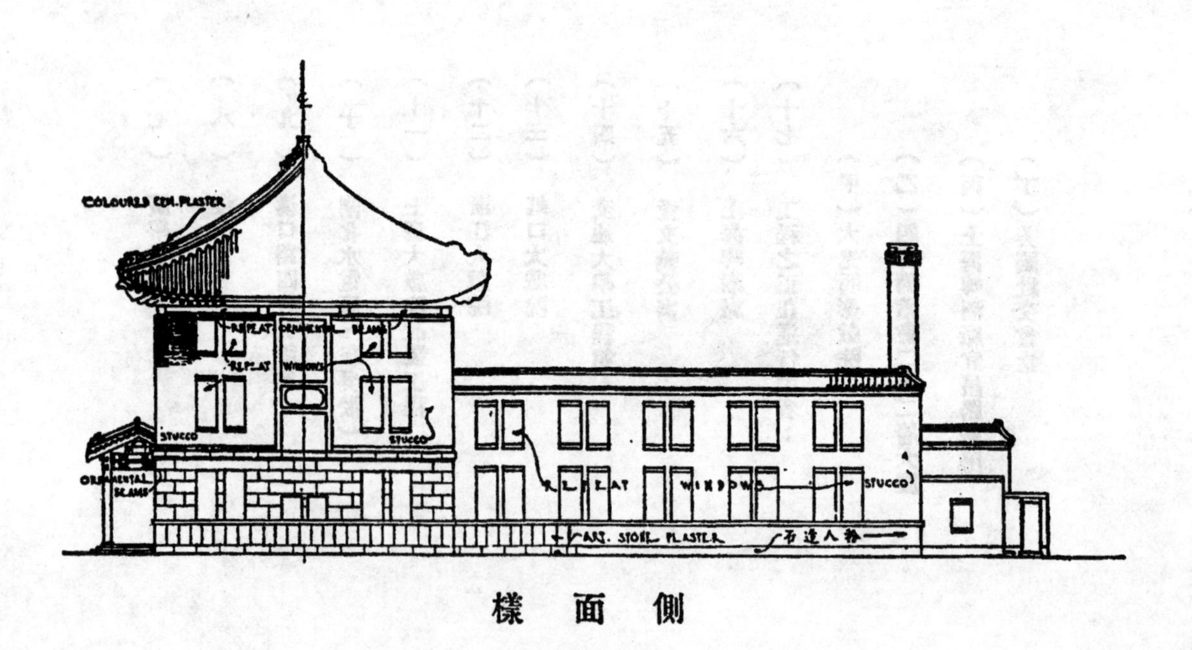

側面樣

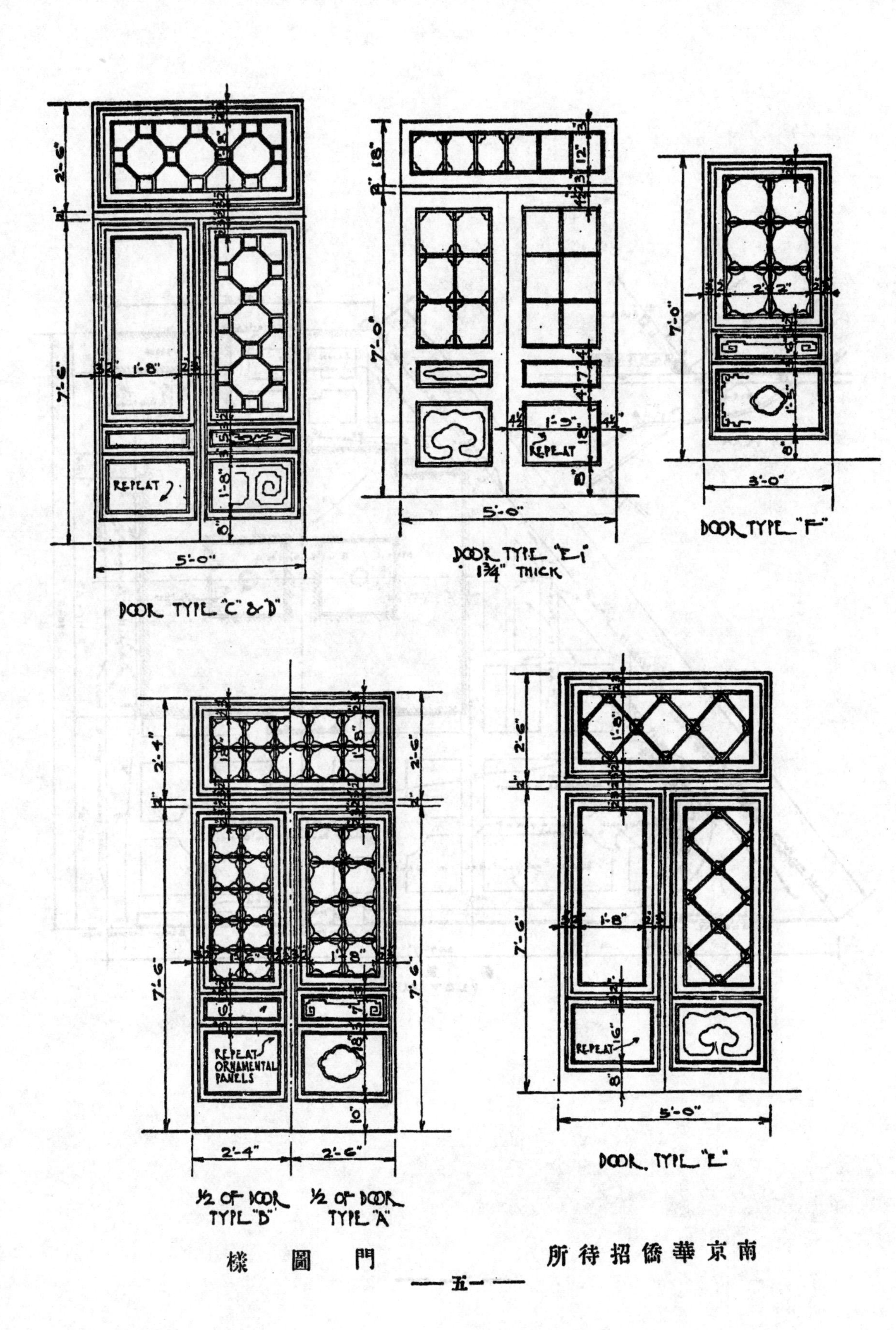

5'-0"
DOOR TYPE "C" & "D"
REPEAT
5'-0"
DOOR TYPE "E-1"
1¾" THICK
REPEAT
3'-0"
DOOR TYPE "F"
2'-4"
2'-6"
½ OF DOOR TYPE "D"
½ OF DOOR TYPE "A"
REPEAT ORNAMENTAL PANELS
5'-0"
DOOR. TYPE "E"
REPEAT

南京華僑招待所　門圖樣

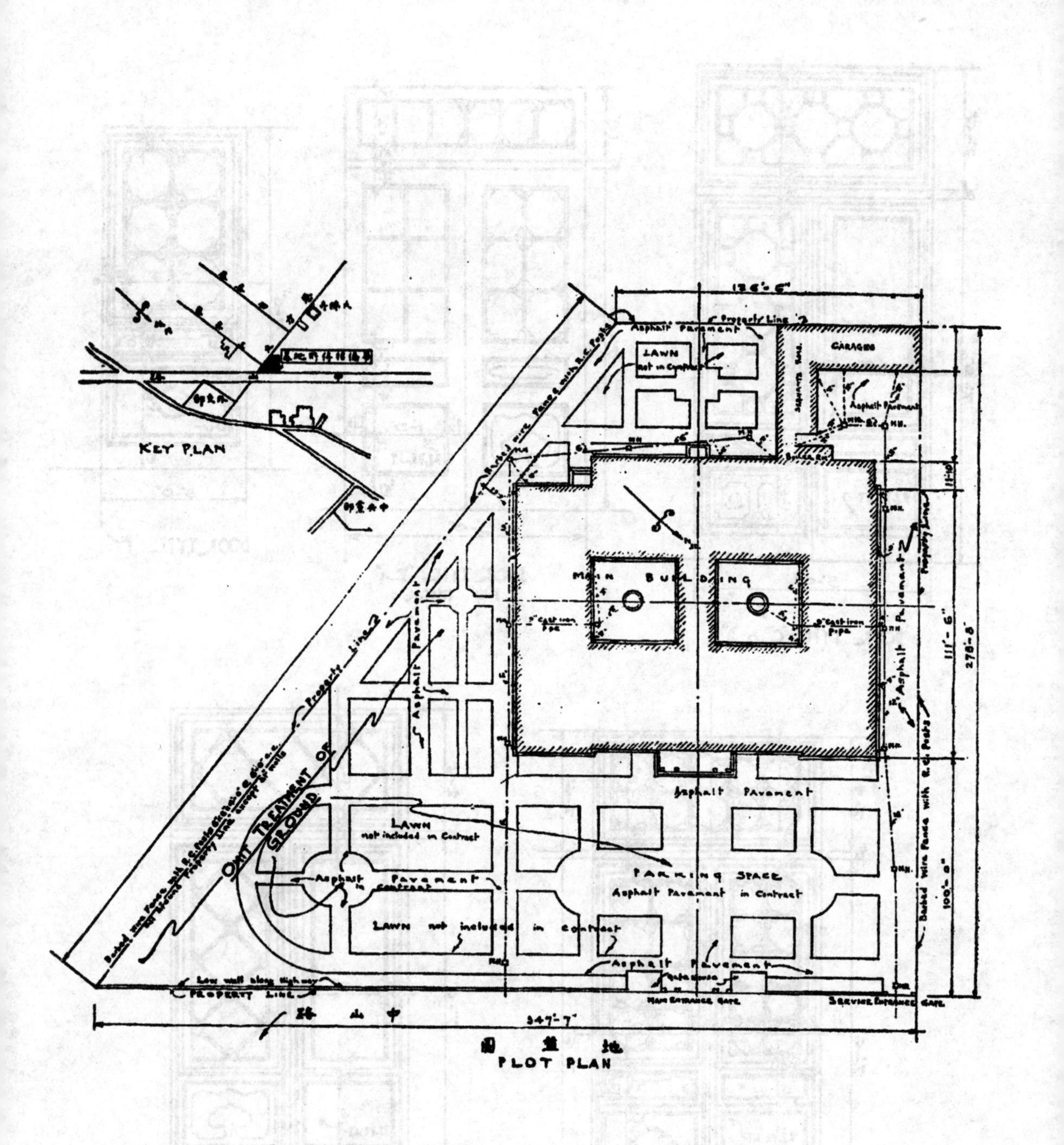

地盤圖

PLOT PLAN

21012

南京華僑招待所工作時攝影

建築工具之兩新發明

向華

本年有二新發明之建築工具，使用於歐美建築界，足以助長水泥工程之速度。一爲新式水泥帮浦，一爲電磁打動機。（electro-magnetic vibrator）兹分別介紹於後。

新式水泥帮浦

新式水泥帮浦，初次使用於彌滑磯 Milwaukee 第三十五號街棧道之建築，用以抽汲水泥。（見圖）該機初用於歐洲，將水泥油汲，直接傳達於水泥壳子內。（Forms）施工迅速，結果極爲圓滿，各工程師莫不樂予採用。彌滑磯之工程，計費十二小時，水泥由帮浦直接輸送壳子，爲一百二十五碼。其間因傳遞水泥所消費之時間，僅一小時有半。此機係活塞式樣，並可移動自如，用戲司林或電氣發動。此機平行能輸送水泥五百尺，垂直輸送則爲七十二尺。每小時水泥之容量，自十五碼至二十碼。該機在彌滑磯之試驗，所用係五英吋管子，較大混合物均能通過，並無阻塞。管子長十尺，裝有迅速鑲接筍。（Quick couplings）

電磁打動機

電磁打動機係於工作時，用以打動漏斗（Hoppe

rs）中之水泥，使成分勻凈，順流瀉下；或用以打動盛積水泥器內大塊之材料。此機應用甚廣，不僅限於建築工程，其他水泥製造物之構成，如鋼筋混泥椿，設於礦穴口之木架（Cribbing）等，均可應用。此機構製甚簡，僅包括一馬蹄形磁鐵及一電鈕(Armature)、二者銜接處繫以彈簧。震動波紋在接近磁鐵及電鈕之銜縫處，每分鐘計三千六百次，交替旋轉六十次。震動之速度既如此之高，故在動作時極爲有力，用以打動建築材料之塊礫，誠有無堅不摧之概。此機裝有握柄(見圖)，若用以震磨地板壳子或平地砥鋼條等，則附以鍬形之物。此機應用於壳子之凸飾時，則附以螺旋形之夾器；若用於圓管及溝渠，則有索鏈之夾器，以利工作也。

建築辭典（二續）

「Barrel bolt」彈子套管拆梢。

「Barrel drain」圓瓦筒。

「Barrel roof」圓屋頂。

「Barries」屏障。

「Bartizan」塔頂。塔之角口或壓沿牆之轉角處挑出部分。

「Basalt」玄武石。任何黑色，花紋精細之火成巖石。

「Base」坐盤，磉皮石，踏脚板，勒脚。柱子之礎盤。屋內四週依牆脚處之護壁狹板。外牆牆脚自地平線起凸出之部分。

「Basement」地坑，地下層。銀行中之銀庫，及其他大廈中之水汀爐子等，均設於地下層。美洲住屋亦有地下層，蓋用以作貯物等者。

「Basilica」白雪理解庭。原在古雅典城中三面走廊之一所法庭，縣長即在該庭中審理案件。後在羅馬建一長方形用柱子分隔堂中與走廊二部，終端起一民權台，法官即於台上審理案件。基督教最初之禮拜堂，係依照白雪理解庭倣製者。波心凱編之雅典古事第一三七頁云：「爲宗教犧牲者的歷史，都畫在白雪理解庭的壁上。」〔見圖〕

「Basis」基礎。

「Bath」浴。

「Bath house」浴堂。

「Bath room」浴室。

Public Bath　公共浴。

Swimming Bath　游泳浴。

Turkish Bath　土耳其浴。

「Batten」木條子。板牆筋。板牆在未釘板條子與粉刷前，所撑之木框，每根木條均名板牆筋。

「Bay」肚。從房間之一隅，凸出數尺地，以闢置窗牖者。

Circle Bay　圓肚。

Angle Bay　方肚。八角肚。

Bay Window　圓肚窗，方肚窗，八角肚窗。視地位之形狀而定窗之名稱。【見圖】

六角肚

「Bead」　珠，圓珠，算盤珠，圓線。

Angle Bead　牆角圓線。

Beaded Joint　圓線接縫。

「Beam」　大料，樑，棟。一根平長木料，石，鉄或數種混合成者以擔任重壓力，擠力或拉力，爲構架房屋或他種建築之必要品。【見圖】

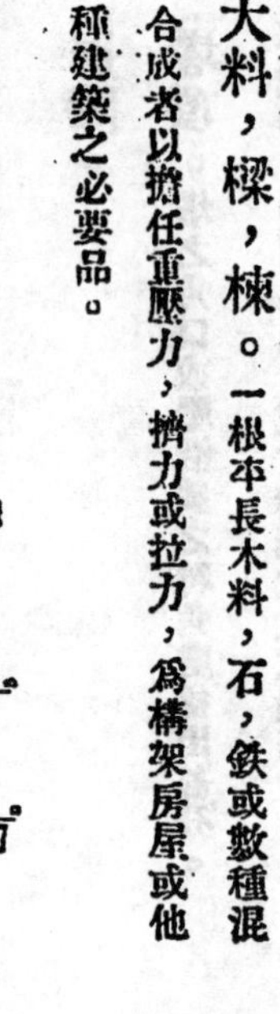

「Bearing」　搭頭，持，負荷。法圈圈脚或大料擱置之處。【見圖】

搭頭

「Bed」　床，臥具。

「Bed room」　臥室，寢室。

「Bee home」　養蜂所。

「Beetle」　木鎯頭，木人。大塊木段用以打送椿針或打堅三和土彈街石片等。

「Bell」　鈴，電鈴。屋中牆隅或大門口裝設電鈴揿鈕，俾按鈴傳喚僕人或叫門。

「Bench」　法官席，作臺，長櫈。

Bench mark　標準水尺。

「Bending force」　彎力。鋼條或鐵條在試驗室中彎曲所之力量。

「Bending Movement」 彎能率。

「Bending Strength」 應彎强。

「Bending Stress」 應彎力。

「Bevel」……車邊，斜角。〔見圖〕

「Bevel Joint」 斜接。

「Bevel square」 斜尺。〔見圖〕

「Billard room」 彈子房。

「Bin」 貯藏箱，貯藏房，貯藏棚。

Dust bin 垃圾桶。

「Birds－eye Perspective」 鳥瞰圖。

「Bitumen」 松香柏油。係"Asphalt"之一種，其組合成分包含水素炭質，水成之煤，哥羅芳及以太酒精等。此項柏油分硬質與流質二種，硬質者英文名"Pure Bitumen"，流質或半流質者名。"Malthe"。

「Black Smith」 鐵匠。

「Blind」 百葉，簾幕，篷帳。

「Block」 ●塊，段。

●葫蘆。〔見圖〕

Tackle block 走一葫蘆。〔見圖一〕

Dock block 單葫蘆連裝於地板之螺旋脚。〔見圖二〕

Link snatch block 單葫蘆。〔見圖三〕

Triple sheave block 走三葫蘆。〔見圖四〕

「Board」 板。

「Boarding－house」 客寓，寄宿舍。

Roof Boarding 屋面板。

「Boiler room」 爐子間。燒熱水或熱水汀處。

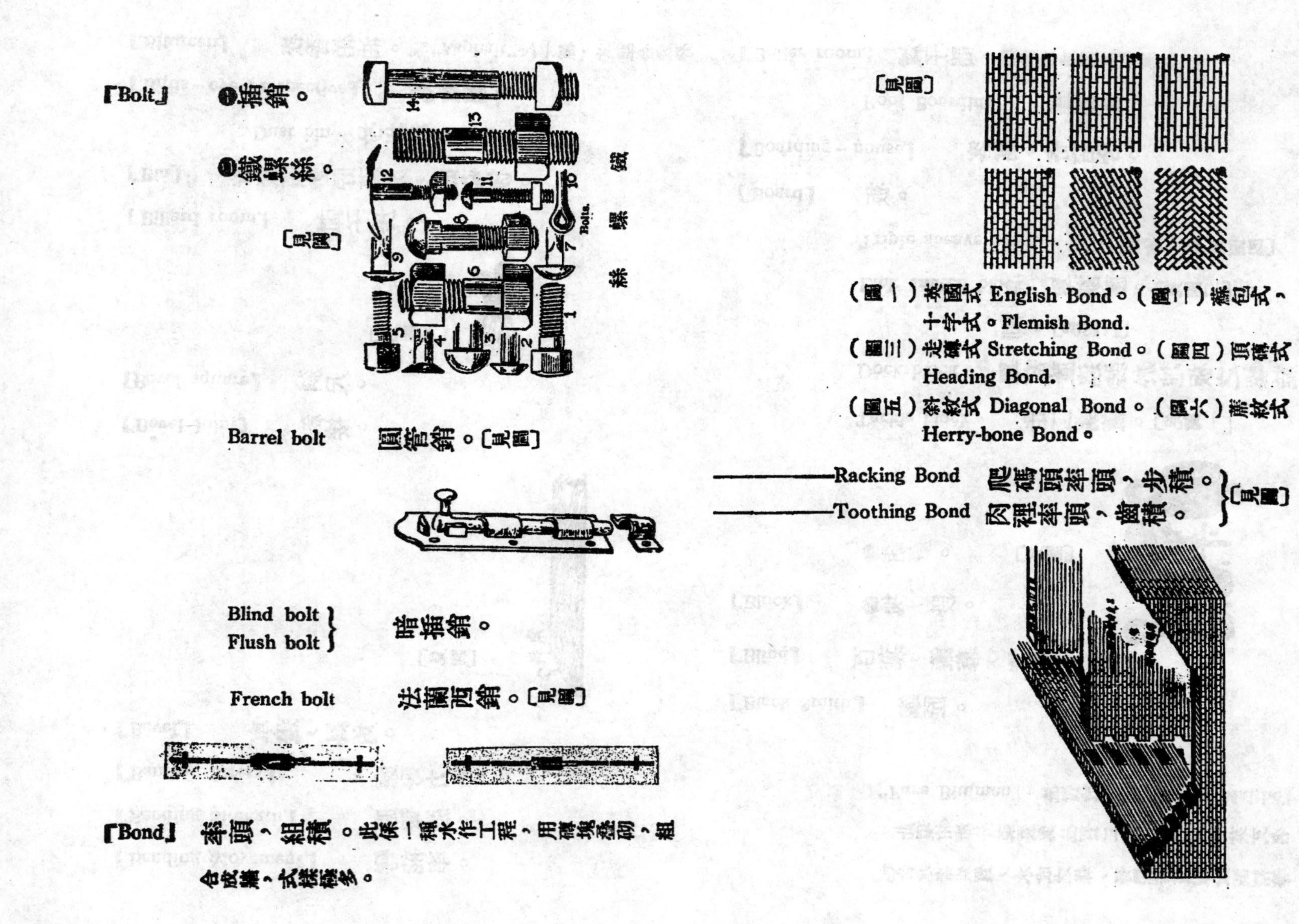

「Bolt」 ㊀插銷。

㊁鐵螺絲。〔見圖〕

鐵螺絲

Barrel bolt 圓管銷。〔見圖〕

Blind bolt } 暗插銷。
Flush bolt }

French bolt 法蘭西銷。〔見圖〕

「Bond」 牽頭，組積。此係一種水作工程，用磚塊疊砌，組合成牆，式樣極多。〔見圖〕

（圖一）英國式 English Bond。（圖二）蘇包式，十字式。Flemish Bond.

（圖三）走磚式 Stretching Bond。（圖四）頂磚式 Heading Bond.

（圖五）斜紋式 Diagonal Bond。（圖六）蓆紋式 Herry-bone Bond。

——Racking Bond 爬碼頭牽頭，步積。} 〔見圖〕
——Toothing Bond 肉裡牽頭，齒積。}

「Bondset」固合粉。其功用所以結合新澆水泥與早澆水泥者。

「Bond together」鑲砌一體。

「Booth」小屋。展覽會中陳列物品分隔成形之小屋。

「Border」邊。碎錦磚或其他磁磚地或花水泥地等之鑲邊。

「Borrowed-light」印窗。因川堂中黑暗，於兩邊牆上開闢窗戶，俾使光線自房間中透進。

「Bottom Rail」下帽頭。洋門下脚之横木，洋台欄杆或扶梯欄杆之下扶手。〔見圖〕

「Boudoir」婦女室。

「Boundary」界。

——Gate 圍牆門。

——Stone 界石。

——Wall 圍牆。

「Bow」弧形。

Spring bow 彈弓小圓規。〔見圖〕

（圖一）墨線規。Pen.

（圖二）鉛筆規。Pencil.

（圖三）分度規。Divider

「Box」廂座（劇場），証人席（法院）。

Curtain box 門簾箱。

「Brace」●斜角撑。〔見圖〕

●搖鑽。〔見圖〕

（圖一）普通搖鑽。

（圖二）頂角搖鑽。

「Bracket」 牛腿，壁燈。以之支撐任何重量，或用以裝飾者，普通均自牆之直立面凸出成一方角，用以建築或支撐居壁架子，鏡子或裝飾物等。其形體為正方角之三角形，短的一端緊貼牆面。

〔見圖〕

「Brad」 小洋釘。釘綫脚或嵌玻璃用者。

Floor Brad 暗釘。釘樓地板之單頭扁形暗釘。

「Branch」 分，枝。

「Brass」 黃銅。

「Brass-smith」 銅匠。

「Break」 破。

「Breakfast room」 早餐室。

「Breakfast nook」 早餐處。

「Break loading」 破壞荷重量。

「Breast」 窗盤下，火坑肚。窗盤與地板間之牆壁。火爐洞與二邊牆角之中間。

「Brick」 磚。

Fire brick 火磚。

Hollow brick 空心磚。

Broken brick 碎磚三和土。

Brick nogging 木筋磚牆。在木板牆筋中間鑲砌磚壁。

Brick pavement 磚街。

Facing brick 面磚。

「Bricklayer」 水作，瓦匠，泥水匠。

「Brick on edge」 滚磚。磚子側砌如勒脚上皮一帶蓋面磚。窗堂或門堂上面平圈等。〔見圖〕

「Brick work」 水作工程。

「Bridge」 橋樑。〔見圖〕

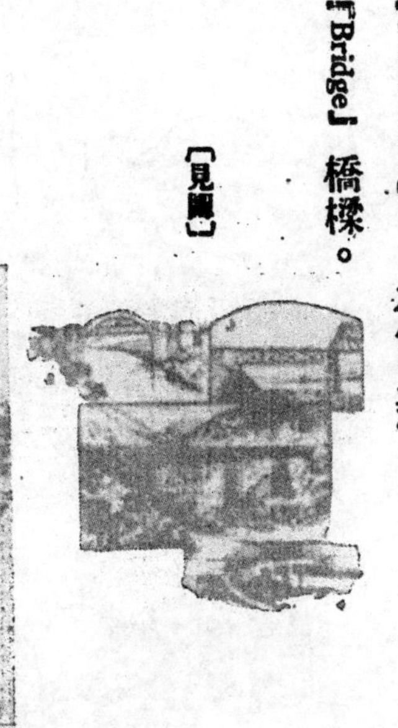

「Brown」 棕色。

「Builder」 營造家，建築人。

「Building」 房屋，築造。

「Building Construction」 房屋構造。

「Building Material」 建築材料。

「Building Regulation」 建築條例。

「Built」 造，砌。

「Built in cement」 水泥砌。

「Built in lime mortar」 灰沙砌。

「Bund」 壩，灘，岸。

「Bungalow」 平屋。〔見圖〕

「Bunk」 高舖。

「Butt」 鉸鏈。

『Buttress』 泡脚墩子。〔見圖〕

『Byzantine Architecture』 卑祥丁即今之君士坦丁，根據第四世紀時發明之建築式。〔見圖〕

去年國產油漆銷售概況

談鋒

油漆之於房屋。猶衣著之於人身。所以使房屋容光煥發也。二十世紀。凡百事物。莫不趨於美化。房屋與人身有密切之關係。倘無優美之建築。實不足以謀進人類住的幸福。油漆之於房屋。不僅增美觀瞻。且可使人之環境優良。故新時代之建築。均需油漆裝飾。工程完竣後之唯一工作。亦厥惟粉抹油漆。油漆之銷售遂日旺矣。

曩昔油漆。均賴用外貨。利權外溢。莫此爲甚。年來國人自營之油漆製造廠。相繼而起。每年銷額。已視舶來品而上之。如開林之雙斧牌。振華之飛虎牌。永固之長城牌。及元豐之元豐牌。均爲國產油漆中之佼佼者也。惟自去年一二八之後。營業不無影響。關於去年國產油漆之傾銷額。除開林元豐尚未得報告外。茲將振華永固二公司之銷額。分列於後。

振華油漆公司。創辦於民國七年。出品有厚漆，調合漆，防銹漆，房屋漆等。聞該公司資本總額爲二十萬元。全國共有分銷及經理處五十處。去年銷額共計一百〇五萬元。本埠佔百分之四十七。長江各埠佔百分之十七。華北佔百分之六。華南佔百分之二十。南洋各屬佔百分之十。

永固造漆公司。地址適在一二八戰區內。故一經猛烈炮火之後。該廠全部廠屋。盡爲摧燬無遺。後以各埠紛來定貨。遂於三月間遷至滬西營業。至六月間時局漸趨平靜。該公司仍在江灣路原址。重建廠屋。於十一月底告竣。遷回營業。故統計全年營業僅六閱月。而平均銷額與曩年無異。計運銷國外者。約五百餘噸。長江各埠四百噸。其他沿海各口亦銷至三四百噸。聞今後該公司因製造部之擴大。產額將尤見激增也。

第一第二期再版

歡迎讀者登記

本刊出版以來，備受各界歡迎，交相讚譽，不勝榮幸。第一第二期早經售罄，後至讀者，咸以未窺全豹爲憾，紛囑設法補購，而割愛者乏人，不獲報命爲歉。茲應多數讀者之要求，擬於最近期間實行再版，有意補購諸君；請速來函登記，俟有相當人數，當卽進行排印也。

工程估價

（四續）

杜彥耿

汽泥磚

汽泥磚爲最近發明之輕磚。用水泥澆擣。中有氣空。如海綿或麵包狀。此磚上海僅馬爾康洋行一家製造。採用此項輕磚。亦惟滬上各摩天建築用之。如已造成之沙遜房子。匯豐房子。都城飯店。漢密爾登大廈。及在建築中之四行二十二層大廈。峻嶺寄廬等。蓋取其質輕。而能減少房屋本身之重量也。

（參閱下頁估算表）

第二十九表
二寸厚用黃沙水泥砌每方價格之分析
用馬爾康洋行12″×24″×2″A號汽泥磚爲標準
（成分一分水泥三分黃沙）

工料	數量	價格	結洋	備註
每方用磚	五〇塊	每方洋一二•一七元	洋一二•一七元	破碎未計
運磚車力	五〇塊	每噸車力洋二•一〇元	洋•九四元	每塊廿磅以英噸計算
水泥	.一三立方尺	每桶洋六•五〇元	洋•二一元	一噸以下車力以四•一九元計算
黃沙	.三九立方尺	每噸洋三•三〇元	洋•〇五元	每桶四立方尺漏損未計
砌牆工	一方	每方洋九•〇〇元	洋九•〇〇元	每噸廿四立方尺
脚手架	一方	每方洋一•一〇元	洋一•一〇元	連木匠搭工及鋸工等
水	四〇介侖	每千介侖洋•六三元	洋•〇三元	竹脚手連搭及拆卸
			洋二三•五〇元	用以澆浸磚塊及擣灰沙

第三十表
三寸厚用黃沙水泥砌每方價格之分析
用馬爾康洋行12″×24″×3″B號汽泥磚爲標準
（成分一分水泥三分黃沙）

工料	數量	價格	結洋	備註
每方用磚	五〇塊	每方洋一八•一八元	洋一八•一八元	同第二十九表
運磚車力	五〇塊	每噸車力洋二•一〇元	洋一•四〇元	每塊卅磅以英噸計算
水泥	.一九五立方尺	每桶洋六•五〇元	洋•三二元	同第二十九表
黃沙	.五八五立方尺	每噸洋三•三〇元	洋•〇八元	"
砌牆工	一方	每方洋九•〇〇元	洋九•〇〇元	"
脚手架	一方	每方洋一•一〇元	洋一•一〇元	"
水	四十五介侖	每千介侖洋•六三元	洋•〇三元	"
			洋三〇•一二元	

面磚 除上述之機器磚，空心磚及汽泥磚外。尙有一種面磚（Facing Brick）。用以膠黏於牆之外面。藉增瞻觀。並可抵禦風雨侵蝕牆身。與雨水滲透牆壁。否則內部潮濕。粉刷或花紙因以損壞。此項面磚。初僅舶來品。嗣經泰山磚瓦公司研究製造。出品分紫白黃數種。品質精良。人咸樂用之。繼起者有興業瓷磚公司。該公司除燒製面磚外。尙有碎錦磚（即碼賽克），缸磚及磁磚等出品。當於另章述之。

面磚之尺寸 面磚之尺寸。2½"×4"×8½",1"×2½"×8½",1"×2½"×4"數種。其二寸半厚四寸闊八寸半長之一種。係用與普通磚搭砌或與空心磚搭砌。（見十一圖及十二圖）。其一寸厚二寸半闊八寸半長之一種。用以膠黏於牆之外面為走磚。其一寸厚二寸半闊四寸長者。則膠黏於牆之外面為頂磚。（見十三圖及十四圖）。

第十一圖

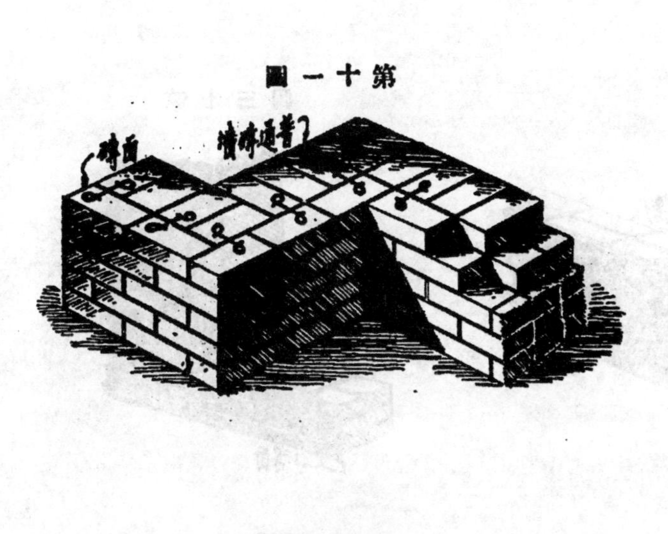

第十二圖

第十四圖

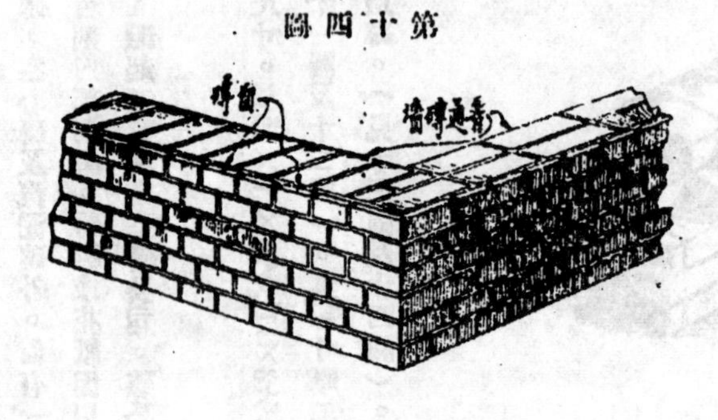

第十三圖

第三十一表

一寸厚用水泥紙筋砌每方價格之分析
用泰山磚瓦公司1″×2½″×4″薄面頂磚爲標準
（成分一分水泥三分紙筋）

工料	數量	價格	結洋	備註
每方用磚	一二三二塊	每千洋三三・五六元	洋　四一・三五元	破碎未計
運磚車力	一二三二塊	每萬洋七・〇〇元	洋　・八六元	視路遠近以別上下
水泥	一.〇四立方尺	每桶洋六・五〇元	洋　一・六九元	每桶四立方尺漏損未計
紙筋	三.一二立方尺	每方洋三〇・〇〇元	洋　・九四元	用煉成之紙筋
舖工	一方	每方洋八・五〇元	洋　八・五〇元	
			洋　五三・三四元	

第三十二表

二寸厚用水泥紙筋砌每方價格之分析
用泰山磚瓦公司2½″×4″×8½面磚爲標準
（成分一分水泥三分紙筋）

工料	數量	價格	結洋	備註
每方用磚	六五八塊	每千洋一一一・八九元	洋　七三・六二元	同三十一表
運磚車力	六五八塊	每萬洋二〇・〇〇元	洋　一・三二元	”
水泥	二.一一三立方尺	每桶洋六・五〇元	洋　三・四三元	”
紙筋	六.三三九立方尺	每方洋三〇・〇〇元	洋　一・九〇元	”
舖工	一方	每方洋六・五〇元	洋　六・五〇元	
			洋　八六・七七元	

（待續）

建築界消息

安記承造俄文學堂新屋

上海雷米路俄文學堂新屋，高凡四層，佔地一百十八方，由賴安洋行建築師設計打樣，安記營造廠承造，聞造價爲十七萬兩，業已開始動工，將於九月中告竣云。

正廣和棧房業已投標

上海東區培開爾路正廣和汽水廠內，擬建造六層樓鋼骨水泥棧房一所，聞建築師爲公和洋行，造價約計二十五萬兩，業已投標，營造廠迄今未定，惟最有希望者，爲馥聚興營造廠。

跑馬廳會員台將動工建造

上海馬霍路跑馬廳會員台，自公衆看台竣工後，本擬於去年春季賽馬後興工，後因受一二八之影響，故延擱至今；現聞於此次春賽畢後，擬即動工建造，建築師爲馬海洋行，營造者恐仍爲余洪記云。

四馬路中央捕房新屋開標

上海公共租界工部局四馬路中央捕房新屋，高六層，在美國總會隔壁，現已開標，聞僅營造廠一項，計元五十餘萬兩，其餘衛生設備，電梯電燈等均不在內，不日即將動工，設計者爲該局建築處斯單福建築師，營造者新申營造廠。

辣斐影戲院在建築中

上海辣斐德路貝勒路附近之辣斐影戲院（Lafayette Cinema），由鄔達克建築師設計打樣，復興營造廠承造，並由泰康行供給鋼條。現正在建築中，聞將於五月底告竣，六月初即可開幕。

南京孫院長住宅由馥記承造

首都總理陵園孫院長住宅，由華蓋建築師設計，馥記營造廠承造，造價約四萬餘元，工程現在進行中。

浙江興業銀行大樓新屋訊

由華蓋建築事務所設計之浙江興業銀行大樓，在上海江西路北京路口，聞造價預定爲一百萬兩之譜，承造者尚未定，故何時興工，亦未一定也。

重建北站京滬滬杭甬鐵路管理局辦公處

上海北站京滬滬杭甬鐵路管理局辦公處，自一二八之役，爲日寇炮燬後，尚未重建。現由華蓋建築師設計重建，造價正在投標估計中云。

廣州商務印書館建造棧房及廠房

廣州商務印書館擬建造鋼骨水泥棧房及廠房，業由香港Leigh & Orange建築師設計，造價現在估計中，不日即將興工。

太平公寓將開標

上海北四川路太平路角太平公寓，高度同新亞酒樓，內分單間，二間，三間等大小房間，衛生器具全備。該屋全面積約二百方。將於下月中開標，造價約計六十萬兩左右云。按該公寓中外人均可租用。

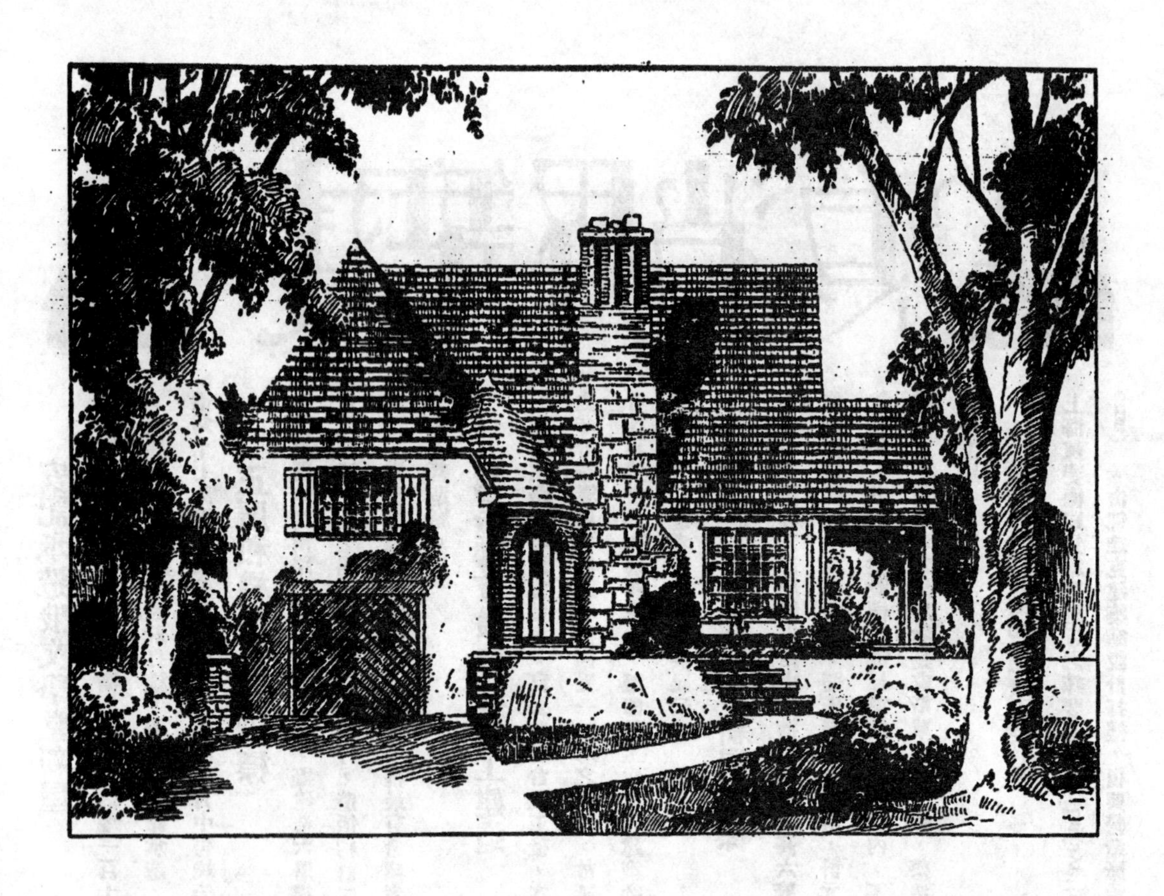

英國式精舍設計

上圖示英國式精舍，建於美國紐約Westchester州。基地略作環圓形，故建築方式，係將地平之起居室及大門入口處較汽車間高半梯階。（flight）汽車間之上則為主要臥室及浴間。另一臥室及浴間，則再高半梯階，位於餐室及廚房之上。如此建築，於治理家務極感便利；且能調和無樓低舍及普通二樓住屋之佈置。蓋此種半梯（half-step）設計，樓梯極短，例如由起居室至汽車間上之臥室，僅須上升六步，即可達到；設計既極精巧，構築復饒興味，讀者參閱後列所附各圖，當能神會其趣矣。

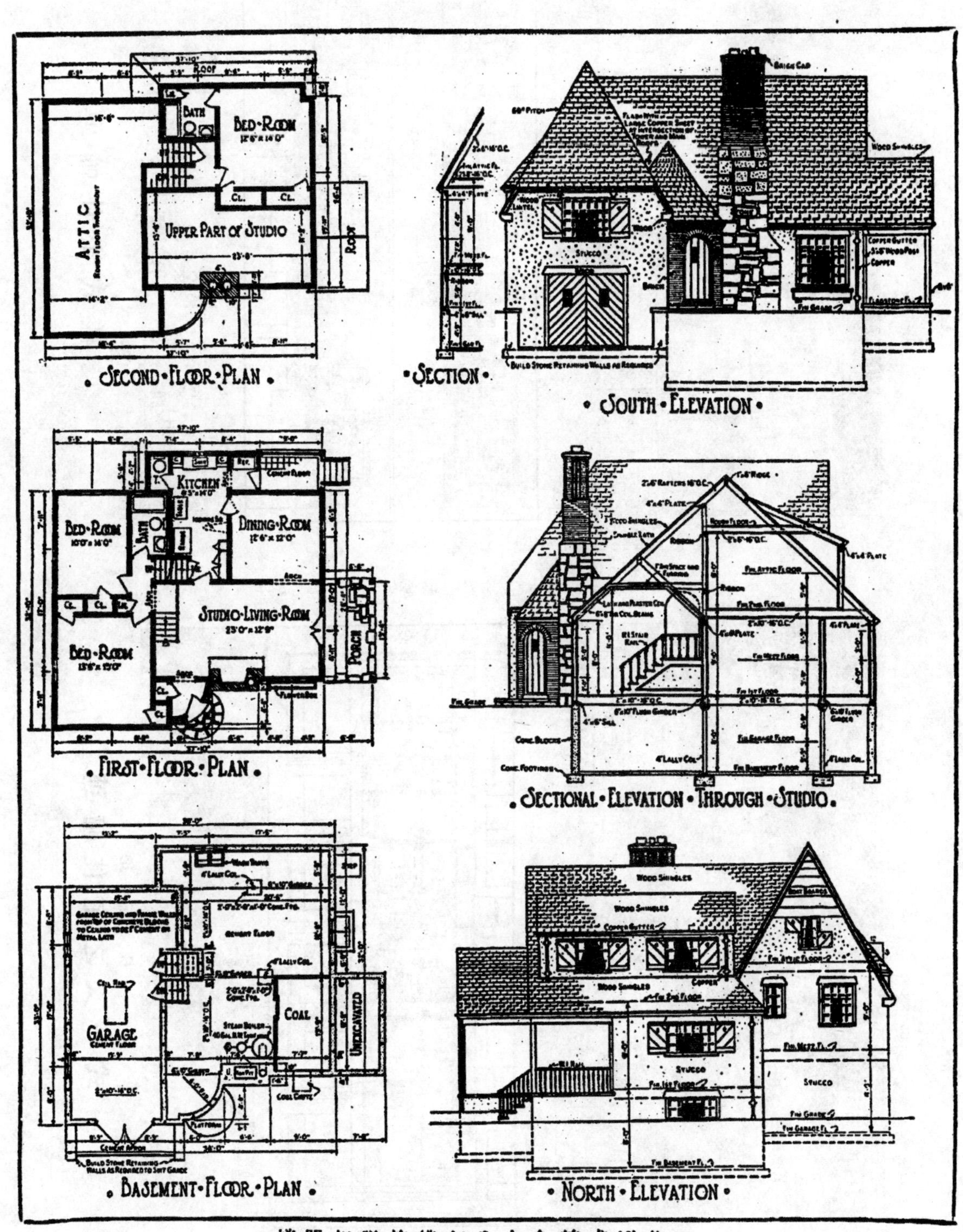

英國式精舍之全部構築詳細圖樣

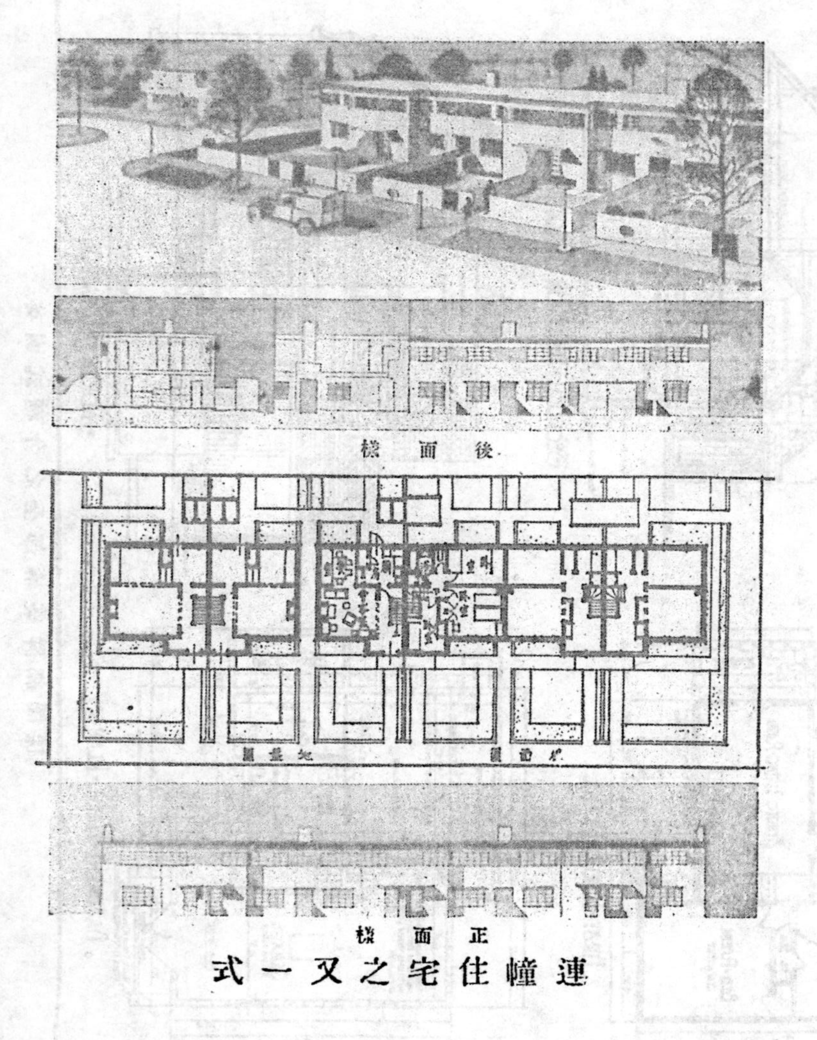

連幢住宅之又一式

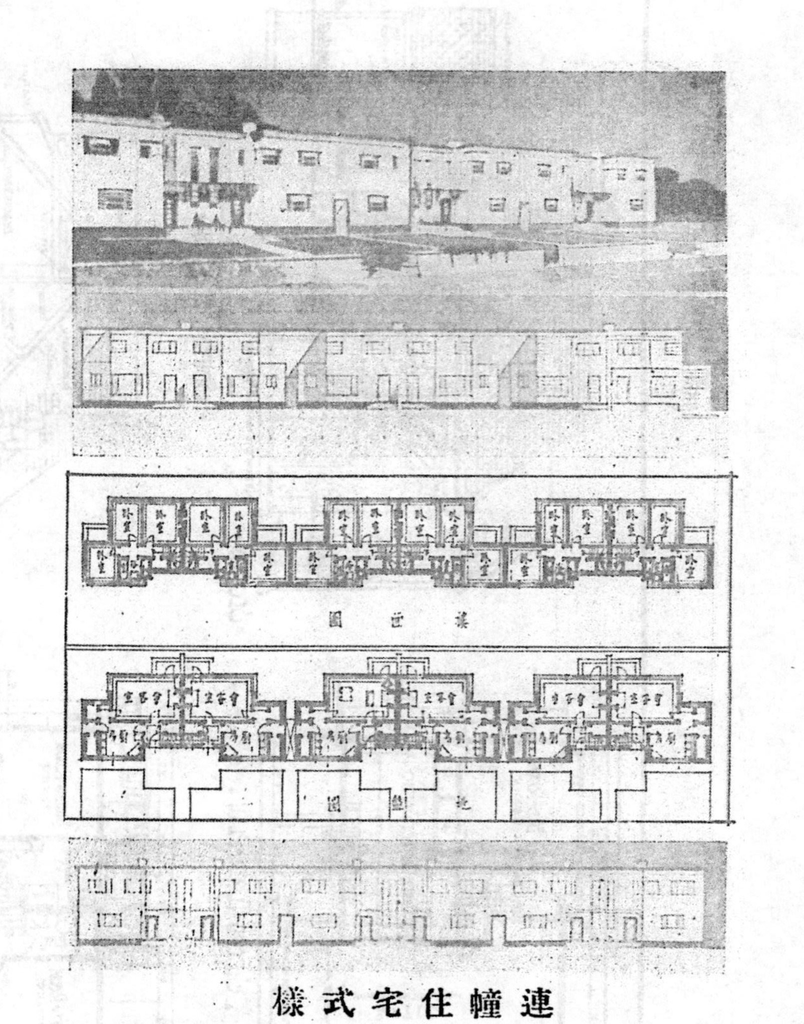

連幢住宅式樣

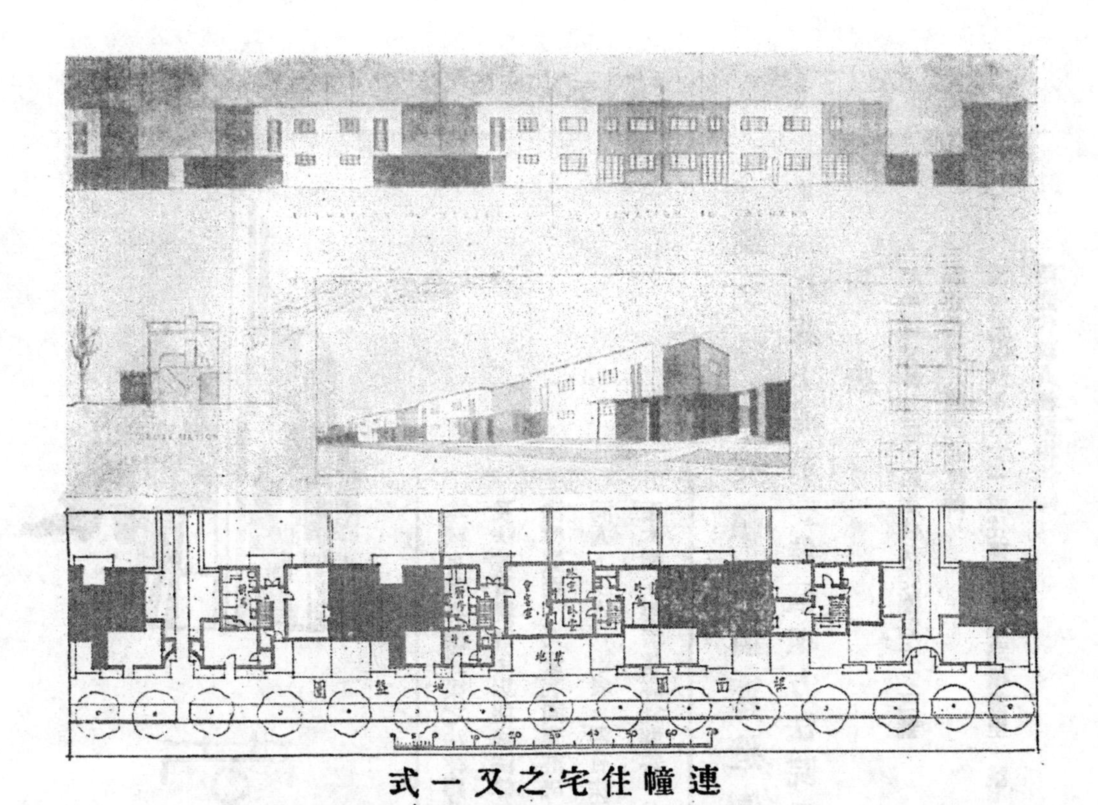

連幢住宅之又一式

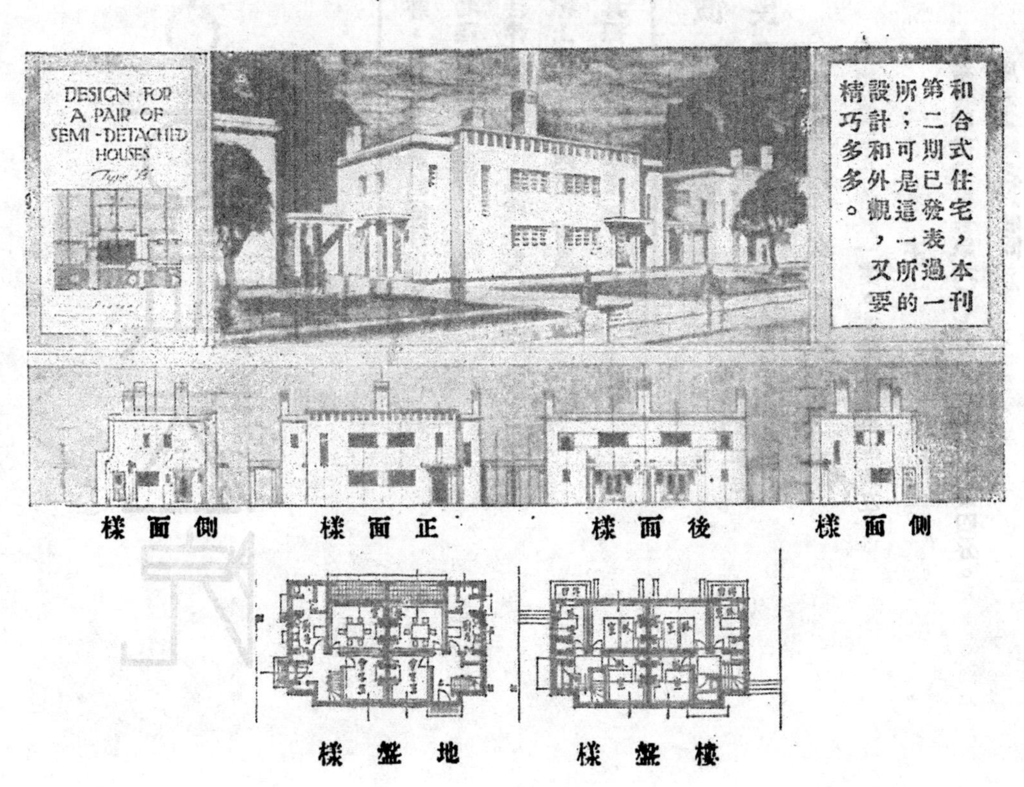

和合式住宅，本刊第二期已發表過一所；可是這一所的設計和外觀，又要精巧多多。

營造與法院

本欄專載有關建築之法律譯著，建築界之訴訟案件，及法律質疑等，以灌輸法律智識於讀者爲宗旨。法律質疑，乃便利同業解決法律疑問而設，凡建築界同人，及本刊讀者，遇有法律上之疑難問題時，可致函本欄，編者當詳爲解答，并擇尤發表於本欄。

楊文詠訴奚籟欽償還造價判決書

江蘇上海第一特區地方法院民事判決　二十年地字第一六〇二號

判決

原告楊文詠年三十四歲住辣斐德路六二三號

訴訟代理人陳霆銳律師

葛肇基律師

被告奚籟欽年六十一歲住東西華德路積善里一號

訴訟代理人楊國樞律師

右兩造因造价涉訟一案。本院審理判決如左。

主文

被告應償還原告銀六千七百五十七兩四錢四分。

原告其餘之訴駁回。

訴訟費用由被告負担十二分之七。餘由原告負担。

事實

原告及其代理人聲明請求判令被告償還銀一萬二千二百九十五兩。並負担訟費。其陳述略稱。謂原告於民國十九年間與被告訂立合同。承造普慶影戲院工程。訂明每次付款。須經建築打樣師鴻達簽發領款證爲憑。原告於訂約後。進行工程。並依照打樣師囑令。在訂定工程外。添造及改造各項建築物。另行開賬計値。詎意於廿年四月廿七日。鴻達打樣師簽發領款證元一萬兩。由原告向被告領取。乃被告只付六千兩。其餘四千兩。拒不照付。並謂加賬未經同意。以圖抵賴。查原告合同造價。共計三萬三千八百八十六兩。除收過三萬〇七百兩外。尚欠元三千一百八十六兩。工賬加料計銀九千一百〇九兩。均有詳賬及工程可查。且經打樣師認爲確實。以上共計銀一萬二千二百九十五兩屢索不付。爲此訴追云云。提出領款證一紙。交單六紙。賬單二紙。鴻達洋行信一件。及證人沙益明爲證。被告及其代理人答辯略稱。查合同第十條載明十九年十一月卅日完工。逾期不能完工。每日罰金四十五兩。作爲賠償。又合同第十二條載明。末期銀須完工九個月之後。方能照付。故合同造價尾數三千一百八十六兩。尚未到期。不能給付。至於加賬。查合同說明書第廿一條載明。須由工程師通知房主。得其同意。訂立字據後。方可承認。原告並未履行是項手續。亦不能照付。但事實上確有惟加工不錯。加工所用之鋼骨二十九方。每方五十兩。共一千四百六十二兩。爲原告五小所供給。應予扣除。至房屋完工時連同末期付款。同時給付。現在尚未到期。應請駁回原告之訴云云。提出合同一紙。合同條件一紙。說明書一紙。愼昌洋行賬單二紙。與原告鴻達洋行信一件爲證。

理由

查原告所訴造價計有兩項。(一)合同造價欠款三千一百八十六兩(二)加賬欠款九千一百〇九兩。關於第一項業經被告承認。自應認定屬實。惟據被告辯稱。廿年四月廿七日工程未完。該項欠款尚未到期。依合同第十二條規定。被告無付款之義務等情。原告則謂按合同第十三條規定。工程師出領款證後。被告即應付款等語。查合同第十三條雖載明。凡建築師對於發給證明書之時期與事由之決定。爲最後之決定。不得爭論等語。查第十二條載明。付款之方法係在建築師發給證書之日。對於已完成之工作。以及已交付之材料。於以前發給之證書內未列入者。如其估定價値達一萬。或建築師認爲適當之其他額時。應於每一證書發給後一星期內。支付該數額百分之七十於承攬人。直至全部工作完成時止其餘數額之四分之三。應於建築師證明對於全部工作之完成已滿意時支付之。而另外四分之一則於該證書發給後第九個月之末支付之。但以建築師證明其工作爲堅固精巧並合用而令其滿意者爲限等語。可見第十三條係規定建築師有發給證明書之權而已。並未訂明定作人於建築師發給證書之後即有照數給付全部造價之義務。至於何時付款。既有前條即十二條明白規定。則被告於廿年四月廿七日是否有給付三千一百八十六兩之義務。自應以其是否合於該條所定之方法爲斷。查合同上規定之造價總額爲三萬三千八百八十六兩。(原造價四萬四千五百五十六兩。除去鋼條價額一萬〇六百七十兩。)在廿年四月廿七日之前。原告業已領取二萬四千七百兩。淨欠九千一百八十六兩。依合同第十二條規定。被告只應於每一證書發給後支付證書數額百分之七十。卽二萬三千七百廿兩〇二錢。其餘四分之三（卽一萬〇一百六十五兩八錢之四分之三）卽七千六百廿四兩三錢五分。須於全部工作完成並由建築師證明工作滿意時支付之。又其餘四分之一卽二千五百四十一兩四錢五分。須於工程完成後第九個月之末支付之。依上開說明。在廿年四月廿七日之時。全部工作既未完成。有楊工程師鑑定書可以證明。則原告只得領取二萬三千七百廿兩零二錢。而原告已領取二萬四千餘兩。實已超過其應領之數。被告當時拒絕再付一萬兩。顯屬正當。嗣因有加工情形。被告又付造價六千兩。對於其餘三千一百八十六兩則主張尙未到期不能照付。自應認爲有理。故原告第一項之請求應予駁回。關於加工部份。查合同第十一條雖載有定作人或建築師得於必要時隨時變更或增減工作等字樣。然其變更增減之手續。按說明書第廿一條規定。須用書面另行訂立合同載明修改之理由。及將材料及價値預算淸楚。如事前未經訂立補充或修改合同。雙方簽字允諾者。事後不得要求加賬付款等語。是原告增加工作雖經建築師證明屬實。但兩造既未定立加工合同。則對於此項加工之權義。自不適用原合同之規定。惟被告既知有加工之事實而不反對。應卽按民法上不當利得之規定。判令就其所受利益範圍內負償還之責。據鑑定人楊工程師報告書載明加工價額共計六千七百五十七兩四錢四分。原告主張前兩年物價約高於該工程師估價十分之三。而據鑑定人陳述。則謂前二年市價與現在市價高低不一等語。原告既不能證明加工時之市價。而鴻達建築師所核准之價格。因未訂立契約又不足爲憑。則被告應償還之數額。自應以鑑定人估定之價額爲標準。原告其餘之請求應予駁回。此項加賬既不在原合同範圍之內。當不受該合同第十二條之拘束。自不得以不到期抗辯理由。至於被告主張扣除鋼條價額一千四百六十二兩五錢一節。查被告所提出之慎昌洋行帳單與請求之價額不符。顯難證明加工之鋼條爲被告所供給。況查被告對於加工事前既未同意。焉有代購鋼條之理。此項主張亦難成立。爰依民事訴訟法第八十二條爲判決如主文。

中華民國廿二年二月七日

江蘇上海第一特區地方法院民庭

推事翁萬選印

書記官錢家驊印

本件證明與原本無異

新仁記營造廠遷移新址

上海新仁記營造廠現由威海衛路八百二十五號遷至愛文義路一千四百二十三號。新電話爲三〇五三一號云。

周漢章君更改地址

本會會員周漢章君。其通訊地址。現已改爲上海博物院路十九號七樓七二一號源昌建築公司云。

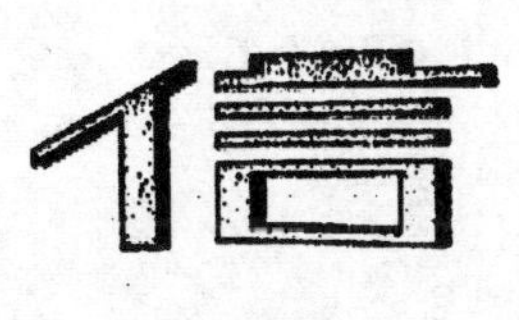

本欄選載建築協會來往重要文件，代爲公布。并發表會員暨讀者等關於建築問題之通信，以資切磋探討。惟各項文件均由具名者負完全責任。

軍事委員會傷兵視察團函

本會徵募運輸卡車

逕啓者。敝團迭接前方辦事處電稱。前方運送傷兵車輛。極感缺乏。致救護傷兵。每因交通不便。不及運抵後方診治。而中途亡故者。比比皆是。思之黯然。素仰貴會同仁於抗日工作。多所贊助。而於抗日將士。愛護尤深。故特函請貴會立予徵募大號運輸卡車數輛。以便轉運前方。而利救護。想貴會會員衆多。集腋成裘。不難立致。如捐有成數。即祈賜知敝團駐京辦公處。（設南京勵志社）是幸。此致

上海市建築協會

主任　黃仁霖

三月二十日

本會覆軍事委員會傷兵視察團函

逕覆者。接誦大函。敬悉一是。台端主持救護傷兵。彌深欽佩。倭奴犯境。關外淪亡。復我河山。義軍是賴。戰鬥既烈。犧牲必多。貴團奉命救護。使負傷志士。得回後方診治。敝會深表同情。然因缺乏車輛。使傷兵半途亡故。則何以慰忠魂而勵士氣。聞之惻然。敝會救國之心。不敢後人。自當遵命募集捐款。購車運贈。日昨已一度集議。現正進行籌募。俟有成數。即行奉告可也。此致

軍事委員會傷兵視察團主任黃仁霖先生

上海市建築協會謹啓

三月二十五日

朱子橋將軍來電

上海南京路大陸商場上海市建築協會公鑒。連日長城各口。激戰甚烈。關於道路工程運輸慰勞諸事。均極待辦理。素稔貴會熱心救國。對以上各事。如能組織慰勞團。北來擔任各項工作。諒多歡迎。如何之處。即希卓裁。朱慶瀾漾。

本會覆朱子橋將軍函

逕覆者。強虜壓境。關外相繼淪陷。再不熱烈抵抗。將何以救我華之危機。吾公率領義軍殺敵。義薄雲霄。彌切欽遲。頃奉 頒來諫電。敬悉一是。敝會救國之心。不敢後入。除日昨接軍事委員會傷兵視察團公函。囑捐運輸卡車。以資救護傷兵。曾經召集會議。尅日進行募款購贈外。更當遵

命籌組慰勞團。北來擔任工作。現正徵集各方意見。俟有端緒。再行奉達可也。如何進行。還希

賜示爲荷。此致

朱子橋將軍 勛鑒

上海市建築協會謹啓

三月二十五日

北平中國營造學社覆本會函

敬覆者。前奉

大示。備諗

貴會組織建築學術討論會。謀斯界術語之統一。嘉惠士林。無任欽佩。頃接讀建築月刊第一卷第三號「建築辭典」初稿。蒐羅宏富。迻譯詳明。洵斯界之導燈。匠工之實筏。盛甚幸甚。敝社前亦有編輯「營造辭彙」之舉。徒以我國營造名詞。隨處異稱。逐地調查。難期普遍。加以時代推移。古制湮沫。循名訓物。尤多懸解。故稿凡數易。卒致中輟。滬上爲人文淵藪。茲以

貴會廣徵同氣。提倡甚力。觀成之期。定復不遠。足爲吾國學術界前途賀。如於此間舊式建築術語。垂問商榷。同人等當貢其一得之愚。共圖進展。順頌

台綏

中國營造學社啓

二月二十七日

編餘

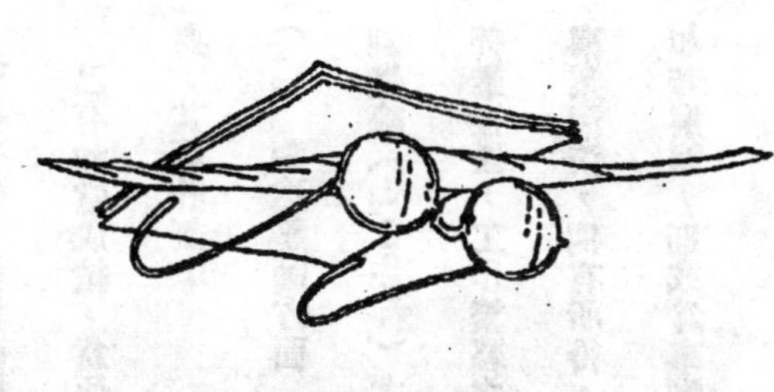

本期插圖除了「滬杭公路杭平段路線圖」外，是二套很完全的新建築房屋圖樣，這都是很值得注意的。

滬杭公路與將來的乍浦商埠有密切的關係，因為滬杭公路是滬杭的交通要道，乍浦就是處於公路中段；往南往北都可利用公路的交通，以利發展。本期先刊其由杭州至金絲娘廟橋及平湖的一段路線圖，於此可窺其交通之一斑，全路線圖容當設法續刊。

上海靜安寺路四行二十二層大廈，為東亞最高之建築物，其構造設計暨工作情形，自多可供讀者參考，本刊特商得該屋設計者鄔達克建築師之同意，將全套圖樣製版刊登，并載構築鋼架之攝影，以示工作之進行狀況，當荷讀者歡迎。

南京華僑招待所房屋為具有東方建築色彩的新建築，與二十二層大廈同其價值，蓋性質形式雖不同，而為建築界之重視則一，至其在建築學上之價值尤不可抹煞。本刊因覓刊全套圖樣及工作攝影，獻於讀者之前。

文字方面除了長篇續稿以外，如「建築工具之兩新發明」與「去年國產油漆銷售概況」等都是須得注意的。建築工程之日趨進步，有賴於建築工具之進步。建築工具在歐美時有發明，我國科學落後，尚未有新的創製，我建築界對於國外之新建築工具，自應注意，本刊之所以選載「建築工具之兩新發明」，即所以引起讀者注意之意。水泥為現代建築物必不可少之物，故運用於水泥建築之工具更宜注意。國產建築材料年來頗有進步，國產油漆之暢銷於市場即此一例，但也可見其大概了。

本期居住問題欄所列居屋式樣，都是西式小住宅。如連幢住宅的式樣，極適合於大小都市的建造，地位經濟，房屋合用，環境又清新幽美。上海尤需要此種式樣的房屋。

上面所介紹的祇其大略，詳細請讀者自去閱覽罷。

下期決定刊登的有上海博物院路亞洲文會的建築圖樣及黃鍾琳君的「顏色混凝土的製造法」等，都屬值得閱讀的作品，請讀者諸君等着吧。

本會服務部之新猷

對建築師：使可撙節固定費用

對營造廠：撰譯重要中英文件

本會服務部自成立以來，承受各方諮詢，日必數起，除擇要在建築月刊發表外，餘均直接函覆，讀者稱便，近感此種服務事業之嘗試，已有相當成績，為便利建築師及營造廠起見，實有積極推廣之必要，其新計劃：

（一）　對建築師方面　建築師繪製圖樣，率用鉛筆，所需細樣，其劃墨線（Tracing）之工作，率由繪圖員或學徒為之。建築師若在營業極盛，工作繁夥之時，僱置多量繪圖員及學徒，自無問題；若事業清淡，偶有所得，則此繪圖員學徒等之薪津，有時實感過鉅。如若解僱，則或為事實所不許，故為使建築師免除此種困難，撙節開支費用起見，服務部可隨時承受此項劃墨線之臨時工作，祇須將草樣交來，予以相當時日，即可劃製完竣。此種辦法原本服務精神，予建築師以便利，故所收手續費極微，每方尺自六分起至六角止，墨水蠟紙均由會供給。（蠟布另議）圖樣內容絕對代守祕密。

（二）　對營造廠方面　營造廠與業主建築師工程師及各關係方面來往函件及合同條文等，有時至感重要；措辭偶一不當，每受無謂損失，協會有鑑及此，代為各營造廠代擬或翻譯中英文重要文件；所有文字，均由會請專家審閱一過，以資鄭重，而維法益。如有委託，詳細辦法可至會面議，或請函詢亦可。

建築材料價目表

本欄所載材料價目，力求正確，惟市價瞬息變動，漲落不一，集稿時與出版時難免出入。讀者如欲知正確之市價者，希隨時來函或來電詢問，本刊當代爲探詢詳告。

磚瓦類

貨名	商號	標記	數量	價目
六孔磚	大中磚瓦公司	12"×12"×8"	每千	二三七元七六
六孔磚	同前	12"×12"×6"	同前	一八一元八二
四孔磚	同前	12"×12"×4"	同前	一二五元八七
六孔磚	同前	9¼"×9¼"×6"	同前	八三元九角一
三孔磚	同前	9¼"×9¼"×4½"	同前	六九元九角三
三孔磚	同前	9¼"×9¼"×3"	同前	五五元九角四
四孔磚	同前	4½"×4½"×9¼"	同前	四〇元五角六
二孔磚	同前	3"×4½"×9¼"	同前	二五元一角八分 以上須外加車力

貨名	商號	標記	數量	價格
二孔磚	大中磚瓦公司	2½"×4½"×9¼"	每千	二二元三角八
二孔磚	同前	2"×4½"×9¼"	同前	二二元三角八
紅機磚	同前	2"×5"×10"	每萬	一四六元八五
紅機磚	同前	2½"×8½"×4¼"	同前	一五三元八五
紅機磚	同前	2"×9"×4⅜"	同前	一三九元八六 以上須外加車力
紅平瓦	同前		每千	七四元一角二
青平瓦	同前		同前	八一元一角二
紅脊瓦	同前		同前	一四八元二五

磚瓦類

貨名	商號	標記	數量	價目
脊脊瓦	大中磚瓦公司		每千	一六二元二四
新式灣瓦	同前		同前	四一元九角六
西班牙筒瓦	同前		同前	六六元三角三
紫面磚	泰山磚瓦公司	2½"×4"×8½"	每千	一一一元八九
白面磚	同前	同前	同前	一一一元八九
紫薄面磚	同前	1"×2½"×8½"	同前	六七元一角三
白薄面磚	同前	同前	同前	六七元一角三
紫薄面磚	同前	1"×2½"×4"	同前	三三元二角六
白薄面磚	同前	同前	同前	三三元二角六
特號火磚	瑞和磚瓦廠	CBC A1	一千	一六七元八三
頭號火磚	同前	CBC	同前	一一一元八九
二號火磚	同前	森字	同前	九二元三角
三號火磚	同前	三星	同前	八三元九角一
木梳火磚	同前	CBC	同前	一六七元八三
斧頭火磚	同前	CBC	同前	一六七元八三
一號紅瓦	同前	花牌	同前	一一一元八九
二號紅瓦	同前	龍牌	同前	一〇四元八九
三號紅瓦	同前	馬牌	同前	九〇元九角
瓦筒	義合花磚瓦筒廠	十二寸	每只	八角四分

貨名	商號	標記	數量	價目
瓦筒	義合	九寸	每只	六角六分
瓦筒	同前	六寸	同前	五角二分
瓦筒	同前	四寸	同前	三角八分
瓦筒	同前	小十三號	同前	八角
瓦筒	同前	大十三號	同前	一元五角四分
青水泥花磚	同前		每方	二〇元九角八
白水泥花磚	同前		每方	二六元五角八
A號汽泥磚	馬爾康洋行	12"×24"×2"	每方五十塊	一二元一角七
B號汽泥磚	同前	12"×24"×3"	同前	一八元一角八
C號汽泥磚	同前	12"×24"×4⅛"	同前	二五元〇四分
D號汽泥磚	同前	12"×24"×6⅛"	同前	三七元二角
E號汽泥磚	同前	12"×24"×8⅜"	同前	五〇元七角七
F號汽泥磚	同前	12"×24"×9¼"	同前	五六元二角二
白磁磚	元泰磁磚公司	6"×6"×⅜"	每打	一元五角四分
壓頂磁磚	同前	6"×1"	同前	一元九角六分
裡外角磁磚	同前	6"×1¼"	同前	一元七角五分
白磁浴缸	同前	5'	每只	五七元三角四
磁面盆	同前	16"×22"	同前	一七元四角九
高低水箱	同前		同前	五六元四角三 三〇元七角七

磚瓦類

貨名	商號	標記	數量	價目
一號精選瑪賽克磁磚	益中機器股份有限公司	全白	每方碼	五元八角七分
二號精選瑪賽克磁磚	同前	白心黑邊黑磚不過一成	同前	六元二角九分
三號精選瑪賽克磁磚	同前	花樣複雜色磚不過二成	同前	六元九角九分
四號精選瑪賽克磁磚	同前	花樣複雜色磚不過四成	同前	七元六角九分
五號精選瑪賽克磁磚	同前	花樣複雜色磚不過六成	同前	八元三角九分
六號精選瑪賽克磁磚	同前	花樣複雜色磚不過八成	同前	九元〇九分
七號精選瑪賽克磁磚	同前	花樣複雜色磚十成以內	同前	九元七角九分
八號普通瑪賽克磁磚	同前	全白	同前	四元八角九分
九號普通瑪賽克磁磚	同前	白心黑邊黑磚不過一成	同前	五元五角九分

木材類

貨名	商號	標記	數量	價目
洋松	上海市同業公會公議價目	八尺至三十二尺（再長照加）	每千尺	九八元五角九
洋松	同前	一半 一寸 一二	同前	一〇一元七五
洋松一寸六寸毛板	同前		同前	一〇一元七五
洋松二寸光板	同前		同前	七二元七角三
四尺洋松條子	同前		每萬根	一六七元八三
一寸四寸洋松一號企口板	同前		每千尺	一一一元八九
一寸六寸洋松一號企口板	同前		同前	一二五元八七

貨名	商號	標記	數量	價目
一二五·四寸一號洋松企口板	上海市同業公會公議價目		每千尺	一五三元八五
一二五·六寸洋松一號企口板	同前		同前	一六七元八三
柚木（頭號）	同前	僧帽牌	同前	六二九元三七
柚木（甲種）	同前	龍牌	同前	四八八元九五
柚木（乙種）	同前	龍牌	同前	四一九元五八
柚木段	同前	龍牌	同前	三四九元〇九
硬木	同前		同前	二〇九元一三
硬木火介方	同前		同前	一八一元八二
九尺寸坦戶板	同前		每丈	一元四角
柳安	同前		每千尺	二二三元七七
紅板	同前		同前	一二五元八七
抄板	同前		同前	一五三元八五
十二尺三寸六八皖松	同前		同前	六二元九角三
一二五一四寸柳安企口板	同前		同前	二六五元七三
十二尺二寸皖松	同前		同前	六二元九角三
一寸六寸柳安企口板	同前		同前	二五一元七五
二寸一半建松片	同前		同前	六二元九角三
一丈宇印建松片	同前		每丈	三元三角六分
一丈足建松片	同前		同前	五元三角一分
八尺寸甌松片	同前		同前	三元九角三分

木材類

貨名	商號說明		數量	價格
一寸六寸一號甌松板	上海市同業公會公議價目		每千尺	四七元五角五
一寸六寸二號甌松板	同前		同前	四四元七角六
八尺機鋸五分杭松板	同前		每丈	二元一角
九尺機鋸五分甌松板	同前		同前	一元九角六分
八尺足寸皖松板	同前		同前	四元六角一分
一丈寸皖松板	同前		同前	五元五角九分
八尺六分皖松板	同前		同前	三元五角
台松板	同前		同前	二元九角二分
九尺八分坦戶板	同前		同前	一元二角六分
九尺五分坦戶板	同前		同前	九角八分
八尺六分紅柳板	同前		同前	二元二角四分
七尺俄松板	同前		同前	一元九角六分
八尺俄松板	同前		同前	二元二角四分

油漆類

貨名	商號說明		數量	價格
上上白漆	振華油漆公司	飛虎牌	每28磅	十一元
AA上白漆	同前	同前	同前	七元
A上白漆	同前	同前	同前	五元三角
AA二白漆	同前	同前	同前	九元
二白漆	同前	同前	同前	四元八角
A各色漆	同前	同前	同前	四元六角
各色漆	同前	同前	同前	四元

貨名	商號	標記	數量	價格
白及各色漆	振華油漆公司	雙旗牌	每28磅	二元九角
AA紅丹	同前	飛虎牌	同前	八元
漆油	同前	同前	每五介侖	十三元
燥液	同前	同前	同前	十四元五角
燥漆	同前	同前	每28磅	五元四角
各色漆	同前	飛虎牌 普通房屋用	五六磅	十四元
AA純鋅上白漆	開林油漆公司	雙斧牌	二十八磅	九元五角
AA純鉛上白漆	同前	同前	同前	八元五角
A白漆	同前	同前	同前	六元八角
B白漆	同前	同前	同前	五元三角半
K白漆	同前	同前	同前	三元九角
KK白漆	同前	同前	同前	二元九角
A各色漆	同前	同前	同前	三元九角
B各色漆	同前	同前	同前	三元九角
銀硃調合漆	同前	同前	一介侖	十一元
白色調合漆	同前	同前	同前	五元三角
各色調合漆	同前	同前	同前	四元四角
白及各色磁漆	同前	同前	同前	七元
金粉磁漆	同前	同前	同前	十二元
白打磨磁漆	同前	同前	半介侖	三元九角

油漆類

貨名	商號	說明	數量	價格
各色打磨磁漆	開林油漆公司	雙斧牌	半介倫	三元四角
甲種嗶呢士	同前	同前	五介倫	二十二元
乙種嗶呢士	同前	同前	同前	十六元
黑嗶呢士	同前	同前	同前	十二元
AA特白厚漆	永華製漆公司	醒獅牌厚漆	二十八磅	六元八角
A上白厚漆	同前	同前	同前	五元三角
二號各色厚漆	同前	同前	同前	二元九角
黑硃磁漆	同前	醒獅牌快性磁漆	一介倫	九元
各色磁漆	同前	同前	同前	六元六角
金銀磁漆	同前	同前	同前	十元七角
汽車罩光凡立水	同前	醒獅牌凡立水	一介倫	四元六角
清凡立水	同前	同前	同前	三元二角
黑凡立水	同前	同前	同前	二元五角
硃紅調合漆	同前	醒獅牌調合漆	一介倫	八元五角
白色調合漆	同前	同前	同前	四元九角
各色調合漆	同前	同前	同前	四元一角
改良金漆	同前	醒獅牌木器漆	一介倫	三元九角
核桃木器漆	同前	同前	同前	三元九角
硃紅汽車磁漆	同前	醒獅牌汽車磁漆	同前	十二元
各色汽車磁漆	同前	同前	同前	九元

商號	品號	品名	裝量	價格	用途	每介侖能蓋方數
元豐公司	建一	白厚漆	28磅	二元八角	木質打底	三方
同前	建二	黃厚漆	同前	二元八角	土木質打底	三方
同前	建三	紅厚漆	同前	二元八角	鋼鐵打底	四方
同前	建四	頂上白厚漆	同前	十元	蓋面	五方
同前	建五	燥頭	七磅	一元二角	促乾	
同前	建六	淡色魚油	六介侖	十六元半	調合原漆	(土)三方 (木)六方
同前	建七	快燥魚油	五介侖	十四元半	同前	同右
同前	建八	三煉光油	六介侖	二十五元	同前	同右
同前	建九	發彩油(紅黃藍)	一磅	一元四角半	配色	
同前	建十	香水	五介侖	八元	調漆	
同前	建十一	漿狀洋灰釉	二十磅	八元	門面	四方
同前	建十二	調合洋灰釉	二介侖	十四元	門面地板	五方
同前	建十三	漿狀水粉漆	二十磅	六元	牆壁	三方
同前	建十四	橡黃釉	二介侖	七元五角	門窗地板	五方
同前	建十五	柚木釉	同前	七元五角	同前	五方
同前	建十六	花利釉	同前	七元五角	同前	五方
同前	建十七	上白磁漆	同前	十三元半	蓋面	六方
同前	建十八	朱紅磁漆	同前	廿三元半	同前	五方
同前	建十九	純黑磁漆	同前	十三元	同前	五方
同前	建二十	紅丹油	五六磅	十九元半	防銹	四方

油漆類

商號	品號	品名	裝量	價格	用途	每介侖能蓋方數
元豐公司	建二一	鋼窗灰	五六磅	廿一元半	防銹	五方
同前	建二二	鋼窗李	同前	十九元半	防銹	五方
同前	建二三	鋼窗綠	同前	廿一元半	同前	五方
同前	建二四	屋頂紅	同前	十九元半	同前	五方
同前	建二五	上白調合漆	五介侖	三十四元	蓋面	五方
同前	建二六	上綠調合漆	同前	三十四元	同前	五方
同前	建二七	水汀銀漆	二介侖	二十一元	汽管汽爐	五方
同前	建二八	水汀金漆	同前	二十一元	同前	五方
同前	建二九	凡宜水（清黑）	二介侖 五介侖	九元 二十一	罩光	五方

商號	商標	貨名	裝量	價格	用途
永固造漆公司	長城牌	各色磁漆	一介侖	七元	髹於銅鐵及木製器具上顏色鮮豔堅韌耐久
同前	同前	同前	半介侖	三元六角	
同前	同前	同前	二五介侖	一元九角	
同前	同前	金銀色磁漆	一介侖	十元七角	同前
同前	同前	同前	半介侖	五元五角	
同前	同前	同前	二五介侖	二元九角	
同前	同前	改良廣漆	五介侖	十八元	有金黃紅木及棕紅色數種最合于木器傢具地板等處
同前	同前	同前	一介侖	三元九角	
同前	同前	同前	半介侖	二元	

商號	商標	貨名	裝量	價格	用途
永固造漆公司	長城牌	清凡立水	五介侖	十六元	易乾耐用光亮透明用於傢具木器地板等可增美觀而防物腐
同前	同前	同前	一介侖	三元三角	
同前	同前	同前	半介侖	一元七角	
同前	同前	黑凡立水	五介侖	十二元	
同前	同前	同前	一介侖	二元五角	
同前	同前	同前	半介侖	一元三角	
同前	同前	灰防銹漆	五六磅	二十二元	用於鋼鐵器具上最有防銹之功效
同前	同前	同前	一介侖	四元四角	
同前	同前	紅防銹漆	五六磅	二十元	
同前	同前	同前	一介侖	四元	
同前	同前	各色調合漆	五六磅	廿元五角	用於傢具牆壁窗戶等最為經濟
同前	同前	同前	一介侖	四元四角	
同前	同前	同前	半介侖	二元三角	
同前	同前	硃紅調合漆	五六磅	卅二元六角	
同前	同前	同前	一介侖	七元	
同前	同前	同前	半介侖	三元六角	
同前	同前	上上白厚漆	二八磅	七元	專備各項建築工程輪船橋樑及房屋之用
同前	同前	上白厚漆	同前	五元三角半	
同前	同前	上各色厚漆	同前	四元六角	
同前	同前	二號各色厚漆	同前	二元九角	

油漆類

商號	商標	貨名	裝量	價格	用途
永固造漆公司	長城牌	紅丹	二十八磅	十一元半	
同前	同前	燥油	五介侖	十四元半	用於油漆能加
同前	同前	同上	一介侖	三元	增其乾燥性
同前	同前	燥漆	二十八介侖	五元四角	
同前	同前	同上	七磅	一元四角	
同前	同前	AA魚油	五介侖	十七元半	專供調薄各色
同前	同前	A魚油	五介侖	十五元	厚漆之用
大陸實業公司	同前	固木油	一介侖	三元五角	
同前	同前	同上	五介侖	十七元四九	
同前	同前	同上	四十介侖	一二二元八九	

鋼條類

商號	貨名	尺寸	數量	價格
森仁茂	鋼條	四十尺長二分光圓	每噸	一一八元八角八分
同前	鋼條	四十尺長二分半光圓	同前	一一八元八角八分
同前	竹節	四十尺長三分方圓	同前	一〇七元六角九分
同前	竹節	四十尺長四分方圓	同前	一〇六元二角九分
同前	竹節	四十尺長五分方圓	同前	一〇六元二角九分
同前	竹節	四十尺長六分方圓	同前	一〇六元二角九分
同前	竹節	四十尺長七分方圓	同前	一〇六元二角九分
同前	竹節	四十尺長一寸方圓	同前	一〇六元二角九分
同前	盤圓		每擔	七元六角九分

五金類

貨名	商號	數量	價格	備註
二二號英白鐵	新仁昌	每箱	六七元五五	每箱廿一張重四二〇斤
二四號英白鐵	同前	每箱	六九元〇二	每箱廿五張重量同上
二六號英白鐵	同前	每箱	七二元一〇	每箱卅三張重量同上
二二號英瓦鐵	同前	每箱	六一元六七	每箱廿一張重量同上
二四號英瓦鐵	同前	每箱	六三元一四	每箱廿五張重量同上
二六號英瓦鐵	同前	每箱	六九元〇二	每箱卅三張重量同上
二八號英瓦鐵	同前	每箱	七四元八九	每箱卅八張重量同上
二二號美白鐵	同前	每箱	九一元〇四	每箱廿一張重量同上
二四號美白鐵	同前	每箱	九九元八六	每箱廿五張重量同上
二六號美白鐵	同前	每箱	一〇八元三九	每箱卅三張重量同上
二八號美白鐵	同前	每箱	一〇八元三九	每箱卅八張重量同上
美方釘	同前	每桶	十六元〇九	
平頭釘	同前	每桶	十八元一八	
中國貨元釘	同前	每桶	八元八一	
半號牛毛毡	同前	每捲	四元八九	
一號牛毛毡	同前	每捲	六元二九	
二號牛毛毡	同前	每捲	八元七四	
三號牛毛毡	同前	每捲	十三元五九	

灰泥類

貨名	商號標記	數量	價格	備註
桶裝水泥	中國水泥公司	每桶	六元九九	每桶重一七〇公斤
袋裝水泥	同前	每一七〇公斤	六元四三	以上二種均以上海棧房交貨爲準
洋灰	同前	每桶	六元五角	外加統稅每桶六角
頭號石灰	大康	每担	一元九角	
二號石灰	大康	每担	一元七角	
三會火泥	瑞和白色	海袋	三元六角	運費每袋三角
三會火泥	瑞和紅色	每袋	三元	同上
火泥	泰山磚瓦公司	一噸	二十元	
黑沙泥		每方	自六元至八元	
水沙		每方	自十五元至十八元	
甯波沙		每噸	三元一角	
湖州沙		每噸	二元四角	

粗細紙類

貨名	商號標記	數量	價格	備註
頂尖紙	大康	每塊	五角	
細紙	大康	每塊	三角	
粗紙	大康	每塊	三角半	

建築工價表

名稱	數量	價格
清混水十寸牆水泥砌雙面柴泥水沙	每方	洋七元五角
柴混水十寸牆灰沙砌雙面清泥水沙	每方	洋七元
清混水十五寸牆水泥砌雙面柴泥水沙	每方	洋八元五角
清混水十五寸牆灰沙砌雙面柴泥水沙	每方	洋八元
清混水五寸牆水泥砌雙面柴泥水沙	每方	洋六元五角
清混水五寸牆灰沙砌雙面柴泥水沙	每方	洋六元
汰石子	每方	洋九元五角
平頂大料線脚	每方	洋八元五角
泰山面磚	每方	洋八元五角
磁磚及瑪賽克	每方	洋七元
紅瓦屋面	每方	洋二元

名稱	數量	價格
灰漿三和土（上脚手）		洋三元五角
灰漿三和土（落地）		洋三元二角
掘地（五尺以上）	每方	洋七角
掘地（五尺以下）	每方	加六角
紮鐵（茅宗盛）	每擔	洋五角五分
工字鐵紮鉛絲（仝上）	每噸	洋四十元
擣水泥（普通）	每方	洋三元二角
擣水泥（工字鐵）	每方	洋四元

名稱	商號	數量	價格	備註
二十四號九寸水落管子	范泰興	每丈	一元四角五分	
二十四號十二寸水落管子	同前	每丈	一元八角	
二十四號十四寸方管子	同前	每丈	二元五角	
二十四號十八寸方水落	同前	每丈	二元九角	
二十四號十八寸天斜溝	同前	每丈	二元六角	
二十四號十二寸還水	同前	每丈	一元八角	
二十六號九寸水落管子	同前	每丈	一元一角五分	
二十六號十二寸水落管子	同前	每丈	一元四角五分	
二十六號十四寸方管子	同前	每丈	一元七角五分	
二十六號十八寸方水落	同前	每丈	二元一角	
二十六號十八寸天斜溝	同前	每丈	一元九角五分	
二十六號十二寸還水	同前	每丈	一元四角五分	
十二寸瓦筒擺工	義合花磚瓦筒廠	每丈	一元二角五分	
九寸瓦筒擺工	同前	每丈	一元	
六寸瓦筒擺工	同前	每丈	八角	
四寸瓦筒擺工	同前	每丈	六角	
粉做水泥地工	同前	每方	三元六角	

南美「蒙梯惟堤」新電廠、於去年年中開始給電（請參閱第一圖）該廠所計劃之能力爲五萬瓩安、幷有預備將來擴充至一百二十瓩安之設備，汽鍋燃料可用煤或油，俾遇其中的一種缺乏之時、可改用另一種燃料作爲準備燃料。燃料係運自河中、所需運煤設備、容量較大，爲德國著名特麥廠所承辦建造、

如第二圖所示全廠設備、於水旁岸旁築有一碼頭、達於港口、距離一百五十公尺、（五百英尺）碼頭上置一可以行動之握箕吊車（a）將船內之煤料運至皮帶運送機（1）該皮帶裝煤另備、裝在一吊車軌道上之行動漏斗皮帶、（1）內插入天平、能以自動記錄在皮帶上經過、煤料之重量使在一定時間內運送之煤量能決定也、皮帶一將煤運至第二皮帶（二）、該帶置于高度約十公尺、（三十三英尺）該皮帶經過煤棧（6）、可將煤料運至煤棧（b）、或至軋煤及篩煤廠（d）自軋煤及篩煤廠煤料經皮帶（三）至煤箱、

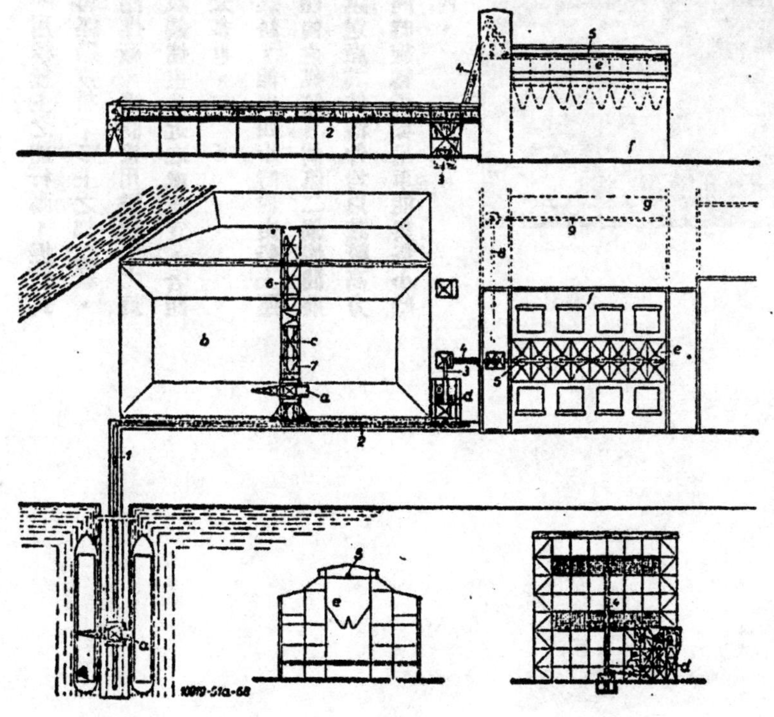

、再由箕斗式升降機中運至鍋爐間（f）、再用皮帶（5）降落至煤箱（七）、爲預備將來之擴充、另設計鍋爐間（g）之地位、預備箕斗升降機（4）、經皮帶（8）及（9）運煤。

倘煤料須堆在煤棧、由皮帶一運送至皮帶之煤料、卸入裝于載重橋樑之皮帶（6）該橋樑係行動式、其跨過煤棧兩柱子、距離爲（四十二公尺）、即（一百卅七英尺）、皮帶（6）上裝有傾斜器、使煤能散佈、與煤棧之任使、何處煤棧取煤、用橋樑上之能行動、握箕式吊車(a)、吊車(a)將煤傾入煤箱、再經過皮帶(1)上之加煤器、再將煤移入皮帶(2)、而運入軋煤及篩煤廠、或直接用橋樑上之旋轉吊車亦可加入軋煤廠內、惟以煤棧離鍋爐室最近之處爲宜、若距離太遠、時間及力量因橋樑來日損失太多也、

運送廠之能力爲與廿四小時內應用之煤料、能與四小時內由船上運至煤棧、或與六小時自煤棧運至鍋爐間內之煤箱、倘第二鍋爐間將來造成祗須再與碼頭上加一吊車、蓋運送廠其他機件均以該較高力量計劃者岸邊之吊車則爲二百廿噸、同時旋轉橋樑吊車能與每小時由煤棧運煤一百五十噸、送至鍋爐室內、

中華民國二十二年三月份出版

建築月刊

第一卷第五號

編輯者　上海市建築協會　南京路大陸商場六樓六二〇號

發行者　上海市建築協會　南京路大陸商場六樓六二〇號

電話　九二〇〇九

印刷者　新光印書館　上海法租界聖母院路聖達里三十一號

投稿簡章

一、本刊所列各門，皆歡迎投稿。翻譯創作均可，文言白話不拘。須加新式標點符號。譯作附寄原文，如原文不便附寄，應詳細註明原文書名，出版時日地點。

一、一經揭載，贈閱本刊或酌酬現金，撰文每千字一元至五元，譯文每千字半元至三元。重要著作特別優待。投稿人却酬者聽。

一、來稿本刊編輯有權增删，不願增删者，須先聲明。

一、來稿概不退還，預先聲明者不在此例，惟須附足寄還之郵費。

一、抄襲之作，取消酬贈。

一、稿寄上海南京路大陸商場六二〇號本刊編輯部。

本刊價目表

零售	每冊大洋五角
定閱	全年十二冊大洋五元（半年不定）
郵費	本埠每冊二分，全年二角四分；外埠每冊五分，全年六角；香港南洋羣島及西洋各國每冊一角八分。
優待	同時定閱二份以上者，定費九折計算。

定閱諸君如有詢問事件或通知更改住址時，請註明(一)定單號數(二)定戶姓名(三)原寄何處，方可照辦。

廣告價目

地位	全面	半面	四分之一
底封面外面	七十五元	.	
封面及底面之裏面	六十元	三十五元	
封面裏頁及底面裏頁之對面	五十元	三十元	
普通地位	四十五元	三十元	二十元
分類廣告	每期每格三寸半闊一寸高大洋四元		

廣告概用白紙黑墨印刷，倘須彩色，價目另議；鑄版彫刻，費用另加。長期刊登，尚有優待辦法，請逕函本刊廣告部接洽。

THE BUILDER

Published Monthly by

THE SHANGHAI BUILDERS' ASSOCIATION
Office - Room 620, Continental Emporium,
Nanking Road, Shanghai.
TELEPHONE 92009

ADVERTISEMENT RATES PER ISSUE.

Position	Full Page	Half Page	Quarter Page
Outside Back Cover	$75.00	----	----
Inside Front or Back Cover	$60.00	$35.00	----
Opposite of Inside or Back Cover	$50.00	$30.00	----
Ordinary Page	$45.00	$30.00	$20.00
Classified Advertisements – $4.00 per column. (on classified page)			

NOTE :- Designs, blocks to be charged extra.
Advertisements inserted in two or more colors to be charged extra.

SUBSCRIPTION RATES

Local (post paid) .... $5.24 per annum, payable in advance.
Outports (post paid) .... $5.60 per annum, payable in advance.
Foreign countries, (post paid) .... $7.00 per annum, payable in advance.

MECHANICAL REQUIREMENTS.

Full Page .... 7" Wide × 10" High
Half Page.................... 7" „ × 5 " „
Quarter Page................ 3½" „ × 5 " „
Classified Advertisement.......... 1" × 3½" per column.

營造漆之蓋方

慎成

漆以營造名者，所以別于舟車橋梁飛機傢俱機械軍用美術等漆也。凡宜于屋頂地板門窗戶壁之漆皆屬焉。但宜于金者未必適于木，而適于土者未必宜于金。選擇偶一不慎，則鋼鐵之銹折木屬之腐朽土質之崩敗接踵而至。此建築師營造廠油漆作三方相互之職責非慎之于始不為功也。故採料之初，須辨明欲漆物體之種類（如屋頂大門地板等）質地（鋼鐵土木）顏色（深淺與回光及經久有關）並指定內用抑外用、打底抑蓋面、及所期光澤（如平光透光油光磁光）尤須注重油漆之品質（如上刷爽利、蓋方廣闊、結膜堅勻、耐潮，耐熱等之實地檢驗）。茲篇首重蓋方，因蓋方廣闊之油漆必其上刷爽利者。上刷爽利，結膜乃能堅勻。未有結膜不堅勻而能耐潮耐熱者。易言之，蓋方為判別優劣之中樞。即每介侖（約四公斤）一層改觀所蓋之方數。下表所載為營造漆之標準蓋方。遜乎此者不可用。

品名	裝量	用途	用法	每介侖應蓋方數
白厚漆	廿八磅	木質打底	八桶加燥頭十四磅快燥魚油八介侖成打底白漆廿一介侖	三方
黃厚漆	仝右	土木質打底	仝右	仝右
紅厚漆	仝右	鋼鐵打底	仝右	四方
頂上白厚漆	仝右	蓋、面	（外用）二桶加燥頭七磅淺色魚油六介侖成上白蓋面漆九介侖 （內用）二桶加燥頭七磅快燥魚油五介侖成上白蓋面漆八介侖	五方
燥頭	七磅	促乾	和魚油或光油調合厚漆	
淺色魚油	六介侖	調合厚漆	又可用為水門汀三合土之底漆及木器之揩漆	（土）三方 （木）六方
快燥魚油	五介侖	調合厚漆	仝右	仝右
三燥光油	六介侖	仝右	仝右（稍加香水）	仝右
發彩油	一磅	配色	加入白漆可得雅麗彩色（紅）（黃）（藍）	
香水	五介侖	調漆	徐加勤拌	
漿狀洋灰釉	二十磅	門面	和香水一介侖成漆（平光）二介侖可漆牆壁 和光油一介侖成漆（足光）二介侖可漆門面	四方
調合洋灰釉	二介侖	門面地板	開桶可用能防三合土建築之崩裂	五方
漿狀水粉漆	二十磅	牆壁	和水十磅成平光漆三介侖乾後耐洗	三方
橡黃釉	二介侖	門窗地板	開桶可用宜各式木質建築物	五方
柚木釉	仝右	仝右	仝右	仝右
花利釉	仝右	仝右	仝右	仝右
上白磁漆	二介侖	蓋面	開桶可用宜廠站廳堂	六方
朱紅磁漆	仝右	仝右	開桶可用宜大門庭柱等裝修	五方
純黑磁漆	仝右	仝右	仝右	五方
紅丹油	五十六磅	防銹	開桶可用永不結塊	四方
鋼窗灰	五十六磅	防銹	開桶可用宜各式鋼鐵建築物	五方
鋼窗李	仝右	仝右	仝右	仝右
鋼窗綠	仝右	仝右	仝右	仝右
屋頂紅	仝右	仝右	仝右	仝右
上白調合漆	五介侖	蓋面	開桶可用宜上等裝修	五方
上綠調合漆	五介侖	仝右	仝右	仝右
水汀銀漆	二介侖	汽管爐	開桶可用耐熱不脫	五方
水汀金漆	仝右	仝右	仝右	仝右
營造凡宜水	（三）（五）介侖	罩光	仝右耐潮耐晒	五方

周順記營造廠

本廠專門承造各種中西房屋橋樑鐵道壩岸廠房道路等以及一切大小鋼骨水泥工程無不擅長如蒙委託或詢問無不竭誠歡迎

本廠宗旨

以最迅速之手段建造最精良之工程

地址：上海小沙渡路八十三號甲

電話三〇五五九

潘榮記營造廠

12 FOCH TERRACE,
AVEUNE FOCH.
Telephone 72194

POAN YOUNG KEE

GENERAL CONTRACTOR

For all Kinds of buildings also reinforced Concrete &. tce.

上海福煕路
福煕坊十二號
電話七二一九四

上圖為本廠承造之宏恩醫院工作情形

本廠經營建築十有八年對於各種建築工程俱極專門先後承造之建築工程不下百餘處茲將最近數年中完工之建築物開列如左

逸園跑狗場
法商水電公司棧房及水池
羅泰棧房
新開河救火會
西門婦孺醫院
貝當路法國兵房
建業里自來水亭
法公董局排築大陰溝
中華職業教育社
甯波貰駟橋劉和房
鎮海莊市同義醫院
眉州路橋
烏鎮路水泥砌岸
上海自來水公司排築卅寸水管
徐家匯路百代公司棧房
眉州路鋼中廠
一中棉織廠
大西路宏恩醫院
黑龍路慈幼會學校
漢口路揚子飯店
西摩路華業公寓

信昌機器鐵廠

上海北山西路四一三號

電話 四一五四三

本廠專造水泥盤車吊車打樁車各種機器銅鐵翻砂以及銅鐵欄杆等

信昌機器鐵廠

朱森記營造廠

總事務所

上海平涼路積善里一二八三號

電話

五〇七五三

上海市政府新屋

由本廠承造

左列各戶係本廠承辦工程之一部份

- 中國科學社明復圖書館
- 中央研究院鋼鐵試驗場
- 先烈陳英士紀念塔
- 中央氣象研究所
- 先烈陳英士紀念堂
- 南京生物研究所
- 蘇州交通銀行
- 蘇州金城銀行
- 整理文廟公園
- 市立圖書館
- 莊俊建築師住宅
- 榮金大戲院

本廠專造各式中西房屋以及銀行堆棧廠房校舍橋樑道路水泥壩岸碼頭鉄道等一切大小工程並可代客設計圖樣工程堅美各項職工尤屬經驗富足定能使主顧十分滿意

電話 接轉90010

靜安寺路
華安大廈下層東首

飽飫烹宰
適口充腸

座位地點烹調招待
舒適幽靜精潔週到
▲午餐一元二角◉▲半夜餐每客一元
▲晚餐一元七角◉▲茶點每客五角

華安公司 華安飯店副業之一

跑馬廳前 八樓大廈 空氣新鮮
交通便利 雙單房間 設備俱全
凉爽衛生 價格低廉 論月計日
均聽客便 幽靜清潔 絕無塵囂
僕役招待 唯命是聽 屋頂大菜
尤與衆異 集會團聚 賓至如歸
親朋小宴 亦堪週旋 洋酒冷食
應有盡有 如蒙賜顧 竭誠歡迎

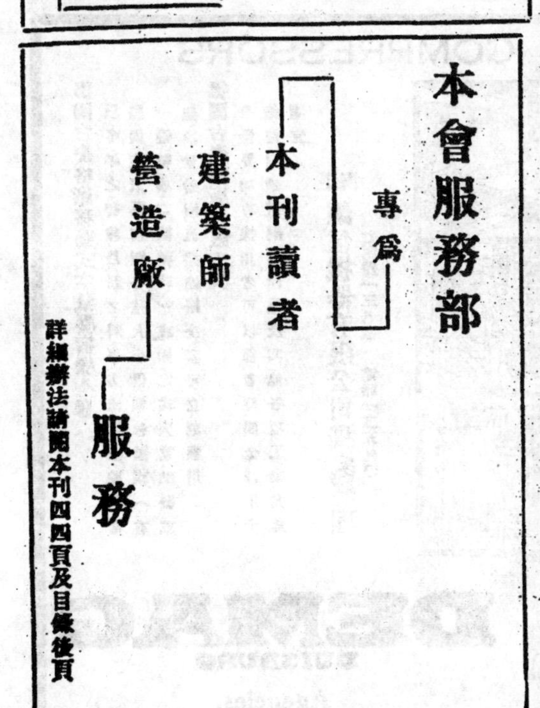

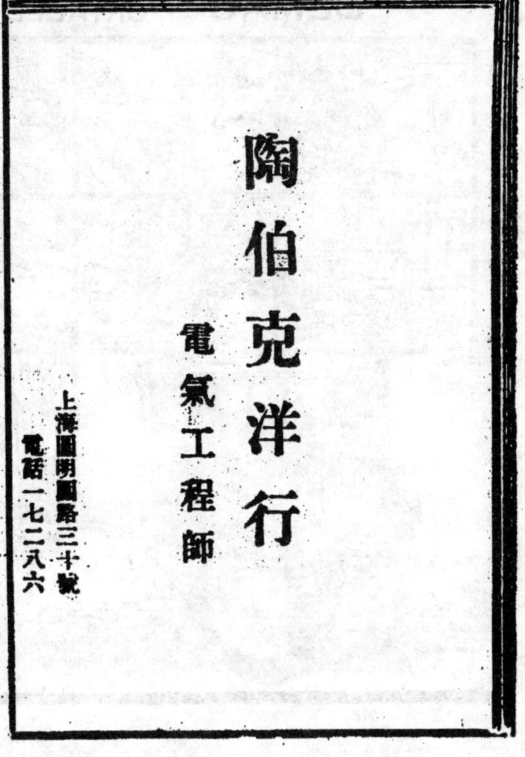

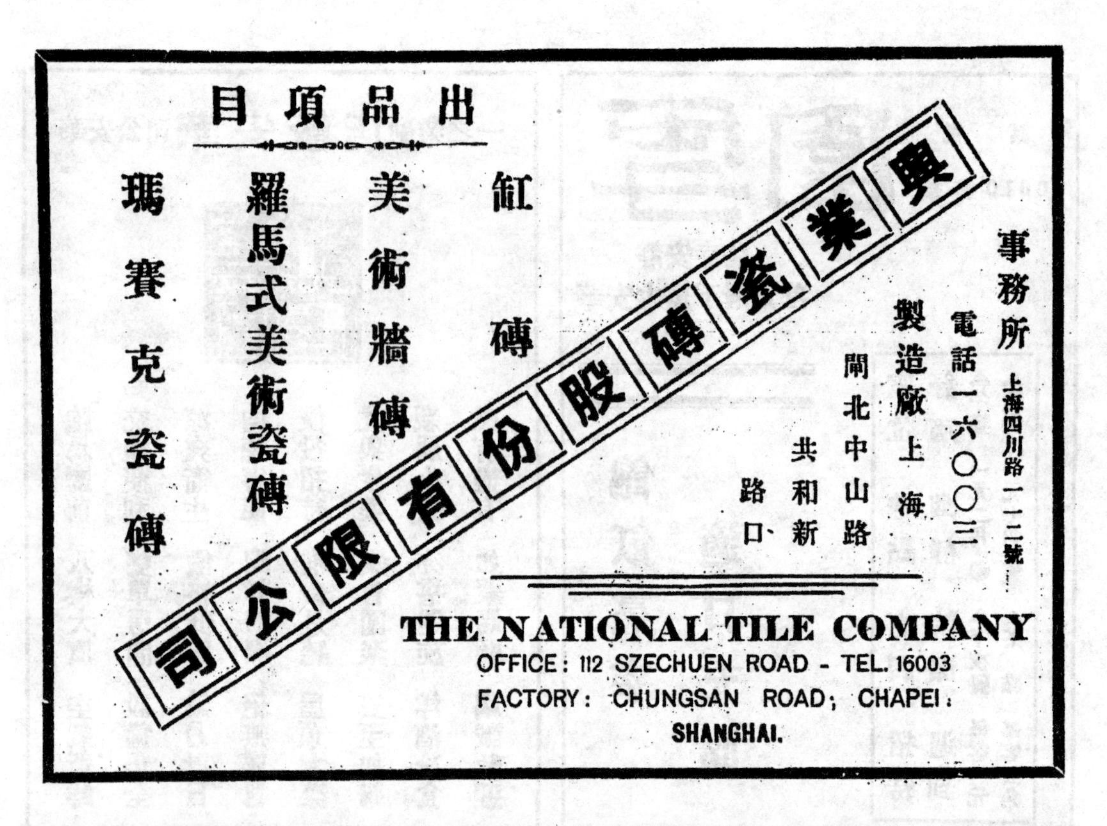
出品項目
缸磚
美術牆磚
羅馬式美術瓷磚
瑪賽克瓷磚
興業瓷磚股份有限公司
事務所 上海四川路一一二號
電話一六〇〇三
製造廠 上海閘北中山路共和新路口
THE NATIONAL TILE COMPANY
OFFICE: 112 SZECHUEN ROAD - TEL. 16003
FACTORY: CHUNGSAN ROAD; CHAPEI:
SHANGHAI.

DEMAG PORTABLE COMPRESSORS
德國台麥格廠移動式空氣壓榨機全套
以多年之經驗最新之科學方法構造成非常
堅固空氣壓榨機各種大小俱備移動式（有
一輪軸或二輪軸式）或固定式與電動機或
柴油發動機直接連絡全套可立刻應用
德國台麥格廠空氣工具
全世界均有採用者可以節省時間金錢用于
築路開地道鋼架建築及其他各項工業尤為
適宜
上海 謙信機器有限公司獨家經理
江西路一三八號 電話一三五九〇
21309
DEMAG
DUISBURG
Agencies.

新申營造廠

總辦事處 ~~康腦脫路六八二號~~
康腦脫路康樂坊十二號

電話 三四一七一

專門承造一切大小建築
鋼骨水泥工程工場廠房
以及碼頭橋樑等等

上圖乃麥特赫司脫公寓。由新瑞和洋行設計。爲靜安寺路上最宏偉之公寓建築。現正由本廠建築中。

NEW SHANGHAI CONSTRUCTION CO.

Office: ~~681 Connaught Road.~~
Lane 179, No. 12 Connaught Road.
Telephone 34171

五和洋行

REPUBLIC LAND INVESTMENT CO.

地產買賣　房屋經租　設計打樣　房產押款

圓明園路廿一號　電話一四三五六

21 YUEN MING YUEN ROAD
TEL. 14356

德興電料行

上海南京路四十九號二樓

電話 一八三九四 一七二六九

本行承裝各埠電氣工程略舉如下備資參考

本埠工程

華商證券交易所　漢口路
四明銀行號房及市房　福煦路
美華地產公司市房　施高塔路
交通部部長住宅　愚園路
外國公寓　威海衛路
永安公司地產市房　北四川路
四達地產公司市房　施高塔路
中華學藝社　愛麥虞限路
普益社　南市篾竹街
青心女學　南市跨龍路
楊虎臣公館　海防路
楊顯銓公館　環龍路
馬公館　寶建路

外埠工程

青年會　寧波新江橋
華美醫院　寧波北門外
鐵道部　南京
山東國立大學　青島
嚴春陽住宅　南通石港
浙江圖書館　杭州
野利醫院　湖南

德興電料行謹啓

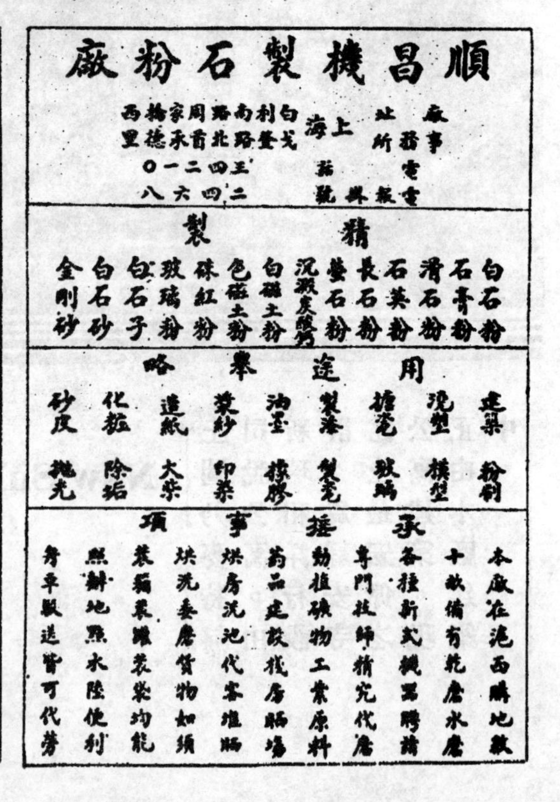

桂蘭記營造廠

本廠宗旨

以最新建築工程學服務社會振興國內建設

本廠專門承造中西房屋學校醫院市房住宅崇樓大廈鋼骨水泥及鋼鐵建築廠房橋樑碼頭等工程無不經驗宏富如蒙委託無任歡迎

地址；上海閘北大統路車德里十五號

新金記康號營造廠

本廠專門承造各種
中西房屋橋樑鐵道
碼頭等以及一切大
小鋼骨水泥工程

總事務所
上海南京路大陸商場五四一號
電話九一三九四
上海蒲石路三百十八號

分事務所
上海海甯路一七〇四號
電話四〇九三八

SING KING KEE (KONG HAO)

GENERAL BUILDING CONTRACTORS

Head office:
Continental Emporium, Room 541
Nanking Road.
Tel. 91394
318 Rue Bourgeat.

Branch office:
1704 Haining Road,
Tel. 40938

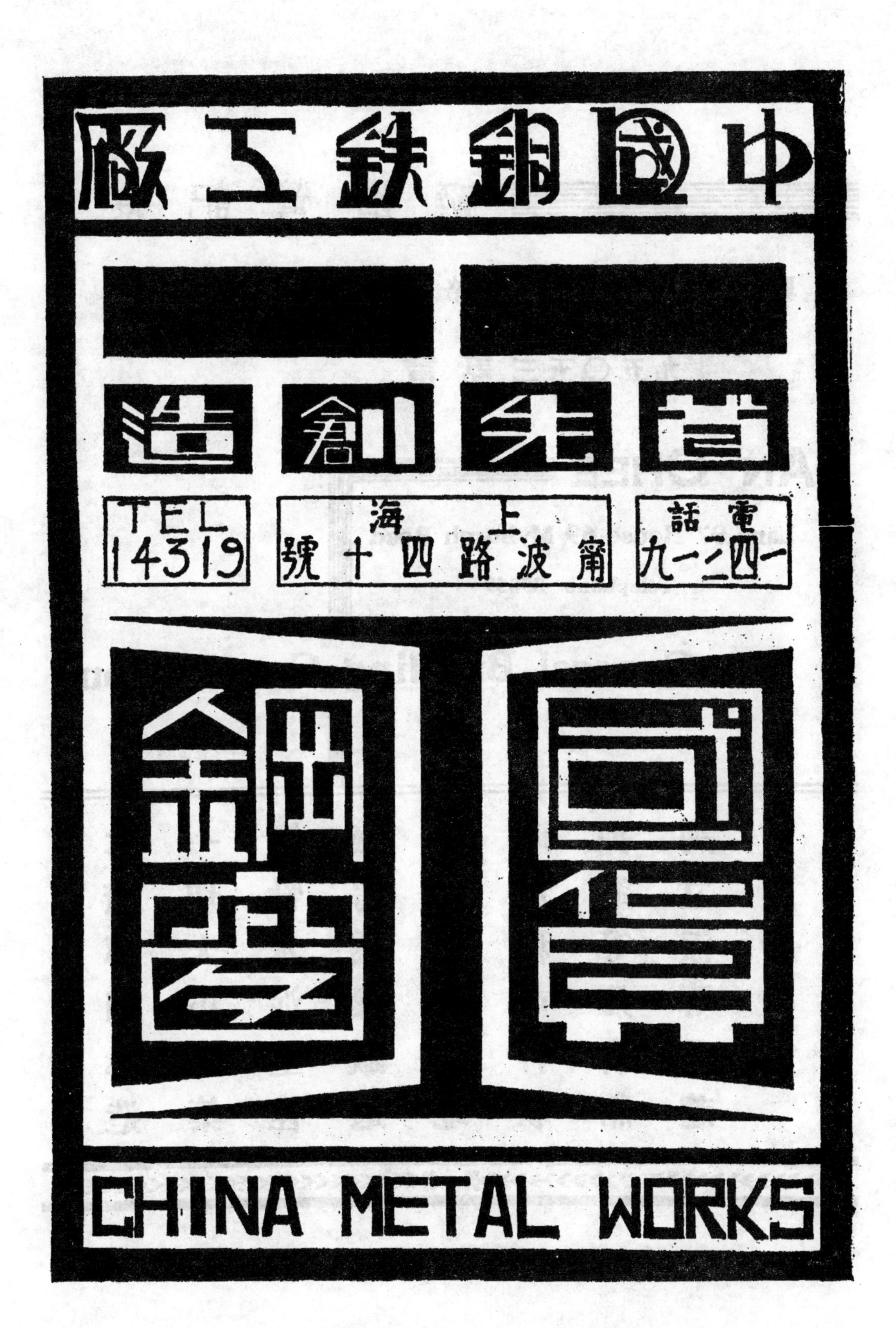
中國銅鉄工廠
首先創造
TEL
14319
上海
甯波路四十號
電話
一四二一九
CHINA METAL WORKS

徐永祚會計師事務所編纂之

會計雜誌

二十二年元旦創刊

定於每月一日發行

內容

闡發會計學理

研究會計技術

調查會計狀況

報告會計消息

特點

文字新穎

見解正確

統計完備

資料豐富

建築界不可不看

定價

每月一冊	每冊四角
半年六冊	預定二元
全年十二冊	預定四元

附註

一、郵費國內及日本不加南洋及歐美每冊加一角二分

二、匯兌不通之處可以郵票代價作九五折計算以二角以內者為限

徐永祚會計師事務所出版部發行

上海愛多亞路三八號五樓　電話一六六六〇號

營造廠之會計，仍多沿用舊式賬簿，不若科學的新式會計為明晰。推其原因，以會計員未能洞悉新式會計之長，與尚未熟習新式會計之法耳。會計雜誌即補救此種缺憾之良好導師，甚望營造界定閱該誌，以示改良之道，而裨業務上之發展。用特介紹，尚希注意是荷！

電話一二七三四

本廠專造一切大小鋼骨水泥工程各項工作人員無不經驗豐富且工作迅捷務以使業主滿意如蒙詢問或委託承造不勝歡迎

21074

泰康行

CHINA UNITED ENGINEERING CORP.

SOLE AGENTS FOR

TRUSCON STEEL COMPANY

YOUNGSTOWN, OHIO, U.S.A.

本行專門代客規劃或設計鋼骨水泥及工字鐵房屋橋樑等發售鋼窗鋼門鋼絲網避水漿水泥油漆磁磚花磚屋頂油毛氈等建築材料

設計工程			鋼窗		
南京大戲院	上海	臨時法院	上海	西僑青年會	上海靜安寺路
北京大戲院	上海	鐵道部	南京	同濟大學	吳淞
光華大戲院	上海	衛生署	南京	白洛克賽特西人公寓	上海海格路
浙江大戲院	上海	救火會	常州	上海療養院	上海靶子路
珠光大戲院	上海	寶隆醫院	上海	臨時法院	上海
新光大戲院	上海	鄉下總會	上海	清心中學	上海大東門
東海大戲院	上海	花旗總會	上海	震旦大學	上海呂班路
金城銀行	上海	信大麵粉廠	上海	寶隆醫院	上海
四銀行儲蓄會	上海	裕豐麵粉廠	上海	上海紗廠	上海楊樹浦
上海銀行大廈	上海	東華紗廠	上海	聖芳濟學堂	上海稻朋路
中國銀行虹口分行	上海	崇明紗廠	崇明	申新紗廠	上海楊樹浦
爵祿飯店	上海	大豐紗廠	上海	工部醫院	上海靶子路
惠中旅舍	上海	大同麵粉廠	上海	福新麵粉廠	上海楊樹浦
遠東飯店	上海	工足襪廠	上海	恆豐紗廠	上海楊樹浦
中國飯店	上海	上海牛皮廠	上海	申報館	上海望平街
一品香飯店	上海	上海啤酒廠	上海	安息日會亞東總會	上海華德路
半島飯店	九龍	和豐紙廠	嘉興	江蘇銀行	上海及蘇州
青年會	濟南	怡和洋棧	漢口	蔣介石先生住宅	蘇州
郵政局	北平	金陵女子大學	南京	公大紗廠	上海
申報館	上海	清華大學	北平	內外紗廠	上海
商務印書館	北平	暨南大學	真茹	中央研究院	上海白利南路

其餘工程繁多不及備載

行址 上海圓明園路廿九號 電話一一二六六 （兩線專接各部）

廠址 上海匯山路DL一一九三號 電話五〇二七〇

余洪記營造廠

事務所：~~上海廣東路三號~~ 上海四川路六號　電話：一九三〇一

AH HUNG

GENERAL BUILDING CONTRACTORS

Office ~~3 Canton Road,~~ 6 Szechuen Road, Shanghai.

Telephone 19301

本廠承包各種大小工程及鋼骨水泥工程歷有年所經驗宏富工作精良久業各界贊許倘承委託建造無任歡迎

英商

祥泰木行有限公司

上海楊樹浦路一四二六號

電話五〇〇六八

本公司常備大宗洋松，留安，三夾板椿木，及建築界一切應用木料，躉批零售，交易公允，如蒙採購，無任歡迎。

本公司採辦各國硬木，鋸製各種**花紋企口板**，並聘專門技師，包舖各式**美術地板**，新穎美麗，經久耐用。

本公司在上海，青島，天津，及漢口，俱設有最完備機器鋸木廠，鋸製各式木料，及**箱子板**等。

本公司總行設在上海，而分行木機則分布於華北，及揚子江流域各商埠，以便各處建築家就近採購。

THE CHINA IMPORT & EXPORT LUMBER CO., LTD.

(INCORPORATED UNDER THE COMPANIES' ORDINANCES OF HONGKONG.)

HEAD OFFICE: 1426 YANGTSZEPOO ROAD

SHANGHAI

Telephone :– 50068 (Private line to all Departments)

公勤鐵廠股份有限公司

總廠上海楊樹浦臨青路五十三號
分廠齊齊哈爾路四十一號
電話 五〇二一四 五〇一六七 五二三四五

事務所上海福州路九號二樓十四室 電話一七一九六轉接

電報掛號 國內"2060" 國外"OOLUOHUNG"

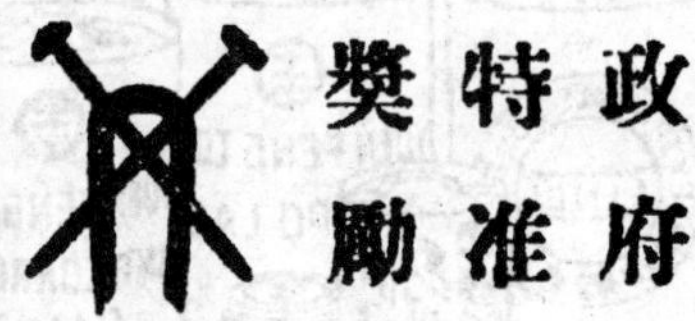

政府特准獎勵

出品完全免稅

建築必需

(一)製釘部

本廠創造國貨圓釘拾載於茲其間備嘗艱辛努力奮鬥迄今始告微功每月出品由叁百桶而增至壹萬五千桶風銷全國極受建築業及各界用戶之歡迎近來舶來洋釘幾致絕跡於市本廠得此成績悉蒙 政府特准獎勵出品完全免稅之賜本廠爰益自奮勉近復添造各式釘類如鋼釘鞋釘油氈釘拼箱釘小帽釘騎扣釘等種類繁多不及細載

(二)網籬部

凡建築物及園林場所不適用於建築圍牆者莫不以竹籬代之姑無論編製粗陋缺乏美化即於經濟原則上亦殊不合撙節人雖病之而苦無代替之物本廠有鑒於斯特增設機織鐵絲網籬一部經長時間之研究現始出以問世舉凡私邸住宅花園館舍學校球場以及車站工廠等處均宜於裝置該項機織網籬既美觀耐用復可作防禦之物至於裝置價值亦頗低廉決不能與竹籬所可同日而語備有詳章函索即寄

(三)機器部

機器工廠乃凡百實業之母本公司籌辦伊始原即注意為實業界服務現雖側重於釘絲二項之出品惟對於釘絲廠內應用一切機件均自行設計製造毫不仰給於外人況本公司機器部規模宏大出品精良刻正專門研究改良釘絲廠各種機械之製造荷蒙垂詢無不竭誠奉答

THE BUILDER
建築月刊

大中機製磚瓦股份有限公司

製造廠浦東南匯縣下沙鎮

本公司因鑒於建築事業日新月異材料選擇尤關重要特聘專門技師購置德國最新式機器精製各種青紅磚瓦及空心磚等品質堅韌色澤鮮明自應銷以來已蒙各界推爲上乘樂予採購茲略舉一二以資參攷其他惠顧諸君因限於篇幅不克一一備載諸希鑒諒是幸

大中磚瓦公司附啟

曾經購用敝公司出品各戶台銜列后

本埠

工部局平涼路巡捕房	新蓀記承造
國立中央實驗館兆豐花園	和興公司承造
四行儲蓄會英大馬路	陶馥記承造
鹽業銀行北京路	趙新泰承造
南京飯店山西路	新金記祥號承造
開成造酸公司軍工路	王鋭記承造
四海銀行北京路	惠記興承造
麵粉交易所民國路	元和興記承造
廣業公司歐嘉路	陳馨記承造
法教堂勞神父路	吳仁記承造
七層公寓霞飛路	吳仁記承造

外埠

中央飯店南京	新金記承造
金陵大學南京	利源建築公司承造
航空學校杭州	新金記康號承造

所出各品儲有大批現貨以備各界採用如蒙定製各色異樣磚瓦亦可照辦備有樣品如蒙索閱卽當送奉

駐滬批發所

英租界牛莊路德興里四號　電話九〇三一一

DAH CHUNG TILE & BRICK MAN'F WORKS.

Sales Dept. 4 Tuh Shing Lee, Newchang Road, Shanghai.

TELEPHONE 90311

雙斧牌油漆
開林油漆有限公司出品
輪船
鐵路房屋
傢具欲使之壽
命長遠美麗觀瞻
務須採用雙斧牌
超等國貨油漆担
保用户諸君得到
萬分滿意
商標
註冊
REGISTERED TRADE MARK
製造廠及總事務所　上海江灣西體育會路
本埠發行所　西華德路　永同昌
北四川路　永元昌
分銷處　本外埠各五金店生漆店及顏料店均有出售
電話
租界四五五〇五
閘北一〇三七
江灣十一
電報掛號
中文　七二九〇
英文　"MULIAKCO"

The American Floor Construction Co.

大美地板公司

本公司聘請富有經驗之技師專舖美術百花樓地板輔助我國建設事業爲主旨凡建築家得有大廈工程未開標以前詢問本公司定能滿意答覆及負責保險能使各建築家便利進行開標務請
台督

此項地板
花樣種多
木材堅固
砂磨平滑
油漆光明
有益衛生
價格便宜
如蒙賜顧
毋任歡迎

進行工程

蔣委員長住宅	賈爾業愛路
國華銀行大廈	北京路
墾業銀行大廈	北京路
黃公館	憶定盤路
上海總會	外灘
劉公館	南京路集賢里

已竣工程

大華跳舞廳	愛多亞路
大光明影戲院	南京路
聖愛娜舞廳	斜橋路
大陸報館新康大廈	九江路
漢彌爾登大廈	江西路
四明銀行范公館	福煦路
中央飛機場	杭州

新式砂磨機器
Motor Sanding

Room A425 Continental Emporium, Nanking Road.
Telephone 91228.

上海南京路大陸商場A四百念五號　電話九一二二八

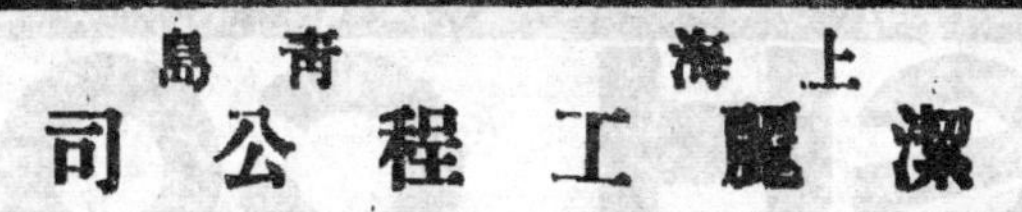

敝公司設總公司於上海專營衛生暖汽消防自來水電氣等工程創設以來已數載承做各種工程備承社會之嘉許不計盈利僅以服務爲宗旨倘有上項工程及製造廠一切機器設備工程見委及諮詢無不竭誠奉覆務必達到尊處滿意後爲止期副惠顧之雅誼

總公司 上海四川路廿九號 電話一四四三四

分公司 青島觀海二路五號 電話

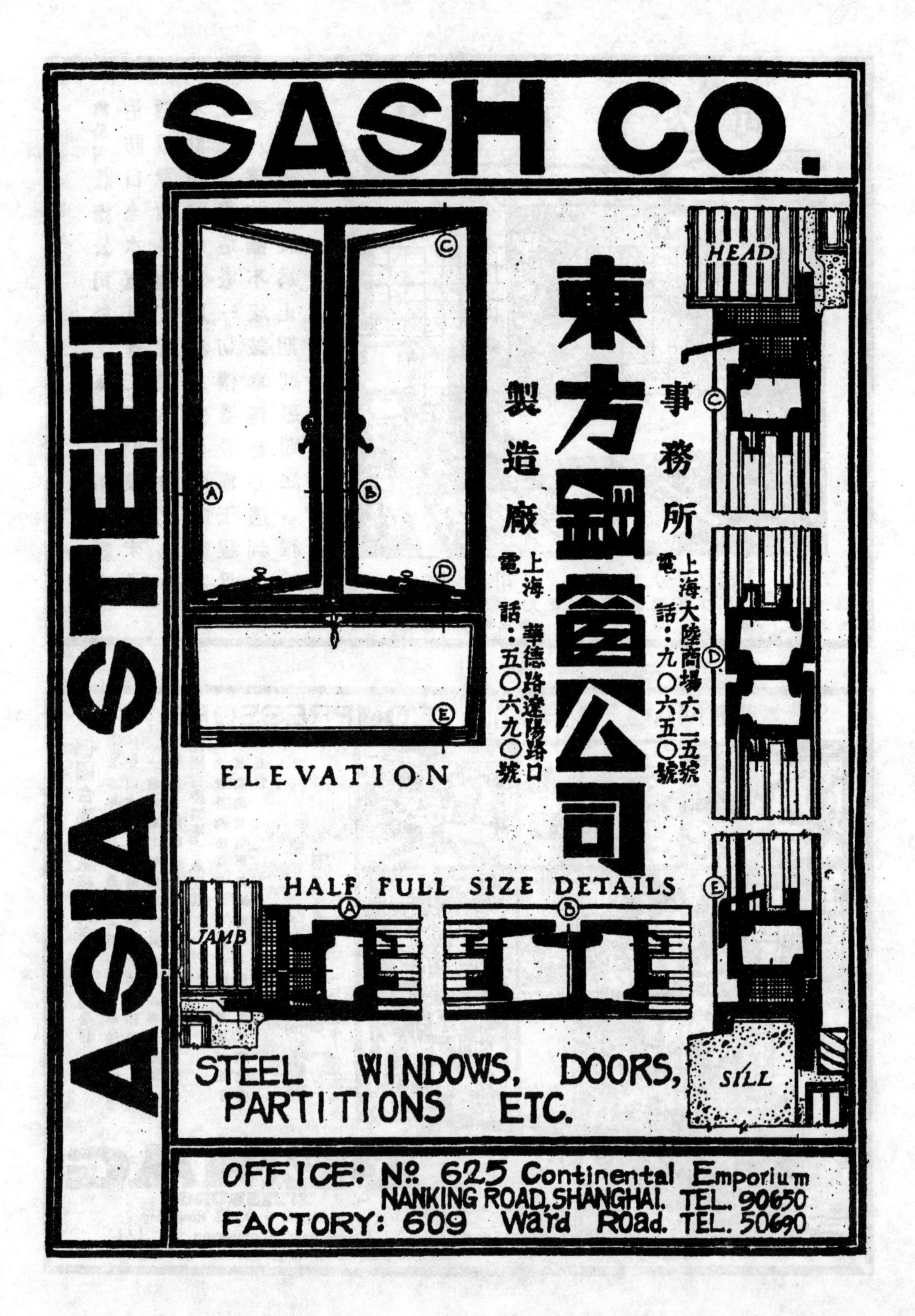

SASH CO.
ASIA STEEL
東方鋼窗公司
製造廠
上海華德路達陽路口
電話：五〇六九〇號
事務所
上海大陸商場六二五號
電話：九〇六五〇號
HEAD
ELEVATION
HALF FULL SIZE DETAILS
JAMB
SILL
STEEL WINDOWS, DOORS,
PARTITIONS ETC.
OFFICE: No. 625 Continental Emporium
NANKING ROAD, SHANGHAI. TEL. 90650
FACTORY: 609 Ward Road. TEL. 50690

CITROËN
Wheelbase 167"
異軍突起之兩噸
雪鐵龍
六汽缸運貨汽車
構造堅固。機力强大。
費用節省。駛行極便。
投資於此。萬無一失。
總經理
法大汽車公司
上海霞飛路四二四—四二六號
電話 八四一〇四 八四一〇五

上海中央營造廠

THE CENTRAL GENERAL BUILDING CONTRACTOR

本廠專造各式中西房屋以及銀行廠房堆棧校舍橋樑壩岸碼頭等一切大小鋼骨水泥工程並可代客設計繪圖經理地產各項職工尤屬經驗富足定能使主顧十分滿意

3 RD. FLOOR, THE CHINA STATE BANK BUILBING

Corner of Peking & Honan Roads

Tel. 90303

北京路河南路口

國華大廈四層樓

電話九〇三〇三

正基建築工業補習學校暑期補習班招生簡章

宗旨：利用暑期光陰補修應用數學

編制：分甲乙兩組（一）甲組設幾何三角二科（二）乙組設算術代數二科

程度：凡初級中學畢業高級中學肄業或具有同等學力者均得入甲組修習

凡高級小學畢業初級中學肄業或具有同等學力者均得入乙組修習

期間：修業期間八星期（七月三日至八月二十六日）每星期授課十二小時（內六小時講解六小時練習）每日授課時間自下午七時至九時

繳費：（一）甲組　學費八元雜費一元共九元正

（二）乙組　學費六元雜費一元共七元正（本會會員子弟在暑校無減費優待）

入學：即日起親至本校註冊處填寫報名單隨付手續費一元至會計處繳清各費憑收據向教務處領取上課證入學手續始告完畢

開班：（一）甲組　須滿二十人始行開班

（二）乙組　須滿三十人始行開班

注意：各組人數不足原定名額時須酌量情形再行取決若開班不成各生已繳各費概憑收據退還

七月三日開學（各生准限三四兩日內辦完入學手續）五日起正式上課八日起停止報名入學

學歷／用書：

算術　Wentworth Smith: Complete Arithmetic

代數　H. S. Hall: A School Algebra

幾何　Hall & Stevens: A School Geometry

三角　S. L. Loney: Plane Trigonometry

校址：牯嶺路長沙路口十八號

附告：（一）凡非本校學生在暑校補修經考試及格如願繼續入本校肄業在新生入學試驗時准予免考數學一科

（二）暑校學生因事或無故缺課在十六小時或十六小時以上者修得之成績概不予以承認

（三）報名繳費時間每日均自下午七時起至九時止（星期日停止辦公）

中華民國二十二年六月　日

校長　湯景賢

英商
中國造木有限公司
唯一機器製造的木工專家
上海楊樹浦路一四二六號
電報掛號"woodworkco"
電話五另另六八號
進行工程
濱密爾登大廈（第二部）
建業公寓「D」及「E」
業廣建築師法萊才先生住宅
麥特赫斯脫公寓
祁齊路公寓
法商電車公司寫字間
貝當路公寓
北四川路狄斯威路口公寓
WOODWORKCO
已竣工程
濱密爾登大廈（第一部）
河濱大廈
都城飯店
大華公寓
建業公寓「A」「B」及「C」
海格路公寓
李斯特研究院
業廣協理白克先生住宅
總經理
英商祥泰木行有限公司

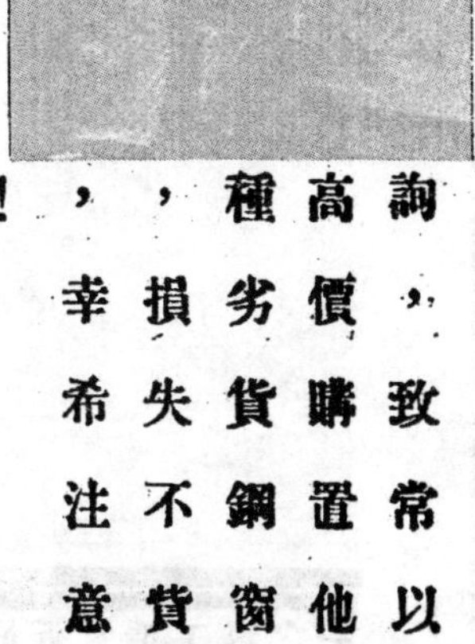

詢，致常以高價購置他種劣貨鋼窗，損失不貲，幸希注意！

建築師營造廠暨業主！

為君等之利益計，於工程上如需用鋼門鋼窗時，務請惠臨敝公司參觀貨美價廉之鋼鐵門窗，以資採用。若承俯詢價格或委託估價，無任歡迎！

Crittall
METAL WINDOWS

金窗公司

製造廠　上海稻朋路五九四號　電話五二二二〇

新仁記營造廠

事務所：江西路一七○號

電話一○八八九

九層公寓　本廠最近承造工程之一

本廠承造工程之一班：

沙遜大樓　南京路

漢彌爾登大廈　江西路

都城飯店　江西路

Sin Jin Kee & Company

170 KIANGSE ROAD, HAMILTON HOUSE.

TELEPHONE 10889

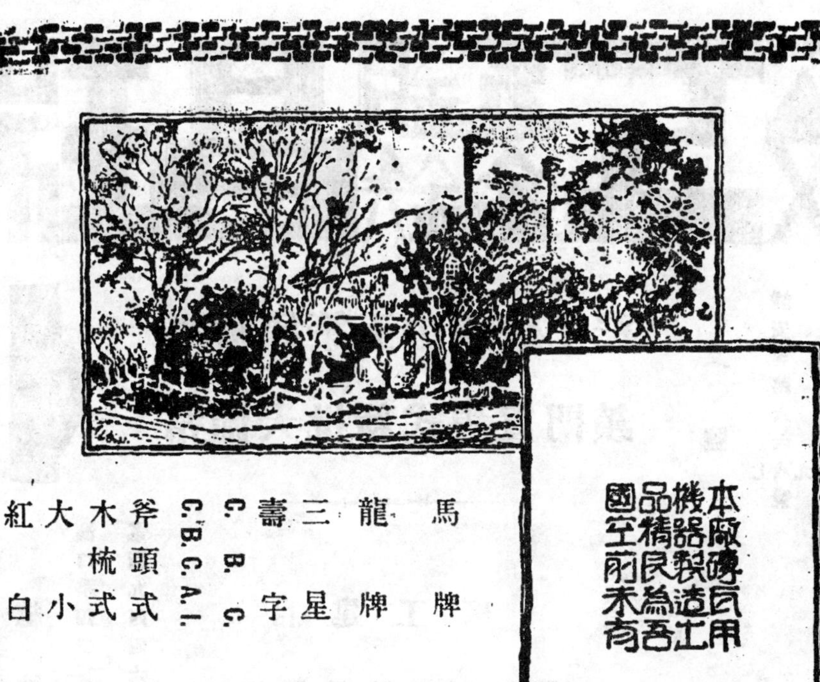

本廠磚瓦用機器製造出品精良為吾國空前未有

馬牌紅瓦
龍牌青瓦
三星紅瓦
壽字青瓦
C.B.C.火磚
C.B.C.A.I.火磚
斧頭式火磚
木梳式火磚
大小灣磚
紅白火泥

瑞和磚瓦廠

凡火車、輪船、水泥、紗廠、麵粉、餅乾、電燈、兵工、造幣、造酸等廠。需要各式鍋爐火磚。均可照樣定製。火力高强。物質堅固。早經著稱于世。且用本廠以上各種三星等火磚。做銀行銀庫及高大房屋牆壁火爐者。不可勝數

本廠附設坩堝部供給玻璃搪磁珐瑯等熔化之用

事務所：上海南京路福建路餘興里第五一二號
電話九〇九九二 九一七七〇
電報掛號 有線無線〇一九七

製造廠：上海小沙渡路蘇州河口
電話三四九三二

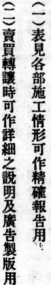

POMONA PUMPS

凡裝自流井而欲求最經濟之水源請採用最新式

「普摩那」

電機抽水機

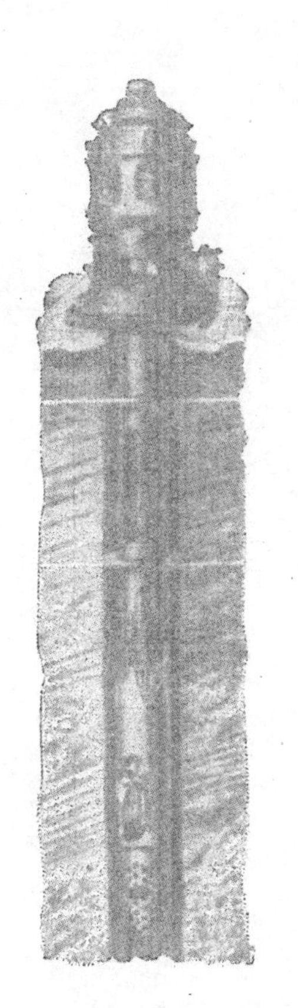

最新式之抽水設備

PUMPING WATER

THE MODERN WAY

「普摩那」透平式抽水邦浦。利用機械與水壓原理製成。適得其宜者。

「普摩那」透平邦浦。絕對可靠。費用儉省。而出水量較多。

常年運用。幾無需耗費管理或修理等費。

時間減少。出水量增多。無需裝置價格昂貴之壓氣機等設備。大小邦浦。皆可裝置自動機件。

出水量。每分鐘自十五伽倫至五千伽倫。大小俱備。

抽水機軸。每隔十尺。裝有橡皮軸承。用水潤滑。靈便。可靠。

所佔裝置地位極小。

用美國威斯汀好司廠馬達發動之。

滬上各處裝置。成績優良。咸皆贊美。

總經理美商茂和公司

上海福州路九號 電話一一三一〇

建築月刊

第一卷第六號

民國二十二年四月份出版

目錄

插圖

編著

UILDER

1933

CONTENTS

ATIONS

CLES

居住問題

問答

編餘

建築材料欄

THE B

APRIL

LEADING

ILLUSTR

ARTI

廣告索引

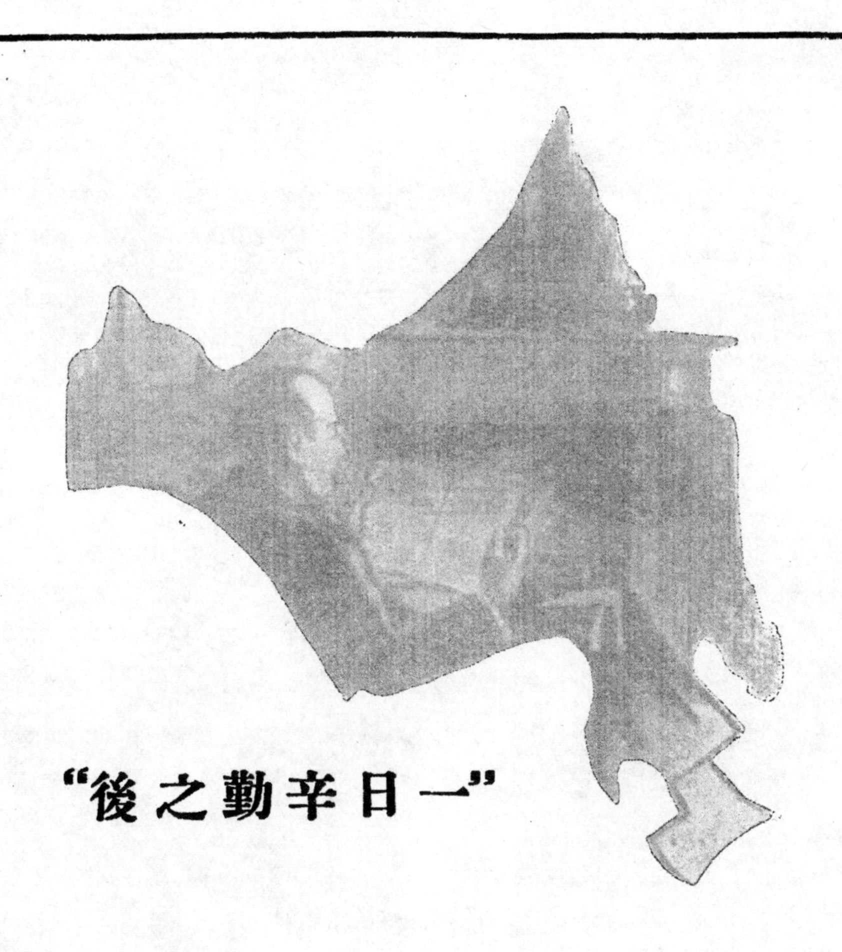

“一日辛勤之後”

晚餐既畢，對爐坐安樂椅中，回憶日間之經歷，籌劃明天之工作；更進而設計將來之幸福的享用，興味盎然。神往於烟繚絲繞之中，腦際湧起構置新屋之思潮。思潮推進，希望『理想』趨於『實現』：下星期，下個月，或者是明年。

欲實現理想，需要良好之指助；良助其何在？是惟『建築月刊』。有精美之圖樣，專門之文字，能告你如何佈置與知友細酌談心之客房，如何陳設與愛妻起居休憩之雅室；且能指示建築需用材料，與夫房屋之內部位置外部裝飾等等之智識。『建築月刊』誠讀者之建築良顧問，『一日辛勤後』之良伴侶。伊將獻君以智識的食糧，贈君以精神的愉快。——伊亦期君爲好友。如君歡迎，伊將按月趨前拜訪也。

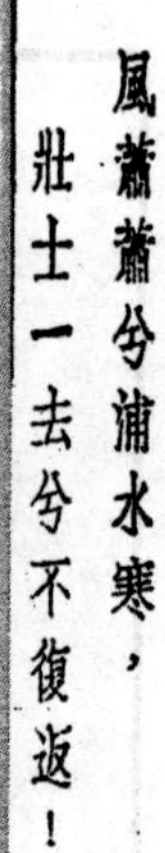

此碑上塑和平之神，下鐫寄滬中西人士於世界大戰參戰陣亡之姓氏，以留紀念。

THE CENOTAPH

Erected in memory of the Shanghai residents of the Allied Powers, who were killed during the World War.

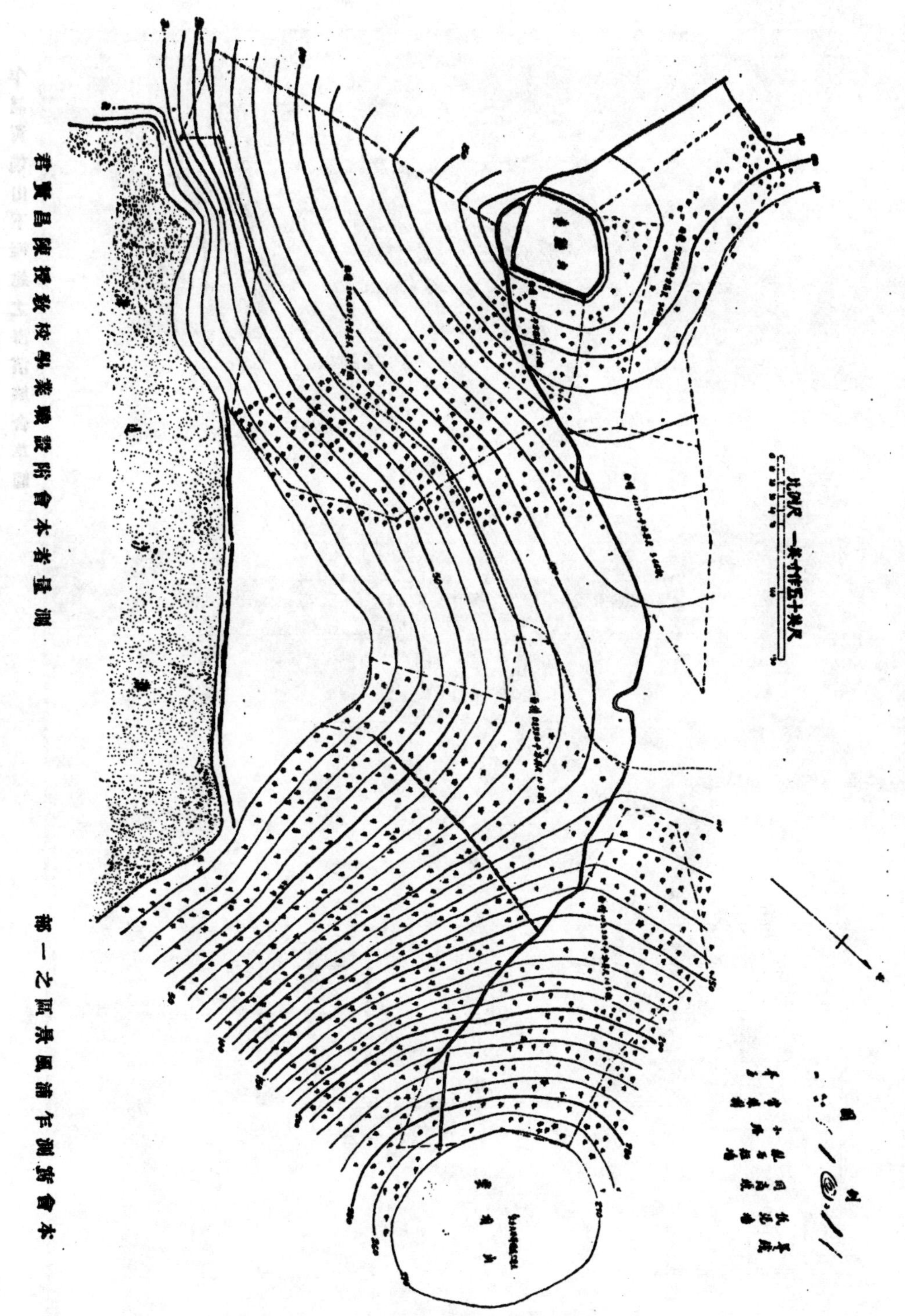

本會新測乍浦風景區之一部

測量者本會附設職業學校教授陳昌賢君

Map showing part of the summer resort district at Chapoo Surveyed by Mr. Chen Chong-yi, professor of the Shanghai Builders' Evening School.

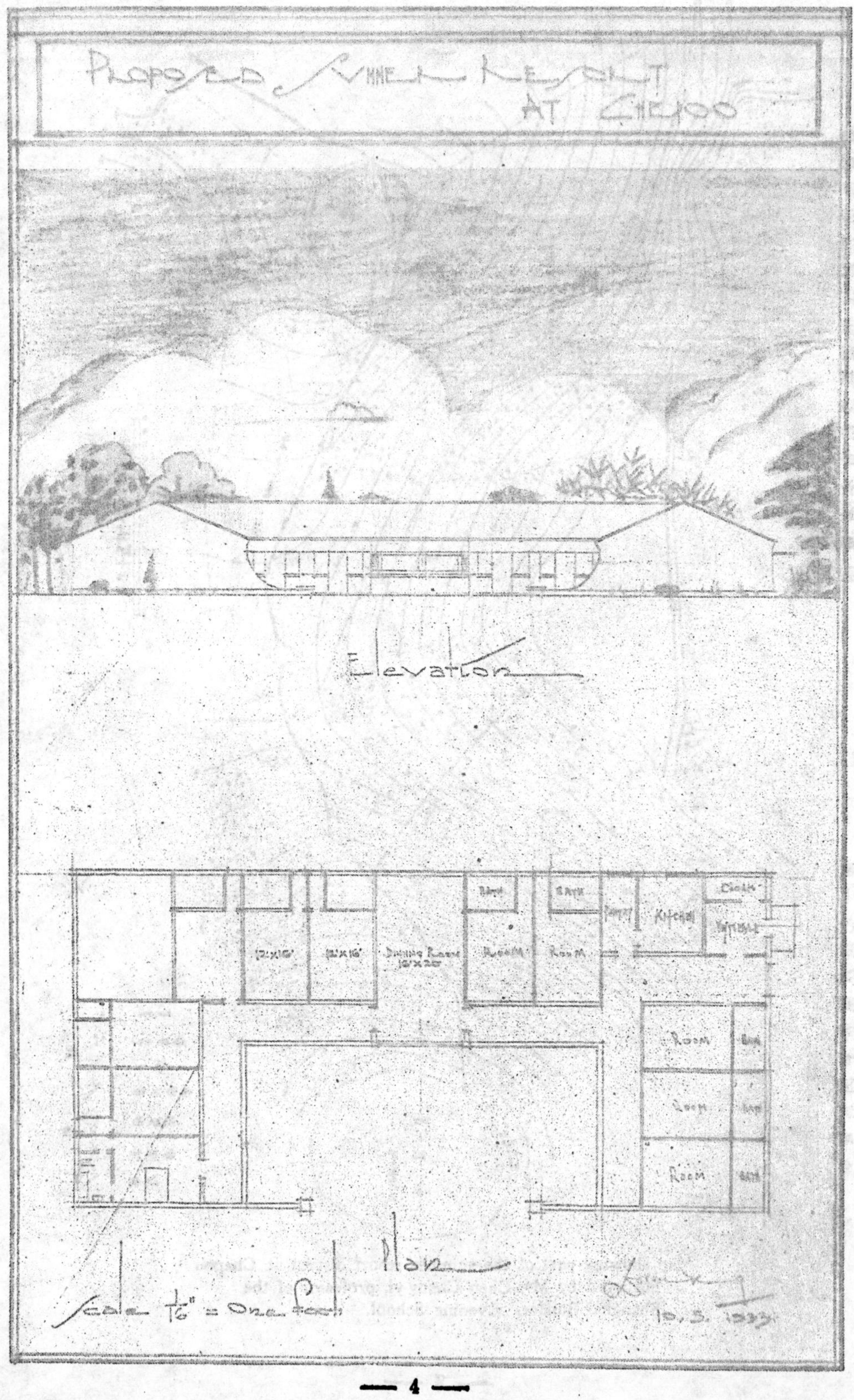

乍浦黃龍山下擬建之海濱旅舍草圖

開闢東方大港的重要及其實施步驟（續）

杜 漸

統理全市政務者爲市長，市長的人選問題極爲重要，因爲市長之得人與否，是對於這新都市有直接影響的。

這都市的建設，不可單注意物質，還須兼重精神文明。不要像別處都市一樣的黑暗跟隨繁榮並進，務須充滿着光明、和平與幸福。怎樣才能達到這樣的目的？那末必須從政治、教育、實業、航政等各方面的建設着手，使各就其學，各安其業，融融洩洩，如登極樂之境。但，這全憑市長的權握去設計施行。

要求國家之富强，非脚踏實地去幹不可，埋頭工作，沉毅進取，不尙空談，不稍苟且。我國的惟一病癥，就是說而不做，譬如看見人家的五年計劃成功，也就跟着高唱五年計劃十年計劃，可是只聞其滔滔不絕之聲，只見其洋洋灑灑的文，却一些事實也不能看到。卽以各地負辦理地方政務之責者而言，每以如何改革，如何建設，結果依然是紙上談兵，毫無成績。我們理想中的乍浦商埠，當然不能這樣，須得有計劃，能實行計劃。那種數偬空談的劣根性，必須剷除淨盡，以殺滅亡國滅種的病菌。

是以乍浦市長，非但要具辦事的能力，並須要有堅毅精神。一般想升官發財，藉權位以搜括民脂民膏者不能選任；依靠權勢，沒有辦事幹才者不能選任；雖有文憑能說流利之外國語言，而不知中國歷史，不悉地方情形，不明建設急務者不能選任；更有賦性怪僻，不合潮流，不近人情之輩，亦非可用之材。倘這種人而統握國家大政，便有傾國之危；倘把這樣的人來担任市長，則理想的新都市，那能達於光明幸福呢。

我們所需要的市長，究竟須具備怎樣的資格呢？簡單的說：必要「才貌雙全」。所謂「才」，不是吟詩作賦善頌祝嘏之才，而是辦理地方政務之才。所謂「貌」，不是「面如冠玉」儼然道學之貌，而是雄偉端莊和祥之貌。

這裏所說的才，要有政治、經濟、工程、治理之學識，並須有選擇人材，識別是非之能力。市政之範圍至廣，日常之事務殊繁，非有廣博之學識非有判斷之能力不足應付。並且不可自滿，應虛懷若谷，廣集羣惡，以助已之不及。對於市政情形，務須隨時注意，而不爲他人覺察，庶幾屬下不敢作奸犯科，知所警惕。

還有商業智識亦爲市長所必須具備的，辦理新與的都市，應用經商的方法去經營，因本市好像一片店舖，須年有盈餘，日漸擴展，而不致倒閉。故辦理市政，和經營商店一樣的要使股東顧客及自身三方各受利益。政府向市民徵稅，稅欵必用於市，使市民收其益，市民之納稅猶顧客之以錢購物啊！

倘地方財政崩潰，秩序不甯，教育窳敗，建設不修，不論是否由於市長直接的背違職守，但市長的不能勝任，那是無法辭卸咎戾諸。

市長而既具上述各種才能，尚須無官僚習氣，不自高其身價，多與民衆接近。平時或星期假日，馳車、乘馬、或步行於市，巡視市中社會風狀，政務設施，以察應興應革之點，俾漸臻盡善。但市長的出行，當與普通市民無異，不爲民衆所驚奇。

關於市長的才已略如上述，至於市長的貌究應怎樣？約申鄙見：

市長有全市對內對外的責任，才的重要不必說，貌的能否使人生敬亦足影響市政。這裏所說的貌，就是上文所說的雄偉和祥端莊的容儀。市長應使民衆敬仰親愛，應使外賓尊重親熱，容貌便成市長必要的問題了。

演講宴會接見外賓以及攝影攝製有聲電影時，聲狀笑貌與市長的地位很有關係，須充分表演出中國人的高尚風度，這於國際上的觀瞻也有莫大的關係。外國軍政界要人於攝製有聲電影時，身體上之任何微細瑕點亦必設法除去，以示整潔而表顯其高尚之精神，這也可證明市長的貌是多麼重要了。

乍浦商埠的開闢，那是希望的實現；將來市政建設自須有一理想的計劃，市長是全市的主宰，關係至鉅，本文特予提出討論，幸讀者勿忽視之。

Royal Asiatic Society
Museum Road.
Shanghai.

Palmer & Turner, Architects.

Fong Zaey Kee & Co.
Contractor.

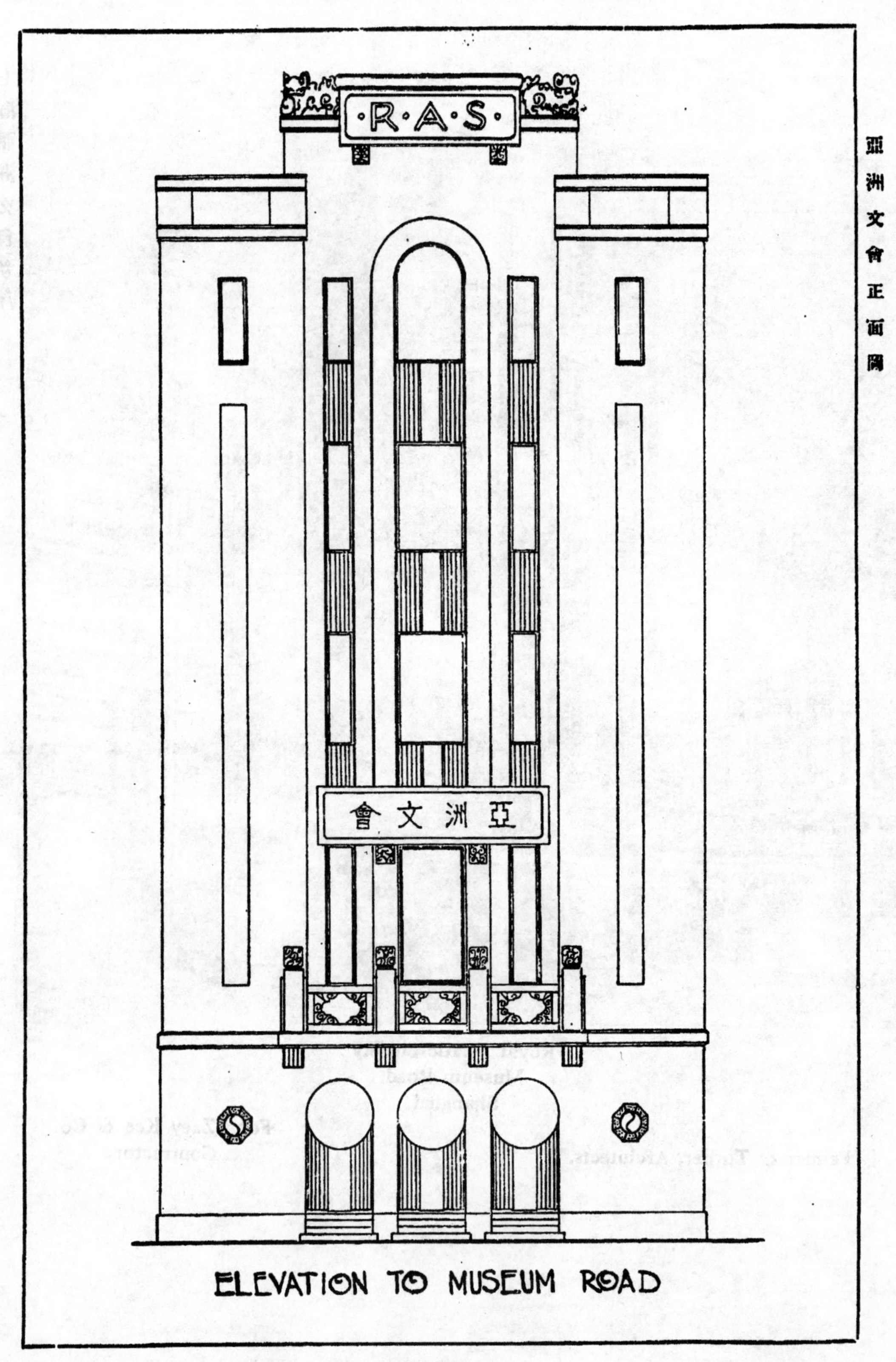

亞洲文會正面圖

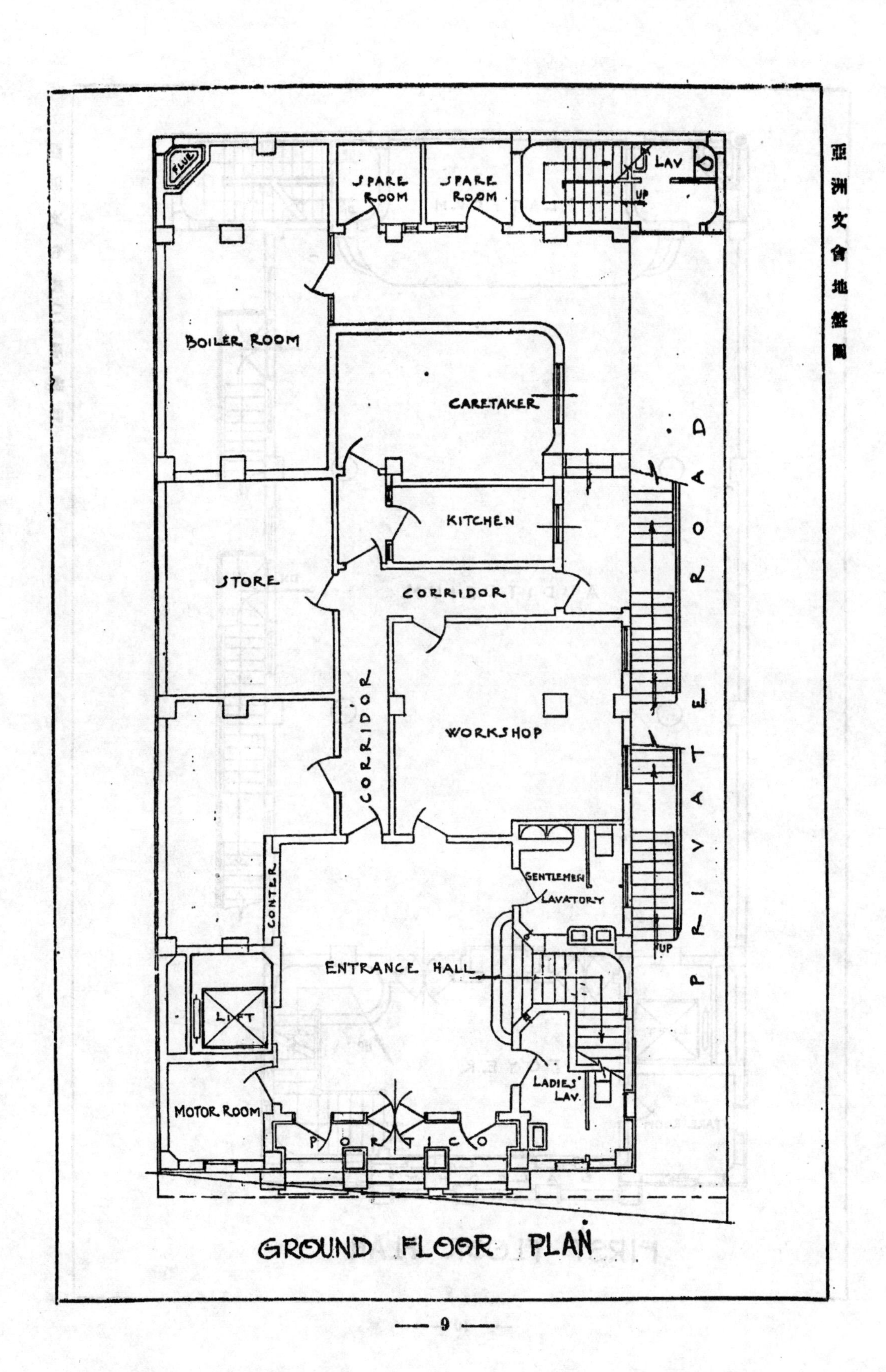
SPARE ROOM
SPARE ROOM
LAV
UP
FLUE
BOILER ROOM
CARETAKER
KITCHEN
STORE
CORRIDOR
CORRIDOR
WORKSHOP
PRIVATE ROAD
GENTLEMEN
LAVATORY
UP
CONTER
ENTRANCE HALL
LIFT
LADIES' LAV.
MOTOR ROOM
PORTICO
GROUND FLOOR PLAN
亞洲文會地盤圖

21113

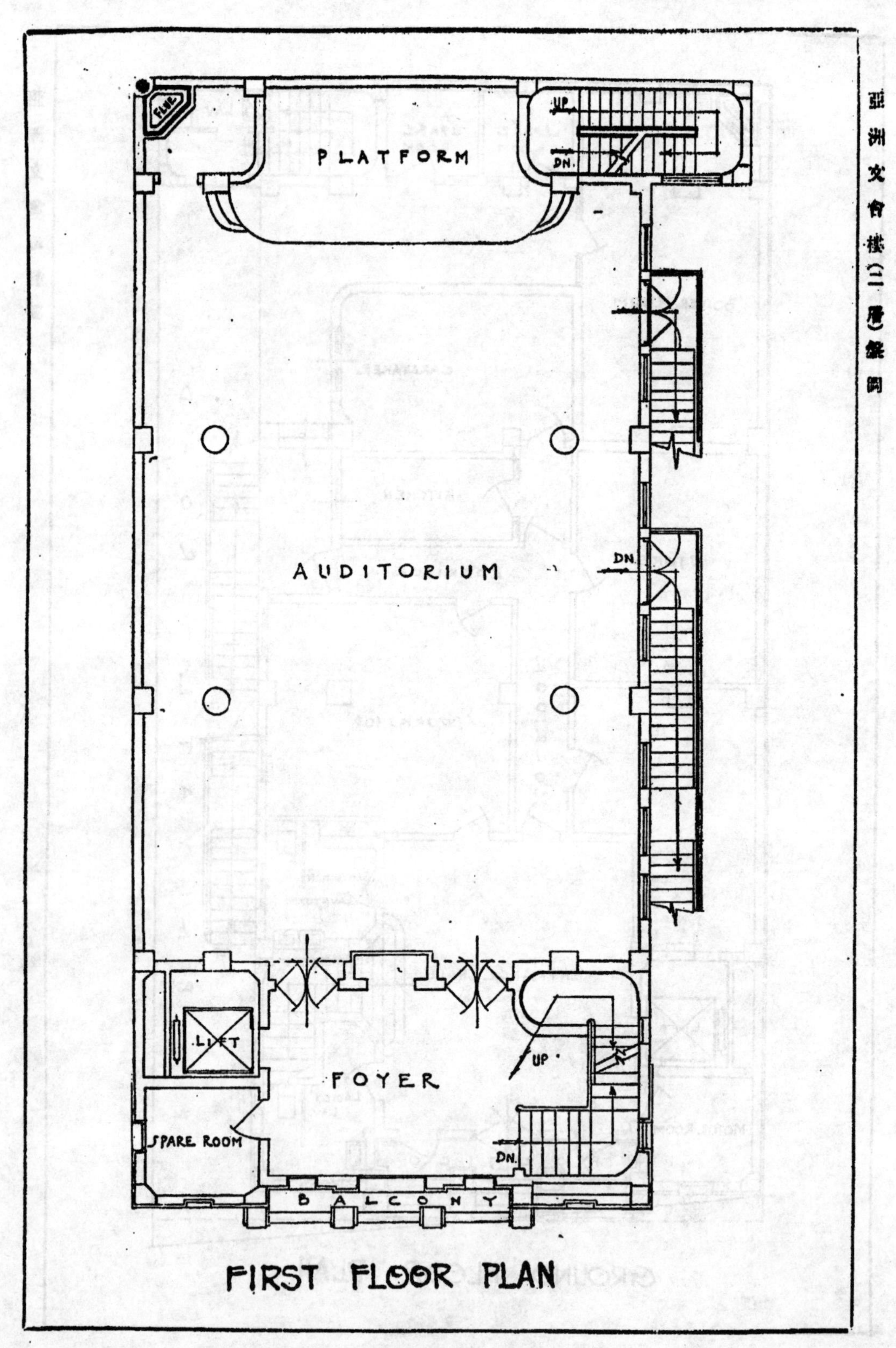

FIRST FLOOR PLAN

亞洲文會樓(二層)樣圖

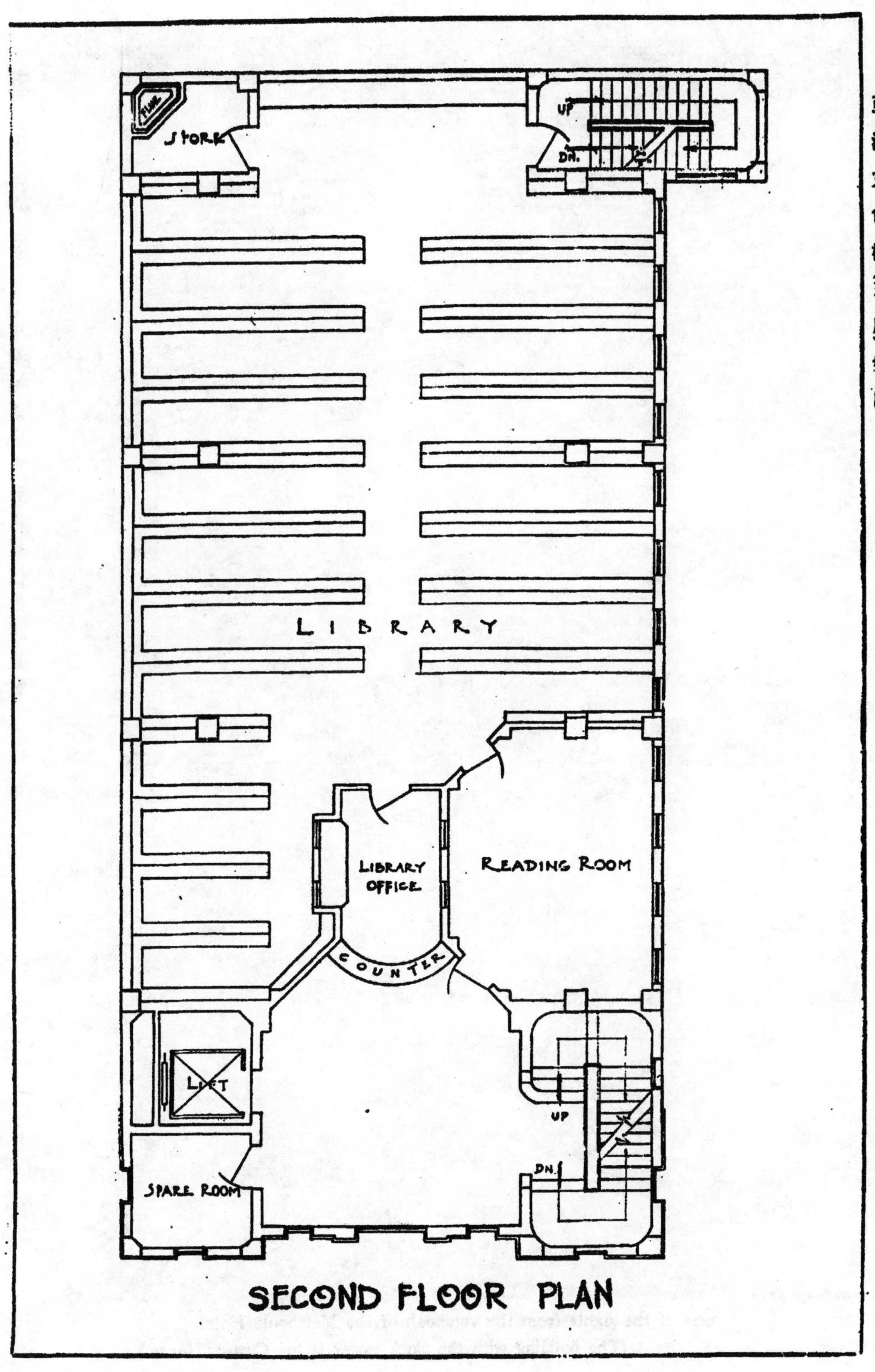

SECOND FLOOR PLAN

都市晨鐘

由都城飯店走廊遥望江海關鐘樓

One of the sights from the verandah of the Metropole Hotel.
(The building with the clock tower is the Custom House.)

正在建築中之浦東大來碼頭

Photograph showing the construction in progress of the new wharf at Pootung for the Robert Dollar Company.

Dai Pao General Contractors

上海九江路華商證券交易所　　建築師陸謙受

Model showing the Chinese Stock Exchange Building on Kiukiang Road, Shanghai.

建築辭典

（三續）

「Cabin」 小屋，茅屋，船艙。

「Log cabin」 木柵，木舍。

「Cabinet」 橱。

「Cabinet maker」 家具匠。

「Cable」 電綫，巨鍊，粗索。

「Cable Moulding」 繩形線脚。

「Cafe」 咖啡館。

「Cage」 籠，升降梯。

「Cairn」 累石堆。以累石壘堆，藉作標識或紀念者。

「Caisson」 ㊀塌箱。即橋工築墩時四周設置之強大塌填，高出水平線，汲去其中積水，俾利施工。㊁火藥庫。㊂運械箱。㊃地礦。〔見圖〕

「Calcareons cement」 石灰質水泥。

「Caldarium」 熱浴室。浴堂中特闢之熱浴室。

「Canal」 溝。

「Canopy」 撲蓋，撲頭。〔見圖〕

「Caliper」 卡鉗。用作量衡圓徑之器械。〔見圖〕

「Cant-hook」 板山。〔見圖〕

「Cantilever」 懸挑。〔見圖〕

「Cap」 壓頂。〔見圖〕

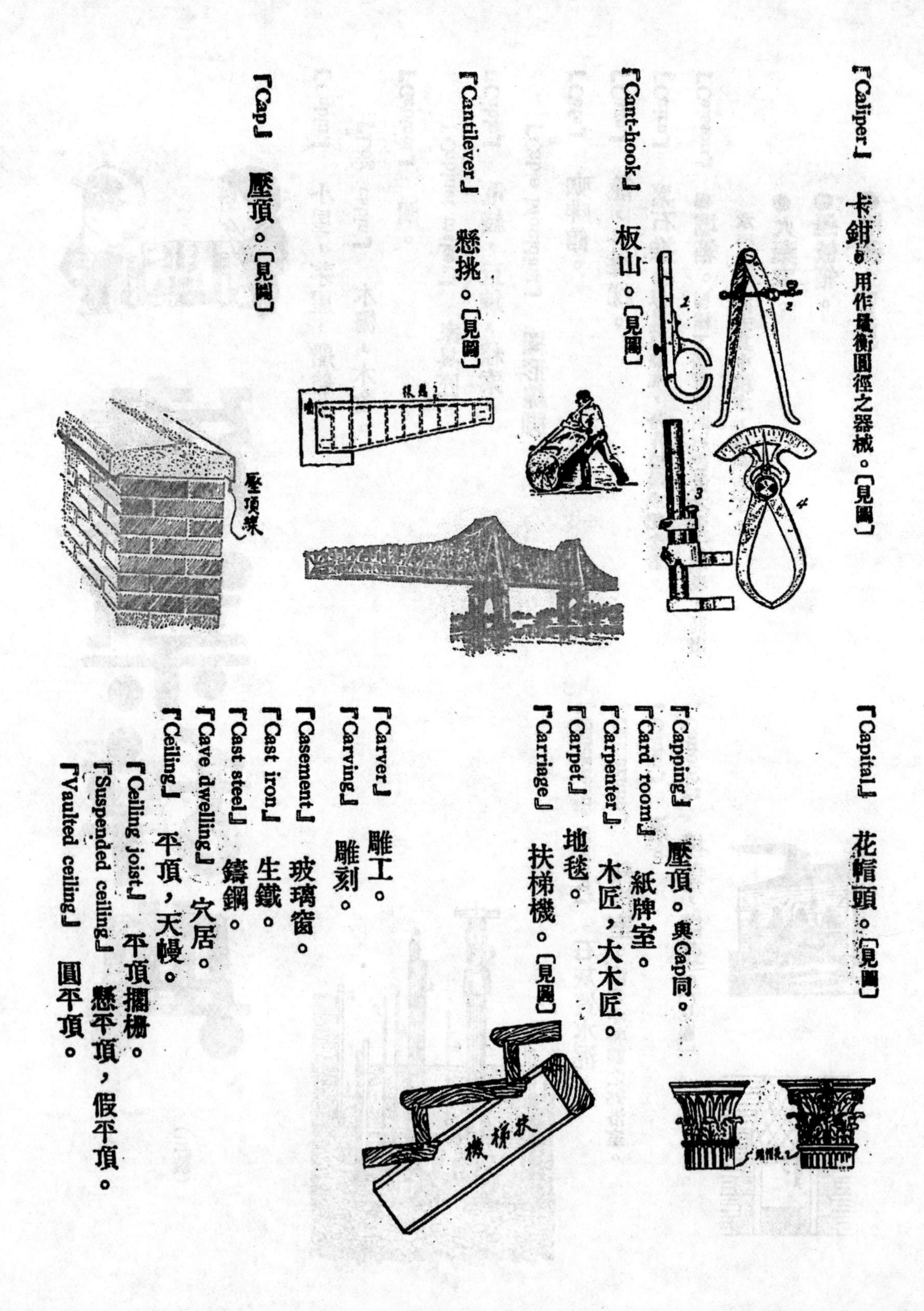

「Capital」 花帽頭。〔見圖〕

「Capping」 壓頂。與Cap同。

「Card room」 紙牌室。

「Carpenter」 木匠，大木匠。

「Carpet」 地毯。

「Carriage」 扶梯機。〔見圖〕

「Carver」 雕工。

「Carving」 雕刻。

「Casement」 玻璃窗。

「Cast iron」 生鐵。

「Cast steel」 鑄鋼。

「Cave dwelling」 穴居。

「Ceiling」 平頂，天幔。

　「Ceiling joist」 平頂擱柵。

　「Suspended ceiling」 懸平頂，假平頂。

　「Vaulted ceiling」 圓平頂。

「Cell」 監房。

「Cellar」 穴藏，地壕。

「Wine cellar」 酒藏。

「Cement」 水泥，水門汀，士敏土，洋灰。

「Cement mortar」 水泥灰沙。

「Portland cement」 青水泥。

「Quick dry cement」 快燥水泥。

「White cement」 白水泥。

「Cemetery」 墓，坆。

「Center」 中心。

「Centering」 壳子板，模型。

「Ceramic」 陶器。

「Ceramic mosaic」 陶碎錦磚。

「Certificate」 領款証書，證明書。

「Cesspool」 坑池，衞生坑池。

「Chain」 鍊，鏈。

「Chair」 椅。

「Arm chair」 太師椅。

「Easy chair」 安樂椅。

「Chamber」 臥室。

「Chamfer」 斜角，倒板，斜板。〔見圖〕

「Chamfered panel」 采科浜子板。

「Channel」 溝，明溝。

「Channel bar」 水落鐵。

「Chapel」 禮拜堂。

「Chimney」 煙突，煙囪。

「China closet」 磁器櫥。

「Chip」 片。

「Stone chip」 石子。

「Chisel」 鑿子。〔見圖〕

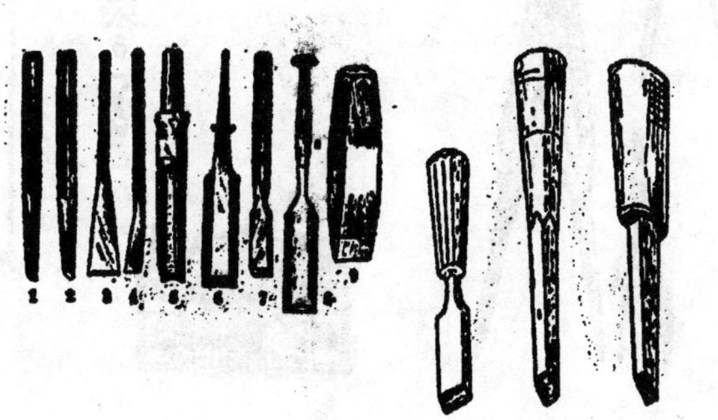

「Church」 教堂。

「Cill」 檻。

「Cinder」 煤灰，煤燼。

「Cinder Concrete」 煤屑水泥。

「Cinema」 戲院。

「Circle」 圓。

「City Hall」 市政廳。

「Civil Engineer」 土木工程師。

「Class room」 教室，課堂。

「Claying」 黏土工。

「Clear」 明，潔。

「Clerk of work」 營造地監工員。

「Cloak room」 掛衣室。

「Clock Tower」 鐘樓。〔見圖〕

「Closet」 衣橱。

「Water closet」 抽水馬桶。

「club」 總會，俱樂部，娛樂所。

「Coal celler」 煤倉。

「Coal tar」 薄柏油。

「Coat」 塗。漆匠粉刷油漆之次數，即一塗漆一次，雙塗漆二次是。

「First coat」 第一塗。即第一層打底漆。

「Coffer dam」 壩填，水壩箱。

「Coke Breeze」 煤屑水泥。

「Collar」 環，固。打樁時頂上保護樁木之鐵環，或其他圓環。

「Column」 柱。〔見圖〕

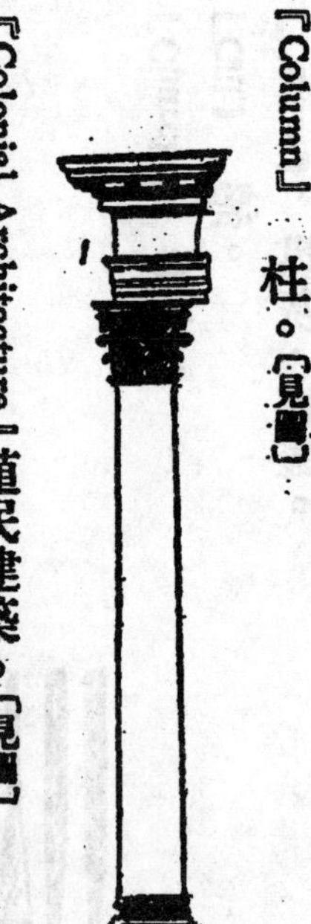

「Colonial Architecture」 殖民建築。〔見圖〕

「Compass」 ㊀圓規。〔見圖〕 ㊁指南針。〔見圖〕

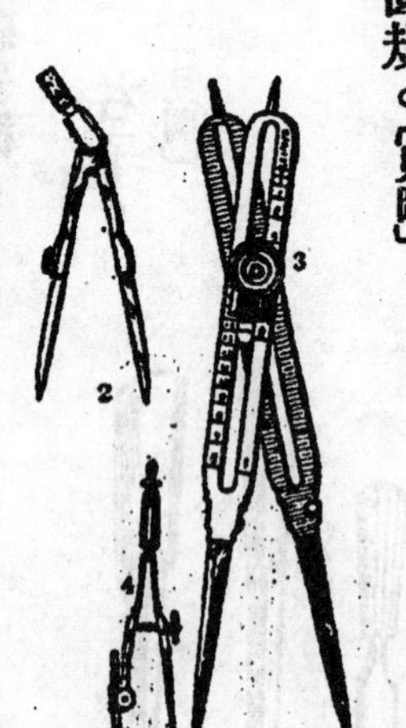

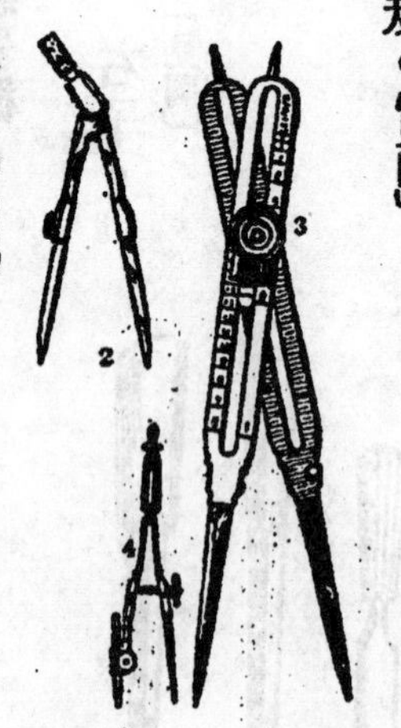

「Competition」 競爭。建築師競繪圖樣，以憑營屋人之取捨。營造廠開投標賬，以冀獲得營造權。

「Compression」 壓力。

「Concert Hall」 奏樂堂。

「Concrete」 三和土，混凝土。

「Cinder concrete」
「Coke Breeze Concrere」 } 煤屑水泥。

「Cconcrete Block」 水泥磚。水泥塊。

「Concrete Mixer」 水泥拌機。

「Concrete paving」 水泥地。

「Plain concrete」 清水泥，純水泥。

「Reinforced Concrete」 鋼骨水泥。

「Concrete pile」 水泥樁。

「Condition of contract」 契約條件。

「Conservatory」 溫室。

「Construction」 構造。

「Consulting room」 診察室。

「Contract」 契約。

「Contract drawing」 合同施工圖。

「Contractor」 承攬人，承包人。

「General Contractor」 總承攬人，總承包人。

「Copal varnish」 古柏凡立水。

「Coping」 壓頂。〔見圖〕

「Corbel」 小牛腿，挑頭。〔見圖〕

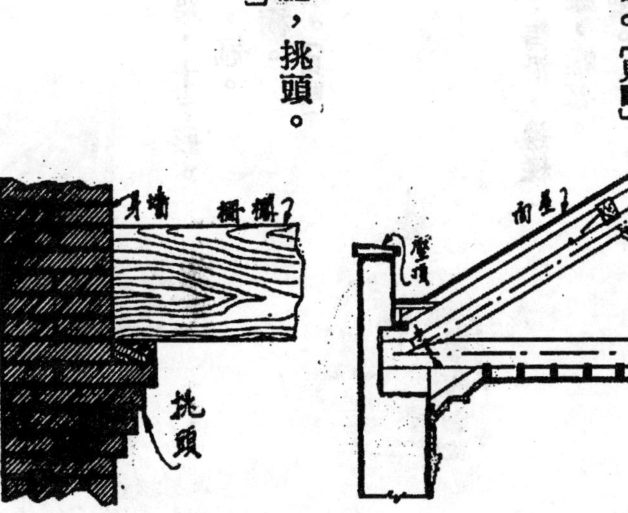

「Corinthian」 柯蘭新式建築。

「Corner Bead」 牆角圓線。

「Corner Stone」 牆角石，塡基石。

「Cornice」 台口，台口線。

「Ceiling Cornice」平頂線脚。〔見圖〕

「Cork」龍頭。自來水開閉之機鈕。

「Corridor」走廊。

「Corrugate」起伏。

「Corrugated iron」瓦輪鐵。

「Cottage」村舍，小屋。

「Counter」櫃臺。

「Course」皮數。磚牆疊砌之層數。

「Court」庭，院，法院。

「Tennis Court」網球場。

「Courtyard」天井，庭園。

「Cove」圓角。

「Cover」遮蓋。

「Cow house」牛舍，牛棚。

「Craftsmen」技工。

「Crane」吊機，起重機。〔見圖〕

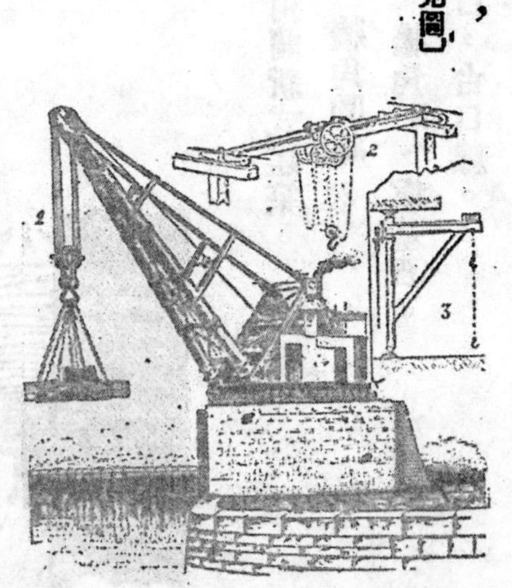

「Cross」十字架，十字形。

「Crown」頂部，冠。

「Cupboard」衣橱。

「Cupola」圓頂。〔見圖〕

「Curb」側石，街沿，邊緣。

「Curtain」門簾，帷幕。

「Cushion」軟墊。

「Cut」割，段。

「Cut and Mitred bead」陽角轉彎圓線。

「Cut and Mitred string」陽角轉彎腰線。

『Cut glass』雕切玻璃。玻璃杯盃鐫切如晶球狀者。

（待續）

上海市建築協會通告

本會會員頗多遷移住所，郵寄文件刊物因之時有退回，殊感不便，甚盼諸會員之曾經移居者迅示新址，俾便改寄，而免遺悞。

第一第二期再版

▲歡迎讀者登記

本刊出版以來，備受各界歡迎，交相讚譽，不勝榮幸。第一第二期早經售罄，後至讀者，咸以未窺全豹爲憾，紛囑設法補購，而割愛者乏人，不獲報命爲歉。茲應多數讀者之要求，擬於最近期間實行再版，有意補購諸君，請速來函登記，俟有相當人數，當卽進行排印也。

本會服務部之新猷

對建築師：使可撙節固定費用

對營造廠：撰譯重要中英文件

本會服務部自成立以來，承受各方諮詢，日必數起，除擇要在建築月刊發表外，餘均直接置覆，讀者稱便，近感此種服務事業之嘗試，已有相當成績，爲便利建築師及營造廠起見，實有積極推廣之必要，其新計劃：

（一）對建築師方面　建築師繪製圖樣，率用鉛筆，所需細樣，其劃墨線（Tracing）之工作，率由繪圖員或學徒爲之。建築師若在營業極盛，工作繁夥之時，僱置多量繪圖員及學徒，自無問題，若事業清淡，偶有所得，則此繪圖員學徒等之薪津，有時實感過鉅。如若解僱，則或爲事實所不許，故爲使建築師免除此種困難，撙節開支費用起見，服務部可隨時承受此項劃墨線之臨時工作，祇須將草樣交來，予以相當時日，即可劃製完竣。此種辦法原本服務精神，予建築師以便利，故所收手續費極微，每方尺自六分起至六角止，墨水蠟紙均由會供給。（蠟布另議）圖樣內容絕對代守祕密。

（二）對營造廠方面　營造廠與業主建築師工程師及各關係方面來往函件及合同條文等，有時至感重要；措辭偶一不當，每受無謂損失，協會有鑒及此，代爲各營造廠代擬成翻譯中英文重要文件；所有文字，均由會請專家審閱一過，以資鄭重，而維法益。如有委託，詳細辦法可至會面議，或請函詢亦可。

有色混凝土製造法

黃鍾琳

因各物需要色彩之調和，故建築家潛心於研究如何製造品質優良外表美麗之有色混凝土，以適合建築物本身之需要。

普通之混凝土建築著色方法有三：

一、混合物全部加以顏料調合；

二、建築物表面加以有色混合物；

三、建築物表面飾以油漆，或塗以他種有色粉刷。

關於有色混凝土施用法，初無明白規定，其後美國水泥會社經有系統之試驗，發明簡明之施用法，介紹於世；同時，好研究者均有相當之試驗報告，以介紹有色混凝土之製造法。今略述之於次：

顏料之必需條件——施用於混凝土之顏料，須適合下列各條：

一、經日光曝晒雨露侵蝕而色不變；

二、於磨細後須呈深濃色彩；

三、施用時須不與水泥起化學反應，以致損傷水及彩色。

礦質氧化物最適合此種條件。他種顏料，如有機性顏料，有褪色及減損混凝土抵力之虞。下表所示各種顏料，可給予持久色彩：

淺黃色，黃色，紅色——鐵質氧化物。

綠色——鉻質氧化物。

青色——犀青，卵青。

褐色，樓色——鐵氧化物或錳氧化物。

黑色——鐵氧化物，錳氧化物，黑炭，骨炭及其他礦質黑色物。

混凝土所產色彩深度，由於顏料與水泥數量之比，而非顏料與灰泥或混凝土立方尺數之比。故在施用顏料之說明書中，須指明每袋水泥所用顏料之重量。

由經驗所得，為安全計，所用顏料之重量不得過水泥重量十分之一，即約九十磅一袋之水泥最多可用九磅顏料。

因原料之不同，故於製造一種同一深度之彩色，其所需顏料之重量亦各不同。常有二種同類顏料，因其來源不同，常產不同之彩色及濃淡。

前段所述之數量——水泥一袋用顏料九磅——為最高量，如用上等顏料，可產深濃之彩色。如希得較淺之色，則可用少量之顏料。倘混合二種以上元色顏料，可得各種不同彩色，如心所欲。若欲得精緻淺淡色彩，可用白色水泥，雖價值較昂，惟所產之建築物較為精美可觀。

所需顏料之混合成分殊不一定，故普通所指數量祇為約數。至於某一工程上所需混合成分，可臨時作試驗樣板確定其適宜準確成分。此種試驗可於決定本工程所需色彩，所用顏料及其他混合材料後用小量灰泥作實際試驗。各小塊樣板之不同成分，須詳細記錄。待得滿意結果後，即可依照其適宜成分施用於本工程上。此種灰泥樣板，可於平時曝露情形下存儲四五天，再行視察。

顏料品質之判决——礦質顏料色値之變化甚巨，祇化學性潔淨之顏料能得可靠，持久，光明，美麗之色彩。品質優良之顏料雖售價較昂，然於所產色澤上可得較高之代價。

雖顏料化學性及物理性之組織極爲複雜，惟依照下法試驗，即可得相當可靠結果，以决定適用之顏料。

一、顏料磨得愈細，顯色力愈大，用少量較細之顏料，即可得用多量較粗顏料所產之色彩濃度。顏料細度至少與水泥相等，水泥標準細度爲百分之七十八能穿過每方吋四萬格之篩子。

二、石灰（水泥中之主要鹼性物）作用之抵力，可試驗二十分水泥一分顏料之灰漿，觀察數日得之，惟同時須保持試驗品之濕度。

三、試驗彩色受光力作用後之變化甚需時間，如有色灰泥曝露於日光中經一月而褪色，則此種顏料不適於施用。

關於顏料施用及選擇上主要之點，總論之如后：

一、祇上等化學性潔淨之礦質氧化物顏料可用。

二、混凝土之色彩决於顏料與水泥之比，而非顏料與灰泥或混凝土之比。

三、所用顏料數量不得超過水泥重量十分之一。

四、對於任何彩色並無一定之色彩公式，須製樣板以决定所求彩色之必需成分。

五、品質（並非貨價）爲選擇顏料之基本要素。

六、須依照製造者之說明施用。

以上所述諸點，均討論顏料問題。下文論及有色混凝土之攪拌澆置及修飾。

凡製造優良混凝土工程之基本原理，均適用於製造有色混凝土。所用材料成分須準確，攪拌透澈，澆置適當，及乾燥修飾時須小心。如能依照本文所述之顏料施用法製造，必可得優美滿意之工程。

製造有色混凝土所應注意之第一點，即所用礦質顏料須爲最上等之品質及化學性上適合於水泥者。化學性質潔淨之顏料，在長期中並不浪費，且屬可靠。其所應牢記之點，爲祇有礦質氧化物可用，及水泥一袋所用顏料不得超越九磅。

混凝土之攪拌極爲重要，普通有色混凝土於完成後，其表面上時呈汚點斑痕，此種現象爲顏料水泥沙石攪拌不透澈之結果。其原因以有色混凝土所呈色彩，並非由於顏料透入沙粒及水泥，乃與水泥沙石混合後顏料自呈色彩；設攪拌不透澈，則混合不勻，顏料凝聚之處呈較深顏色，以致混凝土面有不勻之色彩。

當繼續增加顏料數量而不再增進色彩濃度時，可謂之顏料飽和；在混合物飽和後，另加過分顏料，毫無用處。

普通顏料與水泥調合之法有二：

一、量秤準確之顏料與水泥，先於乾燥時與水泥透澈拌勻，次與沙石攪拌，然後加水澆搗。如有調色器，則顏料與水泥先置調色器中調合，如無調色器則可於混凝土混合器中調合。如分批調合，先後以達同等濃度爲止。調合之時間愈久，彩色愈濃；關於此點，加水後亦應注意。

二、前法適用於較大工程，另一方法適用於小工程之不用混凝土混合器者。其法以水泥，顏料，細沙混合，用每方吋十六孔之篩子篩合，即可得混合均勻之混合物。如用此法，所用細沙須完全乾燥，以免混合不勻之弊。

每袋泥所需之顏料及混合材料，先分別量出；其所用之水泥顏料及三分之一之混合材料，先反覆篩至適宜程度，然後加以其餘三分之二混合材泥調篩。

(例)一比三之混凝物——一袋水泥(合一立方呎重九十二磅)九磅顏料，一立方呎細沙，先篩至均勻色彩，然後加入其餘二立方呎細沙，繼續篩至適當程度。如須另加碎石等混合材料，可於此時加入調拌。

用於有色混凝土之各物，須量秤準確，設混合成分略有改變，其所產建築物即呈不同彩色。如同一工程所用混凝土須先後調製者，關於此點更應特別注意，務使先後混合成分相等，即所用水量亦須相同。所用碎石，卵石，黃沙等，均須潔淨，堅硬，大小有序。水泥須不含酸性及鹼質。所用水量影響及混凝土之强度，彩色之濃淡深淺。如用較少之水，可得較高强度及較深彩色。至於每次應加之水量，須視當時工作情形及混合材料之濕度而定，設用較潮濕之黃沙碎石，則可用較少之水，如用完全乾燥之混合材料，水泥一袋所需之水約爲五加侖。

設一工程之全部混凝土均用有色混凝土，則其澆置方法與普通混凝土無異。此種有色混凝土建築，除薄板建築外，極不經濟。普通有色混凝土建築，祇於混凝土表面加以一吋至二吋之有色混凝土，其底裏層則爲普通混凝土。此種表面有色混凝土層之澆置法有二：(一)單層建築，(二)雙層建築。二者之中，前者較佳；惟二法之應用須視當時工作性質與情形而定。前者施用於普通混凝土底裏層於澆置後即可加以修飾者。如騎車道，側道，及舖道等。後者施用於混凝土工程於普通混凝土底裏層澆置後不能即時加以修飾者，如房屋內地板等須俟裝修完竣後方能工作；若用此法，大都爲一吋至二吋厚之有色混凝土。

如用單層建築法基底混凝土之澆擣與普通混凝土無異。有色混凝土即同時澆置其面使與基底混凝土同時凝固變硬成堅實建築物。在較大工程上可同時用二具混凝土混合器，其一專作調合有色混凝土之用。

在工作便利可能性之下，有色混凝土以含水愈少愈妙，能有相當黏性及濕度使澆置方便即可。無論如何，切勿使其呈水分過多或濕滑之狀。製造有色混凝土，水泥一袋用水不得過五加侖。

有色混凝土準確堅度可用降落法求得適宜水分。其法甚簡，即以金屬半截圓錐模型高十二吋上口徑四吋下口徑八吋，以臨時混合之混凝土分三層倒入型中，每層均以棒搗二十五下，至裝滿爲止。去其過剩混凝土使與上口齊平，然後移去模型，量其上面下降距離，即得其堅度。下降愈少愈堅結，有色混凝土下降距離，不得過二吋至四吋。

用作有色混凝土基底之混凝土面，不可有剩水存在，因積存之水足使混凝土有風化作用。設有過剩之水，須以帚掃去。刷掃之結果可使混凝土呈粗糙之表面，以增與上層之結合力。

普通有色混凝土之混合成分如后：

一、一、二——水泥一立方呎合以黃沙一立方呎，二分（四分之一吋徑）卵石或碎石二立方呎。

一、二、灰泥——水泥一立方呎和以黃沙二立方呎。

黃沙不得百分之五穿過每吋百格之篩子。

黃沙百分之十穿過每吋五十格之篩子。

碎石須不含軟質或長形之碎片，大小須自一分至二分。

混凝土澆置後以木板匀平，再以木鏝推光；如須光滑之面，則於木鏝推光後待半小時至四十五分鐘，以鐵鏝修飾。在修飾時須特別注意勿用過量之敲擊，致使水泥細粒混合材料及水，浮至表面，減低混凝土面磨察抵力。故於修飾時，能使表面光滑而用較少之敲擊爲妙。

如用第二法（於基底變硬後再加有色混凝土表面層）於加施表面層之前，其基底面須先洗淨，務求粗糙以增結合力；並塗以純淨水泥漿，在水泥漿未變硬之前，即澆以有色混凝土，其面以直邊木板匀至相當平度，然後等待三十分至四十五分鐘之久，如第一法加以修飾。其混凝土成分亦與前者相同。切記水泥一袋用水勿過五加侖。

有色混凝土於乾燥變硬期中須特別注意，因在不同情形下之結果，可影響及抵抗力，防水量及磨擦抵力。樓板及鋪路可用黃沙，粗蔴布或無汚點之紙張遮蓋及保持潮濕至十日之久。

如修飾及乾燥變硬時，有所不當，則混凝土面呈灰粉物質。此實由於用鐵鏝修飾時過量敲擊，以致微細物質浮於表面，減少表面耐久力。如欲免除此種結果，須經合宜之修飾及保持在適當情形下乾燥變硬。如不幸而有若是之結果，可施用鎂氟矽化合物以補救之。

土石材料——如磚瓦，石灰石，大理石，磁磚及混凝土等——建築物常呈白色粉狀沉澱物，此爲建築材料之溶解物質，係隨建築物中所含過量之水滲透至建築物表面，而經蒸發後所遺留者。此種沉澱物之產生，實由於建築物附水力薄弱之故。如混合成分適宜，每袋水泥用水不過五加侖，經透澈及適當之澆擣，修飾，乾燥變硬，則可得完全防水之混凝土，而免此種沉澱物之產生。

如建築物表面留有風化物，可用稀薄鹽酸（一分濃酸和以五分至十分之水）洗濯，在施用此法之先，須用水潮潤混凝土面。於用酸洗濯後，再以清水冲洗潔淨；風化物亦可用亞蔴子油與煤油之混合物擦洗。如用此法，可增進混凝土表面磨擦抵力及較匀之彩色，惟祇可於混凝土面呈風化物時施用。

現代廚房設計

向華

譯者按：都市居住問題，寸地千金，解決匪易。中下之家，對於廚房設計，何暇顧及，故遂譯此文，似覺迂而不切。然本刊搜集材料，不厭周詳，故此文備供一格，以資參閱，想亦讀者所樂許也。

美國廚房設計最嚴重之缺點，即爲無計劃無秩序，及缺乏適宜之裝置與現代之材料。例如最近調查十八省鄉村間廚房之結果，僅有百分之五十裝置水盤者。（Sinks洗滌碗碟之用）即如最近五年間近代式之住屋。所有設備，門，櫥，光線等之裝置，均有顯然之缺點，任何城市之廚房，其橫剖面暗昧不潔，使主婦在精神上及體力上感覺極大之困難。此種現象發生於建築材料日新月異之時，實促業營造者轉移其視線，而有注意之必要也。

現代廚房設計最顯著之進步，即將廚房之一切佈置成爲一種自然的行動，食物由冰箱取出，遞送至餐室，再以反復之步驟，將盤碟由桌上移藏櫥櫃，所有剩餘食物移藏冰箱。本文所附各圖係爲廚房設計中最精采最科學化之佈置。第三附圖即爲理想的式樣及佈置，表示廚房設計之基本原則。廚房之工作地面積成U字形。水盤之裝置即在U之中間。水盤之左爲有屜之櫃櫥，右爲爐竈。冰箱之裝置須與櫥櫃接近便利，故設置櫥之左面，最爲適宜。試閱第三圖，食物由冰箱移置櫥櫃面上，由櫃至水盤；由水盤至爐灶，其工作地

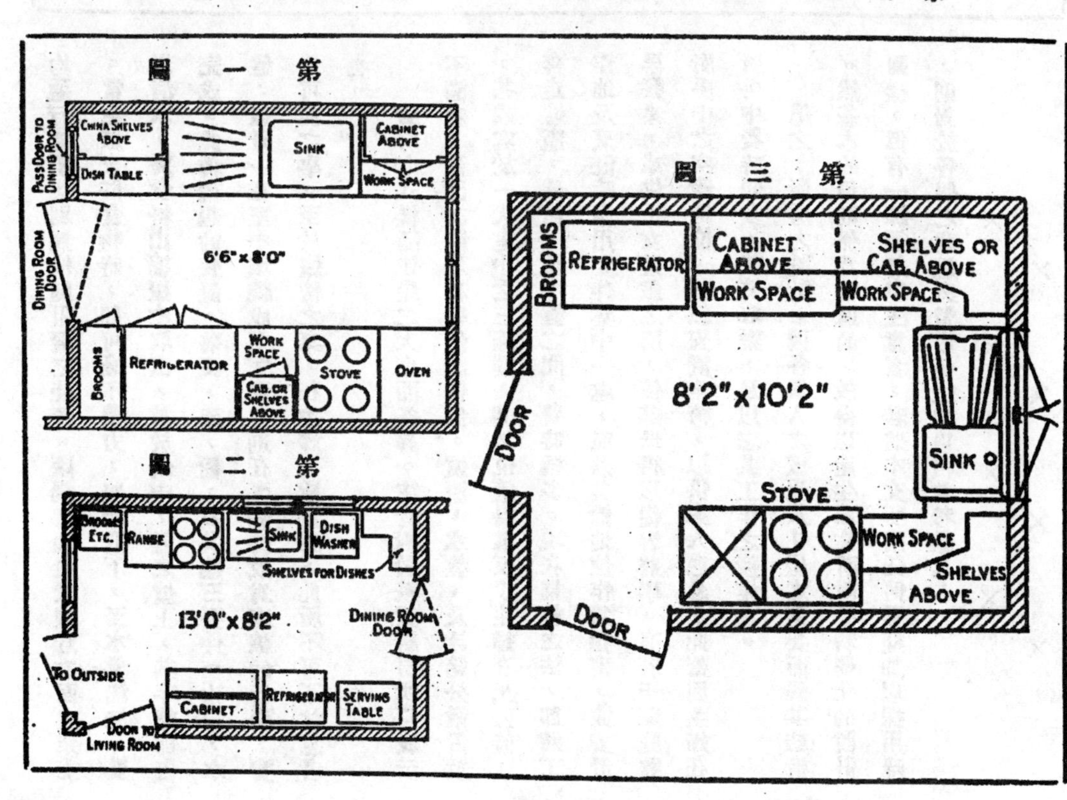

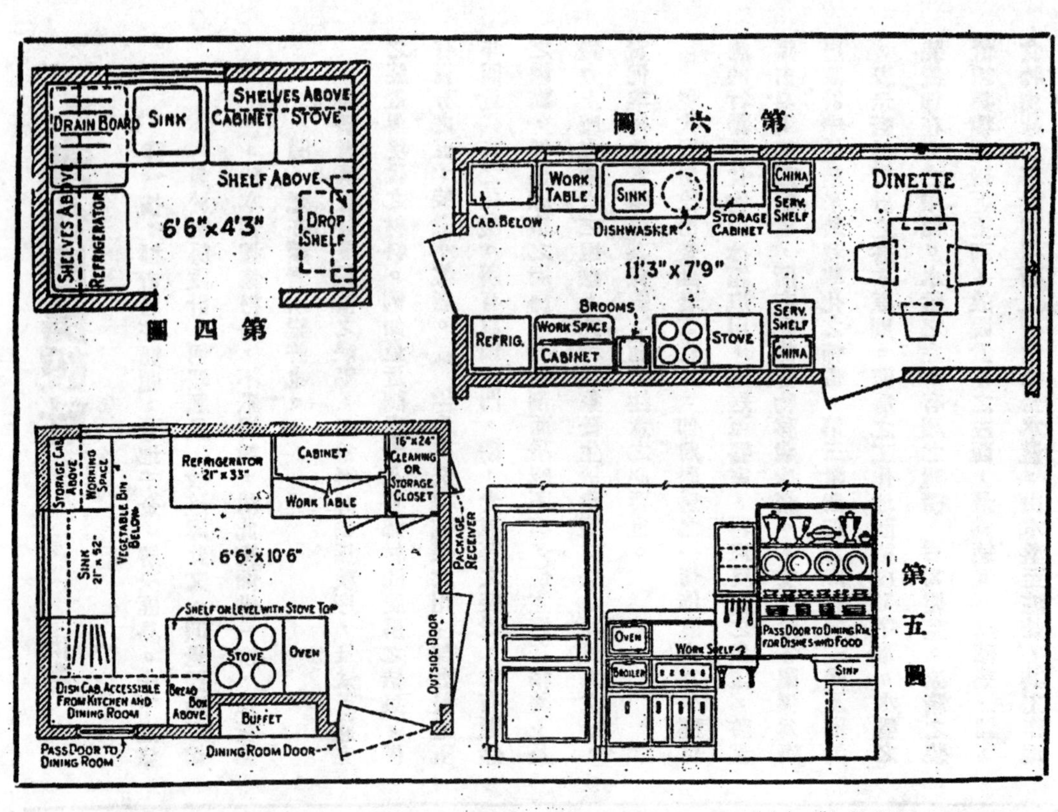

均通行無阻，別無他種阻礙之裝置。罐鍋之類置於爐灶左面之架上。當主婦烹飪食物時，即可毫不費力，將鍋取下，至水盤洗滌，盛以清水，將食料由櫥櫃中取出，放於鍋中，置之爐上，其手續即告完成。此種理想的裝置，將桌，架，櫥，及其他三要件（冰箱，水盤，爐灶）在室中環繞成U字形，則在烹飪時成爲直線的行動，實爲可能之事。至於爐傍之桌，在主婦尤感重要，此所不可不注意者也。

廚房之式樣隨住屋之大小而各異。往昔對於較大廚房所以表示不滿者，蓋因其缺乏科學化之佈置。爐竈、水盤、及冰箱分散置放，甚或處於一大室中之三極端，其地位適得其反；主婦在烹飪時，奔走爐竈，冰箱，及水盤之間，費時極多。現在補救之法，即將工作地及烹飪時應用要件集中一處，而將其餘地位作爲餐室，或安置早餐桌，或供子女遊戲之所，使其母得以從容將事。有若干家庭將廚房中之空餘地位，留以安置坐椅，以供家人憩息；此蓋因主婦在廚房中費時頗多，談笑取樂，足以忘其工作之疲倦也。

總之：廚房之設計，因各個人之感覺及住屋之需要而異其結構。然基本的原則係爲普遍的，故得以產生本文所附各科學化的設計圖樣。但有一點須加以注意者，若將本文所附任何圖樣加以採用時，則對於各個之興趣與習慣仍須加以相當考慮也！

× × × × × × × ×

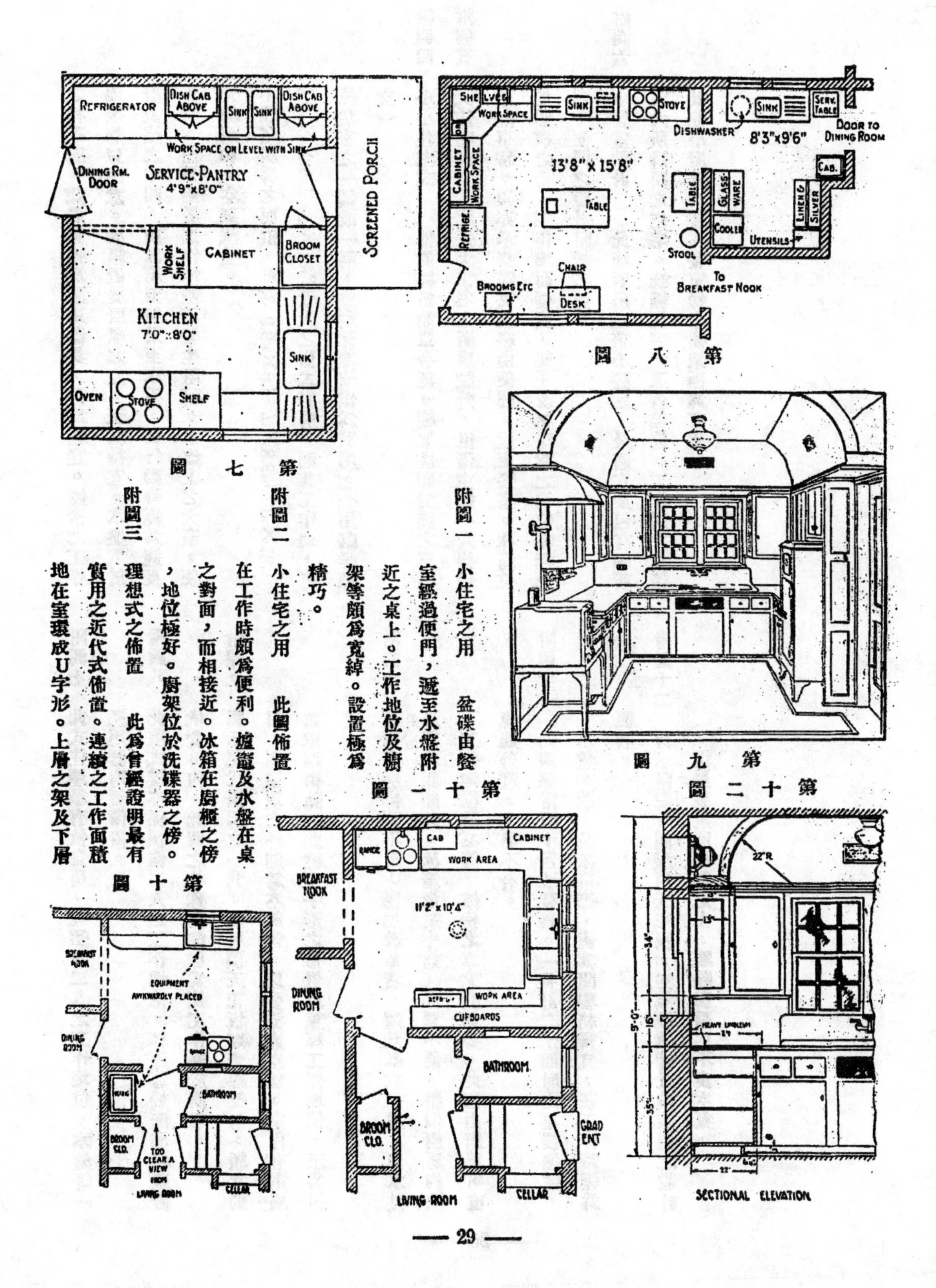

第七圖

第八圖

第九圖

第十圖

第十一圖

第十二圖

附圖一　小住宅之用　盆碟由餐室經過便門，遞至水盤附近之桌上。工作地位及櫥架等頗爲寬綽。設置極爲精巧。

附圖二　小住宅之用　此圖佈置在工作時頗爲便利。爐竈及水盤在桌之對面，而相接近。冰箱在廚櫃之傍，地位極好。廚架位於洗碟器之傍。

附圖三　理想式之佈置　此爲曾經證明最有實用之近代式佈置。連續之工作面積地在室環成U字形。上層之架及下層之杯碟廚，藏置食物及應用器具，極爲適宜。爐傍之工作地須加以注意。冰箱置於廚櫃之左，至爲得宜。水盤置於廚及爐之中間，由冰箱至廚及至水盤，在行動時極爲適度省時。門戶對於工作地並不發生阻礙。水盤上之大窗，使光線調和，空氣流暢。

小住宅廚房之面積，可爲 6'6"×8'; 7'×8'6"; 8'×13' 6'6"×10'6"; 7'×12'。較大之舊式廚房，則其工作地，可位於室之一端或一隅，將剩餘地位作爲別用。（用處詳原文）

附圖四　小小住宅式　佈置極爲簡單合度。櫥架搭砌於牆之三面

附圖五　大住宅式　此係大住宅之廚房設計，但僅主婦一人持理烹飪事務。圖亦示盌碟縱桌經由便門，遞至餐室。冰箱位於櫥櫃之傍。工作地面極廣，架子及杯碟櫥之地位亦極便利。便門之設計附於右面，

附圖六　小餐室設計　此種廚房連帶小餐室，最適宜於包有四所或六所房間之住宅。既極便利，又省地位。工作用之桌較其他小廚房爲多。餐室傍之櫥架極爲有用。

附圖七　此式住屋須有伙食房，並須有二人之工作地位。水盤等一應用器均須備置。

附圖八　此項式樣亦係預備二人之工作地位。杯碟等於洗滌後藏置伙食房內。此圖之特殊功能即爲使工作趨於簡單。

附圖九　圖示現代廚房之一角。圓屋頂天花板將光線反射，頗爲動目。圓屋頂之外則爲空氣管，以資流通空氣。室內有電扇將薰烟驅除。此種U字形之佈置及寬綽工作地位，至爲適宜。

附圖十　圖示廚房排列不良，應加改革者。爐灶孤立一處，與水盤及櫥相距頗遠。冰箱置於中途，亦屬不便。整個廚房內缺乏工作地位及桌等，爐傍之卓尤感切要。此圖由廚房可直視起居室，尤屬不合。

附圖十一　此圖係附圖十所改裝者。一長計二十四吋之桌接連爐，水盤，櫥，及冰箱等，使其間聯絡得宜，在工作時極爲便利。

附圖十二　圖示附圖十圓屋頂天花板，空氣流通管及碗碟櫃之設計，電扇裝於圓屋頂之上，驅除廚房內不良空氣。

滬戰後建築之進展

談鋒

閘北吳淞直接所受損失難有精確統計

按此文係旅滬西人凱文迪君(Henry Cavendish)所著「一年後之上海」中之一章，對於公共租界各區於滬戰後建築之進展，作精密之調查及統計；傍及閘北吳淞於戰後直接所受損失之鉅大，蒐羅頗為詳盡。特加迻譯，以供參閱。

一九三二年公共租界北區內建築業之活動，足示其平均數較戰前已有增加。此蓋在二月間因戰事關係，並無新建築進行；迨至八月，始有登峯造極之象。北區在戰前（即一月）之新建築數字為二十八處。至二月間因中日戰事爆發，竟等於零。在三月及四月間所發出之動工執照僅有五處，且規模極微，全為小屋。至五月戰事停止，中日雙方休戰條約成立，所發出動工執照計有八處，其中僅有二處為房屋建築。至六月漸有踴躍之勢，發出執照六十五處，內十七處為中國住屋，四十三處為外國商店。七月份又形下降，動工建築僅有二十三處；迨至八月，則登峯造極，在北區所發動工執照計有一百三十五處之多。其中中國住屋佔九十五處。至九月，十月，十一月又驟下降，九月份計有二十一處，十月份僅有四處，十一月份僅有六處。至年底十二月又突上升，計有五十六處。本年一二兩月，則又不振；一月份僅有二十四處，二月份則為九處云。至於建築之式樣，以中國住屋佔多數，外國商店次之。茲為明瞭北區建築升降之趨勢起見，特另附表如左：

一九三二年公共租界北區建築概況

一月份——二八處
二月份——〇
三月份、四月份——五處
五月份——八處
六月份——六五處
七月份——二三處
八月份——一三五處
九月份——二一處
十月份——四處
十一月份——六處
十二月份——五六處

一九三三年

一月份——二四處
二月份——九處

若根據工部局工務處年報報告，則一九三二年公共租界北區中國住房之建築有二一二處，東區九二〇處，西區九〇四處；中區則不與焉。此蓋中區為界內商業中心點，與其他住屋區自難比例。

在上列各區數字中，北區計簽出外國商店之之勤工執照四十八處，旅館一處，寫字間一處，公寓一處，西人住宅一處，貨棧一處，小住宅二處。東區外國商店則僅二處，餘計寫字間十處，西人住宅二處，其他工廠二十四處，紗廠二處，貨棧二十四處，出租汽車行九處，小住宅二十九處，職員宿舍二處，西區建築，發展更速，計有西人商店二十二處，寫字間三處，戲院一處，公寓四處，西人住宅七十九處，其他廠家四處，中國住屋改建廠家一處，紗廠四處，貨棧一處，馬車行一處，出租汽車行三十八處，小住宅二十八處，職員宿舍十處。

綜觀上述各區建築數字，雖北區與世界聞名之黃浦灘相接近，然在一九三二年間因戰事關係，建築之進展遠落他區之後。再者，東區與北區同在蘇州河之北，且北區更為接近租界之商業中心，然東區建築數額激增，地位似較適宜，此亦所不得其解者也。

閘北吳淞損失之大難以數計

再就閘北，吳淞及被戰事波及之區域而言，所有損失迄未有精確之估計，且亦不能估計也。雖然官方及半官方面，估計此次損失當在二萬萬元及二十萬萬元之間。據市社會局統計戰區直接及間接所受損失為一九四，六〇六，三六二元，然此報告亦曾聲明並不指戰區全部而言。除社會局外，本市會計師公會及市商會亦曾加以調查。計華界區域住房被毀，值六一，四二一，九七二元；學校所受損失一〇，八九〇，九六一元；鄉村區（包括住屋）四，一九六，一四二元；慈善機關八二〇，〇九七元。再就所調查之區域而言，閘北之範圍自較為廣，直接及間接之損失為一三二，四八八，七五一元，將及二萬萬元之巨。住宅直接所受損失計三五，七六一，四八九元，間接二，〇一六，五三〇元。商店直接所受損失計二五，八八八，〇一九元，間接七，五八九，〇二二元。工廠所受直接損失四九，六二四，一七二元，間接二，三六六，七九七元。總計閘北所受直接損失計一一九，九四二，二三八元，間接則為一二，五四六，五一二元。

再就吳淞而言，所受損失之巨，亦屬可觀。計直接所受損失計有一四，三二九，九六四元，間接二，四一三，一三二元，總數計一六，七四三，〇九六元。第三區則為江灣，直接所受損失計七，二五五，九五八元，間接為四四六，三二一元，總數七，七〇二，二七九元。

此處須注意者，即戰事所受損失之一九四，六〇六，三六二元之鉅數中，內公共租界所受損失計九，九二七，四四六元，法租界計三九八，〇四九元。至於公共租界所受直接損失為三，六六一，八七六元；間接幾及兩倍之巨，計六，二六五，五七〇元。

綜觀上述，各戰區所受直接損失，雖難精確估計；而間接損失，如民衆之失業，工廠之倒閉，商業之停頓，地價之下跌，及其他等等更屬浮泛難計，欲得精密之數，抑亦匪易矣！

市政廳新址擇定

位在外灘公園．面臨蘇州河

久經喧傳之市政廳新址，現將擇定建於外灘公園。此事爭議已久，其焦點一爲需要問題，一則爲地段問題。關於需要一點，早無異議；至於地點，原擬擇定大華飯店舊址。惟該處地價既屬奇昂，來往交通亦難稱便利。但除大華飯店舊址外，他無更相宜之地點以資興建。自中央捕房及救火會在租界中心區域相繼覓得新址後，於是舊事重提，認爲界內尙有最適宜之地點，可以應用。經再度考慮，擇定外灘公園爲未來之新址。蓋該園地位最爲適中，撥出相當地位以爲建築市政廳，自亦合理。將來廳址之一端位於中區及西區之中部，他端接於北區及東區。前有交通孔道，車輛來往自如，無擁擠梗阻之事發生。且沿外灘有空地多方，專備停歇汽車之用；將來如有盛大集會，於交通方面亦無困難。查據熟悉公共租界情形者言，外灘公園內前曾有建築禮拜堂之動議，以爲點飾，迨後未再聞及此事。今次動建市政廳，當亦爲新訊之一。但有一點吾人須注意者，即公園本爲市民公共遊憩之所，茲忽將一部份地位撥爲建築市政廳之用，殊不近理。然一八六八年吾國蘇淞道當局所訂洋涇浜章程，關於土地之使用，雖有種種限制，但其主要之原則，即公共之土地不能佔爲一已謀利之用。市政廳之興建爲市民謀集會之便利，及其他社會的或文化的功用；故吾人謂此舉出於單純的圖謀私利，亦所不能也。

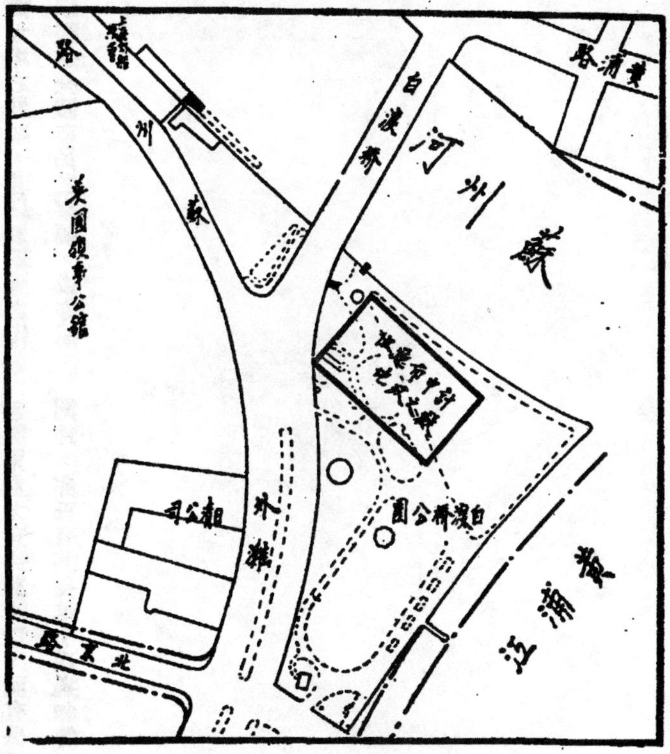

市政廳位置，可參看本文附圖。其地位闊一百五十尺，長二百五十尺，所佔面積，尙屬合度。廳之底層爲宏偉之大廳，餘層則用於文化運動，如圖書館等。蓋現在中文圖書激增，將無以容納；若能另遷新址，則搜羅書籍更可宏富，而界內居民在閱覽時，因地

位之得宜，亦覺便利多矣！至於該廳之造價，當亦爲吾人所注意。公共租界內之納稅人，自不願以寶貴之金錢，虛擲於此種非屬首要之建築。估計全部建築費，約爲一百萬兩，數額雖鉅，在進行時或可不受阻力。總之爲欲增加上海通商大埠之壯觀，若以最經濟之代價，於最適宜之地段興建市政廳，以謀進全體市民之幸福，或亦能得納稅人之諒解也。卽如以佔據公共園地爲不合，則盛夏溽暑，大雨傾盆，嚴冬氣候，朔風凜冽；遊人至此，當亦爲之掃興，設有市政廳在，亦可暫避狂風暴雨之襲擊，或霜雪之吹刮。此種情形對於遊園兒童尤宜特別注意，而有保護之必要。然則市政廳之佔據公用園地，亦正有其長處；功過相等，未可厚非也。

(五續)

杜彥耿

第四節　石作工程

丈量　石之量算。分面積與長度兩種。論面者。如一方尺或一百方尺(即一平方)計之。每一方或每一方尺之價格。須以石之品質與厚度而估定之。餘如工作之難易。運輸之利鈍。直接間接均皆影響及於價格之昂賤。故於估算石作工程之前。最好先命石工作精密之計算。庶不致誤算而受虧也。

石之種類　上海普通所用之石。有蘇石。蘇石更分兩種。產於金山者曰金山石。產於焦山者曰焦山石。金山石質良色帶黃紅。產量不多。焦山石質稍次。色青白。產量多而價則較金山石略貴。均係火成岩花岡石。是謂硬石。尙有寗波綠石，紫石。質較嫩。便於彫刻。是謂軟石。故石工之工於硬石者稱硬石匠。工於軟石者稱軟石匠。以上硬軟兩石。均用之於建築。尙有大理石則用之爲裝飾。以示堂皇富麗。但殊少用於建築。以承受重量壓擠。茲將各項石料之用度。分述於後。

焦山蘇石　產地在江蘇省吳縣。經木瀆約三十里。至石碼頭。共有石礦廿餘座。業已採去半數。開採仍沿用土法。所採石料。均由人工從山上搬至石碼頭交卸。石之較巨者。係用數十人搬運。其方式一如螻蟻之搬蠢魚骨。當此科學倡明之世。何以仍沿用此陳腐之土法。蓋此中亦有一原因在。近山之石工。大都世代祖傳。該處孩童至八歲。即須幫同搬運石塊。每日所得。亦有三百至四百文之譜。大人日可得一千至二千文之多。更有鑿下殘碎石片。亦爲若輩所有。倘一旦有人提議用機器開採。若輩勢必與之拚命。曾有設計上海沙遜大廈之建築師英人惠爾遜君。前往產地參觀。見用人力開採。人工時間。均蒙損失。倡議以機器替代人工。嗣經包辦該屋全部石工之陳君。陳說困難。乃作罷。

運輸　焦山石從山上運至石碼頭。需時半日。自石碼頭至滬。順風至多二日。大號船每艘可載重五噸。此項船隻。均爲山中居戶所行。

價格　此項毛坯石料在上海蘇州河岸交貨者。石之大量。自一立方尺至十立方尺。每立方尺價洋一元至一元二角。自十方尺之外。每十尺加二角至三角。在一百方尺以外。則另議。(見表)

石工　毛坯石已運抵灘地者。石工做工。連裝置工在內。每一平方尺需工資洋一元二角至一元五角。此係指平面而言。若欲彫刻線脚。則每方工資須自一百八十元至二百元。雕鑿花朶人物。尤須另議。(見表)

焦山石價格表

工料	體積及面積	價格	備註
毛坯石	一立方尺至十立方尺	每立方尺洋一元至一元二角	以上海蘇州河岸交貨爲準
毛坯石	十立方尺以外	每過十立方尺加洋二角至三角	同上
毛坯石	一百立方尺以外	另議	
鑿工及裝置工	一平方尺	洋一元二角至一元五角	祇鑿平面
彫刻線脚及裝置	一方	一百八十元洋至二百元	彫鑿花朶人物另議

按上表內均以魯班尺計算。合英尺九折。

用度　此項焦山石。可用於建築。擔任重量壓擠。如過樑，法圈等。用於踏步、勒脚及外牆等處。

品質　焦山石色呈青灰。係一種半晶體的火成巖石。英文名Granite。(即花岡石)其原語來自拉丁Granum。意即巖石之結構顯示點粒者。焦山石重要之成分。爲石英及岢性鉀，長石碳及其他主要之附屬品所凝成。質堅硬。惟不若金山石之良好。價亦相埒。但金山石產量不多。不足供工程上之巨量需求。

花岡石爲石中之最堅者。其中伸縮力甚少。但最不幸者。最無禦火之能力。花岡石倘遇極高之熱度時。當卽分裂爆碎。蓋其最大之關係。因其組織與構造之複雜。每一小粒各有不同之膨脹性。但其中含有小水泡與流質炭氣。亦不無相當之關係。

香港石　香港石產於九龍。色潔白。含有電母石黑點。殊美觀。上海匯豐銀行、麥加利銀行及南京總理陵園、廣州紀念堂等建築。均採用此石。

價格　港尺(卽海尺)一方尺至三十方尺。每方尺計港幣四角。三十一方尺至四十方尺。每方尺六角。四十一方尺至五十方尺。每方尺七角。餘見後表。

香港石價格表

尺寸	每方尺價格	備註
一方尺至三十方尺	港洋四角	此價在九龍碼頭交貨
三十一方尺至四十方尺	港洋六角	同上
四十一方尺至五十方尺	港洋七角	同上
五十一方尺至六十方尺	港洋八角	同上
六十一方尺至七十方尺	港洋九角	同上
七十一方尺至八十方尺	港洋一元二角	同上
八十一方尺至九十方尺	港洋一元三角	同上

港尺一尺合英尺十四寸六分。每方尺卽港尺一尺方三寸厚。

運輸　自九龍碼頭交貨。運抵上海。每噸運費約港洋六元。駁船扛棒等費在外。再者。船上苦力。須予償金。否則於搬運時任意亂拋。致將石料脫角或斷裂。受損匪淺。倘若再行發電採購。則往返費時。躭誤工程。其害尤大焉。

石工　與蘇石同。

(待續)

介紹强生阻砂管公司

都市飲水，關係市民至鉅。良以水源不潔，影響市民健康。有礙公共衛生；既潔矣，又須考慮代價是否低廉，不然則滴水寸金，日常若使用大宗水量，其値將難以勝任。世界各大城市居民有鑑及此，莫不鑿井取水，以其既廉且潔。故稽考城市使用井水之起源，已有三四十年之歷史。此蓋都市用水，若取給於河流，經過濾瀝裝接人工等費，其値自較昂貴，不若於事先費相當代價，自行鑿井，則源泉滾滾，汲取不盡；既合衛生，又極經濟。美國强生阻砂管公司，(Edward E .Johnson, Inc.)爲著名鑿井專家；在本埠廣東路三號設有代理處，專爲他人開鑿自流井。用强生氏阻砂器，水量可保用數十年不盡。工程師柯契金斯基君(M. F. Kocherginsky)經驗宏富，技術高人。爰樂爲介紹，希建築界諸君暨各業主住戶等，有以注意及之。

上海西區海防路法冊道契三四九六號地上擬建住屋之草圖

上海惇信路西式住屋

A group of the newly-built semi-detached houses on Tunsin Road, Shanghai

Mr. V. C. Lee, Architect

上海惇信路西式住宅之近景

A group of newly-built semi-detached horses on Tunsin Road, Shanghai

起居室之內景

An interior view of the living room
of one of the above semi-detached houses.

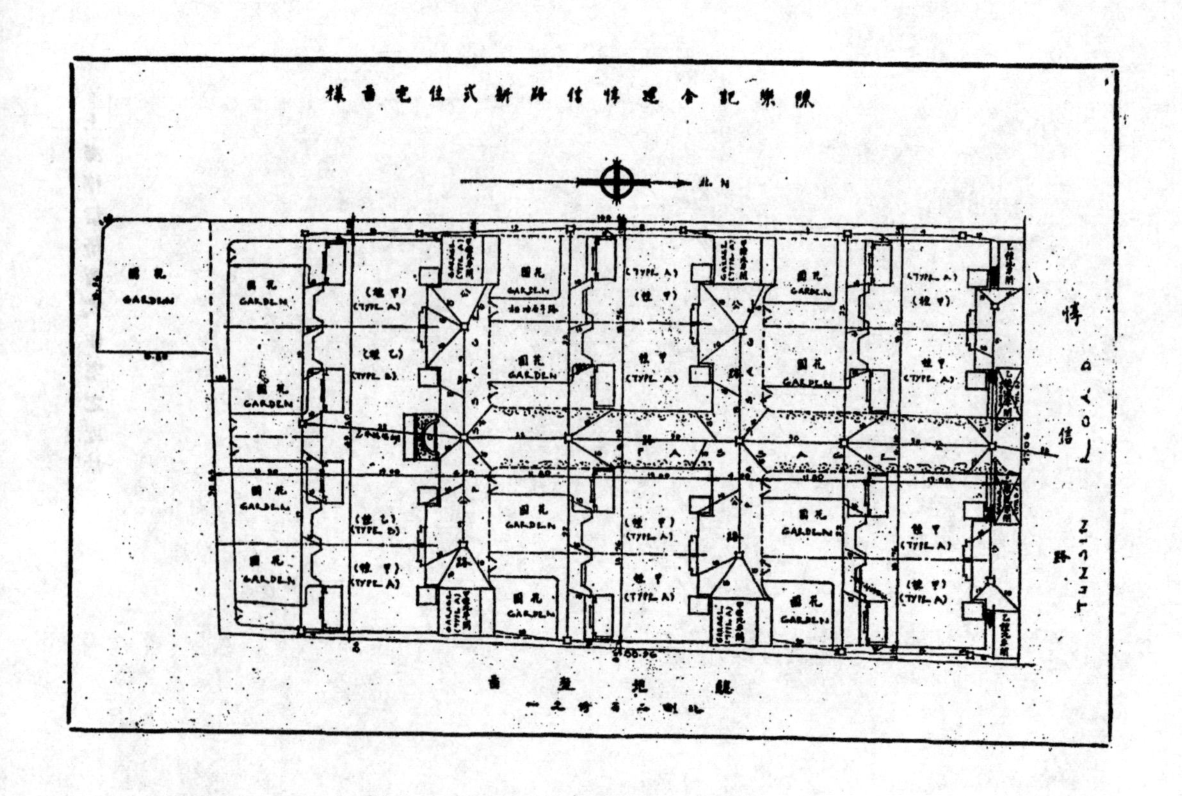

本欄按期刊登各種中西式房屋構造圖樣及配景攝影，附加說明，以供讀者參考。本期選登陳樂記建造之惇信路新式住宅全套詳細圖樣，有（一）總地盤圖（二）側面圖（三）南面圖（四）屋頂樓盤圖（五）甲種樓盤圖（六）甲種地盤圖（七）北面圖（八）剖面圖（九）乙種樓盤圖（十）乙種地盤圖，以及落成後之內部，遠景及近景攝影。讀者一經瀏覽，對於該屋之構造可瞭如指掌矣。

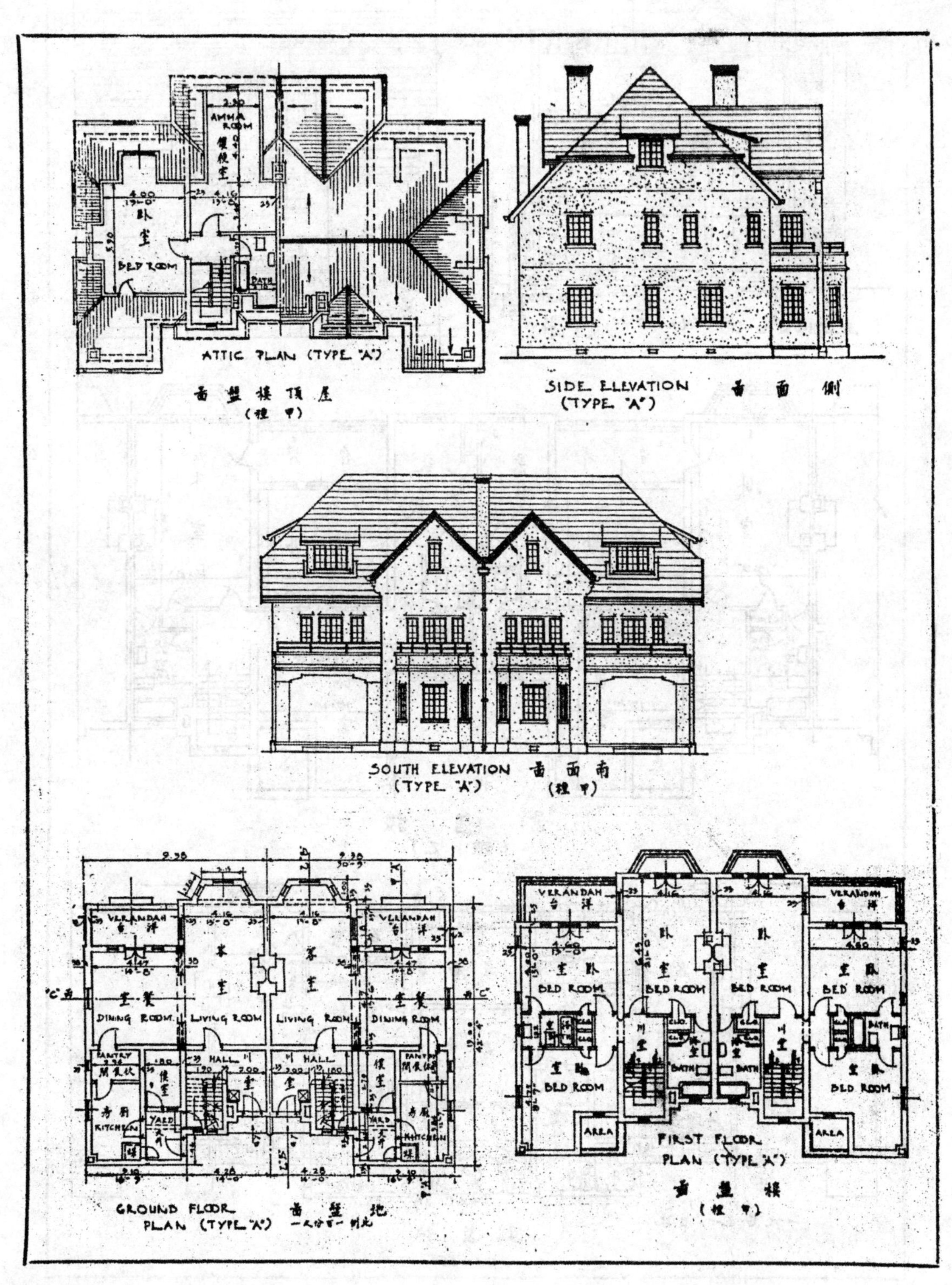
ATTIC PLAN (TYPE "A")
面盤樓頂屋
(種甲)
SIDE ELEVATION 面面側
(TYPE "A")
SOUTH ELEVATION 面面南
(TYPE "A") (種甲)
GROUND FLOOR
PLAN (TYPE "A") 面盤地
FIRST FLOOR
PLAN (TYPE "A")
面盤樓
(種甲)

21147

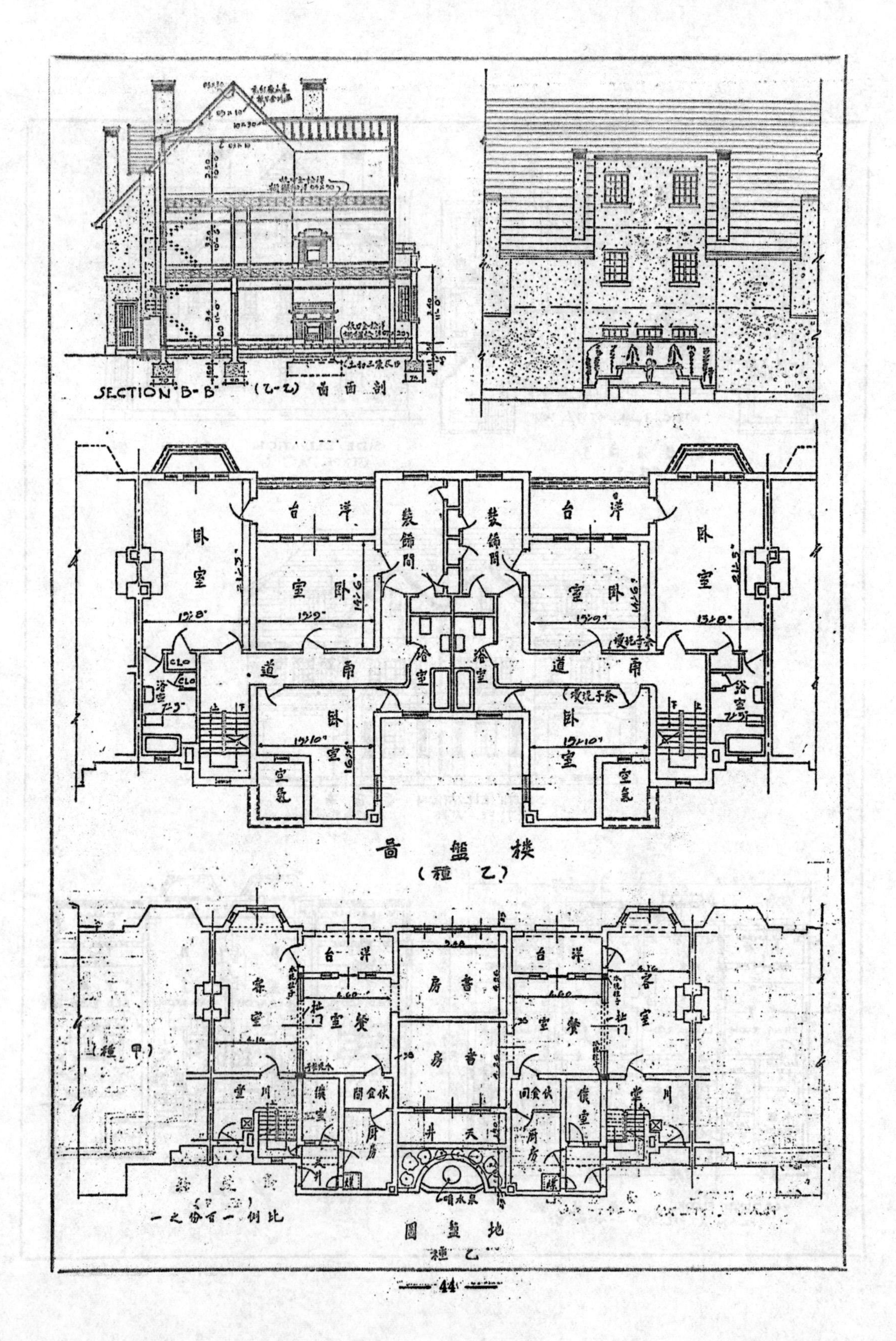
SECTION B-B
(乙-乙) 面剖
樓盤圖
(乙種)
地盤圖
乙種
比例一百份之一

21148

REPLIES TO ENQUIRIES

鄧漢定君問

一，影戲院內冷氣製造室造於地下，抑或於他處可另闢一室容納之，而以管通出。

二，水汀及冷氣之英文名稱？

三，曾參觀將完工時之大光明戲院，台上離台口約二十五呎處，設有形似寶塔之黑色物二，高約十呎，闊約四呎，不知為何物，其用途者何？

四，貴刊可能再增一『西洋建築歷史』長篇？自埃及式迄現代式。

五，可否增加關於衛生設備之構造與討論一欄。

六，貴刊建築辭典殊有價值，惟倘能更撰一漢英建築辭典，（由中文譯成英文者）亦未嘗不足引起建築界之注意。

服務部答

一，影戲院內冷氣製造室，能設於地下最佳。若遇不得意時，於地面另闢一室亦可。

二，水汀英文名 Radiator，冷氣英文名 Refrigerator。

三，大光明影戲院尚未前去參觀，容詢鄔達克建築師後奉答。

四，西洋建築史俟現有三長篇登完，當設法增入。

五，衛生設備之構造與討論，亦當於可能範圍內增加。

六，漢英建築辭典擬於日後促其實現。現載辭典依英文字母排列者，藉免遺漏。且於讀者因有英文大字典可供參考，易於領悟也。

田永年君問

一，徐鑫堂先生著『經濟住宅』中第三十三頁有『刨光後約為二吋六分淨厚』之六分，為一吋又幾分之幾？

二，近見天津英租界建造中之房屋，多用 Over burned brick，其功用為易掛 Plaster 乎？

服務部答

一，英呎六分為¾吋，故一吋六分為一吋又¾吋，蓋二吋為八分，六分乃¾吋也。

二，該項房屋或係德國式，故用燒殘之磚製砌。砌並不齊，參差雜列，自呈古趣，且甚美觀，非為易於掛粉刷之需也。

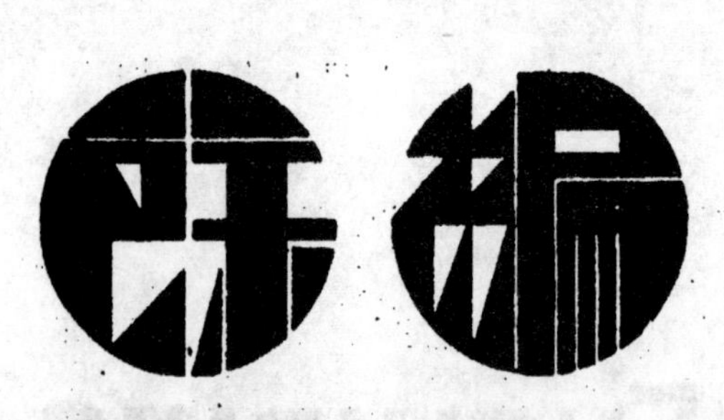

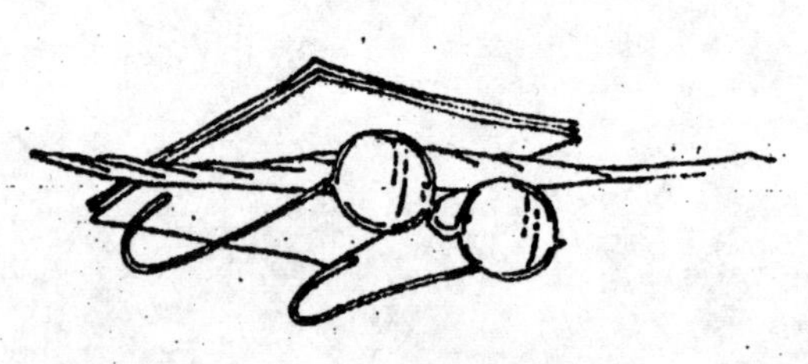

記得去冬計劃出版本刊的時候，我們雖則懷了一股熱望與勇氣，但是都很畏怕，因爲能否引起建築界同志的注意還是問題。時光過的這樣快，現在第六期既已出版了。這半年中我們不斷的努力着，希望把這本惟一的建築雜誌慢慢地培長起來。承讀者紛函獎勉與指導，使我們也得了不少的安慰。

這一期裏刊登了幾篇短篇文字，都有相當的價值，如『有色混凝土製造法』的說明怎樣去製造有色混凝土，是最切實際的技術方法，對於建築工程上有很好的指示。又如『現代廚房設計』譯文，詳列各種佈置裝設的圖樣，并加說明，非但建築家所須知，亦一般人所必讀的。

長篇文字仍爲開闢東方大港的重要及其實施步驟，工程估價及建築辭典等三篇，這三篇文字的價值當然是讀者已經明瞭的了，無庸再加介紹。

東方大港與乍浦商埠的開闢，孫總理既會諄諄言之，徒以國是未定，當局尙不注意，但每週外人之往遊者極衆，深望當局亟起建設，以杜外人覬覦之漸，並望有志者共起圖之。作者杜彥耿先生現正積極設計，本期刊登之黃猫山測量圖，係由本會附設正基工業學校赴乍實地測量者，避暑區房屋圖樣乃作者所設計，或亦鼓吹實施建設的初步啓示呢。

建築辭典甚受讀者歡迎，本刊接得很多讀者的要求，於最近期中刊印單行本，現已加速整理，期副讀者雅意。因了單行本的計劃刊行，所以本刊僅擬選載較重要的名辭，次要者容刊單行本中。

本期圖樣，除居住問題欄之新式住宅全套圖樣及海防路住屋草圖外，尙有上海博物院路亞洲文會的全套圖樣，上海浦東的大來碼頭工作攝影等，可供讀者的觀摩參考。

本刊第一期及第二期的再版，已有不少讀者來函登記，惟印刷費用甚鉅，須有多量的預約，方可實現，甚盼擬補購的讀者，從速函示以便早日付梓。

下期預定的要目有上海大光明影戲院新屋圖，高橋海濱飯店全套建築圖樣，楊樹浦電力公司發電廠鋼架及房屋圖等數十幅。文字除開闢東方大港等三長篇續稿外，有美國胡佛隧道建築一文，按該建築共用三萬立方碼水泥，混凝土工作的艱難，與架撑圓桶殼子型模的奇妙，殊有一讀之價值。其他關於房屋及地產之文字，已決定發表者亦有多篇，恕不贅述。

建築材料價目表

本欄所載材料價目，力求正確，惟市價瞬息變動，漲落不一，集稿時與出版時難免出入。讀者如欲知正確之市價者，希隨時來函或來電詢問，本刊當代爲探詢詳告。

磚瓦類

貨名	商號	標記	數量	價目
空心磚	大中磚瓦公司	12"×12"×10"	每千	二八〇元
空心磚	同前	12"×12"×8"	同前	二二〇元
空心磚	同前	12"×12"×6"	同前	一七〇元
空心磚	同前	12"×12"×4"	同前	一一〇元
空心磚	同前	12"×12"×3"	同前	九〇元
空心磚	同前	9¼"×9¼"×6"	同前	九〇元
空心磚	同前	9¼"×9¼"×4½"	同前	七〇元
空心磚	同前	9¼"×9¼"×3"	同前	五六元
空心磚	同前	4½"×4½"×9¼"	同前	四三元

貨名	商號	標記	數量	價格
空心磚	大中磚瓦公司	3"×4½"×9¼"	每千	二七元
空心磚	同前	2½"×4½"×9¼"	同前	二四元
空心磚	同前	2"×4½"×9¼"	同前	二三元
紅機磚	同前	2½"×8½"×4¼"	每萬	一四〇元
紅機磚	同前	2"×5"×10"	同前	一二三元
紅機磚	同前	2¼"×9"×4¼"	同前	一二六元
紅機磚	同前	2"×9"×4⅜"	同前	一一二元
紅平瓦	同前		每千	七〇元
青平瓦	同前		同前	七七元

磚瓦類

貨名	商號	標記	數量	價目
青脊瓦	大中磚瓦公司		每千	一五四元
蘇式灣瓦	同前		同前	四〇元
西班牙筒瓦	同前		同前	五六元
紫面磚	泰山磚瓦公司	2½"×4"×8½"	每千	一一一元八九
白面磚	同前	同前	同前	一一一元八九
紫薄面磚	同前	1"×2½"×8½"	同前	六七元一角三
白薄面磚	同前	同前	同前	六七元一角三
紫薄面磚	同前	1"×2½"×4"	同前	三三元二角六
白薄面磚	同前	同前	同前	三三元二角六
特號火磚	瑞和磚瓦廠	CBCA	一千	一六七元八三
頭號火磚	同前	CBC	同前	一一一元八九
二號火磚	同前	壽字	同前	九二元三角
三號火磚	同前	三星	同前	八三元九角一
木梳火磚	同前	CBC	同前	一六七元八三
斧頭火磚	同前	CBC	同前	一六七元八三
一號紅瓦	同前	花牌	同前	一一一元八九
二號紅瓦	同前	龍牌	同前	一〇四元八九
三號紅瓦	同前	馬牌	同前	九〇元九角
瓦筒	義合花磚瓦筒廠	十二寸	每只	八角四分

貨名	商號	標記	數量	價目
瓦筒	義合	九寸	每只	六角六分
瓦筒	同前	六寸	同前	五角二分
瓦筒	同前	四寸	同前	三角八分
瓦筒	同前	小十三號	同前	八角
瓦筒	同前	大十三號	同前	一元五角四分
青水泥花磚	同前		每方	二〇元九角八
白水泥花磚	同前		每方	二六元五角八
A號汽泥磚	馬爾康洋行	12"×24"×2"	每方五十塊	一二元一角七
B號汽泥磚	同前	12"×24"×3"	同前	一八元一角八
C號汽泥磚	同前	12"×24"×4⅛"	同前	二五元〇四分
D號汽泥磚	同前	12"×24"×6⅛"	同前	三七元二角
E號汽泥磚	同前	12"×24"×8⅛"	同前	五〇元七角七
F號汽泥磚	同前	12"×24"×9⅛"	同前	五六元二角二
白磁磚	元泰磁磚公司	6"×6"×⅜"	每打	一元五角四分
壓頂磁磚	同前	6"×1"	同前	一元九角六分
裡外角磁磚	同前	6"×1¼"	同前	一元七角五分
平面踏步磚	興業磁磚股份有限公司	四寸六寸	每塊	九角八分
有槽踏步磚	同前	四寸六寸	同前	一元一角二分
毛地瓷磚	同前	六分方	每方	一二五元八七

磚瓦類

貨名	商號	標記	數量	價目
一號精選瑪賽克磁磚	興業瓷磚股份有限公司	全白	每方碼	五元八角七分
二號精選瑪賽克磁磚	同前	白心黑邊磚不過一成黑	同前	六元二角九分
三號精選瑪賽克磁磚	同前	花樣複雜色磚不過二成	同前	六元九角九分
四號精選瑪賽克磁磚	同前	花樣複雜色磚不過四成	同前	七元六角九分
五號精選瑪賽克磁磚	同前	花樣複雜色磚不過六成	同前	八元三角九分
六號精選瑪賽克磁磚	同前	花樣複雜色磚不過八成	同前	九元〇九分
七號精選瑪賽克磁磚	同前	花樣複雜色磚十成以內	同前	九元七角九分
八號普通瑪賽克磁磚	同前	全白	同前	四元八角九分
九號普通瑪賽克磁磚	同前	白心黑邊磚不過一成黑	同前	五元五角九分

木材類

貨名	商號	標記	數量	價目
洋松	上海市同業公會公議價目	八尺至三十二尺(再長照加)	每千尺	九十元
一寸洋松	同前		同前	九十二元
半寸洋松	同前		同前	九十三元
洋松二寸光板	同前		同前	六十八元
四尺洋松條子	同前		每萬根	一百四十元
一寸四寸洋松一號企口板	同前		每千尺	一百十元
一寸六寸洋松一號企口板	同前		同前	一百二十元
俄紅松方	同前		同前	六十七元
俄麻栗光邊板	同前		同前	一百二十元
俄麻栗毛邊板	同前		同前	一百十元

貨名	商號	標記	數量	價目
一二五·四寸一號洋松企口板	上海市同業公會公議價目		每千尺	一百五十元
一二五·六寸洋松一號企口板	同前		同前	一百六十元
柚木(頭號)	同前	僧帽牌	同前	六百三十元
柚木(甲種)	同前	龍牌	同前	四百五十元
柚木(乙種)	同前	龍牌	同前	四百二十元
柚木段	同前	龍牌	同前	三百五十元
硬木	同前		同前	二百元
硬木火介方	同前		同前	一百九十元
九尺寸坦戶板	同前		每丈	一元四角
柳安	同前		每千尺	二百二十元
紅板	同前		同前	一百二十元
抄板	同前		同前	一百四十元
十二尺三寸六八皖松	同前		同前	六十元
一二五—四寸柳安企口板	同前		同前	二百十元
十二尺二寸皖松	同前		同前	六十元
一寸六寸柳安企口板	同前		同前	二百元
二寸一半建松片	同前		同前	六十元
一丈字印建松板	同前		每丈	三元三角
一丈足建松板	同前		同前	五元二角
八尺寸甌松板	同前		同前	四元

木材類

貨名	商號說明	數量	價格
一寸六寸一號甌松板	上海市同業公會公議價目	每千尺	四十六元
一寸六寸二號甌松板	同前	同前	四十三元
八尺機鋸五分杭松板	同前	每丈	二元
九尺機鋸五分甌松板	同前	同前	一元八角
八尺足寸皖松板	同前	同前	四元五角
一丈寸皖松板	同前	同前	五元五角
八尺六分皖松板	同前	同前	三元五角
台松板	同前	同前	四元
九尺八分坦戶板	同前	同前	一元二角
九尺五分坦戶板	同前	同前	一元
八尺六分紅柳板	同前	同前	二元一角
七尺俄松板	同前	同前	一元九角
八尺俄松板	同前	同前	二元一角

油漆類

貨名	商號	說明	數量	價格
上上白漆	振華油漆公司	飛虎牌	每28磅	十一元
AA上白漆	同前	同前	同前	七元
A上白漆	同前	同前	同前	五元三角
AA二白漆	同前	同前	同前	九元
二白漆	同前	同前	同前	四元八角
A各色漆	同前	同前	同前	四元六角
各色漆	同前	同前	同前	四元

貨名	商號	標記	數量	價格
白及各色漆	振華油漆公司	雙旗牌	每28磅	二元九角
AA紅丹	同前	飛虎牌	同前	八元
漆油	同前	同前	每五介倫	十三元
燥液	同前	同前	同前	十四元五角
燥漆	同前	同前	每28磅	五元四角
各色漆	同前	飛虎牌 普通房屋漆	五六磅	十四元
AA純鋅上白漆	開林油漆公司	雙斧牌	二十八磅	九元五角
AA純鉛上白漆	同前	同前	同前	八元五角
A白漆	同前	同前	同前	六元八角
B白漆	同前	同前	同前	五元三角半
K白漆	同前	同前	同前	三元九角
KK白漆	同前	同前	同前	二元九角
A各色漆	同前	同前	同前	三元九角
B各色漆	同前	同前	同前	三元九角
銀硃調合漆	同前	同前	一介倫	十一元
白色調合漆	同前	同前	同前	五元三角
各色調合漆	同前	同前	同前	四元四角
白及各色磁漆	同前	同前	同前	七元
金粉磁漆	同前	同前	同前	十二元
白打磨磁漆	同前	同前	半介倫	三元九角

油漆類

貨名	商號	說明	數量	價格
各色打磨磁漆	開林油漆公司	雙斧牌	半介倫	三元四角
甲種嗶呢士	同前	同前	五介倫	二十二元
乙種嗶呢士	同前	同前	同前	十六元
黑嗶呢士	同前	同前	同前	十二元
AA特白厚漆	永華製漆公司	醒獅牌厚漆	二十八磅	六元八角
A上白厚漆	同前	同前	同前	五元三角
二號各色厚漆	同前	同前	同前	二元九角
硍硃磁漆	同前	醒獅牌快性磁漆	一介倫	九元
各色磁漆	同前	同前	同前	六元六角
金銀磁漆	同前	同前	同前	十元七角
汽車罩光凡立水	同前	醒獅牌凡立水	一介倫	四元六角
清凡立水	同前	同前	同前	三元二角
黑凡立水	同前	同前	同前	二元五角
硃紅調合漆	同前	醒獅牌調合漆	一介倫	八元五角
白色調合漆	同前	同前	同前	四元九角
各色調合漆	同前	同前	同前	四元一角
改良金漆	同前	醒獅牌木器漆	一介倫	三元九角
核桃木器漆	同前	同前	同前	三元九角
硃紅汽車磁漆	同前	醒獅牌汽車磁漆	同前	十二元
各色汽車磁漆	同前	同前	同前	九元

商號	品號	品名	裝量	價格	用途	每介侖能蓋方數
元豐公司	建一	白厚漆	28磅	二元八角	木質打底	三方
同前	建二	黃厚漆	同前	二元八角	土木質打底	三方
同前	建三	紅厚漆	同前	二元八角	鋼鐵打底	四方
同前	建四	頂上白厚漆	同前	十元	蓋面	五方
同前	建五	燥頭	七磅	一元二角	促乾	
同前	建六	淡色魚油	六介侖	十六元半	調合厚漆	(土)三方 (木)六方
同前	建七	快燥亮油	五介侖	十二元九	同前	同右
同前	建八	三煉光油	六介侖	二十五元	同前	同右
同前	建九	發彩油(紅黃藍)	一磅	一元四角半	配色	
同前	建十	香水	五介侖	八元	調漆	
同前	建十一	漿狀洋灰釉	二十磅	八元	門面	四方
同前	建十二	調合洋灰釉	二介侖	十四元	門面地板	五方
同前	建十三	漿狀水粉漆	二十磅	六元	牆壁	三方
同前	建十四	橡黃釉	二介侖	七元五角	門窗地板	五方
同前	建十五	柚木釉	同前	七元五角	同前	五方
同前	建十六	花利釉	同前	七元五角	同前	五方
同前	建十七	上白磁漆	同前	十三元半	蓋面	六方
同前	建十八	朱紅磁漆	同前	廿三元半	同前	五方
同前	建十九	純黑磁漆	同前	十三元	同前	五方
同前	建二十	紅丹油	五六磅	十九元半	防銹	四方

油漆類

商號	品號	品名	裝量	價格	用途	每介倫能蓋方數
元豐公司	建二一	鋼窗灰	五六磅	廿一元半	防銹	五方
同前	建二二	鋼窗李	同前	十九元半	防銹	五方
同前	建二三	鋼窗綠	同前	廿一元半	同前	五方
同前	建二四	屋頂紅	同前	十九元半	同前	五方
同前	建二五	上白調合漆	五介侖	三十四元	蓋面	五方
同前	建二六	上綠調合漆	同前	三十四元	同前	五方
同前	建二七	水汀銀漆	二介侖	二十一元	汽管汽爐	五方
同前	建二八	水汀金漆	同前	二十一元	同前	五方
同前	建二九	凡宜水（清黑）	二五介侖	七十七元	罩光	五方
同前	建三十	各色一厨漆丙種	五十六磅	十三元九	普通	（土木）三方（金）四方

商號	商標	貨名	裝量	價格	用途
永固造漆公司	長城牌	各色磁漆	一介侖	七元	髹於銅鐵及木製器具上顏色鮮豔堅韌耐久
同前	同前	同前	半介侖	三元六角	
同前	同前	同前	二五介侖	一元九角	
同前	同前	金銀色磁漆	一介侖	十元七角	同前
同前	同前	同前	半介侖	五元五角	
同前	同前	同前	二五介侖	二元九角	
同前	同前	改良廣漆	五介侖	十八元	有金黃紅木及棕紅色數種最合于木器傢具地板等處
同前	同前	同前	一介侖	三元九角	
同前	同前	同前	半介侖	二元	

商號	商標	貨名	裝量	價格	用途
永固造漆公司	長城牌	清凡立水	五介侖	十六元	易乾耐用光亮透明用於傢具木器地板等可增美觀而防腐
同前	同前	同前	一介侖	三元三角	
同前	同前	同前	半介侖	一元七角	
同前	同前	黑凡立水	五介侖	十二元	
同前	同前	同前	一介侖	二元五角	
同前	同前	同前	半介侖	一元三角	
同前	同前	灰防銹漆	五六磅	二十二元	用於鋼鐵器具上最有防銹之功效
同前	前	同前	一介侖	四元四角	
同前	同前	紅防銹漆	五六磅	二十元	
同前	同前	同前	一介侖	四元	
同前	同前	各色調合漆	五六磅	廿元五角	用於傢具牆壁窗戶等最為經濟
同前	同前	同前	一介侖	四元四角	
同前	同前	同前	半介侖	二元三角	
同前	同前	硃紅調合漆	五六磅	卅二元六角	
同前	同前	同前	一介侖	七元	
同前	同前	同前	半介侖	三元六角	
同前	同前	上上白厚漆	二八磅	七元	專備各項建築工程輪船橋樑及房屋之用
同前	同前	上白厚漆	同前	五元三角半	
同前	同前	上各色厚漆	同前	四元六角	
同前	同前	二號各色厚漆	同前	二元九角	

油漆類

商號	商標	貨名	裝量	價格	用途
永固造漆公司	長城牌	紅丹	二十八磅	十一元半	
同前	同前	燥油	五介侖	十四元半	用於油漆能加
同前	同前	同上	一介侖	三元	增其乾燥性
同前	同前	燥漆	二十八介侖	五元四角	
同前	同前	同上	七磅	一元四角	
同前	同前	AA魚油	五介侖	十七元半	專供調薄各色
同前	同前	A魚油	五介侖	十五元	厚漆之用
大陸實業公司	同前	固木油	一介侖	三元五角	
同前	同前	同上	五介侖	十七元四九	
同前	同前	同上	四十介侖	二二元八九	

鋼條類

商號	貨名	尺寸	數量	價格
蔡仁茂	鋼條	四十尺長二分光圓	每噸	一一八元八角八分
同前	鋼條	四十尺長二分半光圓	同前	一一八元八角八分
同前	竹節	四十尺長三分方圓	同前	一〇七元六角九分
同前	竹節	四十尺長四分方圓	同前	一〇六元二角九分
同前	竹節	四十尺長五分方圓	同前	一〇六元二角九分
同前	竹節	四十尺長六分方圓	同前	一〇六元二角九分
同前	竹節	四十尺長七分方圓	同前	一〇六元二角九分
同前	竹節	四十尺長一寸方圓	同前	一〇六元二角九分
同前	盤圓		每擔	七元六角九分

五金類

貨名	商號	數量	價格	備註
二二號英白鐵	新仁昌	每箱	六七元五五	每箱廿一張重四二〇斤
二四號英白鐵	同前	每箱	六九元〇二	每箱廿五張重量同上
二六號英白鐵	同前	每箱	七二元一〇	每箱卅三張重量同上
二二號英瓦鐵	同前	每箱	六一元六七	每箱廿一張重量同上
二四號英瓦鐵	同前	每箱	六三元一四	每箱廿五張重量同上
二六號英瓦鐵	同前	每箱	六九元〇二	每箱卅三張重量同上
二八號英瓦鐵	同前	每箱	七四元八九	每箱卅八張重量同上
二二號美白鐵	同前	每箱	九一元〇四	每箱廿一張重量同上
二四號美白鐵	同前	每箱	九九元八六	每箱廿五張重量同上
二六號美白鐵	同前	每箱	一〇八元三九	每箱卅三張重量同上
二八號美白鐵	同前	每箱	一〇八元三九	每箱卅八張重量同上
美方釘	同前	每桶	十六元〇九	
平頭釘	同前	每桶	十八元一八	
中國貨元釘	同前	每桶	八元八一	
半號牛毛毡	同前	每捲	四元八九	
一號牛毛毡	同前	每捲	六元二九	
二號牛毛毡	同前	每捲	八元七四	
三號牛毛毡	同前	每捲	十三元五九	

建築工價表

名稱	數量	價格
清混水十寸牆水泥砌雙面柴泥水沙	每方	洋七元五角
柴混水十寸牆灰沙砌雙面清泥水沙	每方	洋七元
清混水十五寸牆水泥砌雙面柴泥水沙	每方	洋八元五角
清混水十五寸牆灰沙砌雙面柴泥水沙	每方	洋八元
清混水五寸牆水泥砌雙面柴泥水沙	每方	洋六元五角
清混水五寸牆灰沙砌雙面柴泥水沙	每方	洋六元
汰石子	每方	洋九元五角
平頂大料線脚	每方	洋八元五角
泰山面磚	每方	洋八元五角
磚磁及瑪賽克	每方	洋七元
紅瓦屋面	每方	洋二元

名稱	數量	價格
灰漿三和土（上脚手）		洋三元五角
灰漿三和土（落地）		洋三元二角
掘地（五尺以上）	每方	洋七角
掘地（五尺以下）	每方	加六角
紮鐵（茅宗盛）	每擔	洋五角五分
工字鐵紮鉛絲（仝上）	每噸	洋四十元
擣水泥（普通）	每方	洋三元二角
擣水泥（工字鐵）	每方	洋四元

名稱	商號	數量	價格	備註
二十四號九寸水落管子	范泰興	每丈	一元四角五分	
二十四號十二寸水落管子	同前	每丈	一元八角	
二十四號十四寸方管子	同前	每丈	二元五角	
二十四號十八寸方水落	同前	每丈	二元九角	
二十四號十八寸天斜溝	同前	每丈	二元六角	
二十四號十二寸還水	同前	每丈	一元八角	
二十六號九寸水落管子	同前	每丈	一元一角五分	
二十六號十二寸水落管子	同前	每丈	一元四角五分	
二十六號十四寸方管子	同前	每丈	一元七角五分	
二十六號十八寸方水落	同前	每丈	二元一角	
二十六號十八寸天斜溝	同前	每丈	一元九角五分	
二十六號十二寸還水	同前	每丈	一元四角五分	
十二寸瓦筒擺工	義合花磚瓦筒廠	每丈	一元二角五分	
九寸瓦筒擺工	同前	每丈	一元	
六寸瓦筒擺工	同前	每丈	八角	
四寸瓦筒擺工	同前	每丈	六角	
粉做水泥地工	同前	每方	三元六角	

華生老牌電扇暢銷

炎夏已臨，電扇爲必需之品，華生電器製造廠所出各種電風扇，係完全國貨，均極精美耐用，且電扇風力充足，用電極省，駕乎舶來品之上，取價又非常低廉。無論吊扇檯扇均可保用十年，倘有損壞，修理不另取費，故購用者咸稱便利，銷路十分旺盛，製造廠在上海虹口周家嘴路七百二十九號，事務所在上海南京路日新里四八四號，電話九二六九六號及九一七〇一號云。

THE BUILDER

Published Monthly by The Shanghai Builders' Association

620 Continental Emporium, 225 Nanking Road,

Telephone 92009

中華民國二十二年四月份出版

建築月刊

第一卷第六號

編輯者　上海市建築協會　南京路大陸商場六樓六二〇號

發行者　上海市建築協會　南京路大陸商場六樓六二〇號

電話　九二〇〇九

印刷者　新光印書館　上海法租界聖母院路聖達里三十一號

投稿簡章

一、本刊所列各門，皆歡迎投稿。翻譯創作均可，文言白話不拘。須加新式標點符號。譯作附寄原文，如原文不便附寄，應詳細註明原文書名，出版時日地點。

一、一經揭載，贈閱本刊或酌酬現金，撰文每千字一元至五元，譯文每千字半元至三元。重要著作特別優待。投稿人却酬者聽。

一、來稿本刊編輯有權增删，不願增删者，須先聲明。

一、來稿概不退還，預先聲明者不在此例，惟須附足寄還之郵費。

一、抄襲之作，取消酬贈。

一、稿寄上海南京路大陸商場六二〇號本刊編輯部。

本刊價目表

零售	每冊大洋五角
定閱	全年十二冊大洋五元（半年不定）
郵費	本埠每冊二分，全年二角四分；外埠每冊五分，全年六角；香港南洋羣島及西洋各國每冊一角八分。
優待	同時定閱二份以上者，定費九折計算。

定閱諸君如有詢問事件或通知更改住址時，請註明(一)定單號數(二)定戶姓名(三)原寄何處，方可照辦。

廣告價目表
Advertising Rates Per Issue

地位 Position	全面 Full Page	半面 Half Page	四分之一 One Quarter
底封面外面 Outside back cover.	七十五元 $75.00		
封面及底面之裏面 Inside front & back cover	六十元 $60.00	三十五元 $35.00	
封面裏頁及底面裏頁之對面 Opposite of inside front & back cover.	五十元 $50.00	三十元 $30.00	
普通地位 Ordinary page	四十五元 $45.00	三十元 $30.00	二十元 $20.00
分類廣告 Classified Advertisements	每期每格一寸高洋四元 三寸半闊 — $4.00 per column		

廣告概用白紙黑墨印刷，倘須彩色，價目另議；鑄版彫刻，費用另加。

Designs, blocks to be charged extra. Advertisements inserted in two or more colors to be charged extra.

永華製漆有限公司

總公司上海漢口路四百十號
電話九四七六六號

華電報掛號 一三六二

洋電報掛號 "DURVAR"

專製上等 各種油漆

DURVAR VARNISH WORKS, LTD.

Manufacturers of
Paints, Varnishes, Enamels etc.
Office—410 Hankow Road. Shanghai, China.

Telegraphic Add. "DURVAR" Telephone 94766

協隆地產建築公司

The Yaloon Realty & Construction Co.

Architects
Real Estate
Mortgages
Property Owners
Construction

Work done:
Shanghai Silk Development Bldg. Corner of Hankow & Fokien Roads.
Owners & Building Contractors for new buildings on corner of Bubbling Well Road & Love Lane.
Owner & Building Contractors for the new 3 story hongs & shops on Cad. Lot No. 539 – corner of Foochow & Fokien Roads.
Architects for the 8 story Apartments Building under construction on Race Course Road.

設計打樣
代客買賣
地產押款
承包工程
地產業主

承造工程：
上海綢業銀行大樓　漢口路石路口
承造兼業主：
新建市房　上海靜安寺路斜橋衖口
設計工程：
八層公寓　上海跑馬廳路

H. 313 HUPEH Road. Tel. 92651

事務所上海湖北路迎春坊三一三號

21163

陸根記營造廠

寧波路四七號三樓三〇一號

電話一三七五六號

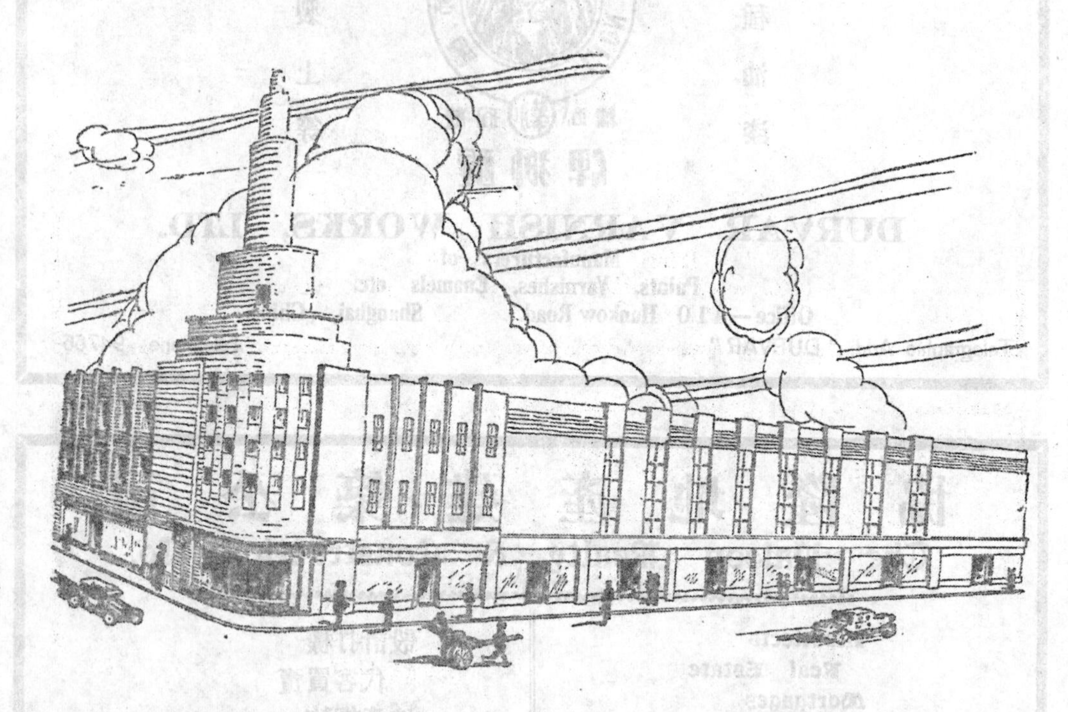

本廠最近承造工程之一

愚園路極司非而路角新式公寓下層爲店面及西菜館舞場規模宏大設備精美將來落成當爲滬西生色不少

本廠專造一切大小鋼骨水泥工程各項工作人員無不經驗豐富且工作迅捷務以使業主滿意如蒙詢問或委託承造不勝歡迎

中國銅鐵工廠
首先製造國貨鋼窗
虹口四行儲蓄會大廈其全部鋼窗鋼門均由敝廠供給
總辦事處 上海寧波路四十號
上海銀行大樓四〇六號
電話一四三九一號

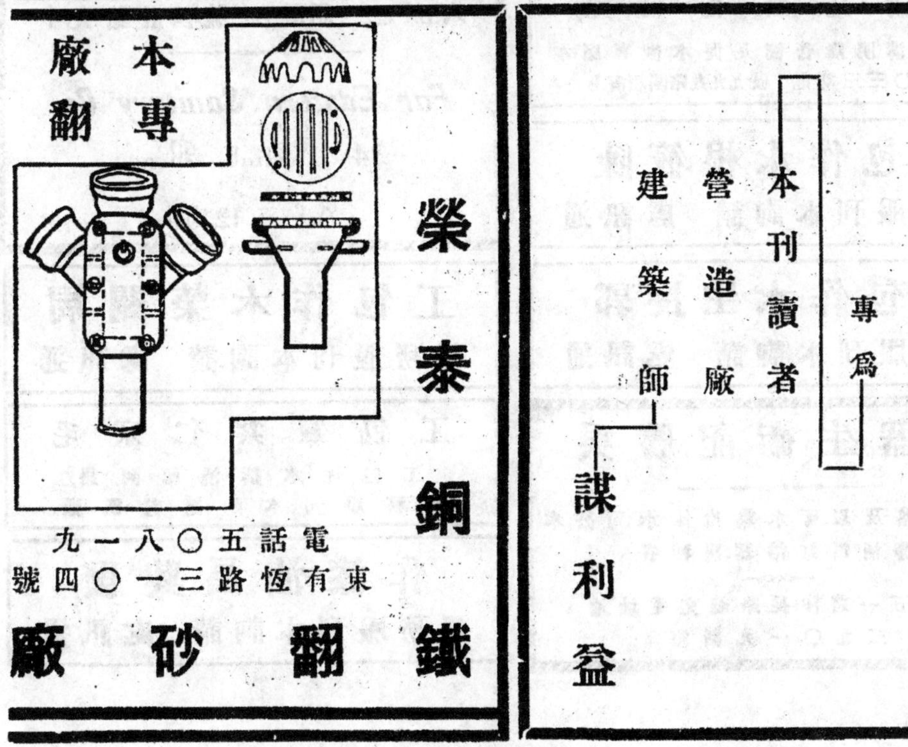
本廠專翻
榮泰鋼鐵翻砂廠
電話五〇八一一九
東有恆路三一〇四號
本會服務部
專為
本刊讀者
營造廠
建築師
謀利益

THE WORLD FURNISHING CO.

Complete Furnishing and Interior Decoration.

91 Yates Road ,Shanghai. Tel. 30126

本公司專門設計繪圖裝飾門面及內部佈置若公寓旅館俱樂部銀行等以及精製各種西式紅木傢具倘蒙賜顧竭誠歡迎

世界西式木器公司

上海同孚路九十一號 電話三〇一二六

高滄記砂石商

專辦黃砂石子三和土煤屑等等

地址閘北大統路安祥里一弄六十三號

榮德水電工程所

本號專接浴缸面盆抽水馬桶等衛生器管工程

上海葛羅路十九號 電話八五〇九五

范泰興鉛皮號

本號專接鉛皮水落管子等工程

上海呂班路五十號及華龍路六十三號

義合花磚瓦筒廠

本廠專做水泥瓦筒管陰明溝渠工程

上海新閘路九九九號 電話三三〇五三

陳筱根水作包工

通訊處 請詢本刊服務部

郭長生水作包工

通訊處 請詢本刊服務部

吳勝記衛生器管

本公司承接冷熱水管以及熱氣水汀

各種磁器浴缸馬桶等

地址愛文義路長沙路一五六號

電話九一〇九三

元泰磁磚公司

The Asiatic Tile & Sanitary Co.

Room 624 Continental Emporium,

Nanking Road - Tel. 90569.

南京路大陸商場六二四號 電話九〇五六九

上海清潔公司

浙江路牛莊路口六九二號

電話九〇〇三九

THE SHANGHAI SANITARY CO.

692 Newchwang Road, Shanghai.

Tel. 90039

其生鋸匠包工

通訊處 請詢本刊服務部

"Fesco"

遠東清潔所

中央路廿四號 電話一二一五六

Far Eastern Sanitary Co.

24 Central Road.

Tel. 12156

周關榮木作包工

通訊處 請詢本刊服務部

毛宗仁紮鐵包工

與阿福澆擣水泥包工

通訊處請詢本刊服務部

發興昌油漆作

通訊處 請詢本刊服務部

大餐間

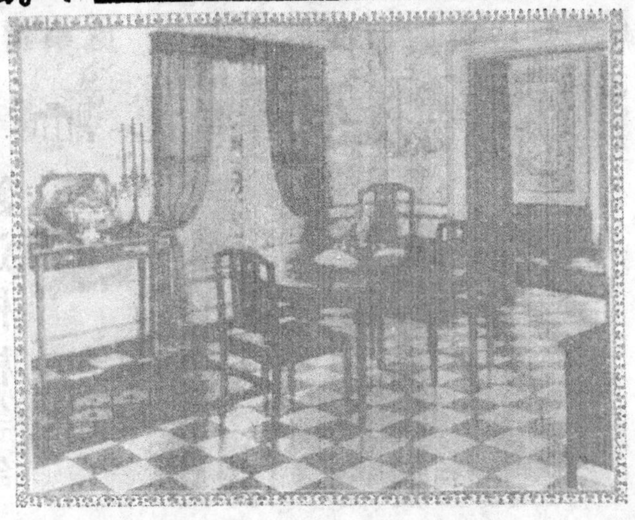

延年益壽

俗語說　人要衣裝　佛要金裝　摩登的家庭　當然也要摩登裝璜　舊式家庭對於牆壁裝璜　多用粉刷油漆　氣味惡劣　既不衛生　又不美觀　現在科學進化　牆壁皆用花紙裱糊　清淨美麗　濃淡咸宜　配以摩登傢具　相得益彰　身處其中　如登天堂　延年益壽　其此之謂乎

本行新由美　英　比　三國運到一九三三年最新式摩登花紙　式樣千種　揀選隨意　定價低廉誠實　打倒一切虛偽大減價惡習　愛美術士女　要裝璜新式家庭者　盍興乎來

南京路三百〇六號

上海美麗花紙總行啓

電話　九二八六〇

新申營造廠

總辦事處 上海康腦脫路康樂坊十二號

電話 三四一七一

本廠專門承造一切大小建築
鋼骨水泥工程廠房以及碼頭
鐵道橋樑等等

上圖爲本廠正在建築中之麥特赫司脫公寓，允爲靜安寺路上最宏偉之公寓建築。

New Shanghai Construction Co.

Office: Lane 179, No.12 Connaught Road.

Telephone 34171

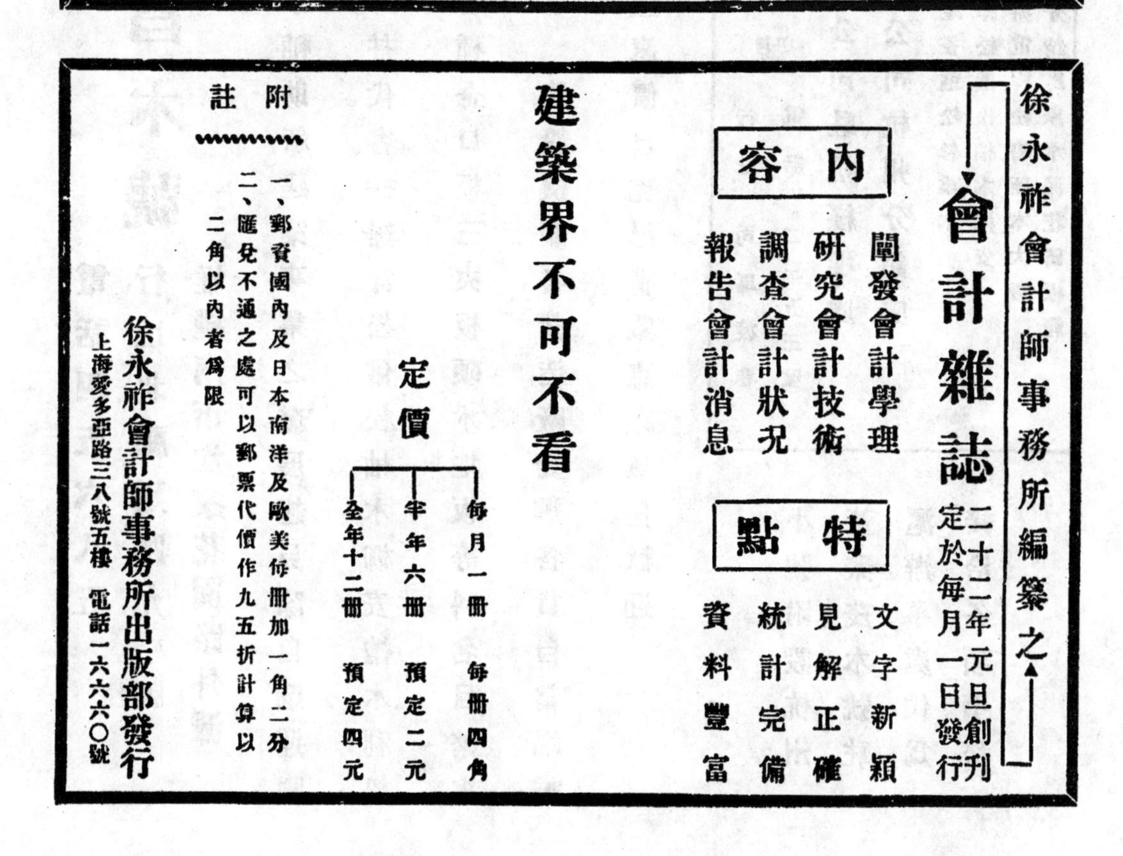

徐永祚會計師事務所編纂之
會計雜誌
二十二年元旦創刊
定於每月一日發行
內容
闡發會計學理
研究會計技術
調查會計狀況
報告會計消息
特點
文字新穎
見解正確
統計完備
資料豐富
建築界不可不看
定價
每月一冊 每冊四角
半年六冊 預定二元
全年十二冊 預定四元
附註
一、郵資國內及日本南洋及歐美每冊加一角二分
二、匯兌不通之處可以郵票代價作九五折計算以二角以內者爲限
徐永祚會計師事務所出版部發行
上海愛多亞路三八號五樓 電話一六六六〇號

SING ZENG CHONG LUMBER CO.,

93-95 North Fokien Road, Shanghai.

Tel. 45685

HANGCHOW WONG TSZE MOW LUMBER CO.,

Hangchow.

上海新愼昌木號

電話四五六八五

行址北福建路九三五號

堆棧南市沈家花園路外灘

小號爲應工程界需求輔助新建築事業之發展起見除自選運國產各種木材板料外并代客採辦洋松俄松柚木柳安檀木利松以及其他洋木各種企口板三夾板硬木地板等料名目繁多不盡詳載如承建設機關各營造廠委辦各貨自當竭誠效勞運輸迅速價目克己荷蒙惠顧無任歡迎

杭州黃聚茂木號

行址司馬渡巷

電話二三五三號

上海祥泰木行公司駐杭經理處

天津啓新洋灰公司杭州分銷處

營業要目

專運國產各種松杉雜木

經理洋松俄松柚木柳安

代辦電桿松檣硬木大料

分銷馬象水泥花磚板箱

小號附設杭州黃聚茂木號駐滬辦事處代爲接洽各項事務

泰康行

CHINA UNITED ENGINEERING CORP.

SOLE AGENTS FOR

TRUSCON STEEL COMPANY

YOUNGSTOWN, OHIO, U.S.A.

本行專門代客規劃或設計鋼骨水泥及工字鐵房屋橋樑等發售鋼窗鋼門鋼絲網避水漿水泥油漆磁磚花磚屋頂油毛氈等建築材料

設計工程				鋼窗	
南京大戲院	上海	臨時法院	上海	西僑青年會	上海靜安寺路
北京大戲院	上海	鐵道部	南京	同濟大學	吳淞
光華大戲院	上海	衛生署	南京	白洛克賽特西人公寓	上海海格路
浙江大戲院	上海	救火會	常州	上海療養院	上海靶子路
珠光大戲院	上海	寶隆醫院	上海	臨時法院	上海
新光大戲院	上海	鄉下總會	上海	清心中學	上海大東門
東海大戲院	上海	花旗總會	上海	震旦大學	上海呂班路
金城銀行	上海	信大麵粉廠	上海	寶隆醫院	上海
四銀行儲蓄會	上海	裕豐麵粉廠	上海	上海紗廠	上海楊樹浦
上海銀行大廈	上海	東華紗廠	上海	聖芳濟學堂	上海韜朋路
中國銀行虹口分行	上海	崇明紗廠	崇明	申新紗廠	上海楊樹浦
爵祿飯店	上海	大豐紗廠	上海	工部醫院	上海靶子路
惠中旅舍	上海	大同麵粉廠	上海	福新麵粉廠	上海楊樹浦
遠東飯店	上海	工足襪廠	上海	恆豐紗廠	上海楊樹浦
中國飯店	上海	上海牛皮廠	上海	申報館	上海望平街
一品香飯店	上海	上海啤酒廠	上海	安息日會亞東總會	上海華德路
半島飯店	九龍	和豐紙廠	嘉興	江蘇銀行	上海及蘇州
青年會	濟南	怡和洋棧	漢口	蔣介石先生住宅	蘇州
郵政局	北平	金陵女子大學	南京	公大紗廠	上海
申報館	上海	清華大學	北平	內外紗廠	上海
商務印書館	北平	暨南大學	真茹	中央研究院	上海白利南路

其餘工程繁多不及備載

行址　上海圓明園路廿九號　電話一一二六六　（兩線轉接各部）

廠址　上海麗山路DL一一九三號　電話五〇二七〇

飛虎牌油漆

以科學的方法　製造各種油漆

質地經久耐用　顏色鮮悅奪目

廣廈千層美奐美輪

飛虎油漆總其大成

總發行所　上海北蘇州路四七八號

製造廠　上海閘北中山路潭子灣

英商

祥泰木行有限公司

上海楊樹浦路一四二六號

電話 五〇〇六八

本公司常備大宗洋松，留安，三夾板椿木，及建築界一切應用木料，躉批零售，交易公允，如蒙採購，無任歡迎。

本公司採辦各國硬木，鋸製各種**花紋企口板**，並聘專門技師，包舖各式**美術地板**，新穎美麗，經久耐用。

本公司在上海，青島，天津，及漢口，俱設有最完備機器鋸木廠，鋸製各式木料，及**箱子板**等。

本公司總行設在上海，而分行木棧則分布於華北，及揚子江流域各商埠，以便各處建築家就近採購。

THE CHINA IMPORT & EXPORT LUMBER CO., LTD.

(INCORPORATED UNDER THE COMPANIES' ORDINANCES OF HONGKONG)

HEAD OFFICE: 1426 YANGTSZEPOO ROAD

SHANGHAI

Telephone :— 50068 (Private line to all Departments)

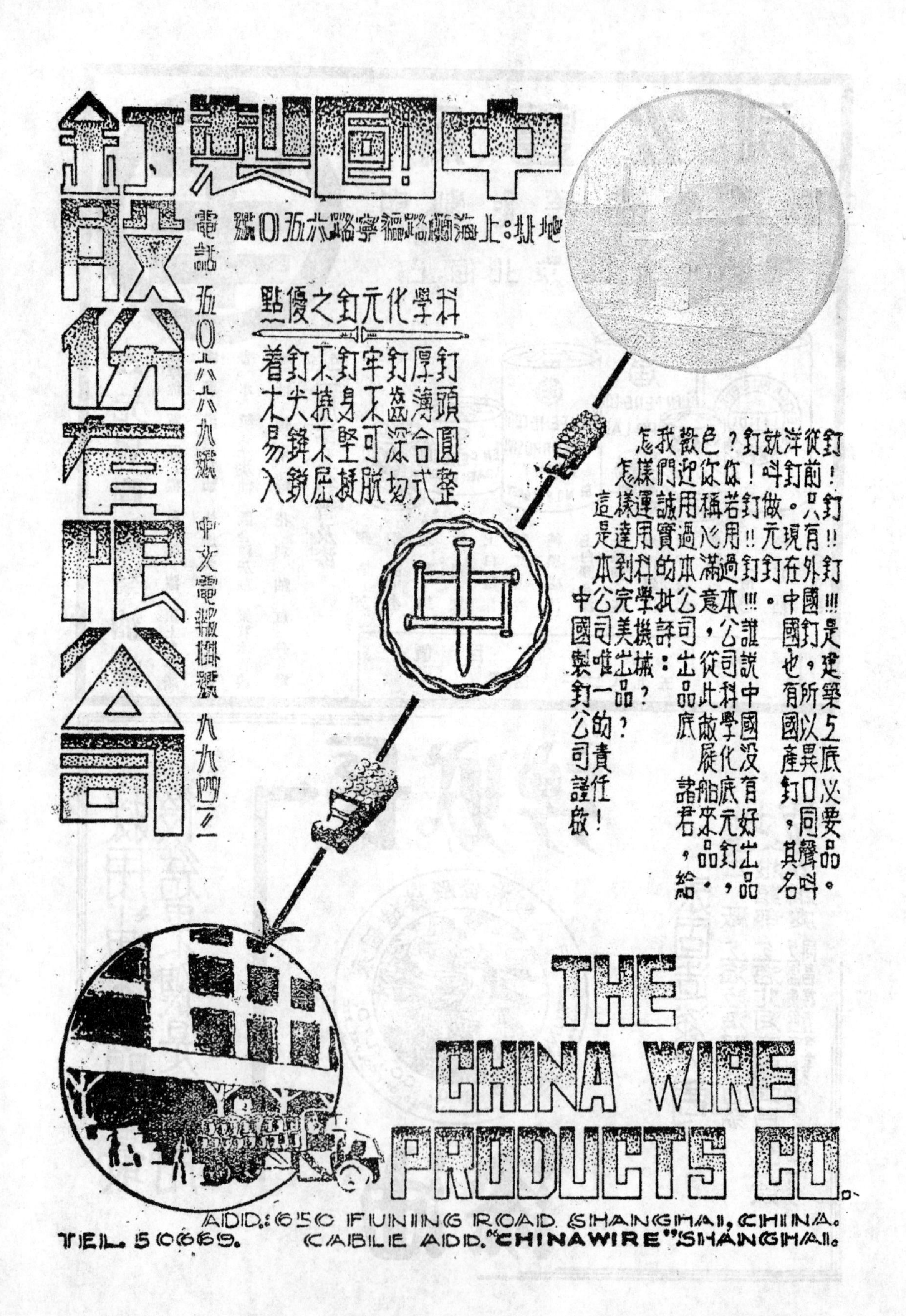
中國製釘股份有限公司
地址：上海蘭路福寧路六五〇號
電話 五〇六六九號
中文電報掛號 九九四二
科學化元釘之優點
釘頭圓整 厚薄合式 釘齒深切 牢不可脫 釘身堅挺 不撓不屈 釘尖鋒銳 着木易入
釘！釘！！釘！！！是建築上底必要品。從前只有外國釘，所以異口同聲叫洋釘。現在中國也有國產釘，其名就叫做元釘。
釘！釘！！釘！！！誰說中國沒有好出品？你若用過本公司科學化底元釘，包你稱心滿意，從此敝棄船來品。
歡迎用過本公司出品底諸君，給我們誠實的批評：
怎樣運用科學機械？
怎樣達到完美出品？
這是本公司唯一的責任
中國製釘公司謹啟！
THE CHINA WIRE PRODUCTS CO.
ADD: 650 FUNING ROAD SHANGHAI, CHINA.
TEL. 50669. CABLE ADD. "CHINAWIRE" SHANGHAI.

THE BUILDER
建築月刊

大中機製磚瓦股份有限公司

製造廠浦東南匯縣下沙鎮

本公司因鑒於建築事業日新月異材料選擇尤關重要特聘專門技師購置德國最新式機器精製各種青紅磚瓦及空心磚等品質堅韌色澤鮮明自應銷以來已蒙各界推為上乘樂予採購茲略舉一二以資參攷其他惠顧諸君因限於篇幅不克一一備載諸希鑒諒是幸

大中磚瓦公司附啟

曾經購用敝公司出品各戶台銜列后

本埠

工部局平涼路巡捕房　新蓀記承造
國立中央實驗館兆豐花園　和興公司承造
四行儲蓄會英大馬路　陶馥記承造
墾業銀行北京路　趙新泰承造
南京飯店山西路　新金記祥號承造
開成造酸公司軍工路　王銳記承造
四海銀行北京路　惠記興承造
麵粉交易所民國路　元和興記承造
業廣公司歐嘉路　陳馨記承造
法教堂勞神父路　吳仁記承造
七層公寓霞飛路　吳仁記承造

外埠

中央飯店南京　新金記承造
金陵大學南京　利源建築公司承造
航空學校杭州　新金記康號承造

所出各品儲有大批現貨以備各界採用如蒙定製各色異樣磚瓦亦可照辦備有樣品如蒙索閱即當送奉

駐滬批發所

英租界牛莊路德興里四號　電話九〇三一一

DAH CHUNG DILE & BRICK MAN'F WORKS.
Sales Dept. 4 Tuh Shing Lee, Newchang Road, Shanghai.
TELEPHONE　90311

21180

雙斧牌油漆
開林油漆有限公司出品
輪船
鐵路房屋
傢具欲使之壽
命長遠美麗觀瞻
務須採用雙斧牌
超等國貨油漆担
保用户諸君得到
萬分滿意
REGISTERED TRADE MARK
製造廠及總事務所 上海江灣西體育會路
本埠發行所 西華德路永同昌
北四川路永元昌
分銷處 本外埠各五金店生漆店及顏料店均有出售
電話 租界四五五〇五 閘北一〇三七 江灣十一
電報掛號 中文七二九〇 英文"MULIAKCO"

君必信用「雙耐克勞夫」牌運貨汽車。而後能解決運輸問題。

THORNYCROFT

現有車用及船用兩種狄塞爾引擎

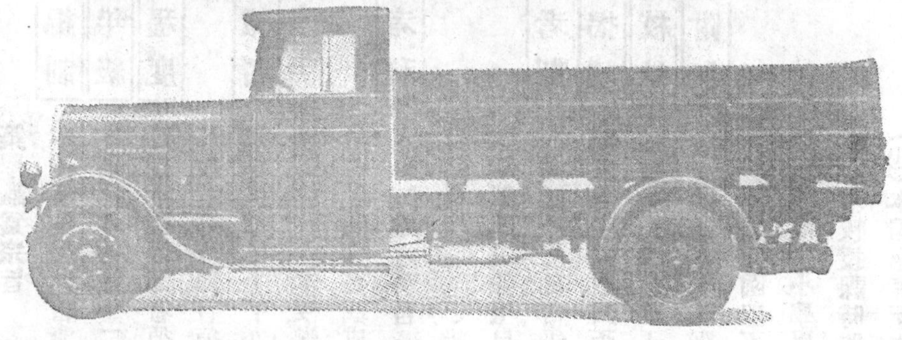

五十種式類之「雙耐克勞夫」牌運貨及載客汽車。從二噸起至十二噸止。裝有汽油或狄塞爾引擎底盤。

車用汽油引擎底盤
從兩噸二十五匹馬力
至十一噸八十七匹馬力

車用狄塞爾引擎
從三十六・一匹馬力
至五十六・四匹馬力

船用狄塞爾引擎
從九匹實馬力
至一百廿六匹實馬力

船用汔油引擎
從九匹實馬力
至四百四匹實馬力

欲知以上價格及詳情請向本行接洽

上海廣東路三號大來房子 固敏洋行 電話一四二七〇

JOHN I. THORNYCROFT & CO., Limiteb.

君必信用「雙耐克勞夫」牌運貨汔車。而後能解決運輸問題。

仁昌營造廠

事務所

上海同孚路基安坊廿五號

電話三五三八九

本廠專造各式中西房屋以及銀行堆棧廠房橋樑道路水泥壩岸碼頭鐵道等一切大小鋼骨水泥工程無不擅長且各項職工尤屬稱職如蒙

委託建造無任歡迎

SHUN CHONG & CO.

Building Contractors

Lane 315. House V25, Yates Road

Tel. 35389

On The Screen Depends The Well,

and you cannot make your wells any better than the well screens that you use in them.

Edward E. Johnson, Inc., 2304, Long Ave., St. Paul, Minn.

AGENCY IN CHINA:
3 Canton Road, Room 216, SHANGHAI.

M. F. Kocherginsky, B. Sc., M. E., E. E.
Consulting Deep Well Engineer.

英商

祥泰木行有限公司

上海楊樹浦路一四二六號

電話五〇〇六八

本公司常備大宗洋松，留安，三夾板椿木，及建築界一切應用木料，躉批零售，交易公允，如蒙採購，無任歡迎。

本公司採辦各國硬木，鋸製各種**花紋企口板**，並聘專門技師，包舖各式**美術地板**，新穎美麗，經久耐用。

本公司在上海，青島，天津，及漢口，俱設有最完備機器鋸木廠，鋸製各式木料，及**箱子板**等。

本公司總行設在上海，而分行木棧則分布於華北，及揚子江流域各商埠，以便各處建築家就近採購。

THE CHINA IMPORT & EXPORT LUMBER CO., LTD.

(INCORPORATED UEDNR THE COMPANIES' ORDINANCES OF HONGKONG)

HEAD OFFICE: 1426 YANGTSZEPOO ROAD

SHANGHAI

Telephone :- 50068 (Private line to all Departments)

右圖為書房間
上圖為會客室

全滬人士一致推崇的
美麗花紙
五大優點
花色纖麗光澤鮮豔
品質高貴價格低廉
經久常新清潔衛生
富麗堂皇悅目賞心
搜羅宏富服務週到
滬上各大建築如大中國飯店大中華飯店洋商匯中飯店吳宮旅舍一品香一枝香冠生園新新舞廳以及其他各大公館私人住宅等等莫不樂予採用成績之佳有口皆碑
上海美麗花紙總行
南京路三〇六號
電話九二八六〇
（盆湯弄東首大陸商場對面）
本行花紙悉係歐美各大名廠出品且經美術專家精密審定
歷有專門裱糊工匠可以隨時應召工作細到迅速取費極廉

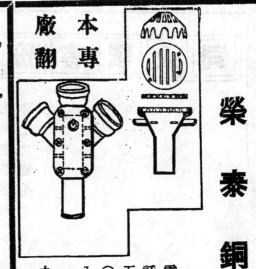

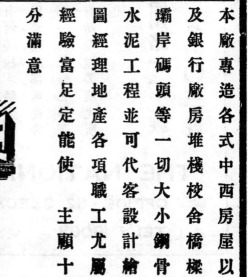

興業瓷磚股份有限公司

建築師工程師公認

興業出品爲現代建築上之必需材料因其貨色精良花式新穎色澤美麗經久不變並極經濟衛生無論公共場所私人住宅學校旅館等處之地面牆面或平頂一經舖用常能使君愉快而工程上尤能生色不少也

此游泳池踏步及噴水塔用最新式之毛磚砌成底用柳條紋美術瓷磚

出品項目

各種美術舖地瓷磚

美術牆磚

缸磚

毛步磚

本公司備有現貨隨定隨送印有精美樣本備索并附設服務設計部專代客家計劃一切花樣色澤等事如有新花樣委造尤所歡迎也

營業所 四川路一一二號

電話 一六〇〇三號

THE NATIONAL TILE CO., LTD.

OFFICE : 112 SZECHUEN ROAD, SHANGHAI.

TEL : 16003

POMONA PUMPS

凡裝自流井而欲求最經濟之水源請採用最新式「普摩那」電機抽水機

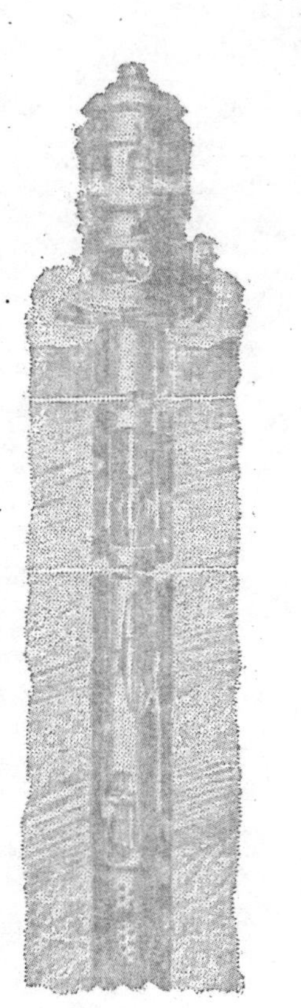

最新式之抽水設備

PUMPING WATER

THE MODERN WAY

「普摩那」透平式抽水邦浦。利用機械與水壓原理製成。適得其宜者。「普摩那」透平邦浦。絕對可靠。費用儉省。而出水量較多。常年運用。幾無需耗費管理或修理等費。時間減少。出水量增多。無需裝置價格昂貴之壓氣機等設備。大小邦浦。皆可裝置自動機件。出水量。每分鐘自十五伽倫至五千伽倫。大小俱備。抽水機軸。每隔十尺。裝有橡皮軸承。用水潤滑。靈便。可靠。所佔裝置地位極小。用美國威斯汀好司廠馬達發動之。滬上各處裝置。成績優良。咸皆贊美。

總經理美商茂和公司

上海圓明園路廿四號　電話一一三一〇

建築月刊 第一卷第七號

民國二十二年五月份出版

目錄

插圖

BUILDER
1933
CONTENTS
TIONS

CLES

廣告索引

如欲徵詢

請函本會服務部

本會服務部爲便利同業與讀者起見，特接受徵詢。凡有關建築材料，建築工具，以及運用於營造場之一切最新出品等問題，需由本部解答或効勞者，請填寄後表，當即答辦。（均用函覆，請附覆信郵資；本欄擇尤刊載。）如欲得各種材料貨樣貨價者，本部亦可代向出品廠商索取樣品標本及價目表，轉奉不誤。此項服務，基於本會謀公衆福利之初衷，純係義務性質，不需任何費用，敬希台詧爲荷。

上海市建築協會服務部

上海南京路大陸商場六樓六二零號

徵詢表

問題：

姓名

住址：

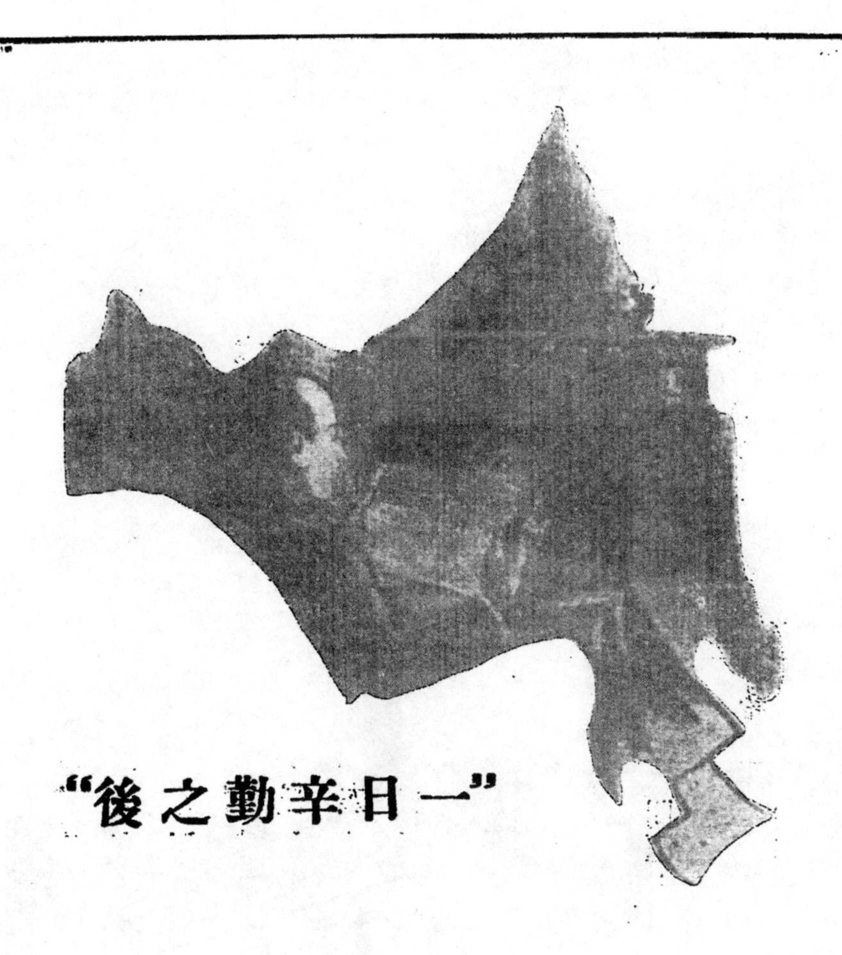

“一日辛勤之後”

晚餐既畢，坐安樂椅中，回憶日間之經歷，籌劃明天之工作；更進而設計將來之幸福的享用，興味盎然。神往於烟繚絲繞之中，腦際湧起構置新屋之思潮。思潮推進，希望『理想』趨於『實現』：下星期，下個月，或者是明年。

欲實現理想，需要良好之指助；良助其何在？是惟『建築月刊』。有精美之圖樣，專門之文字，能告你如何佈置與知友細酌談心之客房；如何陳設與愛妻起居休憩之雅室；且能指示建築需用材料，與夫房屋之內部位置外部裝飾等等之智識。『建築月刊』誠讀者之建築良顧問，『一日辛勤後』之良伴侶。伊將獻君以智識的食糧，贈君以精神的愉快。——伊亦期君爲好友。如君歡迎，伊將按月趨前拜訪也。

上海電力公司楊樹浦鍋爐房此爐爲遠東發電力最大者

大寶工程建築廠承造

Boiler House of Riverside Power Plant
Shanghai Power Co.

Dai Pao Construction Co.
General Contractor

上海電力公司鍋爐房搭架骨幹攝影

大寶工程建築廠承造

Steel structure in progress of Boiler House
Riverside Power Plant
S. P. C.

Dai Pao Construction Co.
General Contractor

上海電力公司楊樹浦發電間構築鋼幹攝影

大寶工程建築廠承造

Turbine House Riverside Power Plant
Shanghai Power Co.

Dai Pao Construction Co.
General Contractor

開闢東方大港的重要及其實施步驟（續）

杜漸

處於中國現社會黑暗之環境中，辦理政界公務而欲清白公正，實在不易，因為本人雖持廉潔從公之志，但環境迫得你不能廉潔，於是政局老是在汚濁的漩渦中打混。譬如用人這一點罷，當剛才接到任命狀而尚未就職的時候，便有很多親戚至友以及上司們的紛函介紹人員，甚至持有輾轉相託的要人介紹信而要求差事者，怎樣應付？非常的困難。民國以來，政局變化無定，鑽營利祿的把戲天天扮演着，為民國有史以來沒有解決的一個難題。

乍浦市長當然也會遇到這樣的情形，所以市長的人選問題中，是否能應付這種問題，很須注意的。

怎樣去應付？簡單的說：須堅持人才主義，不為權勢所屈，不為情誼所動。

若來者而盡予錄用，非惟無大批位置可以容納，抑且流弊滋多；必至冗員充斥，或取高俸而無事事，或依恃權勢而傲慢驕橫，既浪費國帑，更坐悞公務。倘任此輩人佔據着公務機關，則建設乍浦新都市的理想必成泡影。市長對於用人問題，應深切注意，務須視職務而選擇其才為目的，庶幾勝任愉快。如果有眞才實學確能服務國家的人，卽使素不相識且無要人親友的推荐，亦當量才錄用。關於用人的方法，也可施行嚴密的考試或甄拔；不論自行應徵或經人介紹者，概受同樣的待遇，因為既取人才主義，自宜不分軒輊。

不過，言之非艱，行之維艱，事實上以我國政界之積弊已深，必有許多之障礙。倘由要人介紹者不予錄用，或予以考試甄拔而落第時，必有反響，甚至發生排斥仇視的風潮。譬如這次青島海軍的謀刺市長，五艦未奉命擅自駛離等活劇的扮演，據報載因海軍人員欲謀陸上優缺，被市長拒絕，懷恨於心圖謀報復所致，亦可見應付位置之難了。但是這不過舉其一端而已，其他謀差營利，搧弄是非等的魅魑魍魎，指不勝屈哩。於此時際，市長須利用其智慧以應付之，務必貫澈初衷，藉達目的。假使這第一步工作未能稱職，其後更無論矣。

我國推翻帝制以後，倘能視事用人，則政治早已走上正軌。列强那敢侵凌？高談親善的東鄰更安能擾我東北，犯我關內，操縱「傀儡」國以滿足其飢慾？因政治之黑暗，造成內憂外患；因內憂外患之頻乘，愈使政治黑暗。因果相循，我釜底游魚般的黃帝華裔，不將淪為奴隸也幾希。

我們理想中的乍浦商埠，務必戰勝這黑暗的環境，革除那因人情權勢而用人的惡習，以便造成合理的光明的商埠，藉謀逐漸地擴展到全國。

綜上以觀，用人應持人才主義，使政治澄清，國家方可轉弱為强。自然，要去實行確是很不容易的事，但是乍浦模範都市須能打破這難關。還有關於財物方面，作者也有一些意見發表於後。

市長在任，倘遇人因要求於市區內通過違禁物品而致贈巨額的禮物，贈禮者又屬社會上很有權勢的人時，市長將接受還是拒絕？那是一個問題。如接受而允許其通行，便為納賄；如毅然拒却，又必引起有勢者的惡感，將影響其公務或地位。市長於此必須權衡輕重，予以適宜的處置。倘這種違禁品並無重大意義，且不於乍浦通過，也可於別處納賄偷運者，則不妨收取其禮物，再行將禮物變賣而捐助公益事業。對於該項物品即行限期令其通過。這樣，既有益於地方，又可避免宵小之破壞疾恨，對於國家亦無遺害。

其他若有別種請託，而無公務上之妨害者，也不妨允為代辦。事後如有酬報，也概充公用，市長不可中飽私囊，並須嚴禁屬員之私自收取。譬如有一輪船遇險，所載貨物沿海流散，輪船公司或請求市府飭屬派員設法打撈，此時市府當重視人民財產，宜准請辦理。事後公司倘贈以相當酬報，市長可接受此項贈品，惟須聲明助作公益之用，要求改酬現金，或自行變折現款，以用於指定之公益教育等機關。市長對於這種事情之處置，可舉一反三，根據上述的原則以應付，上述者僅示其大概罷了。

再如都市中的犯罪問題，市長也有注意的必要。現在各大都市中犯罪事件的增加，已成普遍的現象。犯罪在都市，要比鄉村為多，因為生長在都市中的人們，不是飽暖思淫，便是敵不住外界的誘惑而陷於墮落。男子是這樣，女子也未嘗不是如此。都市中犯罪增多的原因，以風氣之奢華逸樂，居民間相互的監視力薄弱；於是金盡囊空的時候，馴至姦淫盜掠了。

但這種罪案發生的另一原因，是司法機關審判案件的不能持平，也非常重要。司法的不公，足以使人民存儌倖之心，而以身試法。如權威者之可以左右法條，則倚恃權勢，玩視法律，公然作犯罪行為。司法者不公平審判，則一般人民將視法律如具文，甘冒不韙，而蹈罪戾。市長於此須監視法院的措置，必使合法而合理。司法固當獨立，但市長須監察法院之是否「守法」，以促進司法之入於正軌。

死刑之廢止，現代學者頗多主張，蓋法律的目的非報復主義，而寓有敎誨的意義，設犯罪者因受法律之制裁，痛改前非，恢復其健全之人格時，法律的目的已達。乍浦新都市的最高理想，務使無一犯罪之人；但於目前環境之下，當不能杜絕犯罪之發生，祇能對於犯罪者的處置力謀改良，是以死刑非於絕端必要時，决不可任意濫用，須予犯罪者以自新之路。工廠的創設為發展乍浦商埠的要圖，犯罪者如判處徒刑時，即可利用之從事廠中工作，一方授以工藝，養成其出獄後謀生的技能，一方明以禮義，健全其犯罪時失常的身心。在廠方則多一批生產的工人，眞是一舉數得哩。

倘能辦到這樣的成績，累犯既不會發生，新犯也可逐全減少；全市沒有犯罪，社會自能安靖，一切都可循序發展，新都市的建設才有完成的可能。

這些司法方面的問題，和社會的安甯秩序極有關係，市長須於可能範圍內促進司法的改良。因了司法的黑暗與社會的不良而產生盜竊等犯罪時，市長當負起相當的責任。所以市長的資格除了須備具上述的才貌以外對於司法的改善，也須深切的注意。（待續）

正在建築之上海電力公司楊樹浦鍋爐房 大寶工程建築廠承造

Early stages of construction work of Boiler House for Riverside Power Plant of S. P. C.

Dai Pao Construction Co. General Contractor

建築中之浦東大來碼頭又一攝影

大寶工程建築廠承造

New Robert Dollar Wharves under construction

Dai Pao Construction Co.
General Contractor

New Central Police Station of S. M. P.
Foochow Road
work now in progress on new structure

正在建築中之中央捕房新屋

中央捕房新址，位於福州路，與美國總會之東相接近。據四月二十八日工部局公報紀載，造價爲五八九·八六〇兩，已加核准，並訂定完工期爲二十二個月，業已開始建造。該新屋之大門，面向福州路，除中央捕房各辦事處外，餘如管理·行政，交通等辦事處，亦將遷此辦公。控訴室Charge room與分區辦事室，設在底層，後部爲獄室及其他辦事處。交通處設於二樓，面向福州路。三樓則爲管理處。西人部份將處於屋之後部，位於南面。中印辦事員則佔屋之兩翼，頂層爲俱樂部，其餘如無線電收音室電梯馬達間及其他附屬建築等，均設於此云。

上海大舞台戲院新屋

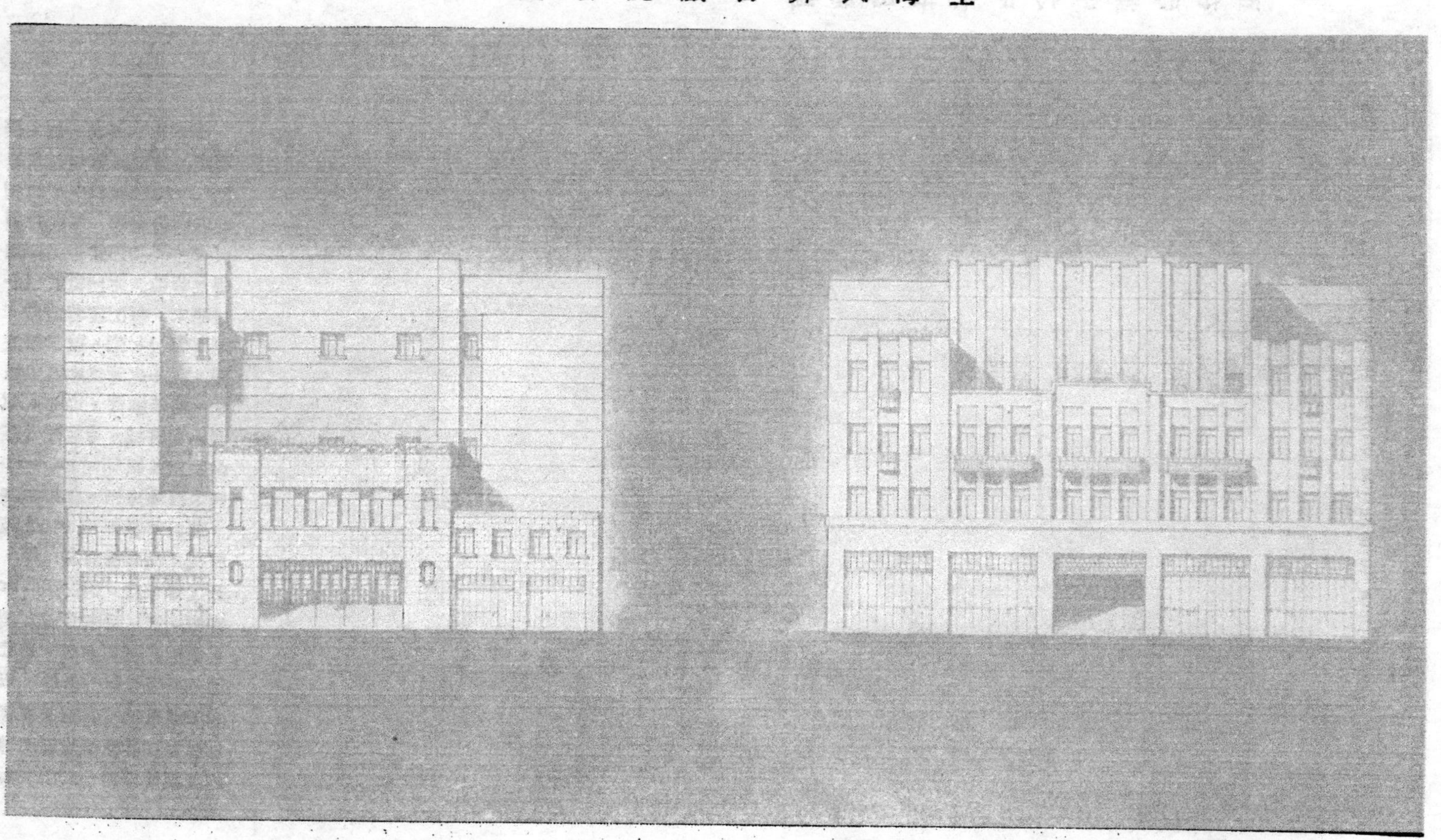

前面立視圖
Elevation — Kiukiang Road

The largest Chinese theatre in Shanghai
New Dah Wu Dai Theatre

後面立視圖
Elevation — Hankow Road

上海大舞台戲院新屋

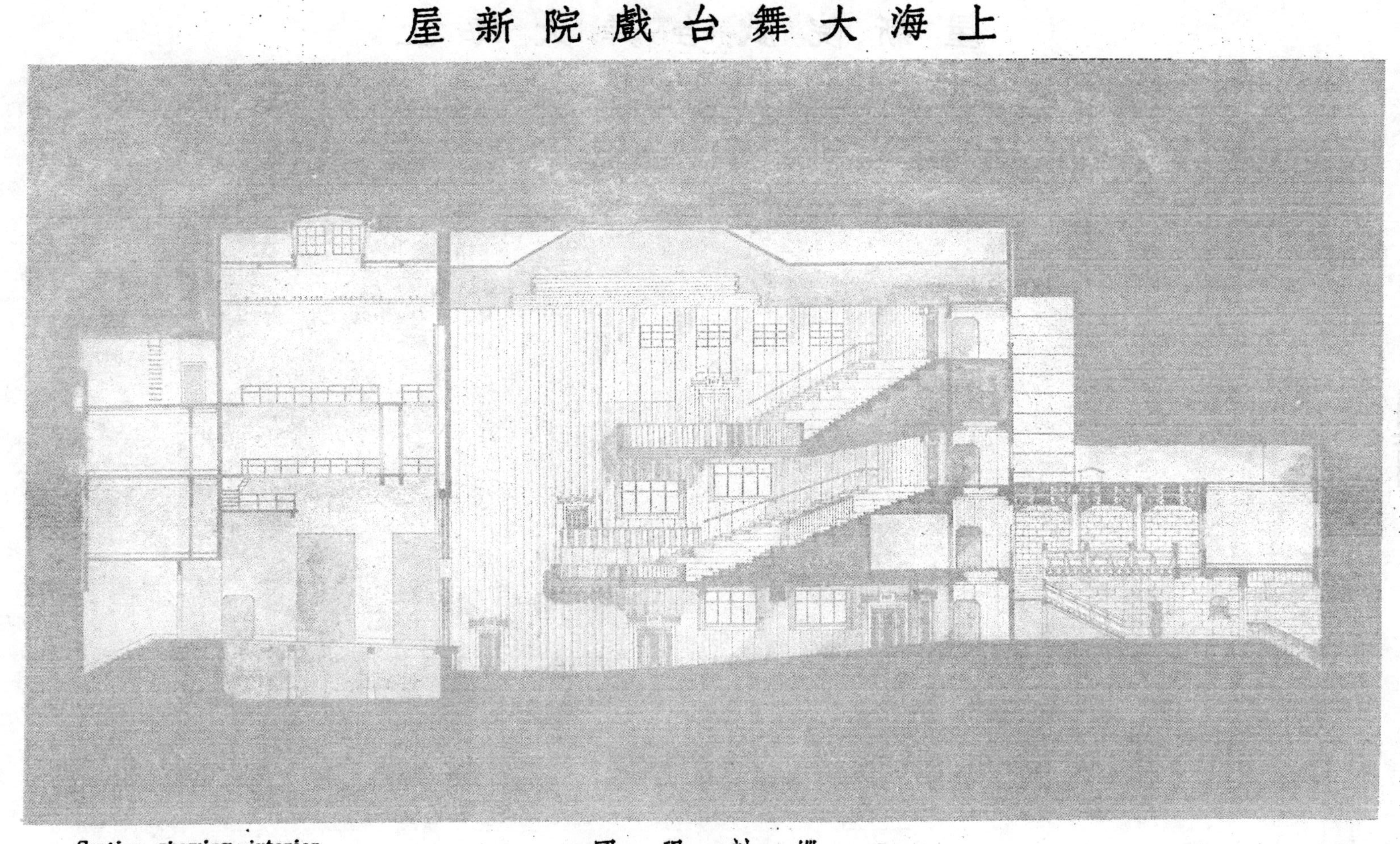

縱剖視圖

Section showing interior
of
New Dah Wu Dai Theatre

上海大舞台戲院新屋

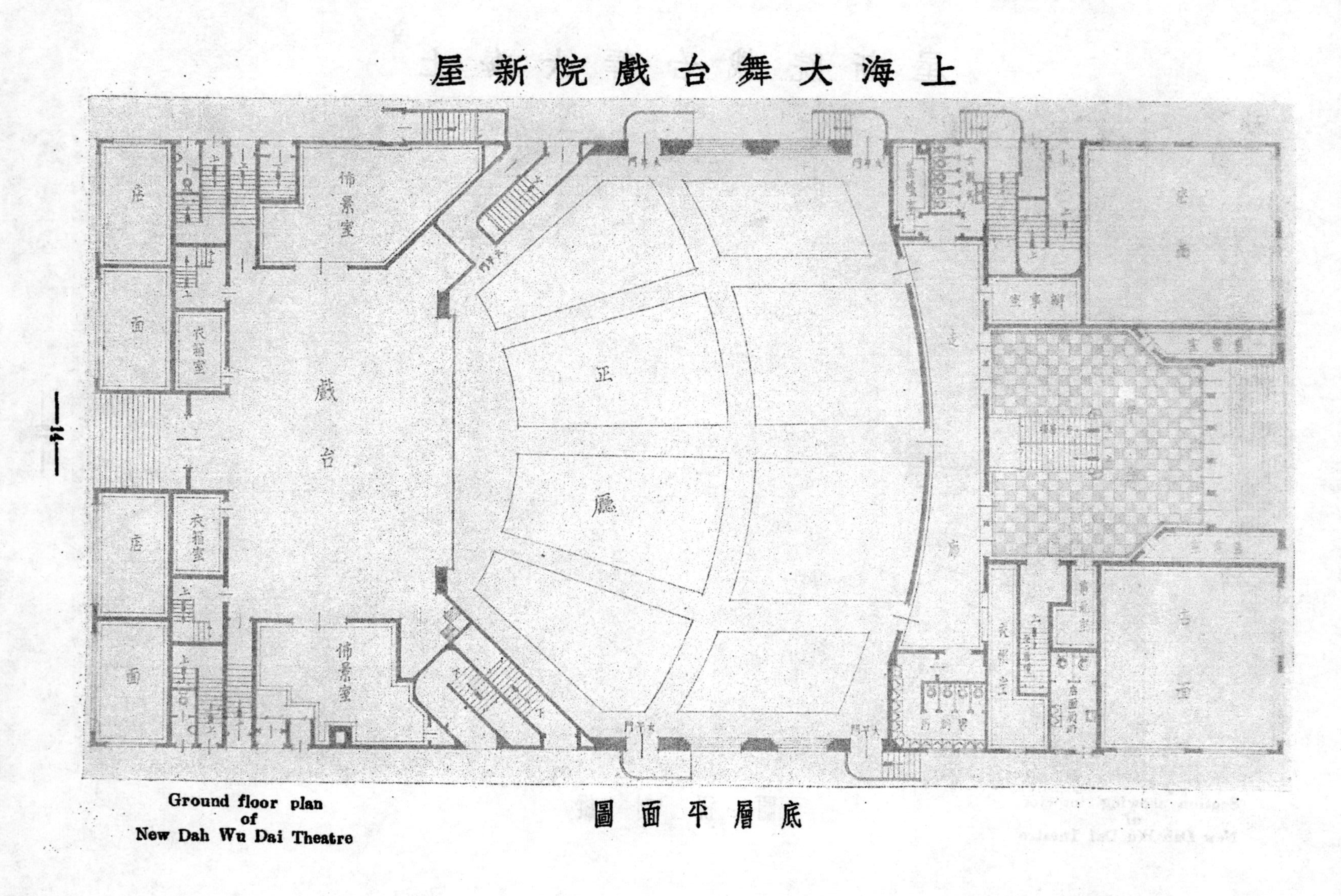

底層平面圖

Ground floor plan
of
New Dah Wu Dai Theatre

上海大舞台戲院新屋

上海漢口路大舞台新屋，於去歲鳩工建造，爲滬上惟一最新式之大規模戲院。該屋圖樣曾經六個月之設計繪製，其殫精竭慮妥籌密算，可見一斑。如視線，座位，音波，安全，以及冷熱等種種設備，均規劃周詳，極能適應時代潮流，而合於最新劇院之條件。至若官池之寬濶，則有過於號稱世界第三遠東獨出之大光明電影院新屋。按大光明最寬處爲九十英尺，大舞台寬處則達一百十六尺之譜，中間又無一柱之支撑，尤屬特色。由德利洋行汪静山工程師等設計，爲我國戲院工程最新穎之改良云。

該院大門面臨九江路(卽二馬路)，入大門，經長廊，拾級登廳座。由二旁梯階上，則爲花樓與月樓。台前置有保險門一，所以防不測也。戲台與兩旁柱口齊，非如普通戲院之向外伸出，頗爲特緻。全院面積計三百四十三方，下層有座位一千二百五十，上層七百五十，三層五百，共計二千五百座。造價五十萬元左右，承造者周鴻興營造廠。所用全部鋼窗爲大東鋼窗公司出品。

上海大舞台戲院新屋

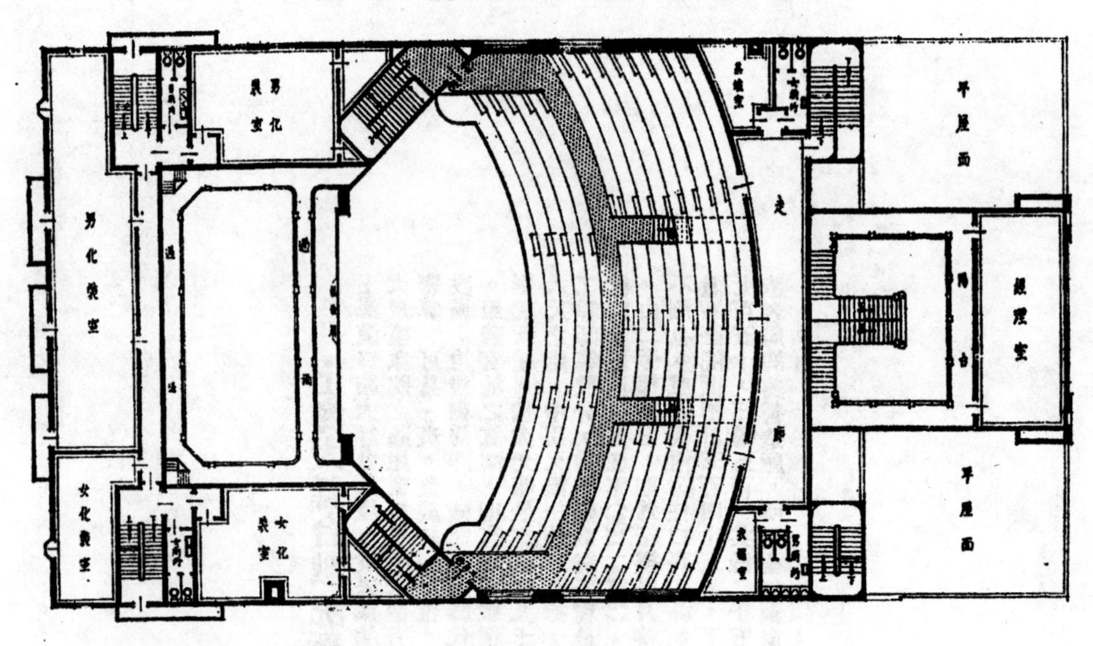

一層平面圖

First floor plan
of
New Dah Wu Dai Theatre

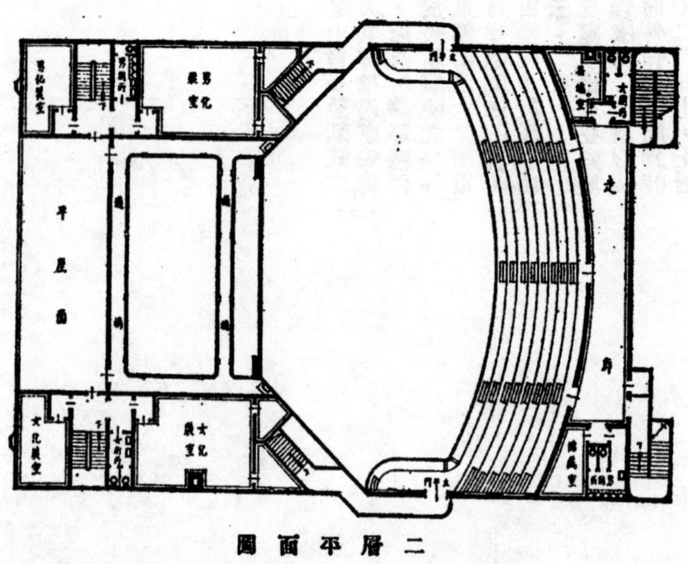

二層平面圖

Second floor plan
of
New Dah Wu Dai Theatre

高橋海濱浴場爲滬上惟一之大規模浴場，夏日滬地人士紛往游泳。茲有楊鴻奎等鑒於海濱風景絕佳，遊人絡繹，特發起海濱飯店，自建新屋，業已落成。該屋既矞皇典麗，空氣又極清新，由上海南京路外灘乘市輪渡赴高橋，然後改搭人力車去海邊，交通尚稱便利。後列該店全套建造圖樣，設計者爲華信建築事務所。

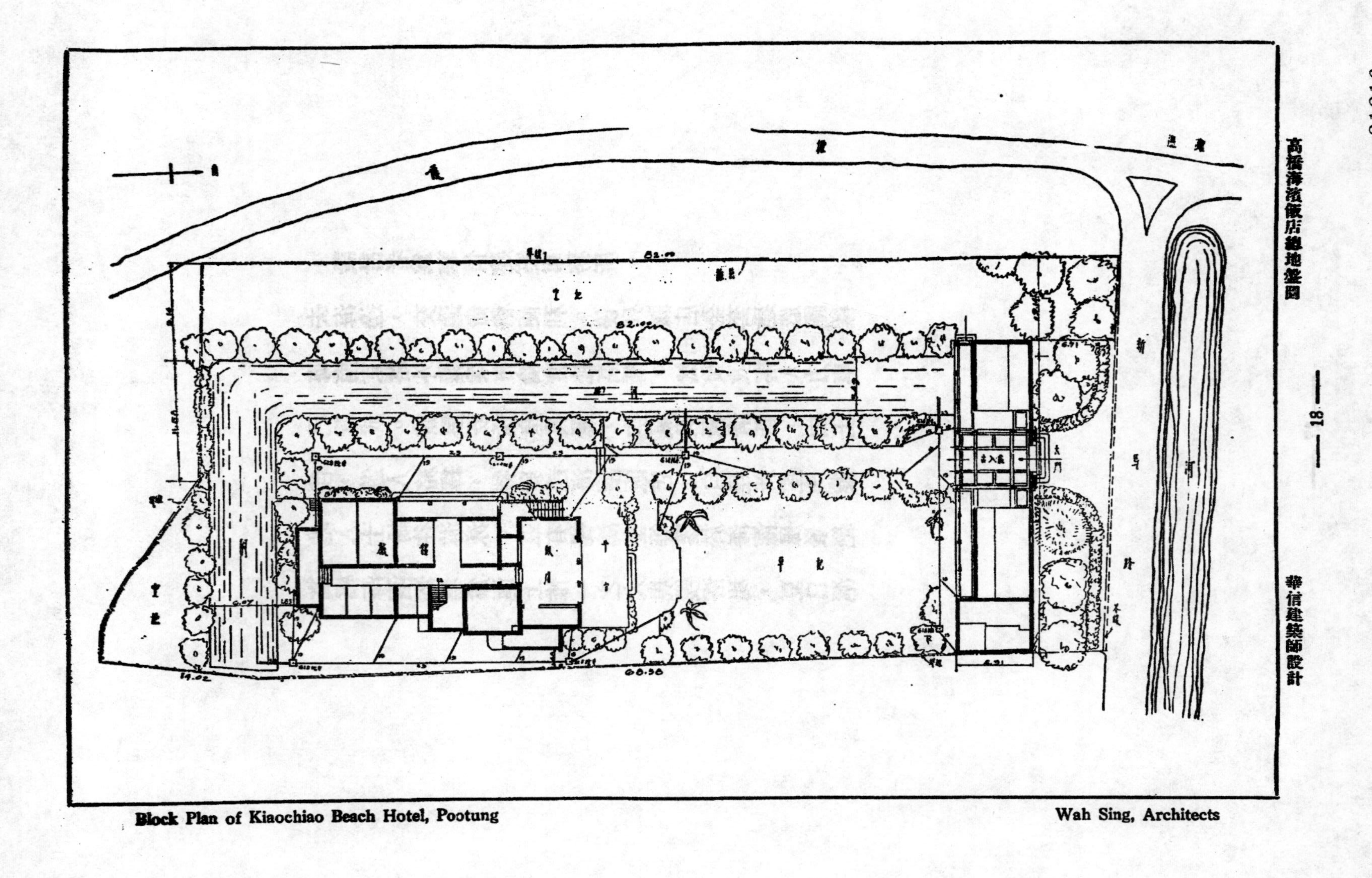

Block Plan of Kiaochiao Beach Hotel, Pootung

Wah Sing, Architects

高橋海濱飯店總地盤圖

華信建築師設計

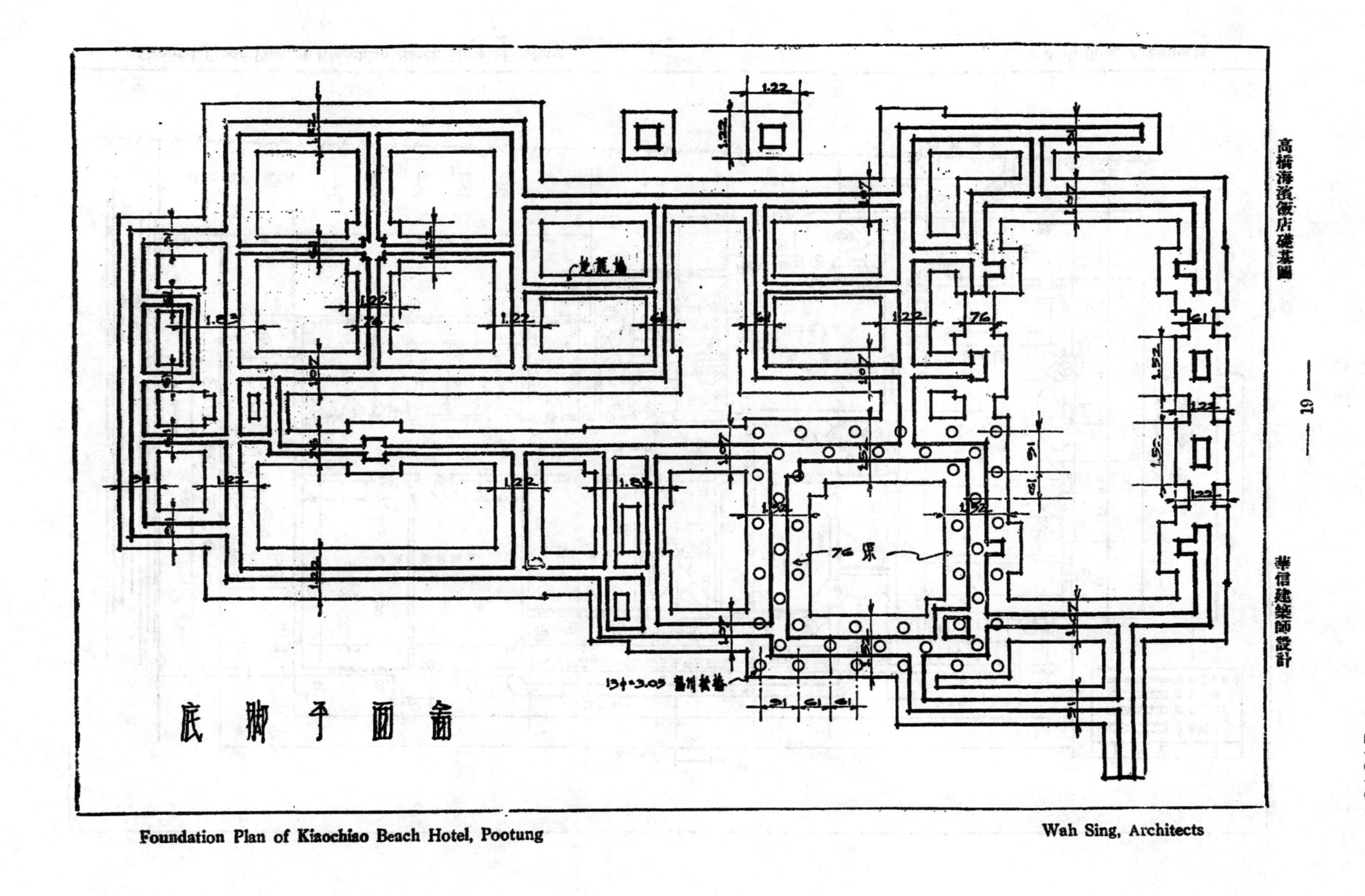

Foundation Plan of Kiaochiao Beach Hotel, Pootung

高橋海濱飯店礎基圖

Wah Sing, Architects

華信建築師設計

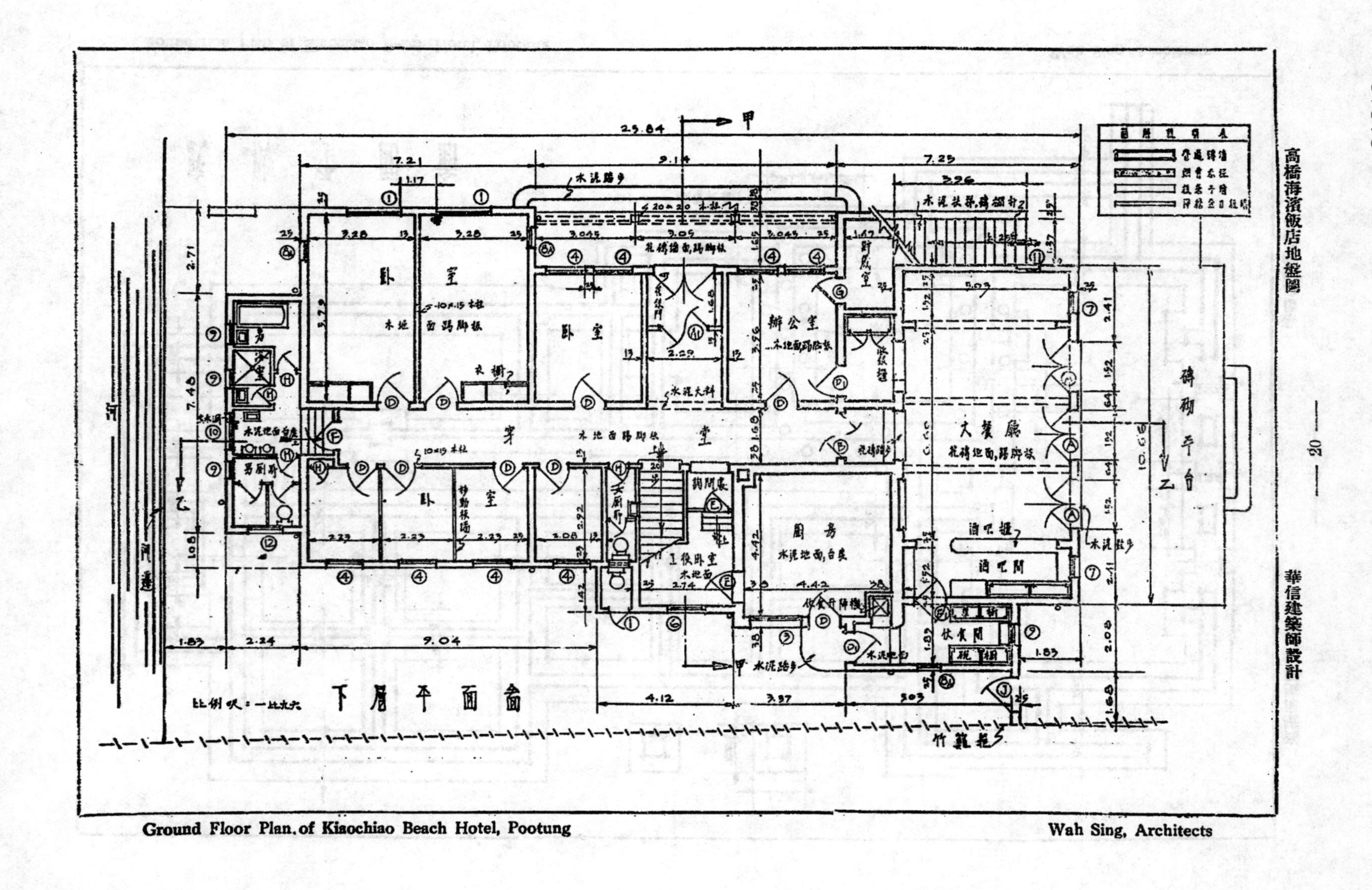

Ground Floor Plan. of Kiaochiao Beach Hotel, Pootung

Wah Sing, Architects

高橋海濱飯店地盤圖

華信建築師設計

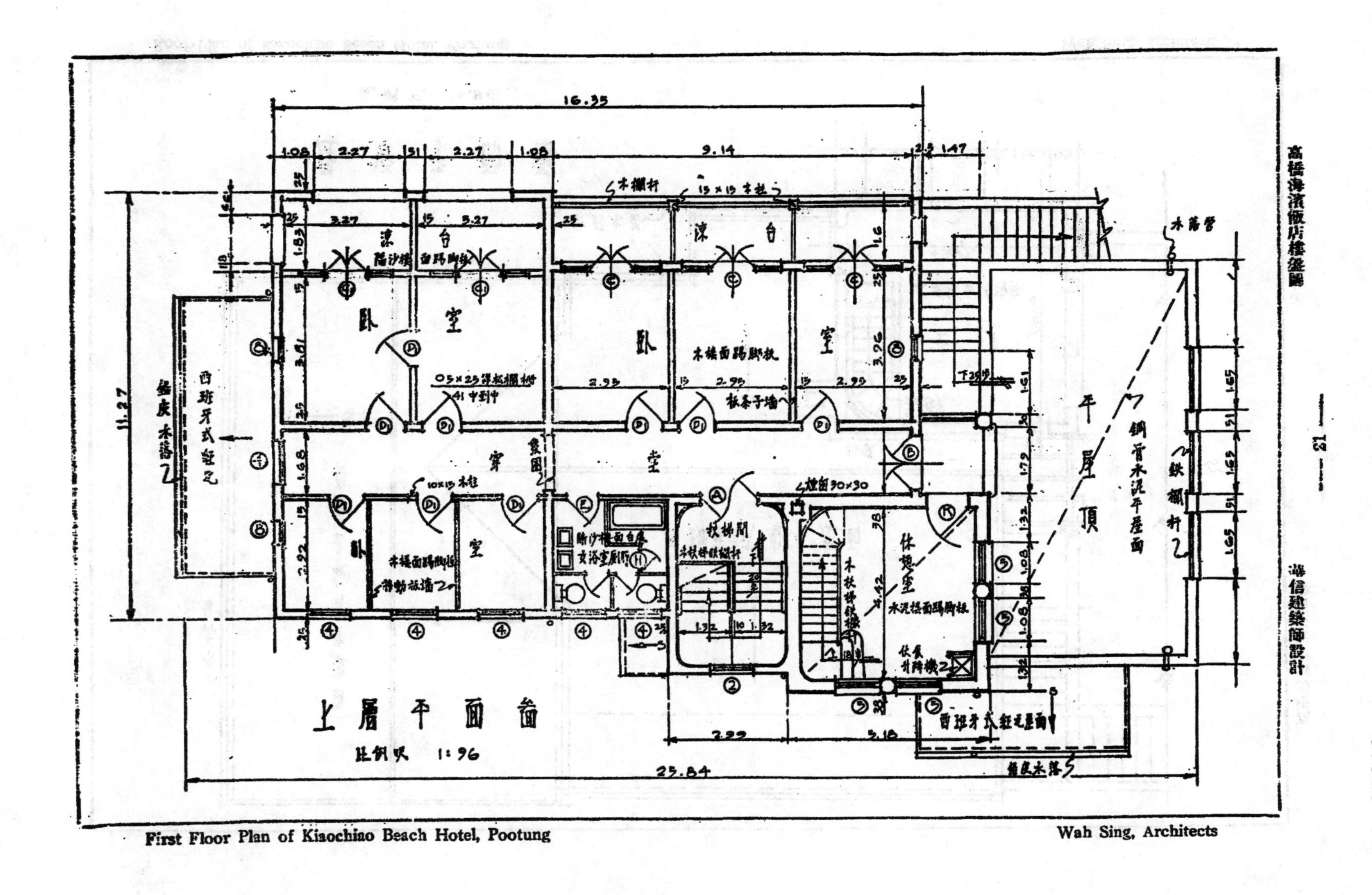

First Floor Plan of Kiaochino Beach Hotel, Pootung

Wah Sing, Architects

高橋海濱飯店樓盤圖

華信建築師設計

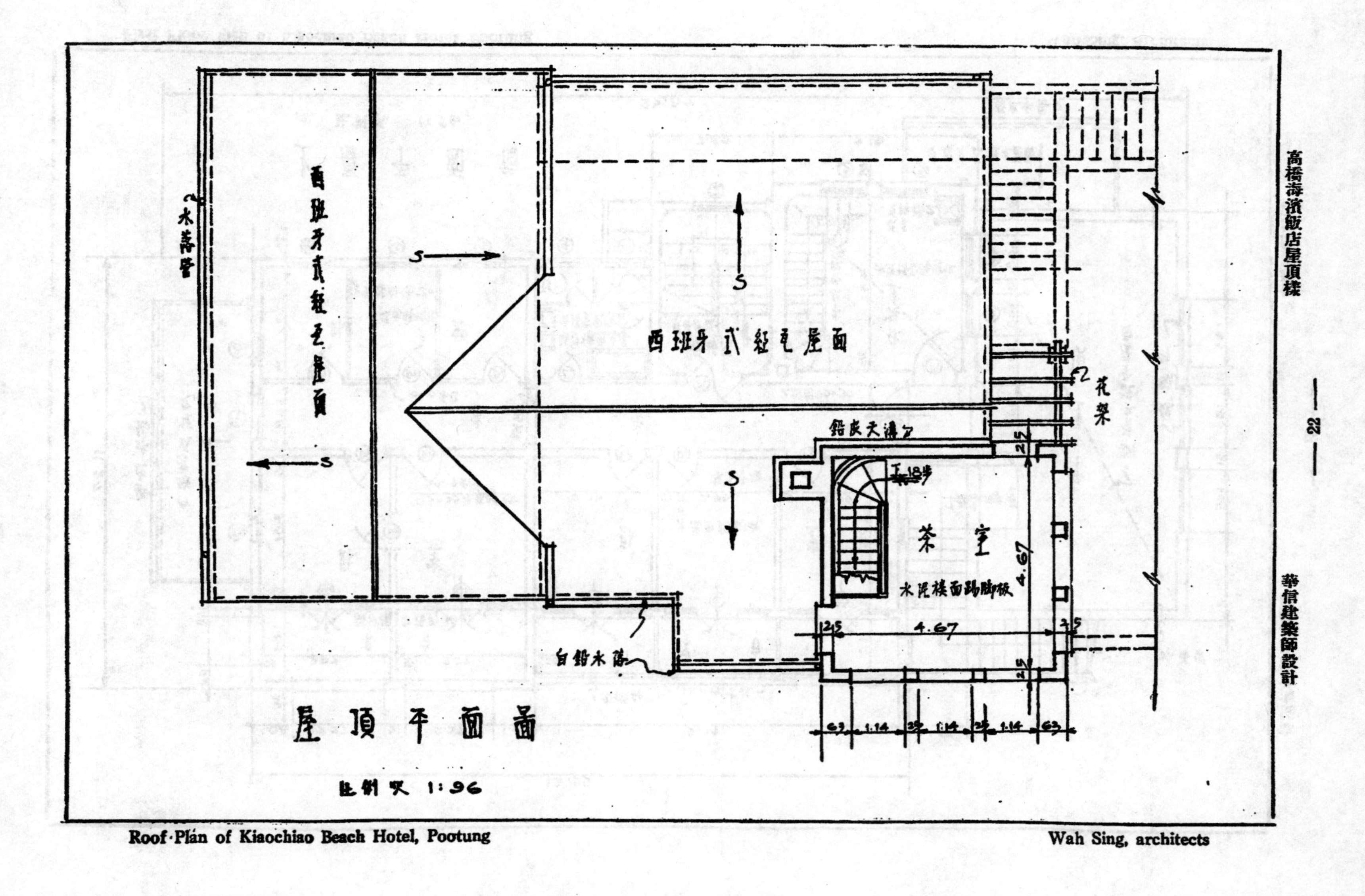

Roof Plan of Kiaochiao Beach Hotel, Pootung

Wah Sing, architects

高橋海濱飯店屋頂樣

華信建築師設計

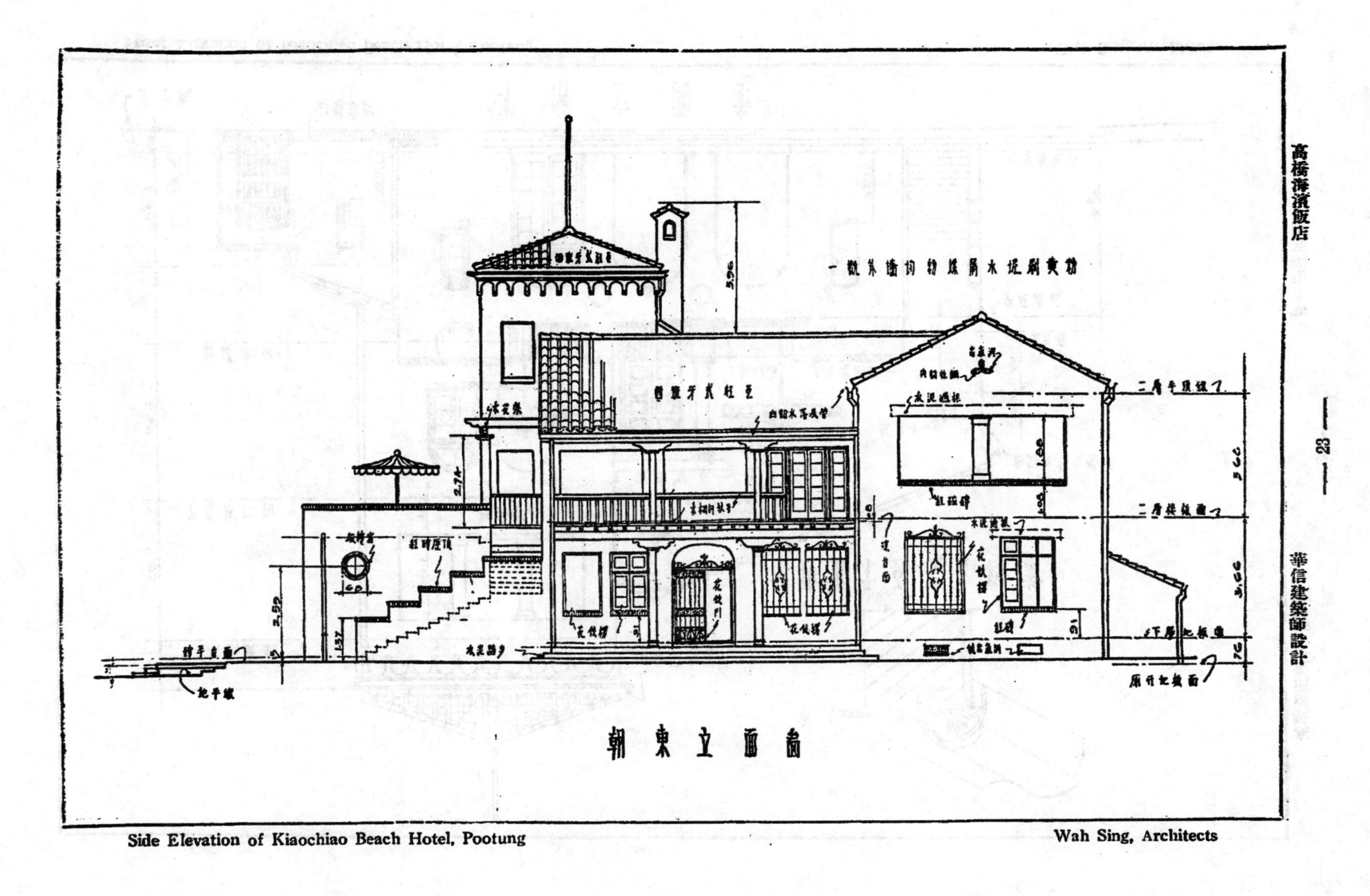

高橋海濱飯店

華信建築師設計

Side Elevation of Kiaochiao Beach Hotel, Pootung

Wah Sing, Architects

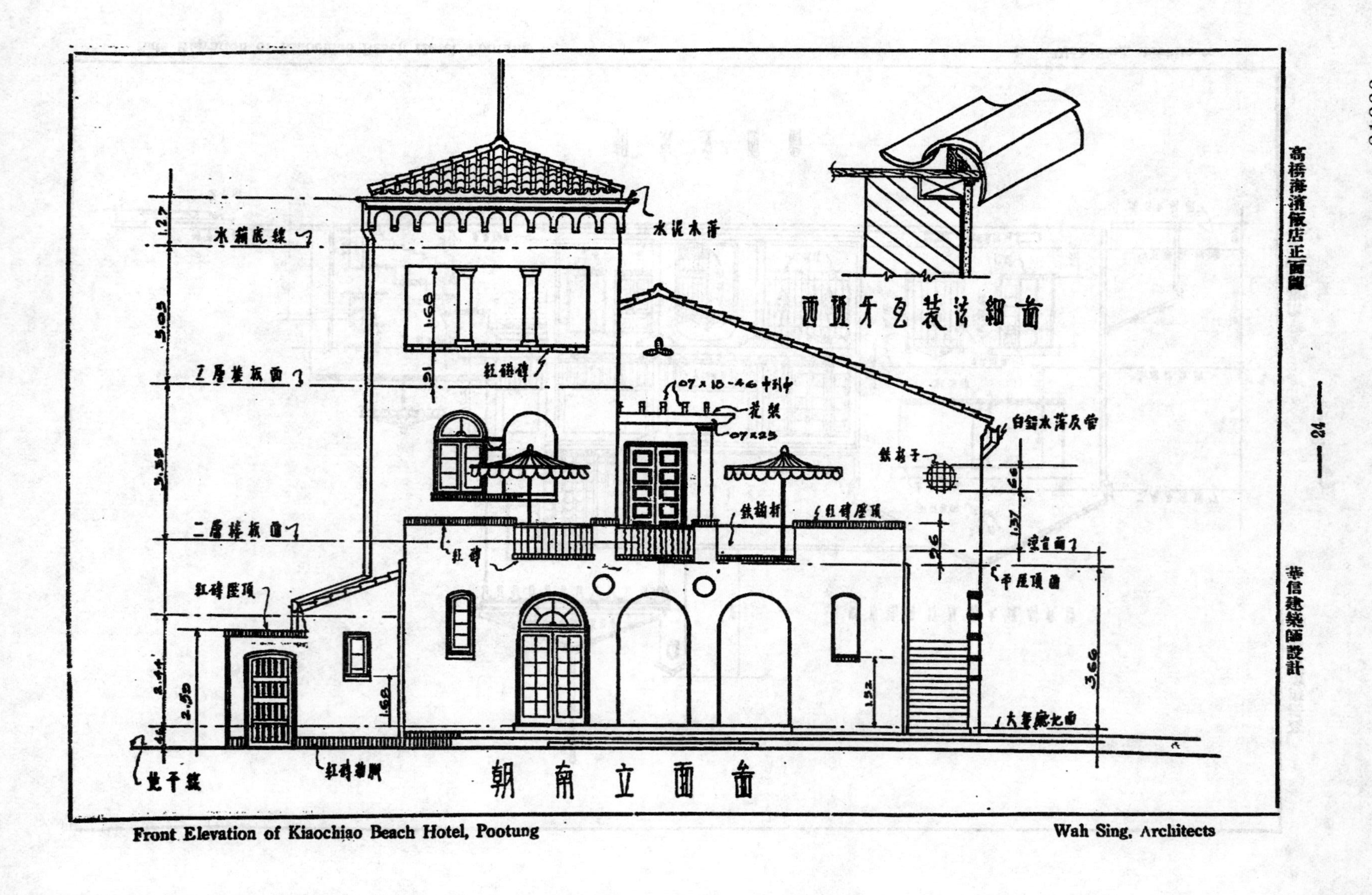

Front Elevation of Kiaochiao Beach Hotel, Pootung

Wah Sing, Architects

高橋海濱飯店正面圖

華信建築師設計

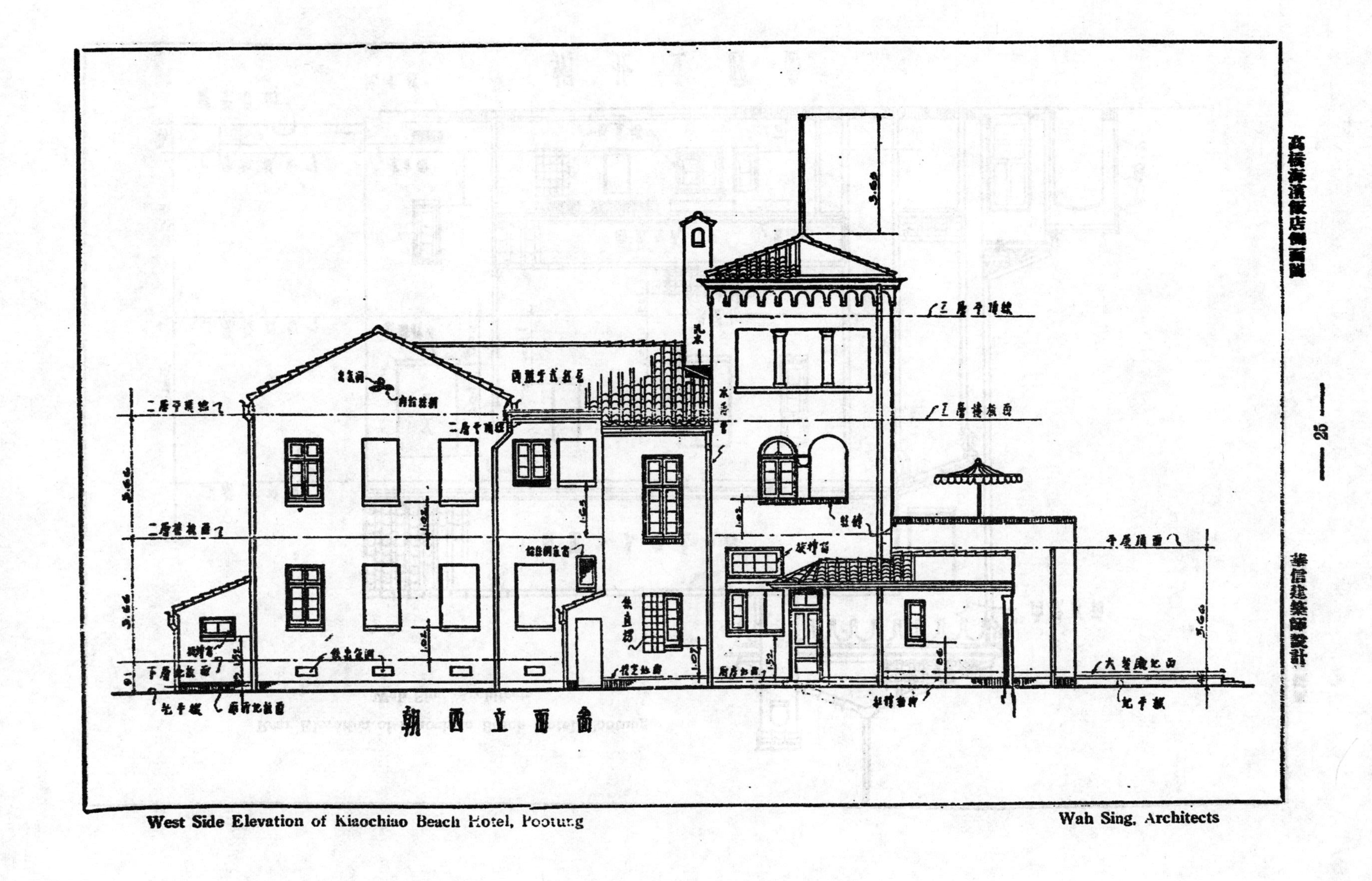

West Side Elevation of Kiaochiao Beach Hotel, Pootung

Wah Sing, Architects

高橋海濱飯店側面圖

華信建築師設計

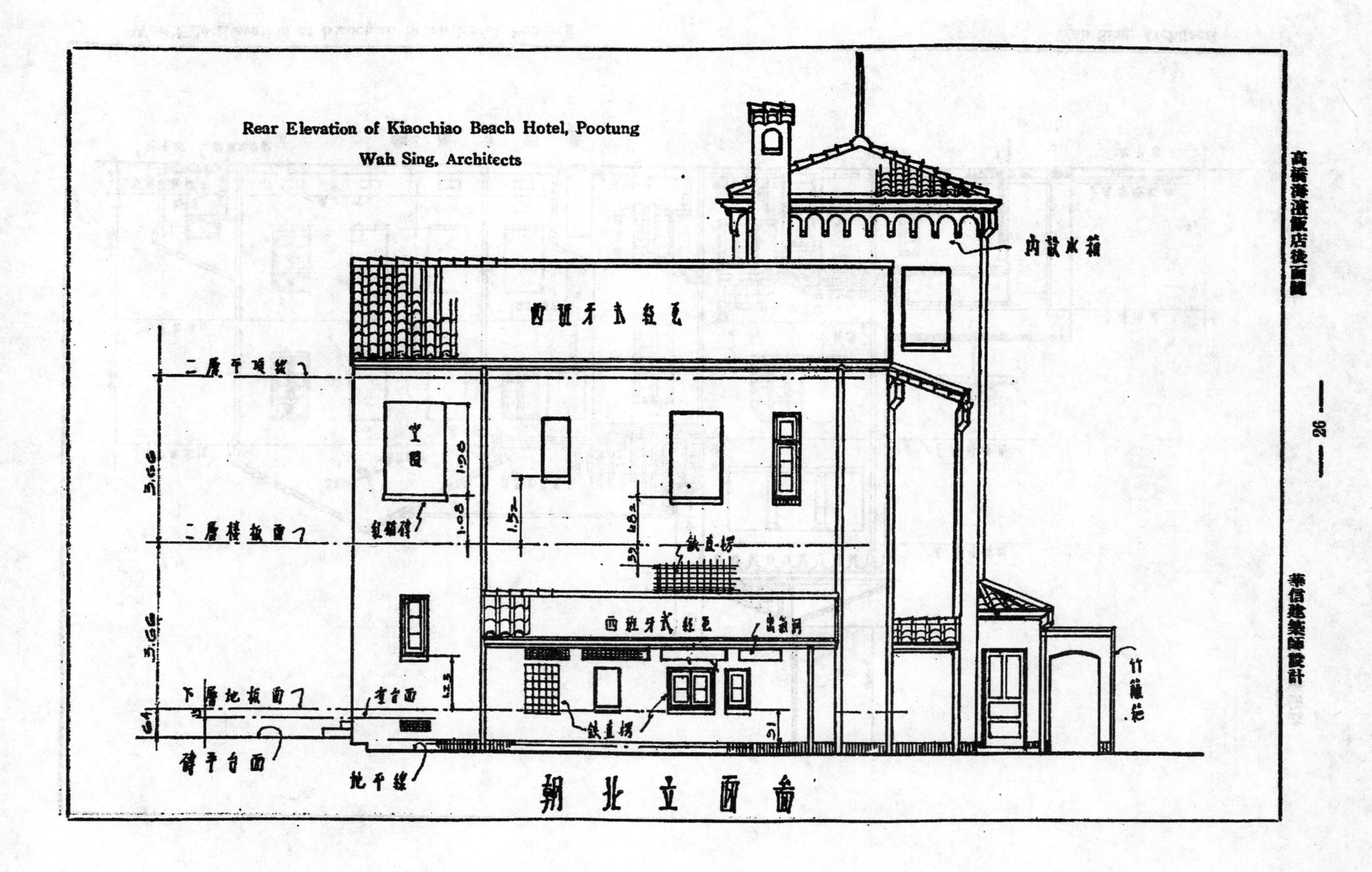

高橋海濱飯店後面圖

華信建築師設計

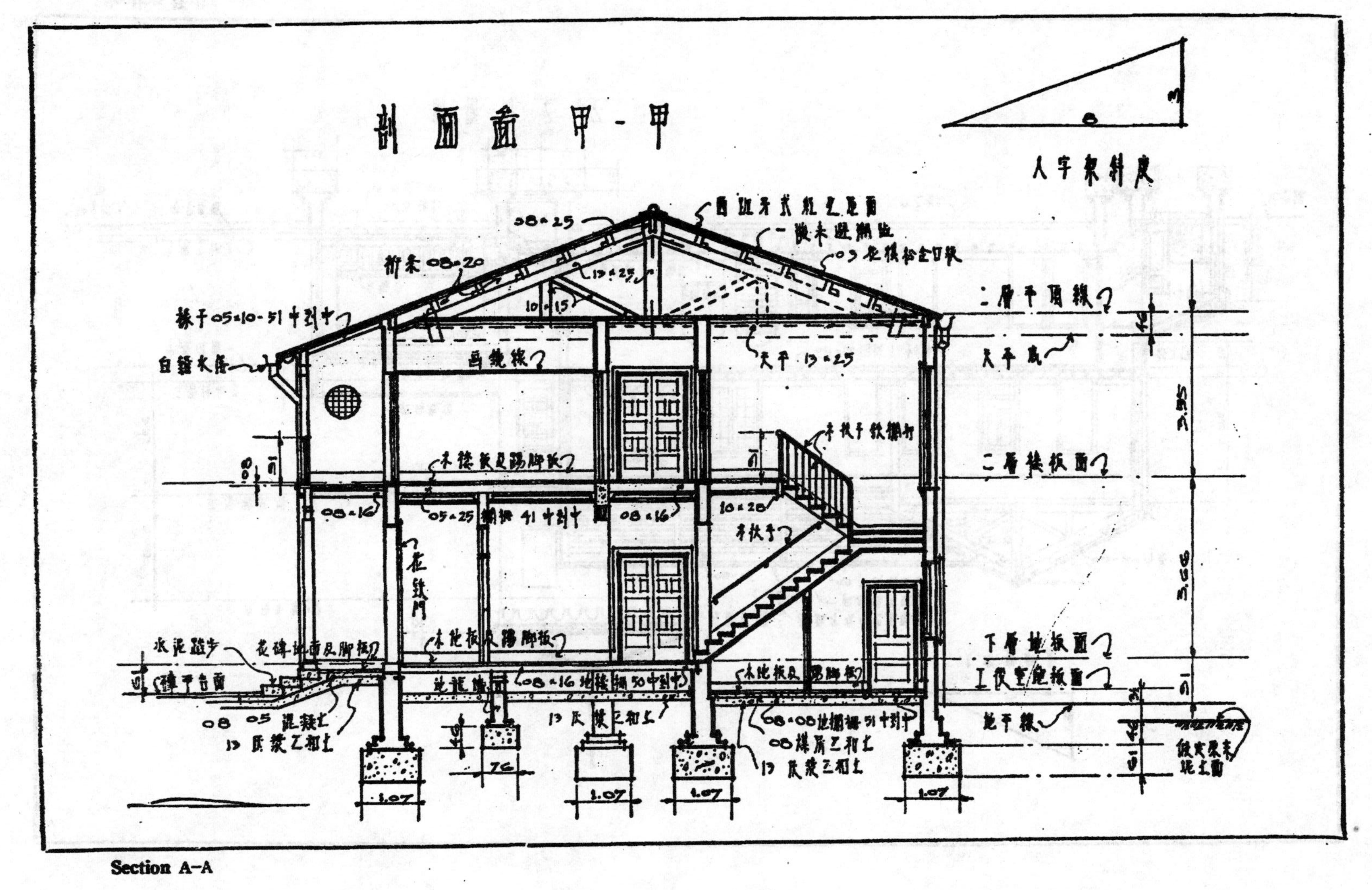

Section A-A

21225

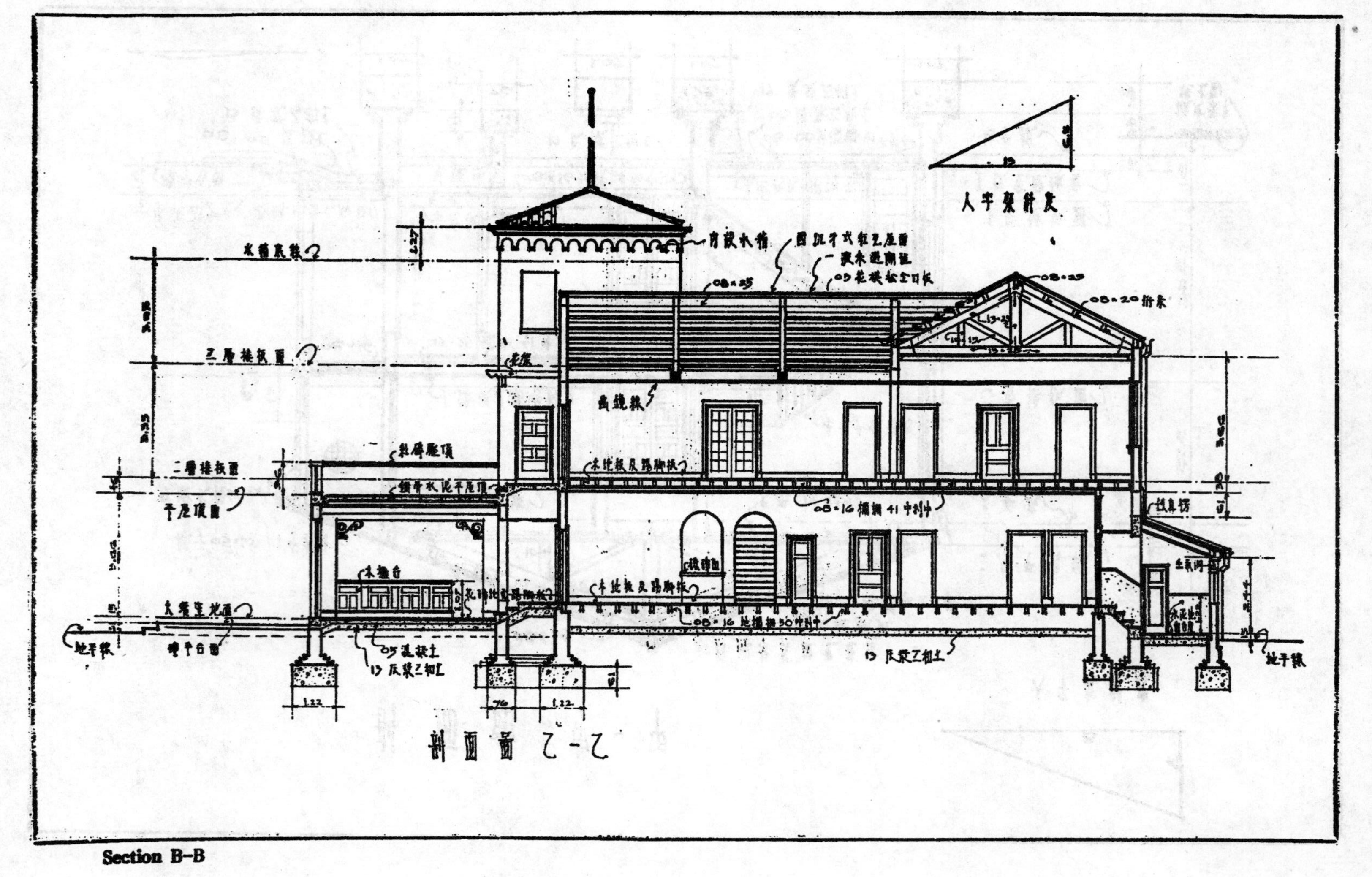

Section B-B

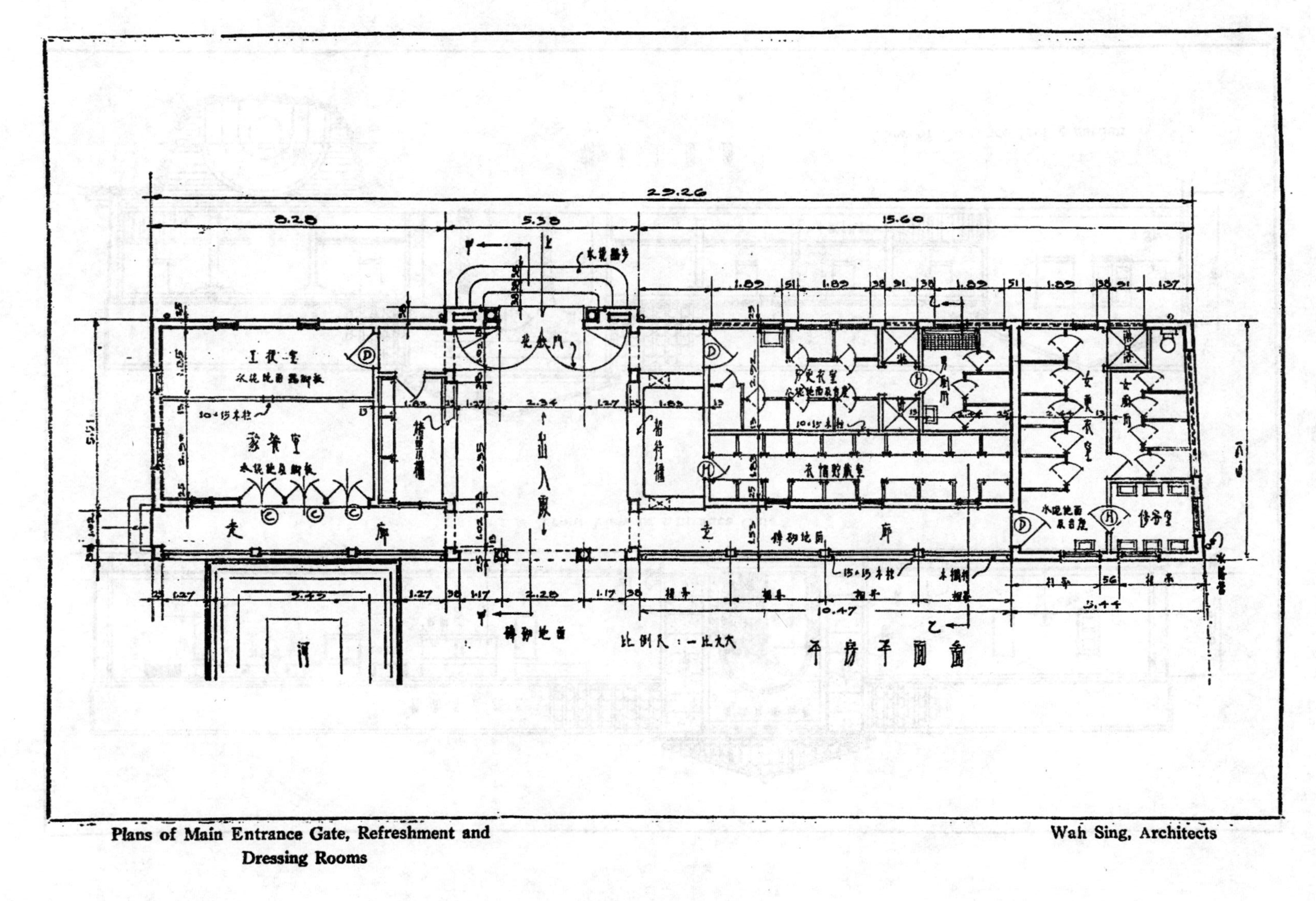

Plans of Main Entrance Gate, Refreshment and Dressing Rooms

Wah Sing, Architects

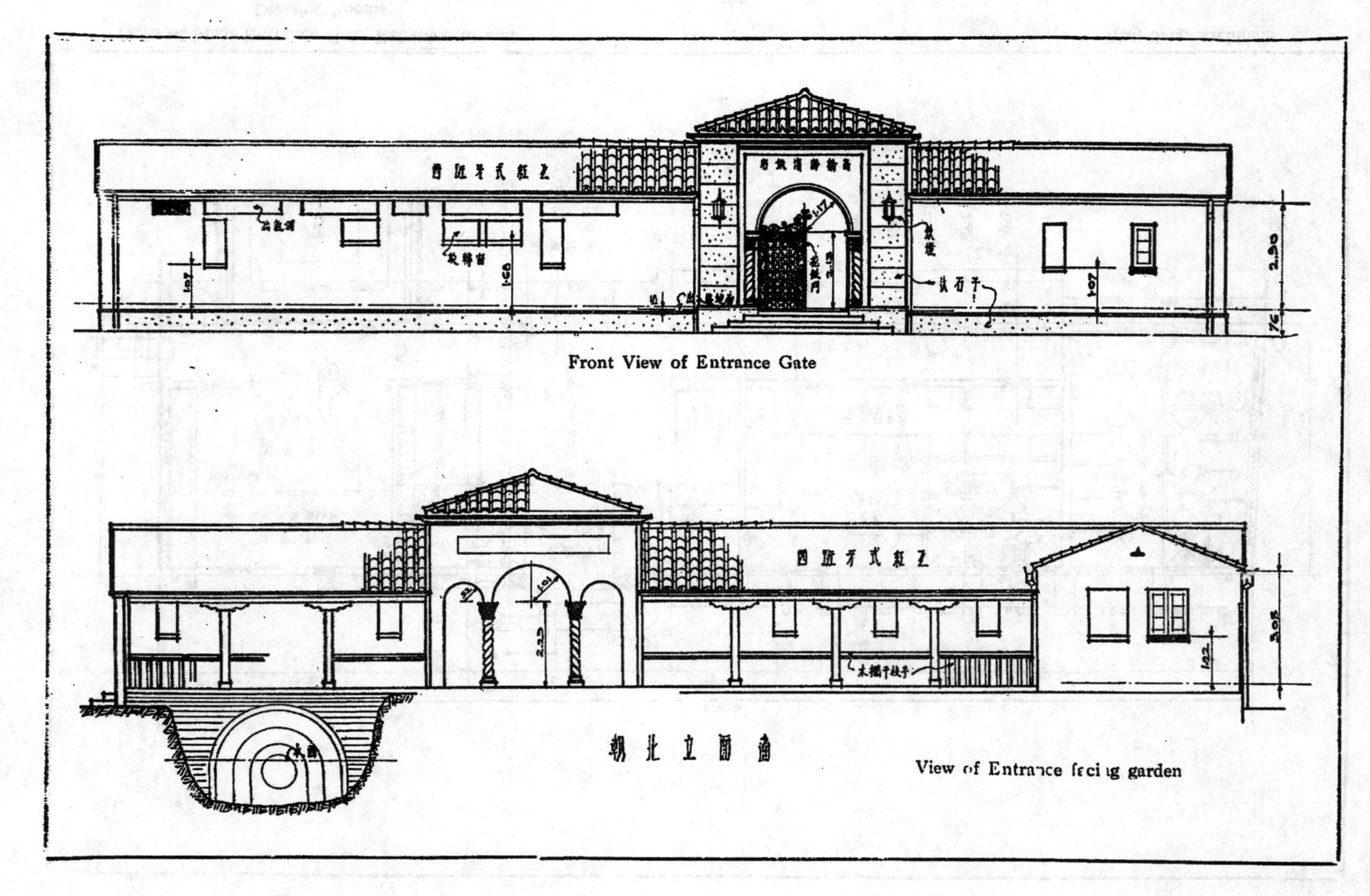

Front View of Entrance Gate

朝北立面圖

View of Entrance fcig garden

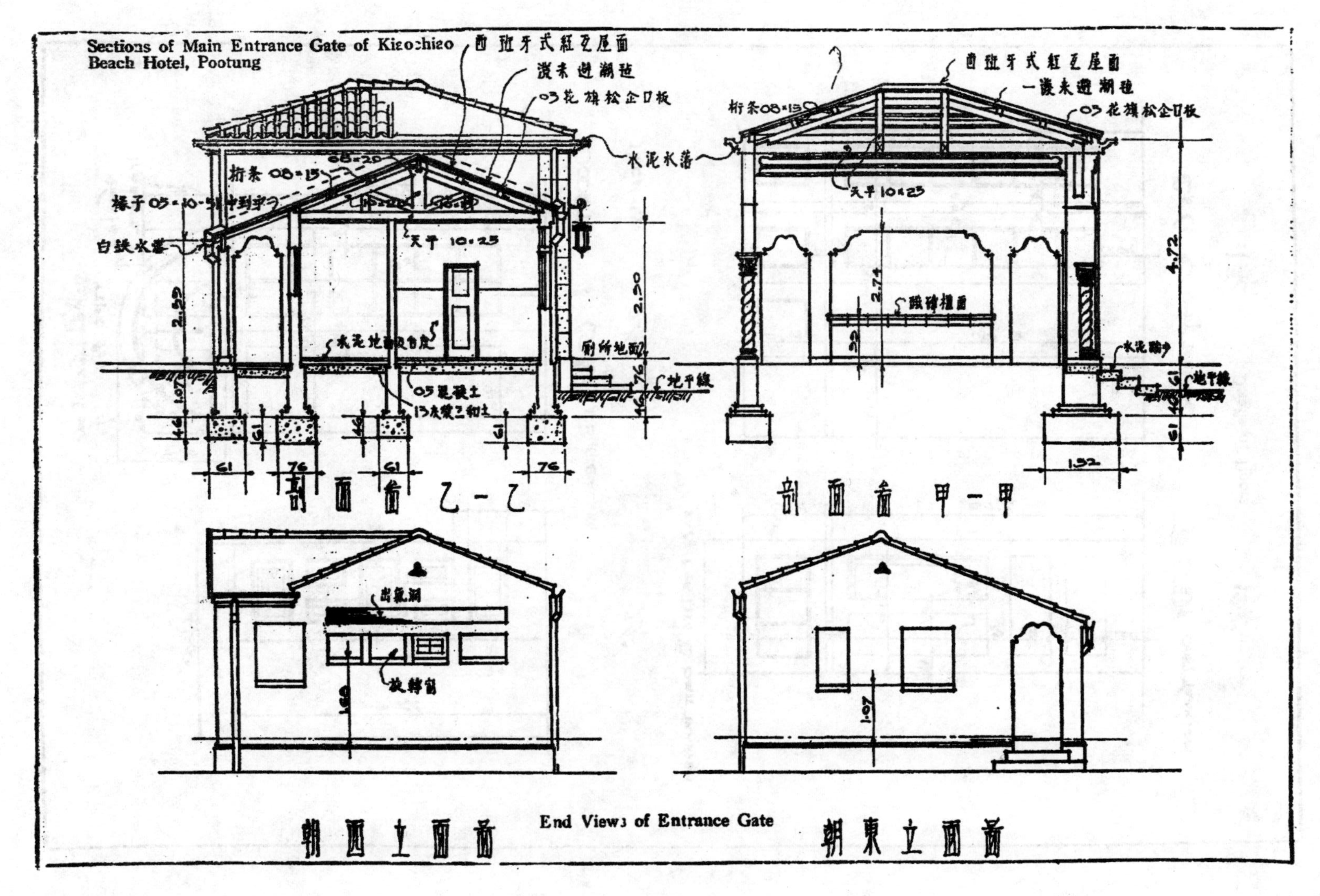
Sections of Main Entrance Gate of Kiaochiao
Beach Hotel, Pootung
西班牙式紅瓦屋面
03花旗松企口板
水泥水落
白鉄水落
天平 10×25
地平線
剖面圖 乙—乙
剖面圖 甲—甲
出氣洞
旋轉窗
End Views of Entrance Gate
朝西立面圖
朝東立面圖

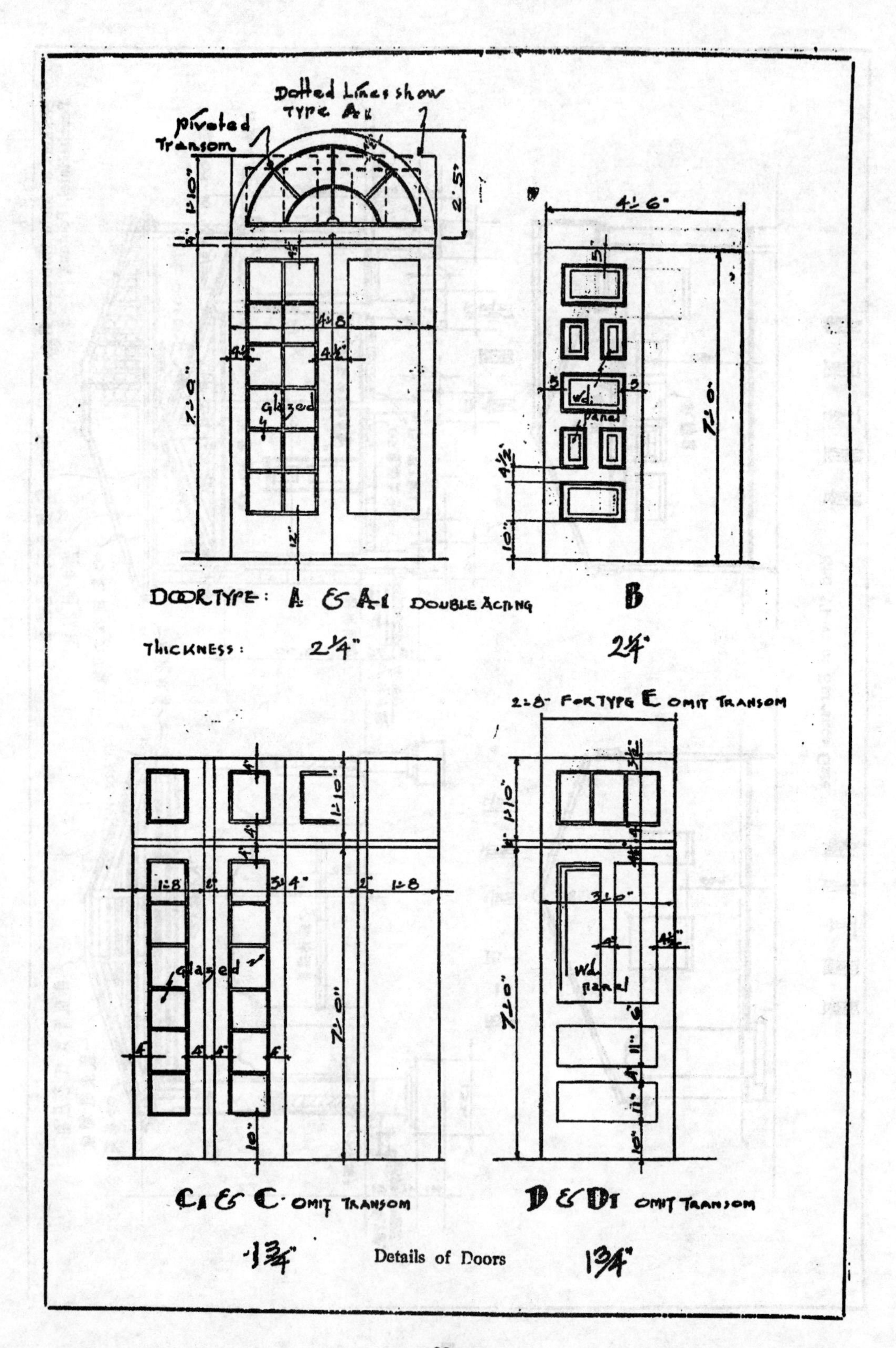

Details of Doors

21230

建築辭典（四續）

「Dado」台度，護壁。壁之裡面裝置半飾高之木板，或粉水泥，或鋪磁磚，如浴室四圍牆上所鋪磁磚台度，廚房或天井中牆上所粉之水泥台度，客廳中牆上所置之柚木台度等是。〔見圖〕

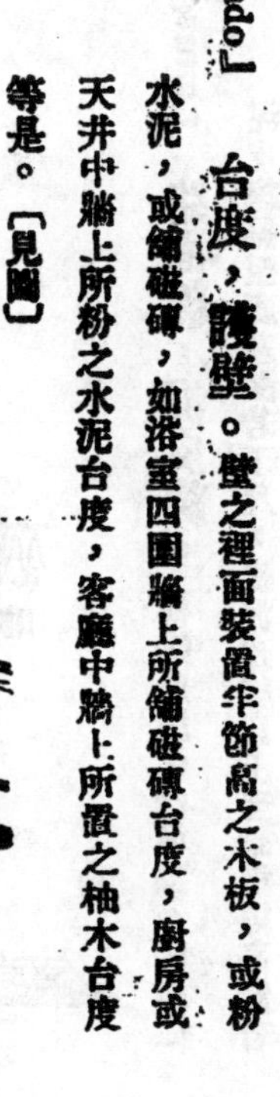

「Dado rail」索腰線。室內牆之中部釘木線脚一條，線脚與踢脚板間裱糊花紙或做油漆，線脚與平頂線間刷白粉或他種色粉，索腰線卽分隔上述二部者。

「Dagoba」舍利塔。信仰佛教之邦，於墳上建圓頂紀念塔，塔中放置祭品或遺物。福開森著「印度歷史及東方建築」第一卷第一册第六十頁云：「舍利塔於最古時均係圓形，至今仍無直線構築之舍利塔發現也……」。

「Dagon」神魚。離耶路撒冷西南四十八里，有地古名嘉族（Gaza），信仰神魚，尊為國神；該像半爲人形，半爲魚形。〔見圖〕

「Dairy」乳棚，乳塲。畜養乳牛取乳供售之場所。

「Dais」壇，檯。在屋之一端或廳之一隅，突起一檯，上置桌椅，以供主席或要人坐者，上或更有挑出撲蓋蓋護之。

「Dan」水閘。〔見圖〕

『Damp course』
『Damp proof course』} 避潮層。牆脚離路面線六寸或平路面綫處，舖牛毛毡一層，或澆厚柏油，或舖石版，以避潮濕上侵，俾免室內牆上之花紙或油漆損壞。

『Damp proof wall』 避潮壁。

『Darby』 刮尺。一根薄木條，後釘握手二個。粉刷匠用以作塗刮泥灰之工具，如於牆上刮草，滿平牆面粉灰或平頂刮草之用。〔見圖〕

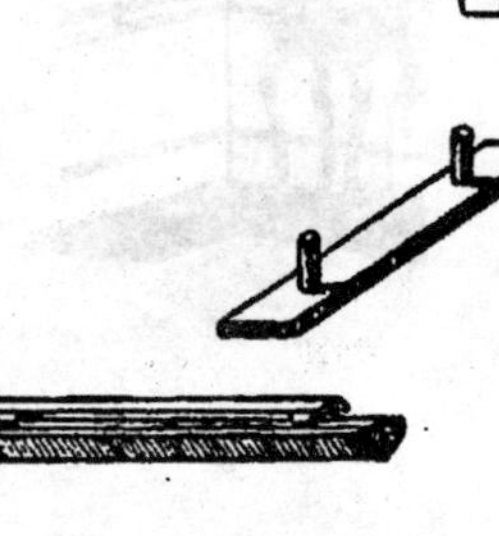

『Dart』 箭頭飾。〔見圖〕

『Datum』 路面線，泥皮線。構築房屋之標準點。例如從泥皮線掘至底基深若干尺，從泥皮線以上至地板線高起若干。

『Daub』 粗漆，粗粉，灰沙。

『Dead bolt』 死銷。插銷之用鑰匙或執手開啓，無彈簧者。

『Dead load』 淨載重。工程師計算橋樑，房屋底基，樓板屋頂等等之載重。中分淨載重與活載重二點，淨載重者，如橋樑本身之重量，活載重爲車馬行人經越其上之重量。

『Dead lock』 死鎖。鎖之僅有鎖舌而無執手彈簧活舌者。〔見圖〕

『Decastyle』 十柱式。前面有十個柱子形成洋台者。

『Deck』 平臺。

『Deck curb』 平台欄子。平屋面四沿高起之阻欄。

『Deck floor』 平臺樓板。此樓板同時也可用作屋面，如戲院之露天平台。

『Deck roof』 平屋面。屋面四沿無壓沿牆亦無高起之阻欄者。

『Decorate』 裝飾。房屋內部牆上刷粉，做油或裱糊花紙均屬之。

『Decorated Architecture』 盛飾式建築。即英國式中之Pointed Architecture，發明於英國古時，於十三世紀發現，盛傳至十三世紀末葉而轉變成立體式。按Pointed Architecture 中分二部：曰幾何，曰善飾（Geometric & decorated proper）。後者之重要點厥爲曲線，波紋，及面部盛施彫飾，綫脚等等。參看"Pointed Architecture" 〔見圖〕

『Decent』 完善。工作良好無疵。

『Deduct』 除扣。

『Deep』 深。

『Defect』 缺點。工作不妥所現之缺點。

『Demimetope』 半壁緣。台口轉角處之半隙。

『Demolition』 拆卸。

『Den』 密室。

『Dentel』
『Dentil』 } 排鬚。〔見圖〕

『Dentel Band』 排鬚帶。

『Dentel cornice』 排鬚台口。

『Department store』 百貨商場。

『Depot』 貨棧，儲料場。工程局或其他建設局分派各地儲積材料之所。

『Depth』 深度。

『Derrick』 吊車。〔見圖〕

『Desiccation』 溫氣乾材法。

『Design』 圖樣，設計。

『Designer』 製圖者，繪圖師，計劃師。

『Detail』 詳解，詳圖。對於房屋構築某一部份，放大詳圖，藉使工人易於依法工作。詳圖俗稱大樣。

『Diaglyphic work』 深彫。

『Diagonal Bond』 斜紋牽頭。

『Diameter』 直徑，對徑。

『Dig』 挖掘。

『Dike』 堤，塘。

『Dilapidation』 傾圮，崩壞。

『Dimension』 尺寸，大小。

『Diminished arch』 減圈。不滿半圓之法圈。

『Dining room』 餐室。

『Dinner lift』 伙食洞。

『Diorama』 畫展館。

『Dipteral』
『Dipteros』 } 雙楹廊屋。〔見圖〕

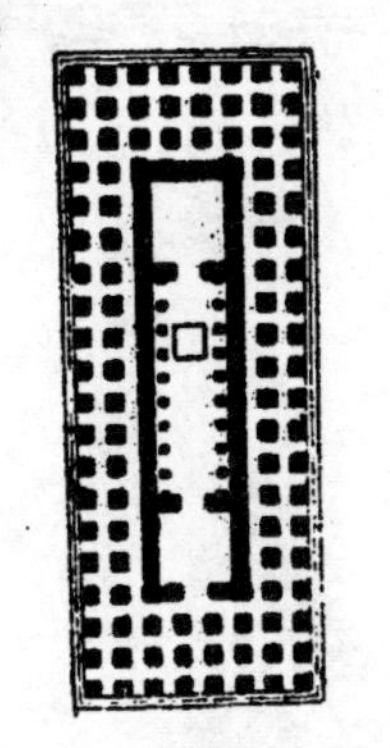

『Direct compression』 直壓力。

『Dispensary』 藥房。

『Dissecting room』 解剖室。

『Distemper』 飾粉。內部牆上所刷之色粉。

「Distyle」 雙柱式。〔見圖〕

「Ditching-machine」 挖壕機。〔見圖〕

「Ditriglyph」 複排檔。陶立克式台口在兩柱中間所列之排檔。(參看Doric order圖樣)

「Dodecastyle」 十二柱式。〔見圖〕

「Dock」 船塢。〔見圖〕

「Dog grate」 神龕爐架。

「Dog spikes」 道釘。

「Dome」 圓蓋，圓頂。〔見圖〕

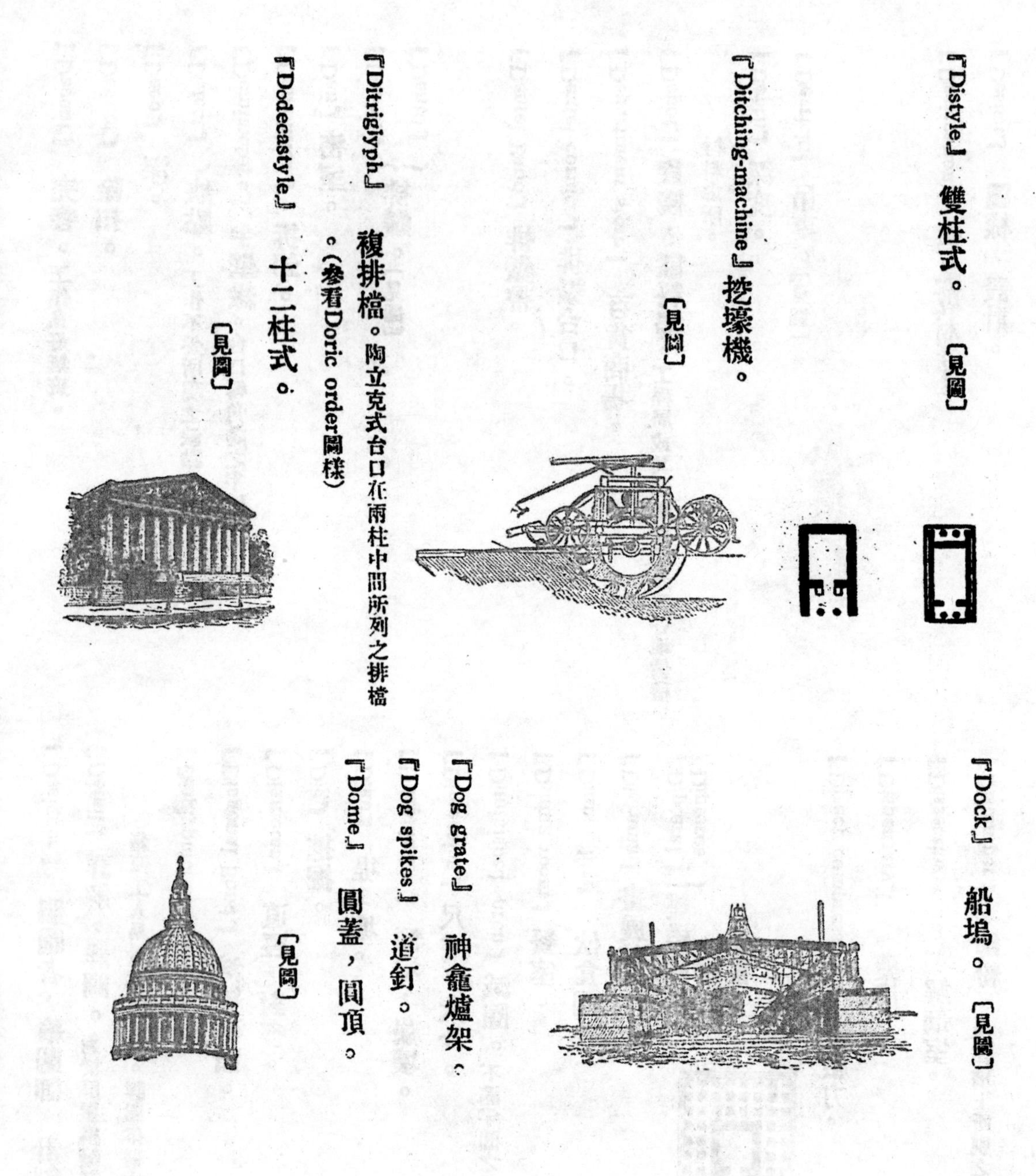

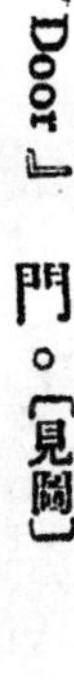
『Door』 門。〔見圖〕

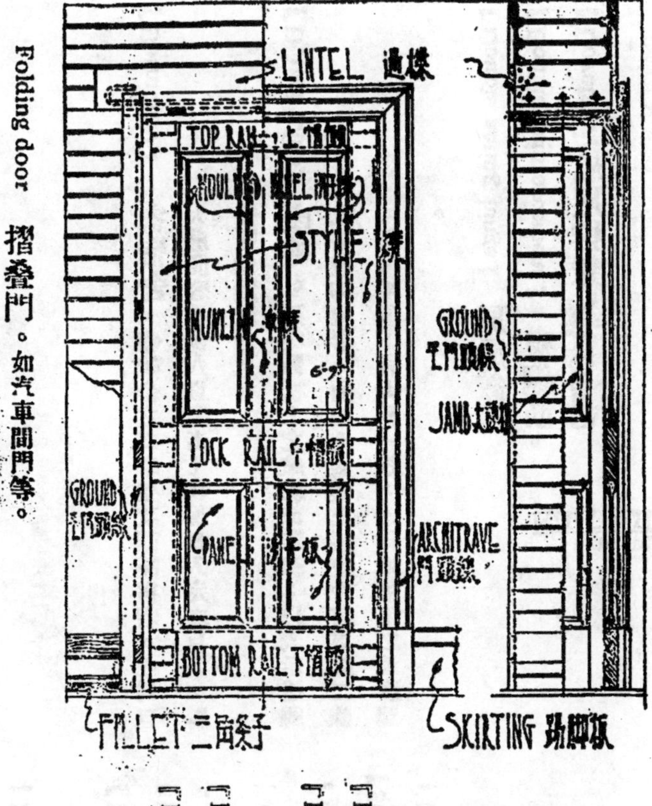

Folding door 摺叠門。如汽車間門等。

Rolling ——捲門。店面外層遮護櫥窗者。

Sliding ——搓門。大都在餐室與起居室之間者。

Trap ——便門。在平頂或汽樓中地坑，以便工人進至屋頂修理電線，水管，或視察屋漏之處者。

Paneled ——浜子洋門。門之多框者。

Grazed ——大脚玻璃門。門之上端配玻璃，下節用木板者。

Flash ——平門。現在摩登式之平面門，均用三夾板鑲成者。

Double ——雙扇門。

Fire ——保險門。太平門。

Revolving ——十字轉門。

Swing ——自關門。

Ledged ——棧房門。

『Door step』 門檻。

『Door stop』 門碰頭。因恐門執手撞損門後牆上之粉刷，故於地板上或踢脚板上釘一碰頭以阻之。

『Doric Architecture』 陶立克式建築。

『Doric order』 陶立克式。〔見圖〕

DORIC ORDER
陶立克式

「Dormer window」老虎窗。直立之窗扇自屋面斜坡突起成山頭狀，普通內闢臥室，因名。蓋Dormant爲睡眠之意，故 Dormant window 爲眠窗。吾國名老虎窗之命意不詳，或以其勢如伏虎，故名之耳。〔見圖〕

「Dormitory」寄宿舍。●學舍之爲學生攻讀睡宿者，或爲巨大房間容納多人以寢者。●僧衆入定之巨室，隣接經堂殿院者。

「Dotted Line」虛線。建築圖樣上之虛線或點線，以表示透視或俯視仰視者，如於地盤樣上餐室中有虛線二條，係指平頂上有大樑一根，或爲地板下之地龍牆。

「Double acting hinge」屏風鉸鏈。

「Double reinforcement」複鋼筋。

「Dovetail」鳩尾排鬚。〔見圖〕

「Dovetail Joint」馬牙筍。〔見圖〕

「Dowel」棗核釘。

「Down pipe」落水管子。自屋沿承受雨水至溝渠之落水鉛皮管或生鐵管。

「Draft」草案。繪製所製成之略圖。

「Drafting room」製圖室。

「Draftsman」設計師。

「Drain」陰溝。排洩穢水之溝渠。

「Drain pipe」瓦筒，陰溝管。

「Surface drain」明溝，陽溝。在地面上導水入渠之水槽。

「Drawbridge」吊橋。橋之一部或全部可以吊起者，俾利行船。韭院之前架設吊橋，以資防護者。〔見圖〕

「Drawing」 圖。總括地盤樣，樓盤樣，面樣，側樣等等之工作圖樣。

「Contract drawing」 合同施工圖。已經業主與承包人簽字蓋章之圖樣，依此實施建築者。

「Detail-drawing」 詳解圖，大樣。

「Drawing board」 繪圖板。

〔見圖〕

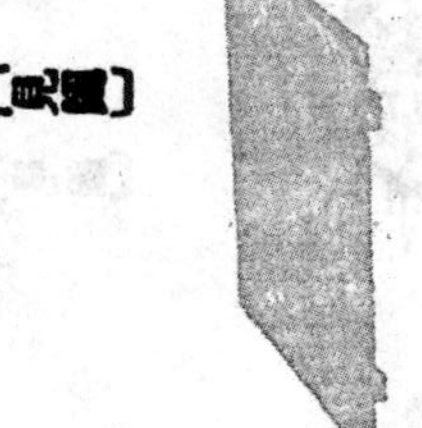

「Drawing room」 起居室，會客室。

「Drawing office」 繪圖室。

「Dresser」 廚房櫥。

「Dressing」 鉏。石面用斧鉏平之工作。

「Dressing room」 化裝室。

「Dressing table」 化裝台。

「Drier」 燥頭。欲求油漆快燥，則和以燥頭。

Drier gel. 速乾膏。

Drier Sol. 速乾水。

「Drill」 鑚。

〔見圖〕

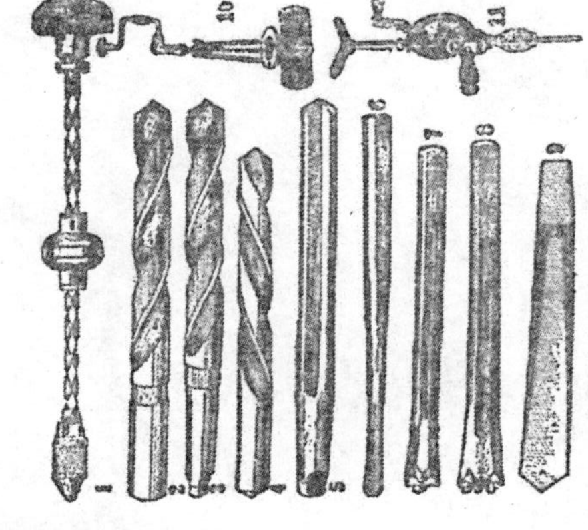

「Drilling machine」 鑽機。

「Drill press」 鑚床。 〔見圖〕

Multiple = Spindle drill press 複鑚床。

〔見圖〕

「Drip」 滴水，水落線。使水滴瀉，如雨水從簷際點滴而下。〔見圖〕

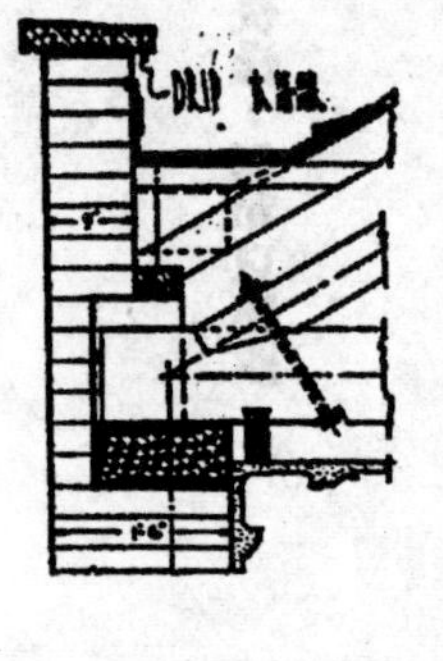

「Drive」 鎚釘，旋釘。

「Drive way」 車道，馳道。

「Driven well」 抽水井。以管通入土中，末端裝蓮蓬頭取汲用水。〔見圖〕

「Drip stone」 滴水石。〔見圖〕

「Drop」 滴漏。意與drip略同。

「Druxy」 敗材。木材之已呈腐象者。

「Dry Kiln」 烘料間。木材每易收縮，故必先用蒸氣使乾，隨後取用，不至走裂。

「Drying Stage」 晒台。屋後暴晒衣服之台架。

「Duodecastyle」 十二柱式。

「Dust bin」 圾垃桶。

「Dwelling house」 住宅。

「Dynamo room」 發電室。

(待續)

開鑿自流井之要點

上海地層全屬冲積土，而非岩石，故建築師恆盡其才智以設計人工基礎，使高大宏麗之巨廈建築其上，而能支持重量，歷久不變。自流井之開鑿，何獨不然？亦須有精密完備之計劃，使其最重要之部份——即井底阻砂管及阻砂管，安置地位暨安置工程，皆有適當之佈置，方能持久不壞。

凡含水之沙層，均不能負荷重量，故吸水時稍有細砂隨水吸出，則上層泥土污穢，隨之下沉，填補沙層內因細砂流出而生之空隙，日久該井逐漸淤塞，地面污泥及微菌等亦因之混入水內。

根據上節所述，及上海地層組織言之，滬上必須有永不出砂之井，方能應用，否則難免發生流弊。

自流井如欲避免上項弊病，應採用歐美最新鑿井方法，即：（一）詳細測探水源沙層；（二）將發現之砂層逐一採樣分析；（三）阻砂管之開口距離，應根據砂粒分析單而決定；（四）阻砂管應視水質而用單純金或合金製成；（五）阻砂管與井管接合處，應用特殊方法，使細砂不能流入；（六）阻砂管之開口部份，應多而長，使進水湧旺，阻砂管上開口製造方法，務須外狹內寬，外口鋒利，使砂粒不能混入，即使混入亦不致阻梗淤塞；（七）阻砂管製造應特別堅固，能耐受搬運或裝置工作，及將來取出修理時之一切衝擊，暨能受電解或酸化剝除管上之銹蝕或結苦。

上述各項，雖易進行，然必須有相當之學術與經驗。

歐美各國政府，皆設立專局，頒布各種工程上標準規則，在英國有八百餘種之多，美國亦有同樣專局不少；關于深井標準規則，美國標準局曾經根據礦油局擬定之條例頒布，現在世界各國皆倣行之。

美國標準局頒布第一〇五、一〇深井標準規則，關于開鑿，完成，驗水，皆有規定。

標準規則之用意，為保護安全，經濟，耐久，可靠而不增加費用。

各國製造之引擎，機器，以及材料等廠，均照各國政府頒布之標準規則辦理，而公衆皆感覺標準規則之便利。

上海各工廠商界皆應根據此項深井標準規則開鑿現所需要之井，而市政當局亦應採用此項標準規則，取締不合格之鑿井商行，以保護公衆利益及衛生。

▲本會徵集圖書啓事

本會成立之始，卽以研究建築學術爲宗旨；研究之基礎，端爲蒐集圖書，藉供博採觀摩；故組織建築圖書館，亦嘗列入本會工作之一。而限於經濟，因循未成。耿耿之心，則無寗已。迺者，檢集歷年存書，得中西書刊數百本，東之高閣，殊背羅致之初衷，以致借閱，則嫌掛一而漏萬。爰擬積極籌劃，必期實現。除量力增購以圖擴充外。並盼熱心提倡建築學術之人士，踴躍捐贈；如割愛可惜，則暫行借存亦可。務使建築同人獲得讀書之機會，功在昌明建築學術，彌深企禱。倘蒙國內外出版家贈閱有關建築之定期刊物，亦所歡迎，本會當以本刊奉酬也。此啓。

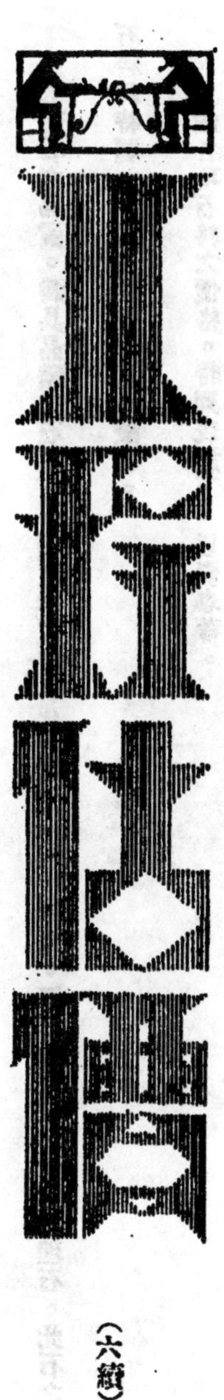

（六續）　杜彥耿

第四節　石作工程（續）

黑花岡石　為石品中之最近發現者。業已應銷於市場。此石之發現。實予建築前途進化一大助。作者不知地質學家與石商經幾許時之搜求。僅知此石為最近紹介於建築上者。美國初用此石。係向瑞典購求。石之本質。為角華花岡(Hornblende granite)。無雲母(Mica)混雜。故與其他花岡石迥異。蓋花岡石中本含有黑或白之雲母。發射晶亮之光釆。係六角形體及不整齊之形體。雲母質軟。故於石中暴露一弱點。雲母難於泡擦。泡後尤易受風雨之剝蝕。因之吾人選擇花岡石。須以雲母愈少為愈佳。黑花岡石則不然。因係角華組成。故易於泡擦而能耐久。石質尤為堅強。在未泡擦時。呈黑灰而略帶棕。色頗呆滯。惟一經泡擦。即現光亮如黑磁鏡狀。此石現用於正在建築中之四行二十二層大廈最下二層之外牆壁飾。為中國石公司所承辦。係採自山東膠縣之大珠山。

青花岡石　產地石質均與黑花岡石同。惟呈青色。南京總理陵園中之巨柱。即係此石。

黃花岡石　產於山東之勞山。其質純為花岡石。此石礦中同時兼產茶晶與墨晶。故此石中所含之晶粉。名貴可知。至於石之顏色。則一如可可。故一經泡擦。光采四射。殊為美觀。舞廳、劇場及其他公共場所。用作甃地飾壁。則晶瑩燦爛。不啻瓊樓玉宇。

紅花岡石　產地、品質與黃花岡石同。其色緋紅。豔麗奪目。倘與黃花岡石及銀灰花岡石相依襯。則倍覺爭妍矣。

銀灰花岡石　略如香港花岡石。產地與黃紅兩花岡石，同屬山東之勞山。

褐色花岡石　產於青島。產量極宏。運輸尤便。足供建築上之巨量需求。用機鋸成片塊。更施以泡擦。則晶瑩整潔。極為可愛。用作內部甃地飾璧。外部勒脚、窗盤、地檻、踏步、柱子及大料。無不相宜。

白粒石 產於山東之掖縣。英文名"Sand stone"。散見各種書籍中。所載之白玉石。卽屬此石。北平古宮及東西陵各項偉大建築中之玉階、欄干墻基雕鏤。均以此石任之。

此石質地潔白。係多數晶體白粒所凝合。以成整箇之石塊。且有抵抗酸化之特性。雖經冰霜。亦歷久不變。用作廳屋堂地走廊浴室之地平瓷磚。其他如雕鏤欄循、楹柱。無不整潔壯觀。

花粒石 產地與白粒石同。作黑灰色。可作白粒石之鑲邊、嵌心及踢脚板之用。

外國所產粒石。有淡灰(近白色)、灰色、淡黃、青色、淡棕、棕色、粉紅及紅色等多種。

美國於一千六百六十五年。開始採掘棕色粒石。此石用於新英倫及紐約兩處者極夥。約經二世紀後。始裝運至檀香山島銷售。北紐傑賽(Northern New Jersey)之棕色粒石礦。於預備獨立時開採。用於該地及紐約城。

大理石 我國青島、北平、奉天及保定附近。均產是石。其他未經採掘者。不知凡幾。國外產地以意大利最富。其餘如比國、挪威、美國及西班牙等均有。種類不下三千餘種。大理石之於建築。用途殊廣。用之爲牆台口、黏壁、內部甃地飾壁、柱石。則極盡美輪美奐。堂皇富麗之能事。

大理石之品質。爲具晶體之石灰石。石之本質與石灰石相同。係沈澱物。經熱力之變壓而成大理石。此石之不能擔任重壓、較諸其他石料爲特弱。蓋因其幾純屬鈣炭酸也。

上載各項石料之價格。特列表於下。以資參考。

各種石板價目表(一)

名稱	厚薄 種類	每平方英尺單價 六分厚	一寸厚	二寸厚	三寸厚	備註
白粒石	切板	$2.20	$2.20	$3.30	$4.30	以下均為青島交貨 自青島至上海之運 輸費均不在內
	磨光	2.90	2.90	3.90	5.00	
花粒石	切板	2.20	2.20	3.30	4.30	
	磨光	2.90	2.90	3.90	5.00	
黑花岡石	切板	2.90	2.90	3.50	3.80	三號
	磨光	3.90	3.90	4.50	4.90	
黑花岡石	切板	2.90	2.90	3.50	3.80	四號
	磨光	3.90	3.90	4.50	4.90	
黑花岡石	切板	2.90	2.90	3.50	3.80	五號
	磨光	3.90	3.90	4.50	4.90	
黃花岡石	切板	2.90	2.90	3.50	3.80	
	磨光	3.90	3.90	4.50	4.90	
紅花岡石	切板	2.90	2.90	3.50	3.80	
	磨光	3.90	3.90	4.50	4.90	
英花石	切板	1.90	1.90	2.20	2.50	
	磨光	2.90	2.90	3.20	3.50	
青花岡石	切板	2.90	2.90	3.50	3.80	
	磨光	3.90	3.90	4.50	4.90	
褐色花岡石	切板	1.90	1.90	2.20	2.50	
	磨光	2.90	2.90	3.20	3.50	

各種石板價目表(二)

名稱	厚薄 種類	每平方英尺單價 六分厚	一寸厚	二寸厚	三寸厚	備註
灰色花岡石	切板	$2.90	$2.90	$3.50	$3.80	以下均為青島交貨 由青島至上海之運 輸費不在內
	磨光	3.90	3.90	4.50	4.90	
絳色花岡石	切板	1.90	1.90	2.20	2.50	
	磨光	2.90	2.90	3.20	3.50	
銀灰花岡石	切板	2.90	2.90	3.50	3.80	
	磨光	3.90	3.90	4.50	4.90	
綠色大理石	切板	2.20	2.20	2.60	3.20	
	磨光	2.90	2.90	3.50	4.00	
灰色大理石	切板	2.20	2.20	2.60	3.20	
	磨光	2.90	2.90	3.50	4.00	
白色花岡石	切板	2.20	2.20	2.60	3.20	
	磨光	2.90	2.90	3.50	4.00	
雜色大理石	切板	2.20	2.20	2.60	3.20	
	磨光	2.90	2.90	3.50	4.00	
大理石	切板	2.20	2.20	2.60	3.20	
	磨光	2.90	2.90	3.50	4.00	
花岡石	鑽平面		2.00	2.50	2.80	
花岡石	鑽平面		2.00	2.50	2.80	

白色意大利理石價目表

名稱	厚度	價格
白色大理石	六分	洋三元三角
白色大理石	一寸	洋三元五角
白色大理石	一寸二分	洋三元八角五分
白色大理石	一寸半	洋四元二角五分
白色大理石	一寸六分	洋四元六角五分
白色大理石	二寸	洋五元

顏色意大利理石價目表

名稱	厚度	價格
Rosso Verona	六分	洋二元八角五分
Mandorlato Ambrogio	六分	洋三元
Verde Alpi	六分	洋五元九角
Rosso de Levanto	六分	洋五元五角
Onice Portoghese	六分	洋六元五角
Ohismpo Perla	六分	洋四元三角五分
Portoro	六分	洋六元三角五分
Nero de Belgeo	六分	洋五元九角
Bardiglio Souro	六分	洋三元六角五分
Bardiglio	六分	洋三元三角

（待續）

The Glass Home of Tomorrow

明日之屋

▲全部用玻璃建築
▲模型在芝加哥博覽會陳列

美國芝加哥名建築師喬治佛蘭特開氏（George Fred Keck）。近設計一未來派之建築。厥名「明日之屋」。全以玻璃構造。模型陳列於芝加哥博覽會一世紀進步廳中。

該屋之構造。殊爲特緻。中心脊骨爲一隧道。凡電氣煖具水源皆設其內。起居室並不在下層。衣櫥燈架均不可見。屋凡三層。每層直徑。小於下層。有十二方面。外牆均用鋼骨及玻璃構造。故無須載重。底層爲半地室。第二層爲居住之用。包容起居室、餐室、廚房、臥室二、浴間及洋臺。三層有外壁。以玻璃分隔。可使陽光透入。最下層設有汽車間及飛機吊架。門、窗、鎖悉用電氣開閉。尤爲新奇云。

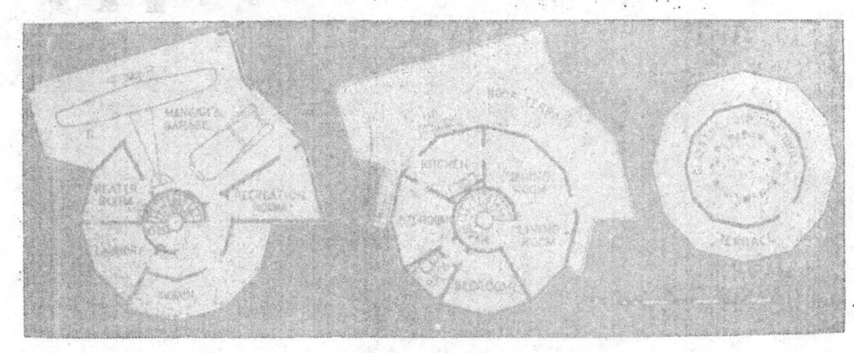

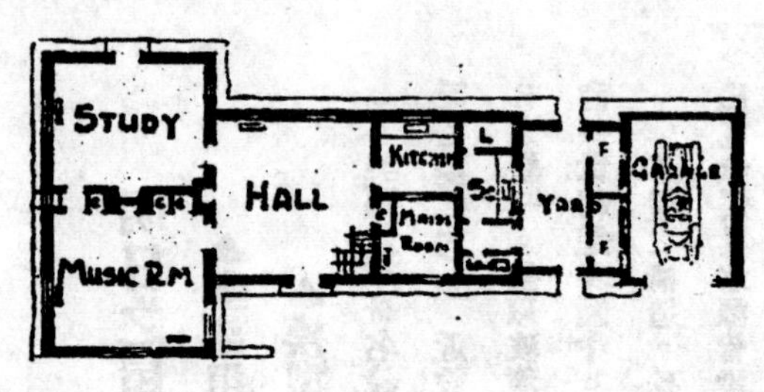

上圖爲建造於鄉村間之茅屋一所，費用經濟，而別具風味：且讀書室音樂室會客室等均規劃妥善，極合居住。夏季用以避暑，尤爲適宜。

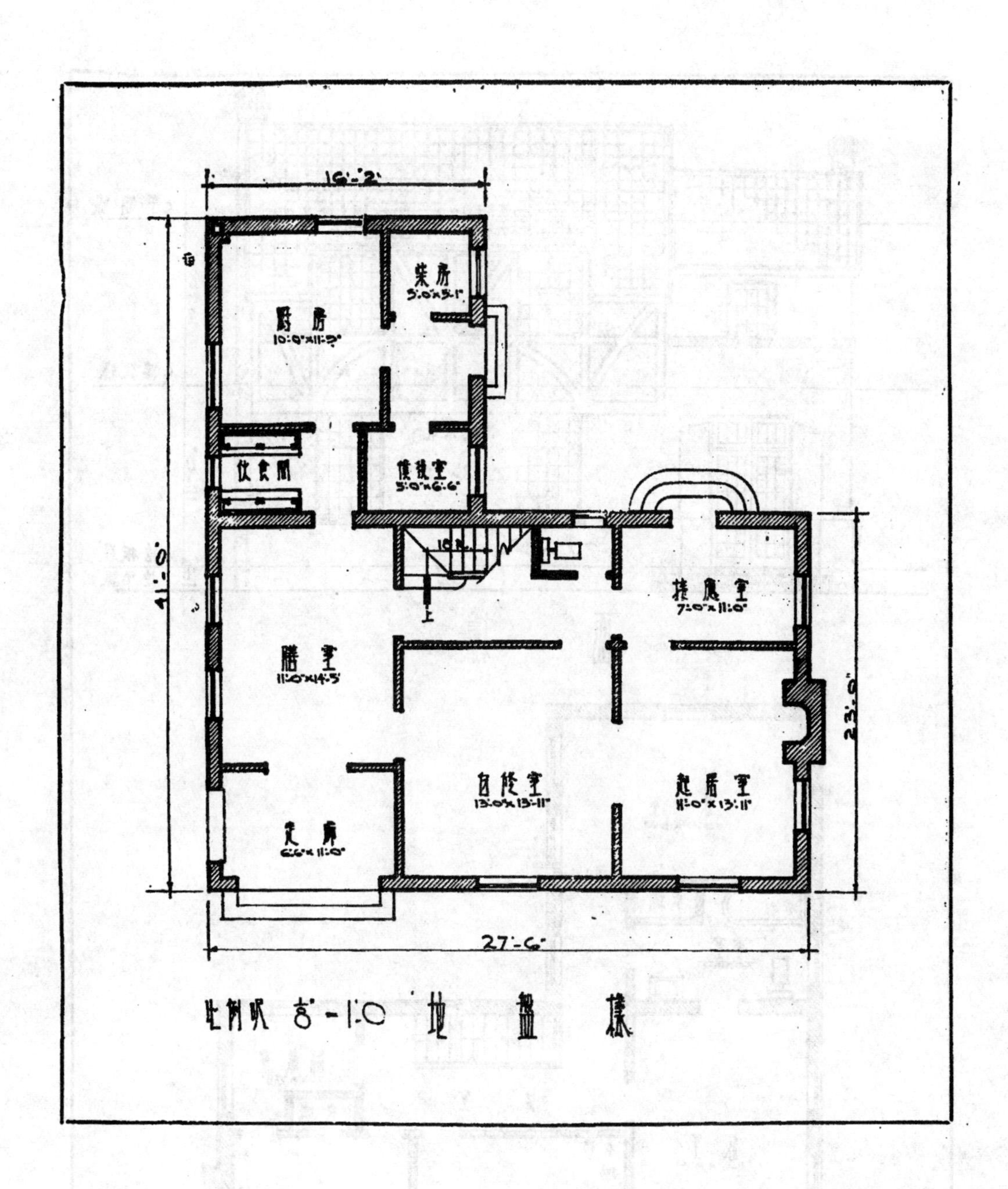

上列地盤樣及後列樓盤樣兩樣側面樣剖面樣等共五圖，係光華大學一教授新住宅之全套圖樣。位於上海中山路。頗精緻適用，最合宜小規模家庭之居住。

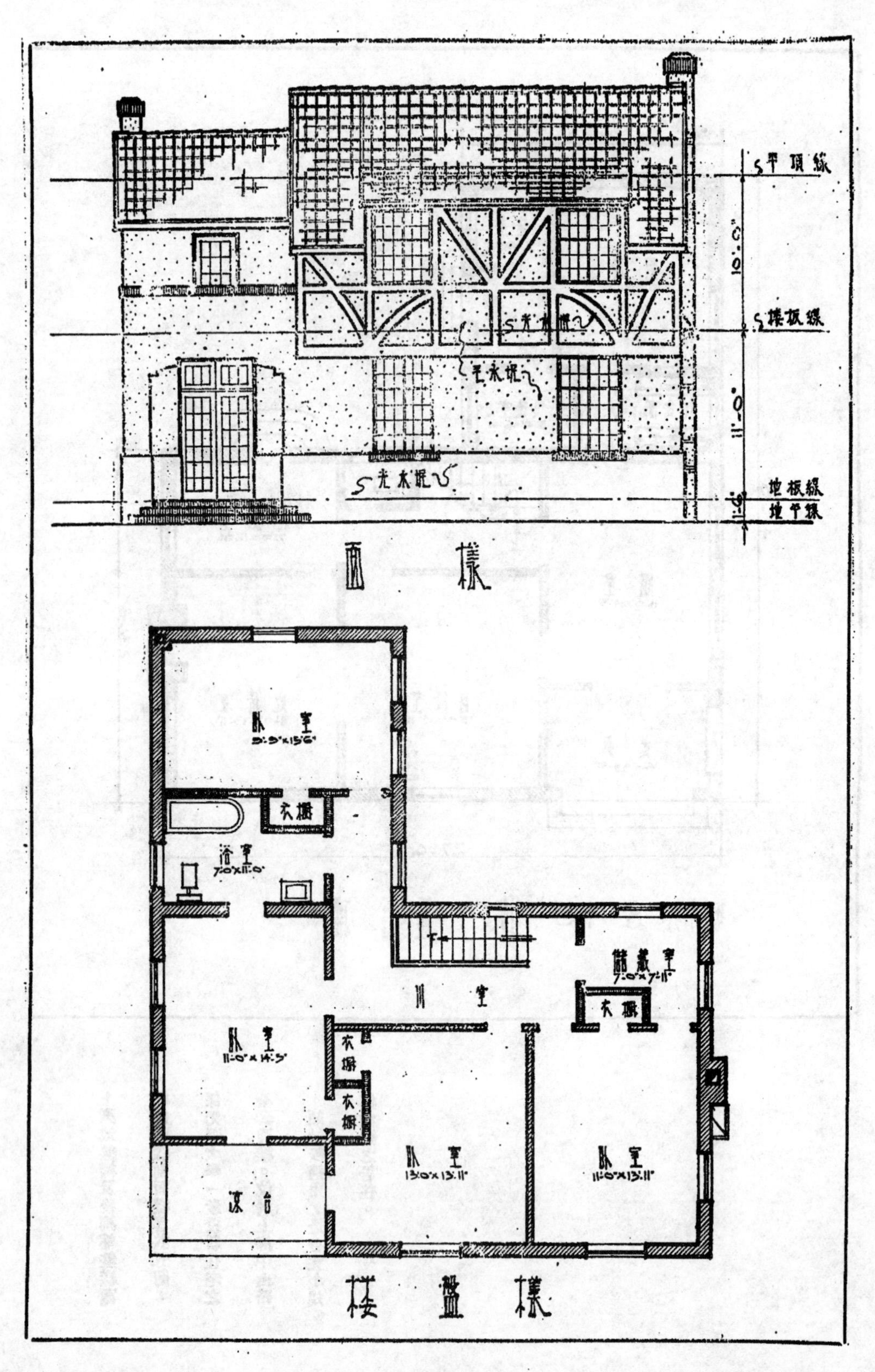

21248

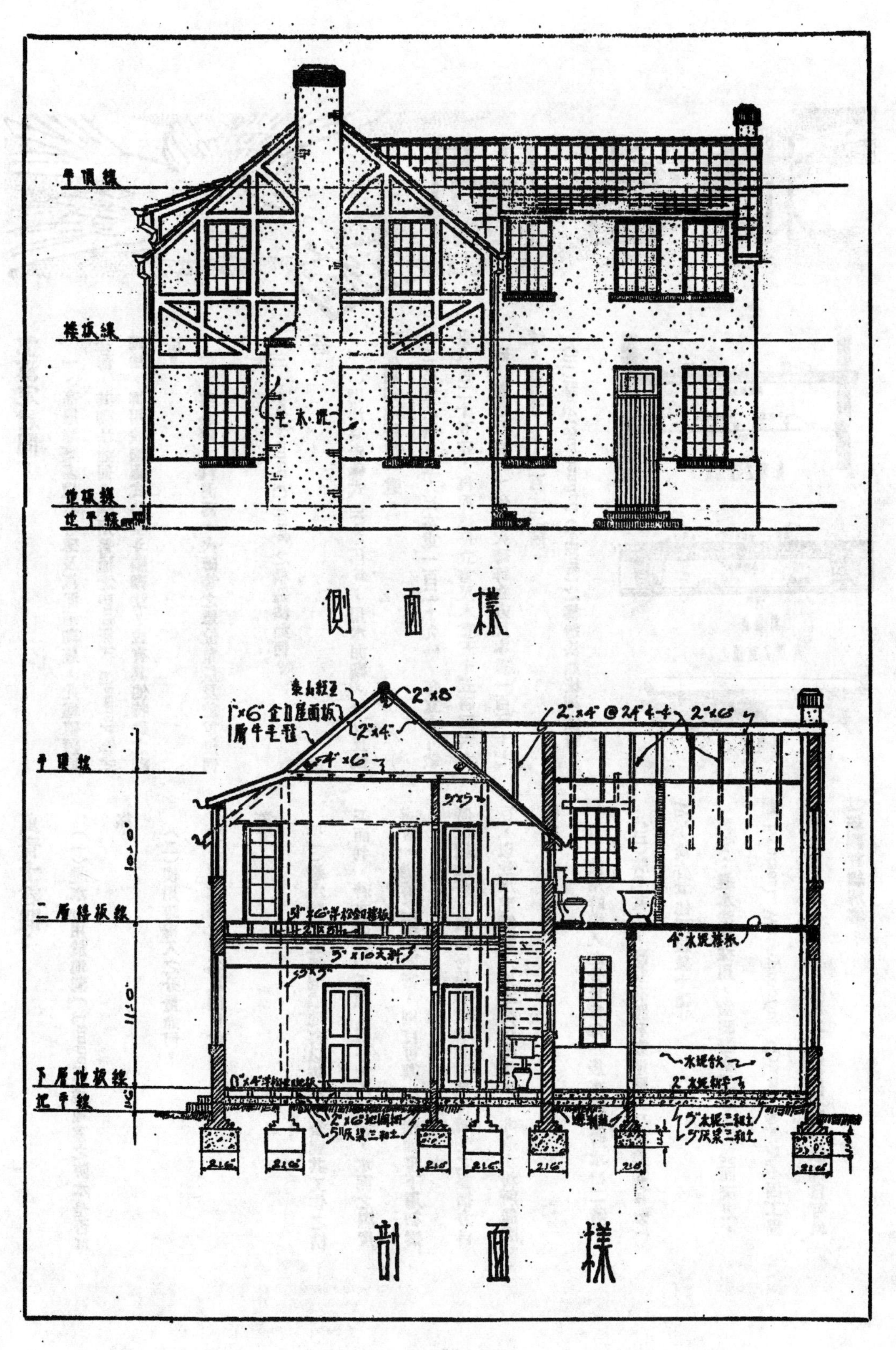

21249

問答欄

鄧漢定君問：

一、高層建築多以空心磚及汽泥磚砌牆，此種磚類均甚薄，其砌法如何？係用普通之English, Flemish 等式砌法，抑用我國舊式的空斗牆砌法？或有其他特殊之砌法？

二、空心磚，汽泥磚，火磚等之單位重量及載重幾何？

三、Suspended Ceiling 之構造法如何？

答：

（一）砌法為走磚式 Straching，用水泥砌，每五皮或三皮隔砌鋼版網一道。

（二）空心磚每立方尺本重一百二十九磅，每立方寸載重六百二十五磅，汽泥磚每立方尺本重五十五磅至六十二磅，載重三百五十磅；火磚每立方尺本重一百三十七磅，每方寸一千六百十三磅。

（三）懸頂(Suspended Ceiling)之構造法如後列樣圖：

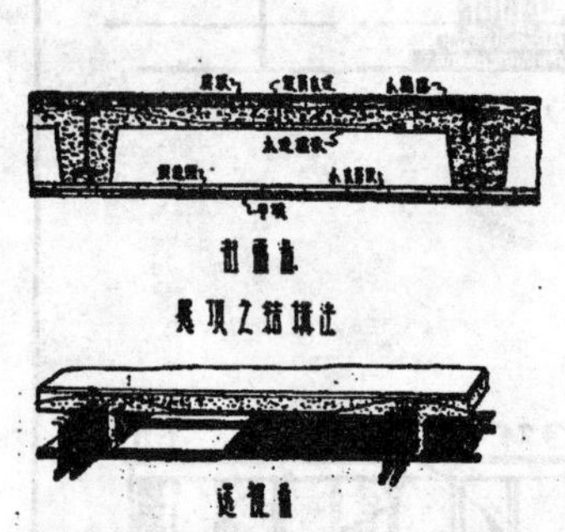

萬青士君問：

（一）避水粉用於地洞（Tunnel）或地窖之防水是否可靠？

（二）使用時摻入之分量如何？

（三）避水粉之牌名及價目如何？

答：

（一）避水粉用於地洞或地窖以防水，須視其工作之精否而判，若水泥混合正確，石子大小勻細，水泥之濕度適當，澆擣之鑲接緊密，則自可禦水。惟地窖下層初擣時成績雖好，後因房屋構築增高，地窖所受之壓擠力自巨，以致水泥微裂，則水從裂縫湧出，非避水粉所能勝任矣。

（二）使用時摻入之分量為每一袋水泥加避水粉二磅。

（三）牌名甚多，國貨有雅利製造廠出品，美國有 R.I.W.，尚有其他種類數十種。

再者：避水法之採用，須視避水工程之需要而決定，如 Everseal, Waterproofing Course 等等莫不因工程之需要而分別選用。如尊處之工程決定時，敝部自可就其範圍詳細解答。

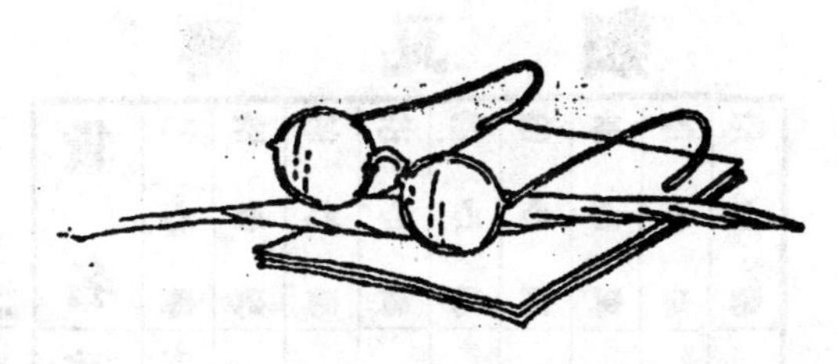

本刊為適應讀者趣味與需要起見，對於建築圖樣及攝影，盡量蒐集，擇尤發表。本期所載的，除了上期已預告的楊樹浦電力公司發電廠及高橋海濱飯店全套圖樣外，又增加了上海大舞台戲院新屋全套圖樣及中央捕房新屋面樣；因為這二種圖樣比較的新穎而重要，頗有閱覽的價值。不過篇幅有限，不得不將預告過的大光明影戲院新屋圖臨時抽去，只能準下期刊出。

又為了圖樣的發表者很多，所以短篇文稿均不能排入，登刊者只有工程估價等數長篇。甚至已排就的美國胡佛隧道建築一文，也不能編進，只能於第八期中發表，請讀者鑒諒。

本刊自開始登載建築辭典以來，極受讀者歡迎，紛函詢問單行本之出版，足徵建築界對於統一建築名稱都有迫切的需要。本期特將建築辭典之地位擴充，已就D字部份登完。俟草案按期登完，再加整理修正，然後刊行單行本，以饗讀者。

本刊登載圖樣，務使有益於讀者，零篇斷簡或亦有助於學識之增益，而究不若發表全套圖樣之可予讀者以統一的方法，故本期發表的大舞台與海濱飯店的建築圖樣，以及居住問題欄之中山路小住宅等，均全套發表，讀者一經瀏覽，對於構造的關係與方法，均能獲一明白的概念了。

居住問題欄所載各種圖樣，中西兼蓄，今古並收，必使各方讀者可資參考。本期刊登的明日之屋，係美國最新的建築模型，是很有趣味的一種發明。茅屋的建築極易，夏天於鄉村間用以避暑，清爽簡潔，最為合宜。西式小住宅為晚近極流行的住宅，本期所載中山路之小住宅，形式頗有可取，內部也很合我國人的習慣。

本刊同人無日不在努力求進，我國建築刊物寥落無幾，甚願為我國建築學術界放一異彩，不使歐美建築刊物專美於前。亟盼愛護本刊之讀者時賜南針，藉以遵循，而臻美善。

附告：迭接讀者來函詢問第一二期再版消息，現已決定再版合訂本，業經付印，最遲至八月中旬可出版，擬補購諸君，還希注意。

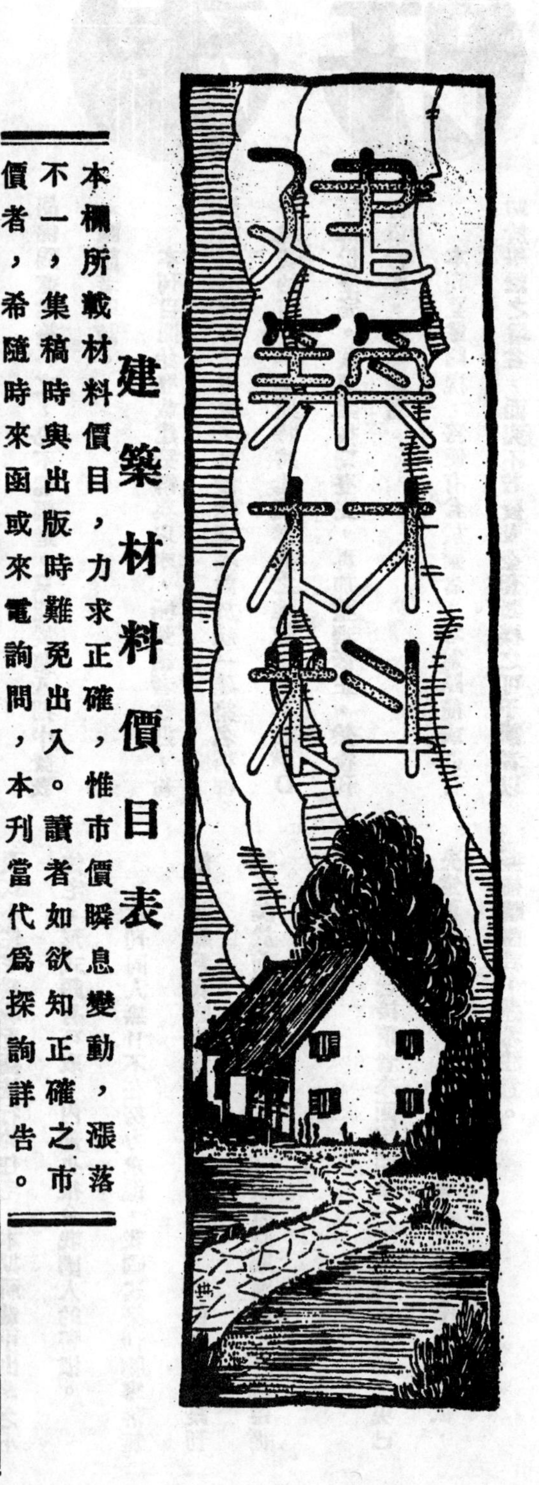

建築材料價目表

本欄所載材料價目，力求正確，惟市價瞬息變動，漲落不一，集稿時與出版時難免出入。讀者如欲知正確之市價者，希隨時來函或來電詢問，本刊當代為探詢詳告。

磚瓦類

貨名	商號	標記	數量	價目
空心磚	大中磚瓦公司	12"×12"×10"	每千	二八〇元
空心磚	同前	12"×12"×8"	同前	二三〇元
空心磚	同前	12"×12"×6"	同前	一七〇元
空心磚	同前	12"×12"×4"	同前	一一〇元
空心磚	同前	12"×12"×3"	同前	九〇元
空心磚	同前	9¼"×9¼"×6"	同前	九〇元
空心磚	同前	9¼"×9¼"×4½"	同前	七〇元
空心磚	同前	9¼"×9¼"×3"	同前	五六元
空心磚	同前	4½"×4½"×9¼"	同前	四三元

貨名	商號	標記	數量	價格
空心磚	大中磚瓦公司	3"×4½"×9¼"	每千	二七元
空心磚	同前	2½"×4½"×9¼"	同前	二四元
空心磚	同前	2"×4½"×9¼"	同前	二三元
紅機磚	同前	2½"×8½"×4¼"	每萬	一四〇元
紅機磚	同前	2"×5"×10"	同前	一三三元
紅機磚	同前	2¼"×9"×4¼"	同前	一二六元
紅機磚	同前	2"×9"×4⅜"	同前	一一二元
紅平瓦	同前		每千	七〇元
青平瓦	同前		同前	七七元

磚瓦類

貨名	商號	標記	數量	價目
青脊瓦	大中磚瓦公司		每千	二五四元
蘇式灣瓦	同前		同前	四〇元
西班牙筒瓦	同前		同前	五六元
手工大二二	華興機窰公司	2¼"×5"×10"	每萬	一五〇元
手工小二二	同前	2¼"×4½"×9"	同前	一三〇元
手工二五十	同前	2"×5"×10"	同前	一三五元
機製大二二	同前	2¼"×5"×10"	同前	一六〇元
機製小二二	同前	2¼"×4½"×9"	同前	一四〇元
機製二五十	同前	2"×5"×10"	同前	一四〇元 以上均上海碼頭交貨
機製洋瓦	同前	12½"×8½"	每千	七十四元
六眼空心磚	同前	9¼"×9¼"×6"	同前	七十五元
六眼空心磚	同前	12"×12"×8"	同前	二二〇元
六眼空心磚	同前	12"×12"×6"	同前	一六五元
四眼空心磚	同前	12"×12"×4"	同前	一一五元
四眼空心磚	同前	3"×9¼"×4½"	同前	四十元
三眼空心磚	同前	9¼"×9¼"×4½"	同前	七十元
三眼空心磚	同前	9¼"×9¼"×3"	同前	五五元
二眼空心磚	同前	4"×9¼"×6"	同前	四五元 以上均作場交貨
瓦筒	義合花磚瓦筒廠	十二寸	每只	八角四分

貨名	商號	標記	數量	價目
瓦筒	義合	九寸	每只	六角六分
瓦筒	同前	六寸	同前	五角二分
瓦筒	同前	四寸	同前	三角八分
瓦筒	同前	小十三號	同前	八角
瓦筒	同前	大十三號	同前	一元五角四分
青水泥花磚	同前		每方	二〇元九角八
白水泥花磚	同前		每方	二六元五角八
A號汽泥磚	馬爾康洋行	12"×24"×2"	每方五十塊	一二元一角七
B號汽泥磚	同前	12"×24"×3"	同前	一八元一角八
C號汽泥磚	同前	12"×24"×4⅛"	同前	二五元〇四分
D號汽泥磚	同前	12"×24"×6⅛"	同前	三七元二角
E號汽泥磚	同前	12"×24"×8⅛"	同前	五〇元七角七
F號汽泥磚	同前	12"×24"×9¼"	同前	五六元二角二
白磁磚	元泰磁磚公司	6"×6"×⅜"	每打	一元五角四分
壓頂磁磚	同前	6"×1"	同前	一元九角六分
裡外角磁磚	同前	6"×1¼"	同前	一元七角五分
平面踏步磚	興業磁磚股份有限公司	四寸六寸	每块	九角八分
有槽踏步磚	同前	四寸六寸	同前	一元一角二分
毛地毯磚	同前	六分方	每方	一二五元八七

磚瓦類

貨名	商號	標記	數量	價目
一號精選瑪賽克磁磚	興業瓷磚股份有限公司	全白	每方碼	五元八角七分
二號精選瑪賽克磁磚	同前	白心黑邊黑磚不過一成	同前	六元二角九分
三號精選瑪賽克磁磚	同前	花樣複雜色磚不過二成	同前	六元九角九分
四號精選瑪賽克磁磚	同前	花樣複雜色磚不過四成	同前	七元六角九分
五號精選瑪賽克磁磚	同前	花樣複雜色磚不過六成	同前	八元三角九分
六號精選瑪賽克磁磚	同前	花樣複雜色磚不過八成	同前	九元〇九分
七號精選瑪賽克磁磚	同前	花樣複雜色磚十成以內	同前	九元七角九分
八號普通瑪賽克磁磚	同前	全白	同前	四元八角九分
九號普通瑪賽克磁磚	同前	白心黑邊黑磚不過一成	同前	五元五角九分

木材類

貨名	商號	標記	數量	價目
洋松	上海市同業公會公議價目	八尺至三十二尺(再長照加)	每千尺	九十元
一寸洋松	同前		同前	九十二元
半寸洋松	同前		同前	九十三元
洋松二寸光板	同前		同前	六十八元
四尺洋松條子	同前		每萬根	一百四十元
一寸四寸洋松一號企口板	同前		每千尺	一百十元
一寸六寸洋松一號企口板	同前		同前	一百二十元
俄紅松方	同前		同前	六十七元
俄麻栗光邊板	同前		同前	一百二十元
俄麻栗毛邊板	同前		同前	一百十元

貨名	商號	標記	數量	價目
一二五·四寸一號洋松企口板	上海市同業公會公議價目		每千尺	一百五十元
一二五·六寸洋松一號企口板	同前		同前	一百六十元
柚木(頭號)	同前	僧帽牌	同前	六百三十元
柚木(甲種)	同前	龍牌	同前	四百五十元
柚木(乙種)	同前	龍牌	同前	四百二十元
柚木段	同前	龍牌	同前	三百五十元
硬木	同前		同前	二百元
硬木火介方	同前		同前	一百九十元
九尺寸坦戶板	同前		每丈	一元四角
柳安	同前		每千尺	二百二十元
紅板	同前		同前	一百二十元
抄板	同前		同前	一百四十元
十二尺三寸六八皖松	同前		同前	六十元
一二五—四寸柳安企口板	同前		同前	二百十元
十二尺二寸皖松	同前		同前	六十元
一寸六寸柳安企口板	同前		同前	二百元
二寸一半建松片	同前		同前	六十元
一丈字印建松板	同前		每丈	三元三角
一丈足建松板	同前		同前	五元二角
八尺寸甌松板	同前		同前	四元

木材類

貨名	商號說明	數量	價格
一寸六寸一號甌松板	上海市同業公會公議價目	每千尺	四十六元
一寸六寸二號甌松板	同前	同前	四十三元
八尺機鋸五分杭松板	同前	每丈	二元
九尺機鋸五分甌松板	同前	同前	一元八角
八尺足寸橈松板	同前	同前	四元五角
一丈寸橈松板	同前	同前	五元五角
八尺六分橈松板	同前	同前	三元五角
台松板	同前	同前	四元
九尺八分坦月板	同前	同前	一元二角
九尺五分坦戶板	同前	同前	一元
八尺六分紅柳板	同前	同前	二元一角
七尺俄松板	同前	同前	一元九角
八尺俄松板	同前	同前	二元一角

油漆類

貨名	商號	說明	數量	價格
AA純鋅上白漆	開林油漆公司	雙斧牌	二十八磅	九元五角
AA純鉛上白漆	同前	同前	同前	八元五角
A白漆	同前	同前	同前	六元八角
B白漆	同前	同前	同前	五元三角半
K白漆	同前	同前	同前	三元九角
KK白漆	同前	同前	同前	二元九角
A各色漆	同前	同前	同前	三元九角

貨名	商號	標記	數量	價格
B各色漆	同前	同前	同前	三元九角
銀硃調合漆	同前	同前	一介倫	十一元
白色調合漆	同前	同前	同前	五元三角
各色調合漆	同前	同前	同前	四元四角
白及各色磁漆	同前	同前	同前	七元
金粉磁漆	同前	同前	同前	十二元
白打磨磁漆	同前	同前	半介倫	三元九角

商號	品號	品名	裝量	價格	用途	每介侖能蓋方數
元豐公司	建一	白厚漆	28磅	一元八角	木質打底	三方
同前	建二	黃厚漆	同前	二元八角	土木質打底	三方
同前	建三	紅厚漆	同前	二元八角	鋼鐵打底	四方
同前	建四	頂上白厚漆	同前	十元	蓋面	五方
同前	建五	燥頭	七磅	一元二角	促乾	
同前	建六	淺色魚油	六介侖	十六元半	調合厚漆	(土)三方 (木)六方
同前	建七	快燥亮油	五介侖	十二元九	同前	同右
同前	建八	三煉光油	六介侖	二十五元	同前	同右
同前	建九	發彩油(紅黃藍)	一磅	一元四角半	配色	
同前	建十	香水	五介侖	八元	調漆	
同前	建十一	漿狀洋灰釉	二十磅	八元	門面	四方

油漆類

商號	商標	貨名	裝量	價格
永華製漆公司	醒獅牌	AA特白厚漆	廿八磅	六元八角
永華製漆公司	醒獅牌	A上白厚漆	廿八磅	五元三角
永華製漆公司	醒獅牌	二號各色厚漆	廿八磅	二元九角
永華製漆公司	醒獅牌	快燥硍硃磁漆	一介侖	九元
永華製漆公司	醒獅牌	快燥各色磁漆	一介侖	六元六角
永華製漆公司	醒獅牌	快燥金銀磁漆	一介侖	十元七角
永華製漆公司	醒獅牌	汽車凡立水	一介侖	四元六角
永華製漆公司	醒獅牌	清凡立水	一介侖	三元二角
永華製漆公司	醒獅牌	清凡立水	五介侖	十五元
永華製漆公司	醒獅牌	黑凡立水	一介侖	二元五角
永華製漆公司	醒獅牌	黑凡立水	五介侖	十二元
永華製漆公司	醒獅牌	硃紅調合漆	一介侖	八元五角
永華製漆公司	醒獅牌	白色調合漆	一介侖	四元九角
永華製漆公司	醒獅牌	各色調合漆	一介侖	四元一角
永華製漆公司	醒獅牌	改良金漆	一介侖	三元九角
永華製漆公司	醒獅牌	改良金漆	五介侖	十八元
永華製漆公司	醒獅牌	核桃木器漆	一介侖	三元九角
永華製漆公司	醒獅牌	核桃木器漆	五介侖	十八元
永華製漆公司	醒獅牌	硃紅汽車磁漆	一介侖	十二元
永華製漆公司	醒獅牌	各色汽車磁漆	一介侖	九元
永華製漆公司	醒獅牌	淡色魚油	五介侖	時價

商號	品號	品名	裝量	價格	用途	每介侖能蓋方數
元豐公司	建十二	調合洋灰釉	二介侖	十四元	門面地板	五方
同前	建十三	粟狀水粉漆	二十磅	六元	牆壁	三方
同前	建十四	橡黃釉	二介侖	七元五角	門窗地板	五方
同前	建十五	柚木釉	同前	七元五角	同前	五方
同前	建十六	花利釉	同前	七元五角	同前	五方
同前	建十七	上白磁漆	同前	十三元半	蓋面	六方
同前	建十八	朱紅磁漆	同前	廿三元半	同前	五方
同前	建十九	純黑磁漆	同前	十三元	同前	五方
同前	建二十	紅丹油	五六磅	十九元半	防銹	四方
同前	建二一	鋼窗灰	五六磅	廿一元半	防銹	五方
同前	建二二	鋼窗李	同前	十九元半	防銹	五方
同前	建二三	鋼窗綠	同前	廿一元半	同前	五方
同前	建二四	屋頂紅	同前	十九元半	同前	五方
同前	建二五	上白調合漆	五介侖	三十四元	蓋面	五方
同前	建二六	上綠調合漆	同前	三十四元	同前	五方
同前	建二七	水汀銀漆	二介侖	二十一元	汽管汽爐	五方
同前	建二八	水汀金漆	同前	二十一元	同前	五方
同前	建二九	凡宜水(清黑)	二 五介侖	七 十七元	罩光	五方
同前	建三十	各色一層漆丙種	五六磅	十三元九	普通	(土木)三 (金)四方

油漆類

商號	商標	貨名	裝量	價格	用途
永固造漆公司	長城牌	各色磁漆	一介侖	七元	髹於銅鐵及木製器具上顏色鮮豔堅韌耐久
同前	同前	同前	半介侖	三元六角	
同前	同前	同前	二五介侖	一元九角	
同前	同前	金銀色磁漆	一介侖	十元七角	同前
同前	同前	同前	半介侖	五元五角	
同前	同前	同前	二五介侖	二元九角	
同前	同前	改良廣漆	五介侖	十八元	有金黃紅木及棕紅色數種最合于木器傢具地板等處
同前	同前	同前	一介侖	三元九角	
同前	同前	同前	半介侖	二元	
同前	同前	清凡立水	五介侖	十六元	易乾耐用光亮透明用於傢具木器地板等可增美觀而防腐
同前	同前	同前	一介侖	三元三角	
同前	同前	同前	半介侖	一元七角	
同前	同前	黑凡立水	五介侖	十二元	
同前	同前	同前	一介侖	二元五角	
同前	同前	同前	半介侖	一元三角	
同前	同前	灰防銹漆	五六磅	二十二元	用於鋼鐵器具上最有防銹之功效
同前	同前	同前	一介侖	四元四角	
同前	同前	紅防銹漆	五六磅	二十元	
同前	同前	同前	一介侖	四元	
同前	同前	各色調合漆	五六磅	廿元五角	

商號	商標	貨名	裝量	價格
大陸實業公司	同前	固木油	一介侖	三元五角
同前	同前	同上	五介侖	十七元五角
同前	同前	同上	四十介侖	一二一元八角

貨名	商號	數量	價格	備註
二二號英白鐵	新仁昌	每箱	六七元五五	每箱廿一張重四二〇斤
二四號英白鐵	同前	每箱	六九元〇二	每箱廿五張重量同上
二六號英白鐵	同前	每箱	七二元一〇	每箱卅三張重量同上
二二號英瓦鐵	同前	每箱	六一元六七	每箱廿一張重量同上
二四號英瓦鐵	同前	每箱	六三元一四	每箱廿五張重量同上
二六號英瓦鐵	同前	每箱	六九元〇二	每箱卅三張重量同上
二八號英瓦鐵	同前	每箱	七四元八九	每箱卅八張重量同上
二二號美白鐵	同前	每箱	九一元〇四	每箱廿一張重量同上
二四號美白鐵	同前	每箱	九九元八六	每箱廿五張重量同上
二六號美白鐵	同前	每箱	一〇八元三九	每箱卅三張重量同上
二八號美白鐵	同前	每箱	一〇八元三九	每箱卅八張重量同上
美方釘	同前	每桶	十六元〇九	
平頭釘	同前	每桶	十八元一八	
中國貨元釘	同前	每桶	八元八一	
半號牛毛毡	同前	每捲	四元八九	
一號牛毛毡	同前	每捲	六元二九	
二號牛毛毡	同前	每捲	八元七四	
三號牛毛毡	同前	每捲	十三元五九	

建築工價表

名稱	數量	價格
清混水十寸牆水泥砌雙面柴泥水沙	每方	洋七元五角
柴混水十寸牆灰沙砌雙面清泥水沙	每方	洋七元
清混水十五寸牆水泥砌雙面柴泥水沙	每方	洋八元五角
清混水十五寸牆灰沙砌雙面柴泥水沙	每方	洋八元
清混水五寸牆水泥砌雙面柴泥水沙	每方	洋六元五角
清混水五寸牆灰沙砌雙面柴泥水沙	每方	洋六元
汰石子	每方	洋九元五角
平頂大料線脚	每方	洋八元五角
泰山面磚	每方	洋八元五角
磁磚及瑪賽克	每方	洋七元
紅瓦屋面	每方	洋二元
灰漿三和土(上脚手)		洋十一元
灰漿三和土(落地)		洋十元五角
掘地(五尺以上)	每方	洋六角
掘地(五尺以下)	每方	洋一元
紮鐵(茅宗盛)	每擔	洋五角五分
工字鐵紮鉛絲(仝上)	每噸	洋四十元
擣水泥(普通)	每方	洋三元二角

名稱	商號	數量	價格
擣水泥(工字鐵)		每方	洋四元
二十四號九寸水落管子	范泰興	每丈	一元四角五分
二十四號十二寸水落管子	同前	每丈	一元八角
二十四號十四寸方管子	同前	每丈	二元五角
二十四號十八寸方水落	同前	每丈	二元九角
二十四號十八寸天斜溝	同前	每丈	二元六角
二十四號十二寸還水	同前	每丈	一元八角
二十六號九寸水落管子	同前	每丈	一元一角五分
二十六號十二寸水落管子	同前	每丈	一元四角五分
二十六號十四寸方管子	同前	每丈	一元七角五分
二十六號十八寸方水落	同前	每丈	二元一角
二十六號十八寸天斜溝	同前	每丈	一元九角五分
二十六號十二寸還水	同前	每丈	一元四角五分
十二寸瓦筒擺工	義合	每丈	一元二角五分
九寸瓦筒擺工	同前	每丈	一元
六寸瓦筒擺工	同前	每丈	八角
四寸瓦筒擺工	同前	每丈	六角
粉做水泥地工	同前	每方	三元六角

THE BUILDER

Published Monthly by The Shanghai Builders' Association

620 Continental Emporium, 225 Nanking Road.

Telephone 92009

中華民國二十二年五月份出版

建築月刊

第一卷第七號

編輯者 上海市建築協會 南京路大陸商場六樓六二〇號

發行者 上海市建築協會 南京路大陸商場六樓六二〇號

電話 九二〇〇九

印刷者 新光印書館 上海法租界聖母院路聖達里三十一號

投稿簡章

一、本刊所列各門，皆歡迎投稿。翻譯創作均可，文言白話不拘。須加新式標點符號。譯作附寄原文，如原文不便附寄，應詳細註明原文書名，出版時日地點。

一、一經揭載，贈閱本刊或酌酬現金，撰文每千字一元至五元，譯文每千字半元至三元。重要著作特別優待。投稿人却酬者聽。

一、來稿本刊編輯有權增刪，不願增刪者，須先聲明。

一、來稿概不退還，預先聲明者不在此例，惟須附足寄還之郵費。

一、抄襲之作，取消酬贈。

一、稿寄上海南京路大陸商場六二〇號本刊編輯部。

本刊價目表

零售	每冊大洋五角
定閱	全年十二冊大洋五元（半年不定）
郵費	本埠每冊二分，全年二角四分；外埠每冊五分，全年六角；香港南洋羣島及西洋各國每冊一角八分。
優待	同時定閱二份以上者，定費九折計算。

定閱諸君如有詢問事件或通知更改住址時，請註明(一)定單號數(二)定戶姓名(三)原寄何處，方可照辦。

廣告價目表
Advertising Rates Per Issue

地位 Position	全面 Full Page	半面 Half Page	四分之一 One Quarter
底封面外面 Outside back cover.	七十五元 $75.00		
封面及底面之裏面 Inside front & back cover	六十元 $60.00	三十五元 $35.00	
封面裏頁及底面裏頁之對面 Opposite of inside front & back cover.	五十元 $50.00	三十元 $30.00	
普通地位 Ordinary page	四十五元 $45.00	三十元 $30.00	二十元 $20.00
分類廣告 Classified Advertisements	每期每格一寸高三寸半闊洋四元 $4.00 per column		

廣告概用白紙黑墨印刷，倘須彩色，價目另議；鑄版彫刻，費用另加。

Designs, blocks to be charged extra. Advertisements inserted in two or more colors to be charged extra.

營造漆之蓋方

慎成

漆以營造名者，所以別于舟車牆樑飛機傢俱機械軍用美術等漆也。凡宜于屋頂地板門窗戶壁之漆皆屬焉，但宜于金者未必適于木，而適于土者未必宜于金。選擇偶一不慎，則鋼鐵之銹折木質之腐朽土質之崩敗接踵而至。此建築師營造廠油漆作三方相互之職責非慎之于始不為功也。故採料之初，須辨明欲漆物體之種類（如屋頂大門地板等）質地（鋼鐵土木）顏色（深淺與迴光及經久有關）並指定內用抑外用、打底抑蓋面、及所期光澤（如平光透光油光磁光）尤須注重油漆之品質（如上刷爽利、蓋方廣闊、結膜堅勻、耐潮、耐熱等之實地檢驗）。茲篇首重蓋方，因蓋方廣闊之油漆必其上刷爽利者。上刷爽利，結膜乃能堅勻。未有結膜不堅勻而能耐潮耐熱者。易言之，蓋方為判別優劣之中樞。即每介侖（約四公斤）一層改觀所蓋之方數。下表所載為營造漆之標準蓋方。遜乎此者不可用。

品名	裝量	用途	用法	每介侖應蓋方數
白厚漆	廿八磅	木質打底	八桶加燥頭十四磅快燥魚油八介侖成打底白漆廿一介侖	三方
黃厚漆	仝右	土木質打底	仝右	仝右
紅厚漆	仝右	鋼鐵打底	仝右	四方
頂上白厚漆	仝右	蓋面	（外用）二桶加燥頭七磅淺色魚油六介侖成上白蓋面漆九介侖 （內用）二桶加燥頭七磅快燥魚油五介侖成上白蓋面漆八介侖	五方
燥頭	七磅	促乾	和魚油或光油調合厚漆	
淺色魚油	六介侖	調合厚漆	又可用為水門汀三合土之底漆及木器之揩漆	（土）三方（木）六方
快燥魚油	五介侖	調合厚漆	仝右	仝右
三煉光油	六介侖	仝右	仝右（稍加香水）	仝右
發彩油	一磅	配色	加入白漆可得雅麗彩色（紅）（黃）（藍）	
香水	五介侖	調漆	徐加勤拌	
漿狀洋灰釉	二十磅	門面	和香水一介侖成漆（平光）二介侖可漆牆壁 和光油一介侖成漆（足光）二介侖可漆門面	四方
調合洋灰釉	二介侖	門面地板	開桶可用能防三合土建築之崩裂	五方
漿狀水粉漆	二十磅	牆壁	和水十磅成平光漆三介侖乾後耐洗	三方
橡黃釉	二介侖	門窗地板	開桶可用宜各式木質建築物	五方
柚木釉	仝右	仝右	仝右	仝右
花利釉	仝右	仝右	仝右	仝右
上白磁漆	二介侖	蓋面	開桶可用宜廠站廳堂	六方
朱紅磁漆	仝右	仝右	開桶可用宜大門庭柱等裝修	五方
純黑磁漆	仝右	仝右	仝右	五方
紅丹油	五十六磅	防銹	開桶可用永不結塊	四方
鋼窗灰	五十六磅	防銹	開桶可用宜各式鋼鐵建築物	五方
鋼窗李	仝右	仝右	仝右	仝右
鋼窗綠	仝右	仝右	仝右	仝右
屋頂紅	仝右	仝右	仝右	仝右
上白調合漆	五介侖	蓋面	開桶可用宜上等裝修	五方
上綠調合漆	五介侖	仝右	仝右	仝右
水汀銀漆	二介侖	汽管爐	開桶可用耐熱不脫	五方
水汀金漆	仝右	仝右	仝右	仝右
營造凡宜水	（三）（五）介侖	罩光	仝右耐潮耐晒	五方

21261

中國石公司

註冊  商標

CHINA STONE CO.

Shanghai Office: 6 Szechuen Road.

Telephone 12305.

上海辦事處
四川路六號

營業項目

製作：牌匾櫃台　桌椅石面
各式墓碑　紀念碑塔

裁截：鋪地石磚　內外牆磚
各式牆爐　窗台石板

雕刻：水晶物品　玻璃器皿
銅鐵五金　堅硬物品

電話一二三〇五號

電報掛號一七二五號

SING ZUNG CHONG LUMBER CO.,

93-95 North Fokien Road, Shanghai.

Tel. 45685

HANGCHOW WONG TSZE MOW LUMBER CO.,

(Head Office)

Hangchow.

上海新慎昌木號

電話四五六八五

行址北福建路九三五號

堆棧南市沈家花園路外灘

小號爲應工程界需求輔助新建築事業之發展起見除自選運國產各種木材板料外并代客採辦洋松俄松柚木柳安檀木利松以及其他洋木各種企口板三夾板硬木地板等料名目繁多不盡詳載如承 建設機關各營造廠委辦各貨自當竭誠效勞運輸迅速價目克己荷蒙惠顧無任歡迎

監理黃品薌經理黃德銘仝啓

杭州黃聚茂木號

行址 司馬渡巷

電話 二三五三號

上海祥泰木行公司駐杭經理處

天津啓新洋灰公司杭州分銷處

營業要目——

專運國產各種松杉雜木

經理洋松俄松柚木柳安

代辦電桿松椿硬木大料

分銷馬象水泥花磚板箱

小號附設杭州黃聚茂木號駐滬辦事處代爲接洽各項事務

新亨營造廠

本廠專造一切
大小鋼骨水泥
工程各項工作
人員無不經驗
豐富如蒙
委託承造不勝
歡迎

電話一二七三四號

事務所
上海愛多亞路八十號

HSIN HENG & COMPANY.

GENERAL CONTRACTORS.

Room 145A, 80 Avenue Edward VII

Telephone 12734

21266

陸根記營造廠

寧波路四七號三樓三〇一號

電話一三七五六號

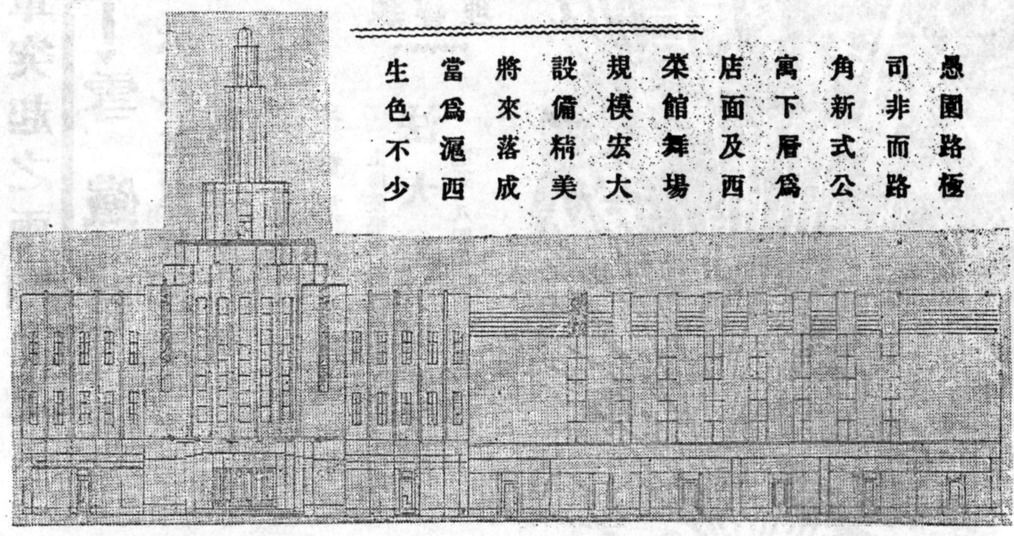

本廠最近承造工程之一

本廠專造一切大小鋼骨水泥工程各項工作人員無不經驗豐富且工作迅捷務以使業主滿意如蒙詢問或委託承造不勝歡迎

CITROËN

Wheelbase 167"

THE AMERICAN FLOOR CONSTRUCTION CO.

大美地板公司

Floors of the following are supplied and laid by the American Floor Construction Company.

The American Floor Construction Co. supplied the flooring for the following new buildings recently:

1. The Central Hospital Health Dept.
2. The Continental Bank Building
3. The State Bank Building
4. The Land Bank Building
5. Gen. Chiang Kai-shek's residence
6. The Grand Theater

New China State Bank Building

7. The Central Aviation School. Hangchow
8. The Edward Ezra's Building
9. Hamilton Building
10. Ambassador Dance Hall
11. St. Anna Dance Hall
12. Shanghai Club
13. The Country Club
14. Mr. Yu's residence
15. Mr. Chow's residence
16. Mr. Fan's residence
17. Mr. Wong's residence
18. Mr. Lui's residence
19. Mr. Chen's residence

The American Floor Construction Co. maintains a net work of parquet, flooring, motor sanding, filling, laying, waxing, painting, polishing, for public building, offices, banks, churches, theaters, hospitals, dance halls, etc., in fact, for all purposes where a hygienic floor is required.

We manufacture parquet and flooring in a greatly variety of artistic designs and coloring with different kinds of wood.

Orders, whether large or small, receive prompt attention and every endeavor is being made to render efficient service in delivery of material to destination.

Estimates and any other desired information gladly furnished free of charge,

Room A425 Continental Emporium, Nanking Road.

***Telephone* 91228.**

上海南京路大陸商場A四百念五號 電話九一二二八

DEMAG PORTABLE COMPRESSORS
德國台麥格廠移動式空氣壓縮機全套
以多年之經驗最新之科學方法構造成非常
堅固空氣壓縮機各種大小俱備移動式（有
一輪軸或二輪軸式）或固定式與電動機或
柴油發動機直接連絡全套可立刻應用
德國台麥格廠空氣工具
全世界均有採用者可以節省時間金錢用于
築路開地道鋼架建築及其他各項工業尤為
適宜
上海
謙信機器有限公司獨家經理
江西路一三八號
電話一三五九〇
一三五九七—一三五九九
DEMAG
DUISBURG
Sole Agents in China & Hong-Kong:
Chien Hsin Engineering Co., Ltd.
Shanghai: 138 Kiangse Road - Tel. 13590, 13597-13599.

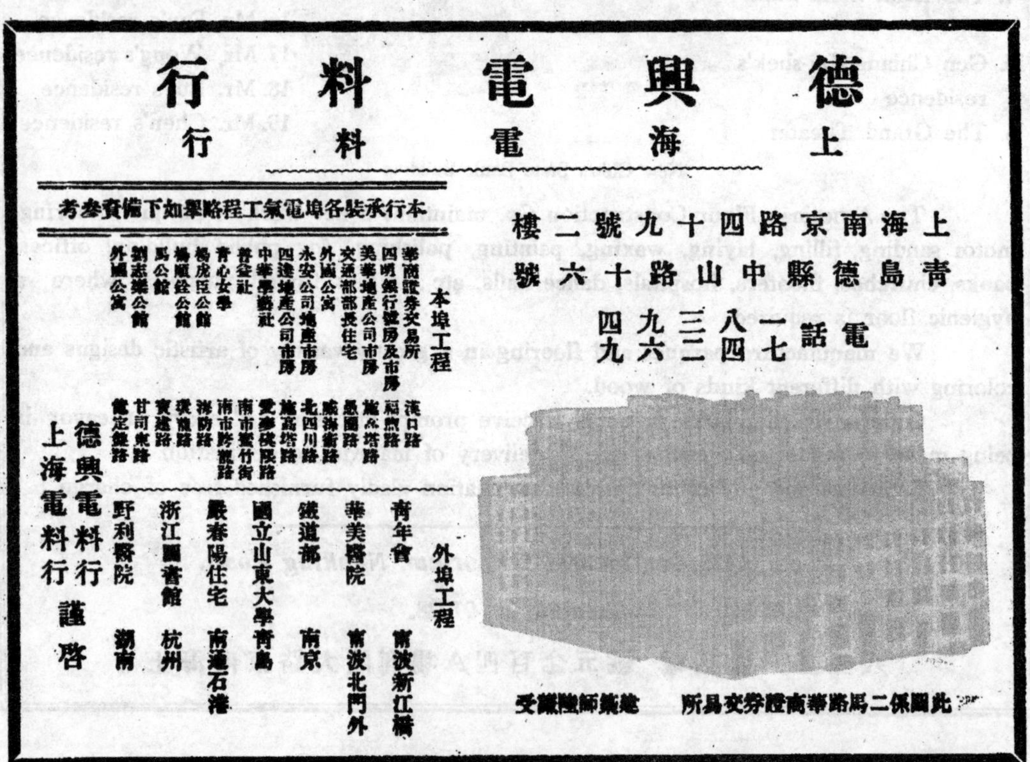
德興電料行
上海電料行
上海南京路四十九號二樓
青島德縣路中山路十六號
電一八三九四
話七四二六九
本行承裝各埠電氣工程略舉如下備資參考
本埠工程
華商證券交易所 漢口路
四明銀行號房及市房 福煦路
美華地產公司市房 施高塔路
交通部部長住宅 愚園路
外國公寓 威海衛路
永安公司地產市房 北四川路
四達地產公司市房 施高塔路
中華學藝社 愛麥虞限路
普益社 南市蓬竹街
青心女學 南市跨龍路
楊虎臣公館 海防路
楊順銓公館 狄思威路
馬公館 實業路
劉志槳公館 甘司東路
外國公寓 憶定盤路
外埠工程
青年會 寧波新江橋
華美醫院 寧波北門外
鐵道部 南京
國立山東大學 青島
嚴春陽住宅 南通石港
浙江圖書館 杭州
野利醫院 湖南
德興電料行
上海電料行
謹啓
此圖係二馬路華商證券交易所 建築師陸謙受

馥記營造廠

本廠承造各埠建築達數十處都千萬餘金略舉如下備資參考

本埠工程

儉德儲蓄會　福生路
實隆醫院　白克路
公共宿舍　聖母院路
劉公館　亞爾培路
上海牛皮廠　白利南路
七層公寓　國富門路
七層公寓　海格路
義泰興碼頭　浦東董家渡
中華碼頭　浦東周家渡
交通大學工程館　徐家匯
西式住宅市房　梅白格路
公和祥碼頭及棧房　浦東
公和祥碼頭　兆豐路
四行念二層大樓　跑馬廳

外埠工程

總理陵墓第三部工程
中山紀念堂
陣亡將士公墓全部
美領事署
財政部辦公處
宋部長官邸
中國銀行
新村合作社
海軍船塢

南京　廣州　南京　廈門　南京　南京　南京　青島

▲事務所　上海四川路六號　電話一二三〇五
▲總工廠　戈登路三五五號　電話三四五七九
▲本埠分廠　虹口兆豐路公和祥碼頭　跑馬廳四行念二層大樓
▲外埠分廠　南京靈谷寺　廈門鼓浪嶼　廣州德宜路　青島

電報掛號　上海一五二七　廣州〇五四七　南京七四五〇

英商
中國造木有限公司
唯一機器製造的木工專家
上海楊樹浦路一四二六號
電報掛號"woodworkco"
電話五另另六八號
進行工程
漢密爾登大廈（第二部）
建業公寓「D」及「E」
業廣建築師法業才先生住宅
麥特赫斯脫公寓
祁齊路公寓
法商電車公司寫字間
貝當路公寓
北四川路狄斯威路口公寓
已竣工程
漢密爾登大廈（第一部）
河濱大廈
都城飯店
大華公寓
建業公寓「A」「B」及「C」
海格路公寓
李斯特研究院
業廣協理白克先生住宅
WOODWORKCO
總經理
英商祥泰木行有限公司

21276

元豐公司

專製上等油色漆墨

上海北京路九十六號

元豐牌建築油漆

白厚漆　黃厚漆　紅厚漆　頂上白厚漆

燥頭　淺色魚油　快燥亮油　三煉光油

香水　漿狀洋灰釉　調合洋灰釉　漿狀水粉漆

橡黃釉　柚木釉　花利釉　紅丹釉

各色一層漆又名普及漆

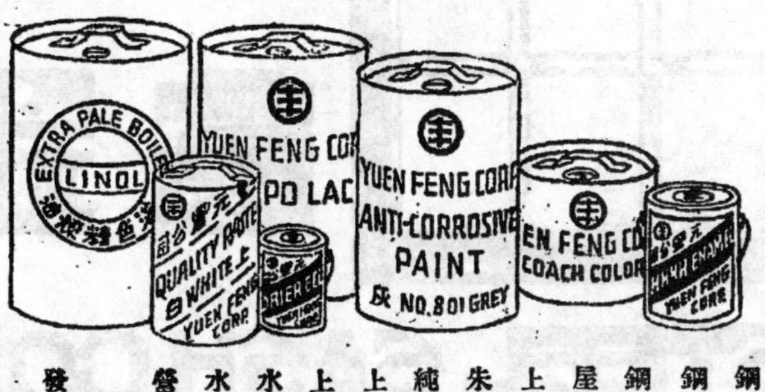

鋼窗灰　鋼窗李　鋼窗綠　屋頂紅　上白磁漆　朱紅磁漆　純黑磁漆　上白調合漆　上綠調合漆　水汀銀漆　水汀金漆　營造凡宜水（清黑）　發彩釉（紅黃藍）

價目表承索即寄

電話一二八九五

採用油漆諸君最後結果總是改用

長城牌油漆

永固造漆公司

地址
本廠　上海泛湾路九百號
推銷部　上海北河南路四百另七號
分銷處　上海東熙華德路二二一号　同昌棧五金号

THE BUILDER

建築月刊

21279

大中機製磚瓦股份有限公司

製造廠浦東南匯縣下沙鎮

本公司因鑒於建築事業日新月異材料選擇尤關重要特聘專門技師購置德國最新式機器精製各種青紅磚瓦及空心磚等品質堅韌色澤鮮明自應銷以來已蒙各界推爲上乘樂予採購玆略舉一二以資參攷其他惠顧諸君因限於篇幅不克一一備載諸希鑒諒是幸

大中磚瓦公司附啟

曾經購用敝公司出品各戶台銜列后

本埠

工部局平涼路巡捕房　新蓀記承造
國立中央實驗館　兆豐花園　和興公司承造
四行儲蓄會　英大馬路　陶馥記承造
墾業銀行　北京路　趙新泰承造
南京飯店　山西路　新金記祥號承造
開成造酸公司　軍工路　王鏡記承造
四海銀行　北京路　惠記興承造
麵粉交易所　民國路　元和興記承造
業廣公司　歐嘉路　陳馨記承造
法教堂　勞神父路　吳仁記承造
七層公寓　霞飛路　吳仁記承造

外埠

中央飯店　南京　新金記承造
金陵大學　南京　利源建築公司承造
航空學校　杭州　新金記康號承造

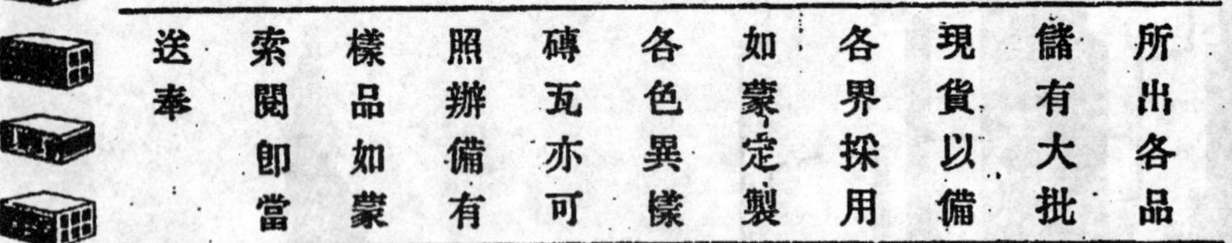

所出各品儲有大批現貨以備各界採用如蒙定製各色異樣磚瓦亦可照辦備有樣品如蒙索閱卽當送奉

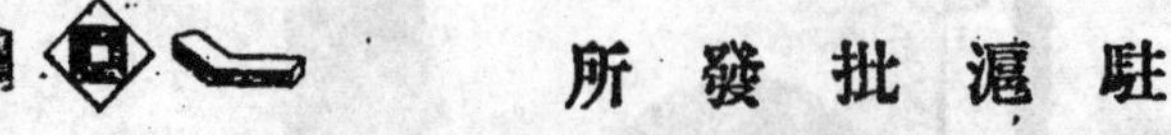

駐滬批發所

英租界牛莊路德興里四號　電話九〇三一一

DAH CHUNG TILE & BRICK MAN'F WORKS.
Sales Dept. 4 Tuh Shing Lee, Newchwang Road, Shanghai.
TELEPHONE 90311

華興機窰公司廣告

本公司創立十餘年。專製各種手工坯紅磚。行銷各埠。質優價廉。素蒙建築界所稱道。茲爲應付需要起見。于本年夏季起。擴充製造。計有大小樣四面光機磚空心磚及瓦片等多種。均經高尚技師精心研究。完善監製。故其品質之優良光潔。實非一般粗製濫造者可比。至定價之低廉。遞送之迅速。猶其餘事。如蒙惠顧。無任歡迎。

上海辦事處 貴州路一零七號
電話 九二八五五
廠址 崐山大西門外九里亭
電話 崐一六九

屋頂及隔牆中用「實牢得勢」甘蔗板有冬煖夏涼之妙并可減省水汀及冷氣等費用備有詳細說明書函索卽寄如蒙囑託代爲估價及設計概不取費

總經理 美商美和洋行

上海江西路二百六十一號
電話 一八〇二〇 一八〇二九

CELOTEX

INSULATING BOARD

makes

Cooler Homes in Summer,
Warmer Homes in Winter.
Considerably reduces heating bills.

Information and estimates gladly furnished without obligation.

SOLE AGENTS:

FAGAN & COMPANY, LTD.

261 Kiangse Road
Tel. 18020 & 18029
Shanghai.

輪船
鐵路房屋
像具欲使之壽
命長遠美麗觀瞻
務須採用雙斧牌
超等國貨油漆担
保用戶諸君得到
萬分滿意
註冊
REGISTERED TRADE MARK
商標
雙斧牌油漆
開林油漆有限公司出品
製造廠及總事務所 上海江灣西體育會路
本埠發行所 西華德路 永同昌
北四川路 永元昌
分銷處 本外埠各五金店生漆店及顏料店均有出售
電話
租界四五五〇五
南北一〇三七
江灣十一
電報掛號
中文 七二九〇
英文 "MULIAKCO"

MANUFACTURE CERAMIQUE DE SHANGHAI

OWNED BY

CREDIT FONCIER D'EXTREME ORIENT

MANUFACTURERS OF

BRICKS

HOLLOW BRICKS

ROOFING TILES

FACTORY:
100 BRENAN ROAD
SHANGHAI
TEL. 27218

SOLE AGENTS:
L. E. MOELLER & CO.
29 SZECHUEN ROAD
SHANGHAI
TEL. 16650

上海

義品磚瓦廠

附屬

義品放款銀行

製造

各種上等

面磚　空心磚　瓦片

工廠
白利南路第一百號
電話
二七二一八

獨家經理
懋資地產公司
四川路廿九號
電話一六六五〇

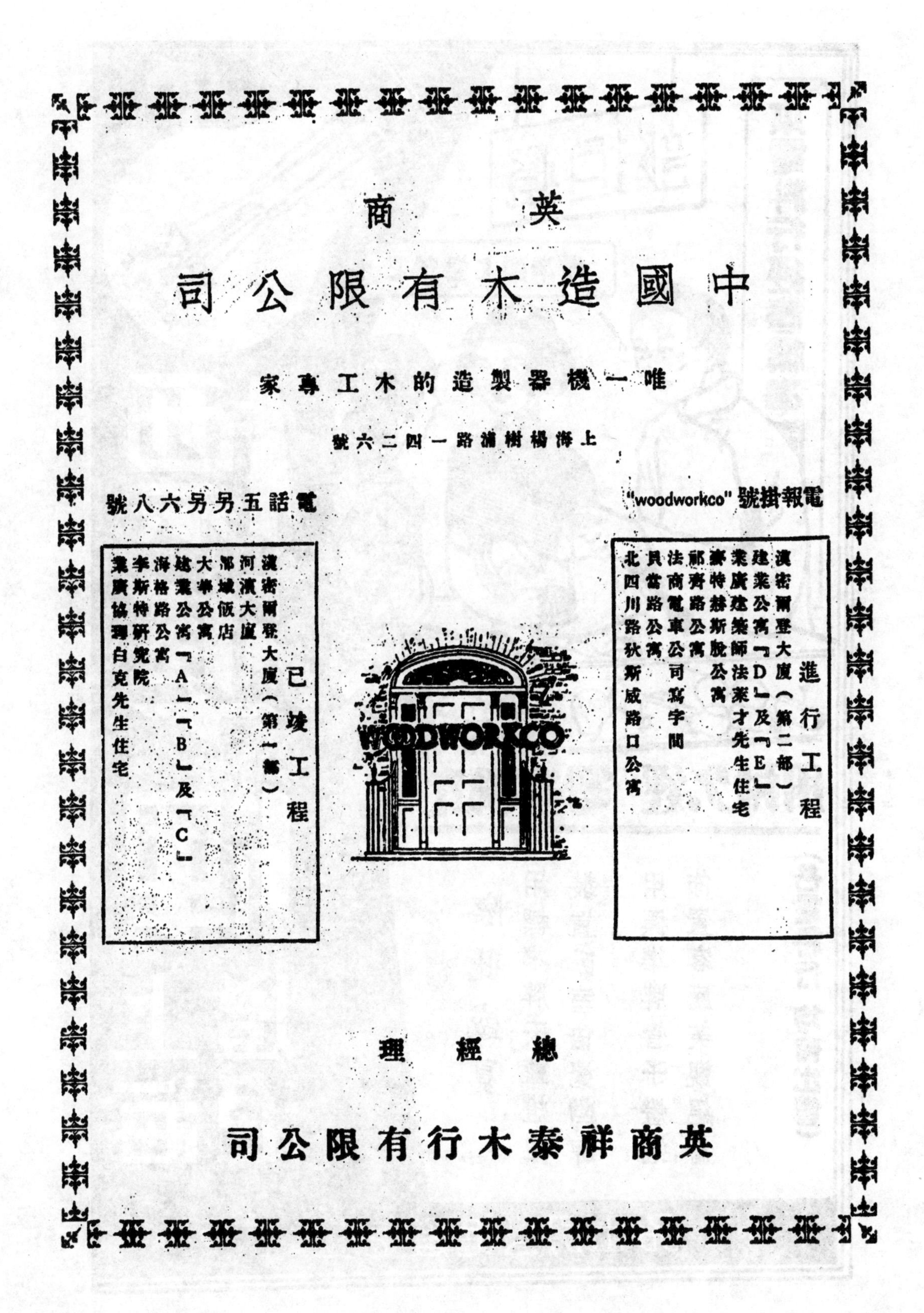
英商
中國造木有限公司
唯一機器製造的木工專家
上海楊樹浦路一四二六號
電話五另另六八號
電報掛號"woodworkco"
已竣工程
漢密爾登大廈(第一部)
河濱大廈
都城飯店
大華公寓
建業公寓「A」「B」及「C」
海格路公寓
李斯特研究院
業廣協理白克先生住宅
進行工程
漢密爾登大廈(第二部)
建業公寓「D」及「E」
業廣建築師法萊才先生住宅
麥特赫斯脫公寓
祁齊路公寓
法商電車公司寫字間
貝當路公寓
北四川路狄斯威路口公寓
WOODWORKCO
總經理
英商祥泰木行有限公司

標準牌
上海燈泡
燈泡部
標準牌上海燈泡
本電料行經售標準牌
光明省電 經久耐用
際此盛夏
用標準牌天藍燈泡
裝置臥室倍覺幽涼
用標準牌管子燈泡
佈置客廳美觀絕倫
(各電料行 均有出售)
上海燈泡公司出品

THE AMERICAN FLOOR CONSTRUCTION CO.

大美地板公司

Floors of the following are supplied and laid by the American Floor Construction Company.

The American Floor Construction Co. supplied the flooring for the following new buildings recently:

1. The Central Hospital Health Dept., Nanking.
2. The Continental Bank Building
3. The State Bank Building
4. The Land Bank Building
5. Gen Chiang Kai-shek's residence
6. The Grand Theater
7. The Central Aviation School, Hangchow
8. The Edward Ezra's Building
9. Hamilton Building
10. Ambassador Dance Hall
11. St. Anna Dance Hall
12. Shanghai Club
13. The Country Club
14. Mr. Yu's residence
15. Mr. Chow's residence
16. Mr. Fan's residence
17. Mr. Wong's residence
18. Mr. Lui's residence
19. Mr. Chen's residence

New China State Bank Building

The American Floor Construction Co. maintains a net work of parquet, flooring, motor sanding, filling, laying, waxing, painting, polishing, for public building, offices, banks, churches, theaters, hospitals, dance halls, etc., in fact, for all purposes where a hygienic floor is required.

We manufacture parquet and flooring in a greatly variety of artistic designs and coloring with different kinds of wood.

Orders, whether large or small, receive prompt attention and every endeavor is being made to render efficient service in delivery of material to destination.

Estimates and any other desired information gladly furnished free of charge,

Room A425 Continental Emporium, Nanking Road.

***Telephone* 91228.**

上海南京路大陸商場A四百念五號　電話九一二二八

Shanghai Cement Tile Work Co.
THE KWANG HWA CEMENT TILES FACTORY
光華
水泥芲方磚廠
如蒙委託估價
無任歡迎
承索樣品
當即寄奉
廠設河南路東首靶子路四五七號
電話四一六四五號
457 RANGE RD.
SHANGHAI
Telephone No: 41645
ESTIMATES AND SAMPLES SUBMITTED
ON REQUEST.

泰記石棉製造廠
專門製造新式石棉管石棉板石棉塗料等類為現代新式建築煖氣工程必需品
批發所 百老滙路武昌路口華豐五金號內
電話四一七七五號
製造廠 南市車站路昔益習藝所內廿三號

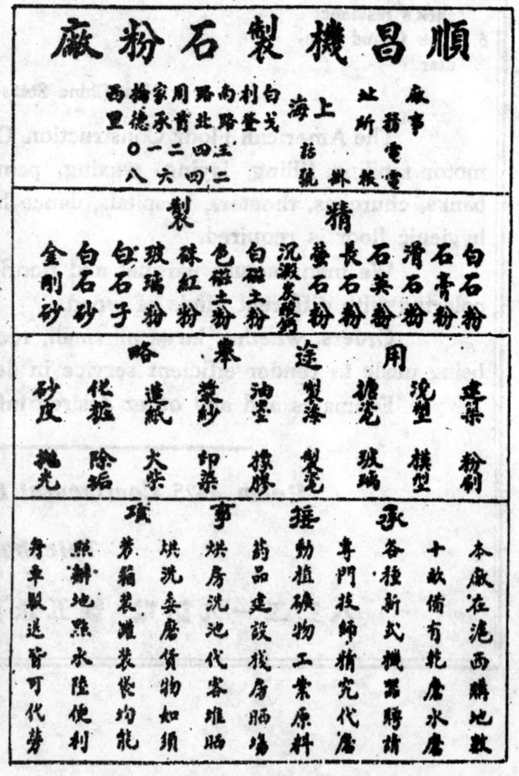
順昌機製石粉廠
廠址 上海白利南路周家橋西
事務所 戈登路北首承德里
電話 五四二一〇
電報掛號 二四六八
精製
白石粉 石膏粉 滑石粉 石英粉 長石粉 螢石粉 沉澱炭酸鈣 白磁土粉 色磁土粉 硃紅粉 玻璃粉 白石子 白石砂 金剛砂
用途略舉
建築 粉刷 洗塑 模型 搪瓷 玻璃 製漆 製瓷 油墨 橡膠 紡紗 印染 造紙 火柴 化粧 除垢 砂皮 拋光
承接事項
本廠在滬西購地數十畝備有乾磨水磨各種新式機器聘請專門技師精究代磨動植礦物工業原料藥品建設棧房曬場烘房洗池代客堆曬烘洗委磨貨物如須蔴袋裝灘裝袋均能照辦地點水陸便利舟車駁送皆可代勞

上海市建築協會附設

私立正基建築工業補習學校招生

民國十九年秋創立 ○ 上海市教育局登記

宗旨 本校利用業餘時間以啓示實踐之教授方法灌輸入學者以切於解決生活之建築學識爲宗旨

編制 本校參酌學制暫設高級初級兩部每部各三年修業年限共六年

年級 本屆招考初級一二三年級及高級一二年級各級新生

程度 凡投考初級部者須在高級小學畢業初級中學肄業或具同等學力者

凡投考高級部者須在初級中學畢業高級中學理工科肄業或具同等學力者

報名 即日起每日上午九時至下午六時親至南京路大陸商場六樓六二〇號上海市建築協會內本校辦事處填寫報名單隨付手續費一圓（錄取與否概不發還）呈繳畢業證書或成績單等領取應考證憑證於指定日期入場應試

考科 入學試驗之科目 國文 英文 算術（初一） 代數（初二） 幾何（初三） 三角（高一二） 自然科學（初二三）投考高級一二年級者酌量本校程度加試其他建築學科（考試時筆墨由各生自備）

考期 八月二十七日（星期日）上午九時起在牯嶺路長沙路口十八號本校舉行

揭曉 應考各生錄取與否由本校直接通告之

校址 牯嶺路長沙路口十八號

附告 （一）函索本校詳細章程須開具地址附郵四分寄大陸商場建築協會內本校辦事處空函恕不答覆

（二）凡高級小學畢業持有證書者准予免試編入初級一年級試讀

（三）本校授課時間爲每日下午七時至九時

（四）本屆招考新生各級名額不多於必要時得截止報名不另通知之

中華民國二十二年七月 日 校長 湯景賢

The Robert Dollar Co.,

Wholesale Importers of Oregon Pine Lumber, Piling and Phillipine Lauan.

美商

大來洋行

本行專售大宗洋松椿木及

菲律濱柳安烘乾企口板等

各種裝修如門窗等以及考究器具請

貴主顧須要認明大來洋行獨家經理

之菲律濱柳安有I.L.CO.標記者爲最優

美並請勿貪價廉而採購其他不合用

之劣貨統希

貴主顧注意爲荷

大來洋行木部謹啓

POMONA PUMPS

凡裝自流井而欲求最經濟之水源請採用最新式「普摩那」電機抽水機

最新式之抽水設備

PUMPING WATER

THE MODERN WAY

「普摩那」透平式抽水邦浦。利用機械與水壓原理製成。適得其宜者。

「普摩那」透平邦浦。絕對可靠。費用儉省。而出水量較多。

常年運用。幾無需耗費管理或修理等費。

時間減少。出水量增多。無需裝置價格昂貴之壓氣機等設備。大小邦浦。皆可裝置自動機件。

出水量。每分鐘自十五伽倫至五千伽倫。大小俱備。

抽水機軸。每隔十尺。裝有橡皮軸承。用水潤滑。靈便。可靠。

所佔裝置地位極小。

用美國威斯汀好司廠馬達發動之。

滬上各處裝置。成績優良。咸皆贊美。

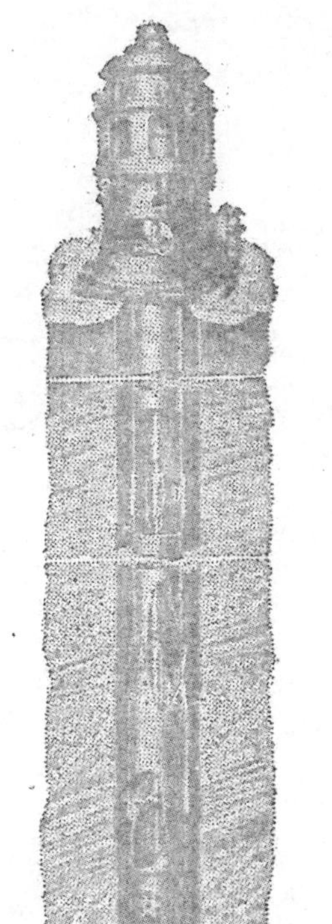

總經理美商茂和公司

上海圓明園路廿四號　電話一一三一○

建築月刊 第一卷第八號

民國二十二年六月份出版

目錄

插圖

譯

BUILDER
1933
CONTENTS

廣告索引

如欲徵詢

請函本會服務部

本會服務部爲便利同業與讀者起見，特接受徵詢。凡有關建築材料，建築工具，以及運用於營造場之一切最新出品等問題，需由本部解答或効勞者，請塡寄後表，當即答辦。（均用函覆，請附覆信郵資；本欄擇尤刋載。）如欲得各種材料貨樣貨價者，本部亦可代向出品廠商索取樣品標本及價目表，轉奉不誤。此項服務，基於本會謀公衆福利之初衷，純係義務性質，不需任何費用，敬希台詧爲荷。

上海市建築協會服務部

上海南京路大陸商場六樓六二零號

徵詢表
問題：
姓名
住址：

本刊定戶注意

本刊定閱者日增，定戶册殊形繁重，定閱諸君如須更改地址或有所查詢，務必註明定戶册號數，以便查考。再定戶遷移住址，應於每月五日前來函聲明。否則因信到時書已寄發而倘有遺失，本刊恕不負責，倘希注意。

第一二期再版出書

本刊第一二期早罄，後至讀者以未窺全豹爲憾，紛紛函請再版；茲爲滿足讀者希望及需要起見，爰將兩期合訂再版付梓。業已出書，每本售洋一元，另加郵費每本五分。有意補購者附欵函購或駕臨本會購買可也。惟該項合訂本因時間關係，未及招登廣告．印刷等費損失不貲，並爲節省手續上之麻煩起見，凡本刊長期定戶概請現款補購，不能於原定單內扣換，倘希原諒！

上海虹口公和祥碼頭之運貨鋼架及右角下之十噸吊機同樣鋼架共裝七架

大寶工程建築廠承造

Transport crane and 10 ton-crane at right corner.

Seven sets of similar crane are installed at Shanghai Hongkew Wharf.

Built by Dah Pao Construction Co.

General Contractor

開闢東方大港的重要及其實施步驟（續）

杜漸

所謂「學優則仕」，中國歷代的讀書人，都抱着這一種主張。所以社會上的智識階級，不是做官，便是準備做官。反之，沒有讀書機會的做工者，則只知依樣做工，不求知識，更未嘗夢想到讀書。以致各趨極端，造成畸形的發展。沿習成風，迄今病根尚未盡除。流弊所在，「做官」階級，專門鼓吹主義，爲自己名利地位之張本，藉以吸收一部份人的擁戴。實際上「口是心非」，悅人耳目的主義，未必就是他忠實的主張，遑論謀其實現。

做工者因爲沒有智識的薰陶，因循故我，很難進步，較諸歐美各國工業的突進，不啻相去霄壤。目前經濟衰落，雖爲世界一般的不景氣現象；但我國經濟衰落的原因，在於手工業受舶來品的影響而失敗，與各國之因於生產過剩的關係者不同。

國內因做官階級的擾攘未已，工藝人員的故步自封，常呈不安靖的狀態。市長宜洞燭過往的癥結，予以深切的注意。學校應重職業教育，並遍設民衆學校，使失學的工藝人員獲受相當教育。

還有我國的缺乏公德心，也是最大的弊病，小如乘車之佔人坐位，於公共場所之不守秩序，以致發生種種爭吵。大如握軍權執重印者的不顧大衆利益，只圖擴張一己之地盤，謀個人非分的權利，馴至兵鋒鏑相見，造成鬩牆之禍。乍浦市應於此點，對民衆予以救濟，惟一的有效方法，厥爲於公安警備之外，另設一種教導隊。每隊由若干隊員組織之，各隊員須具備高尚的品格與相當之學識。隊員按日巡行於街道，察訪於公共場所，遇有浮滑不經或不守公共秩序者，拘入隊中，予以訓導，不限時日，以養成善良爲止。

因爲我國社會教育的幼稚，社交常識的缺乏，公共場所應遵守的秩序與應具備的禮貌，故一般民衆不能明瞭。如出入於電梯電車以及公共汽車時，依文明習慣，進者應該讓出者走完，然後入內。而我國民衆，對於此種最普通的常識，能明白者尚屬極少數，每見車站或電梯門首，進者爭先恐後，出者致被壅塞，其或發生吵擾；既礙觀瞻，且浪費時間。教導隊於此時際，即當查明原因所在，分別予以解釋勸告，使非者知非，增其知識，導之改過。如是，則當事者可不再重犯，更因交相傳說，易奏普及之效。

再如走路的沒有規則，也是國人的通病，馬路上來往的行人，不是左顧右盼，便是踉蹡踟躕，阻礙別人走路，造成一片雜亂現象。假使兩个目不正視的人迎面而來，必致碰撞；相撞後又不肯虛懷道歉，有如西人的互道Sorry，而必面紅耳赤的互相詈罵。這種地方也需要教導隊行使職權，最好特定一道歉的名辭，通飭民衆於行路相撞時用以互致歉忱。

國人會餐於公共食廳，也很少能遵守禮節與規則的，我國舊式餐館，高談濶論，固已相沿成習，但於西式菜社及新式食店，並無此種風尙，否則卽爲失體，無怪於西裝處時有因喧鬧而遭外人輕視者，敎導隊爲民族的光榮計，宜委婉示意，詳爲指導，務使懂得社交之禮貌，憬悟舉止的錯悞。

其他，鄉人因不明行路規則，死於非命；市民因不悉警章法規，致干法紀者，層見迭出，非用敎導隊隨時留意，施行指導不可。

上述者僅舉其一二而已，至於社會的腐敗情形，不勝彌舉，糾正導引，迫不容緩。有識者目擊心傷，惜未便冒昧忠告，因爲自信力太强的國人，決難聽從忠誠之勸告，甚或引起一層糾紛。所以必須以國家的力量，組織敎導隊，執行敎導之職權，庶幾易於就範。

這種種，也許有人認爲小節，不足重視，實則影響所及，遺害甚大。有損國際之觀瞻，降低民族之地位，以致被外人輕視，召外力壓迫，非籌設敎導隊以訓導民衆趨於正途不可。

敎導隊開始行使職權的困難，自屬意中，但不能因噎廢食，必須設法打破難關，以謀實現理想。國民的善良，卽國家的善良，國民的健全，亦卽國家的健全。目前國事的黑暗紛擾，雖因執政者之非人，但執政者的所以得而枉法干紀，無非因民衆程度低淺。爲今之計，改造民衆的觀念與心理，實爲要圖，敎導隊就是負有改造的使命者，將來國家的健全與否，敎導隊有相當的責任呢。

敎導隊旣負有重大的責任，除了應具前述的學力外，必須忠於他的職務，不能敷衍了事，否則功效未收，流弊無已了。

首都最高法院新屋

過養默建築師設計

Supreme Court Building, Nanking

Mr. Koo Yung-miao, Architect

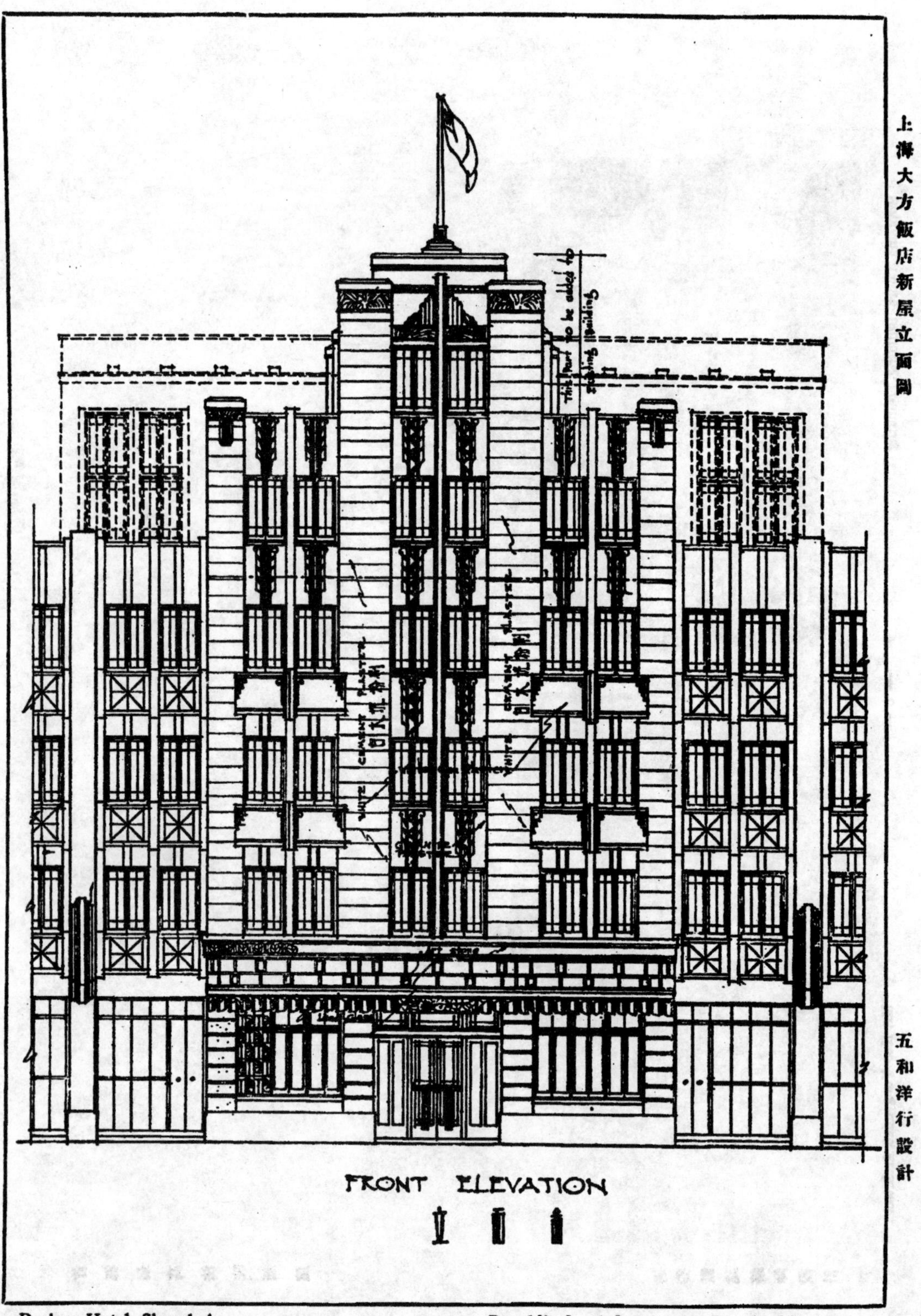

上海大方飯店新屋立面圖

五和洋行設計

Daphon Hotel, Shanghai

Republic Land Investment Co., Architect

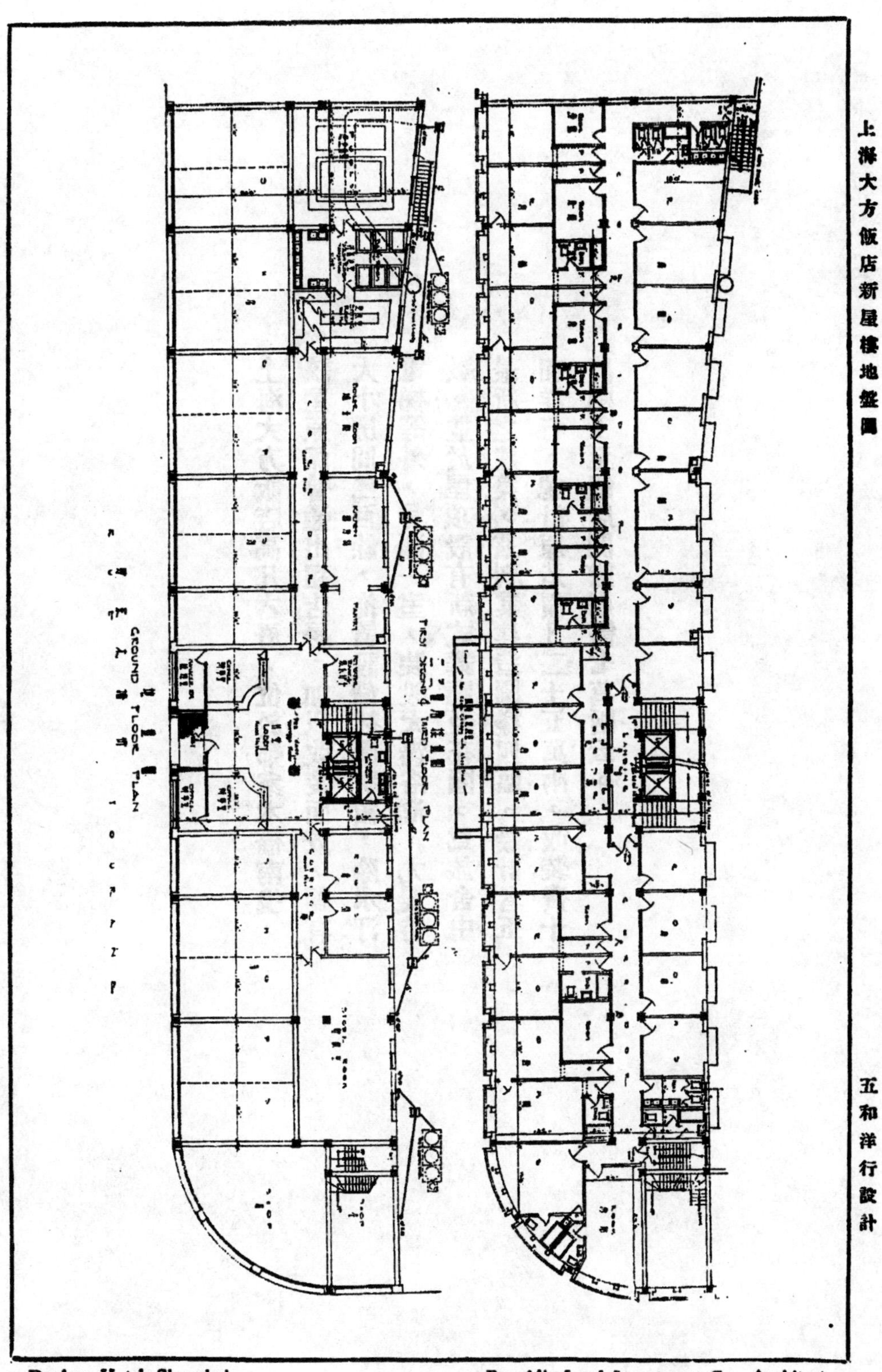

上海大方飯店新屋樓地盤圖

五和洋行設計

Daphon Hotel, Shanghai **Republic Land Investment Co., Architect**

上海大方飯店高凡六層，位於鄭家木橋南堍，該屋原係普通出租店房，加以改裝而成，闢有大小房間二百餘，佈置設備都極新穎，除水汀電梯等外，另闢一室，裝設大湯浴池，尤屬特緻。並於屋頂設有新式舞廳及花園，爲旅舍中最新之建築，玆刊其建造圖樣四幅。設計者五和洋行，總計原造價凡二十五萬兩，改裝費十萬兩；至飯店開辦則需七萬兩云。

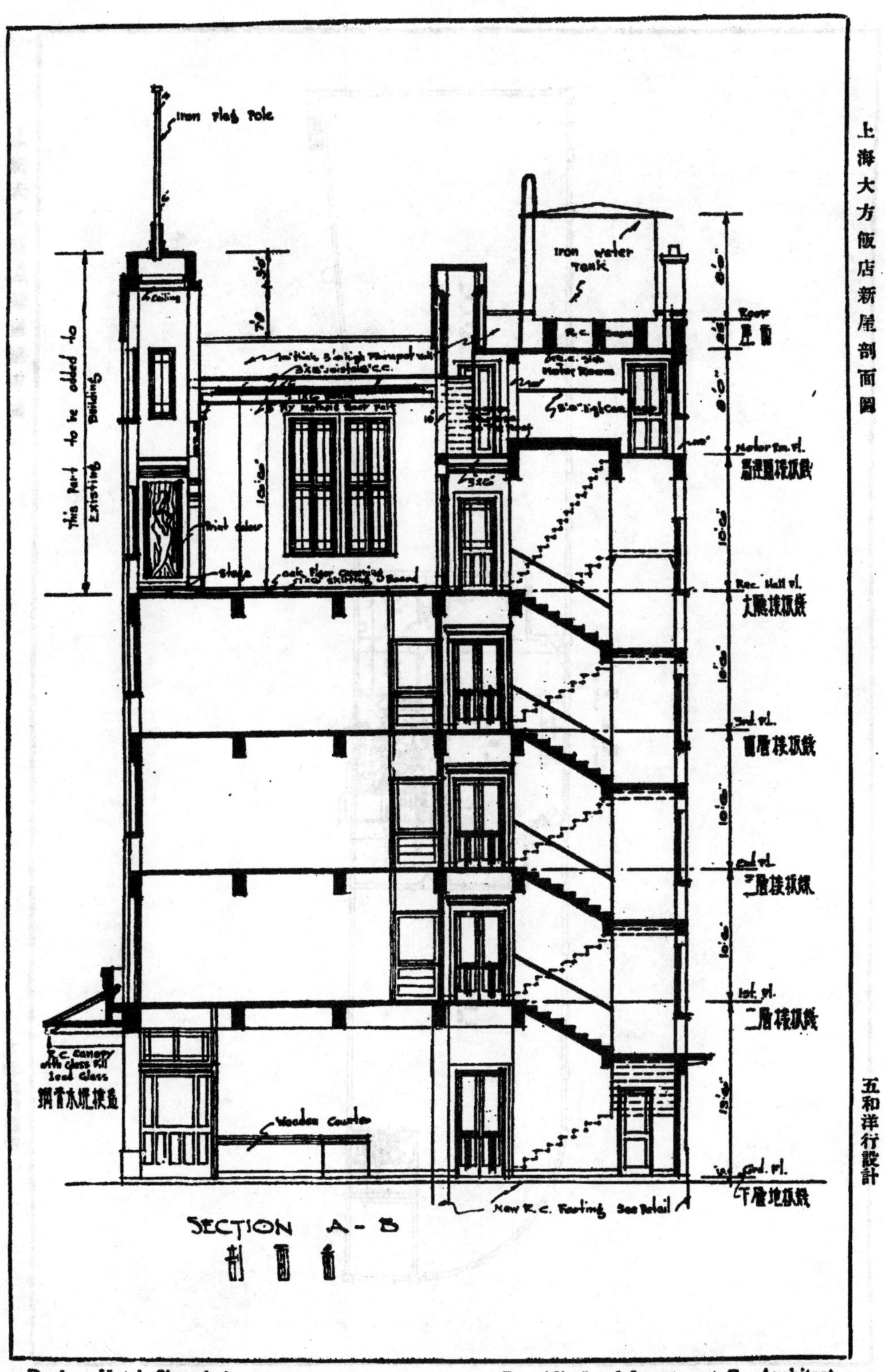

Daphon Hotel, Shanghai　　Republic Land Investment Co., Architect

21307

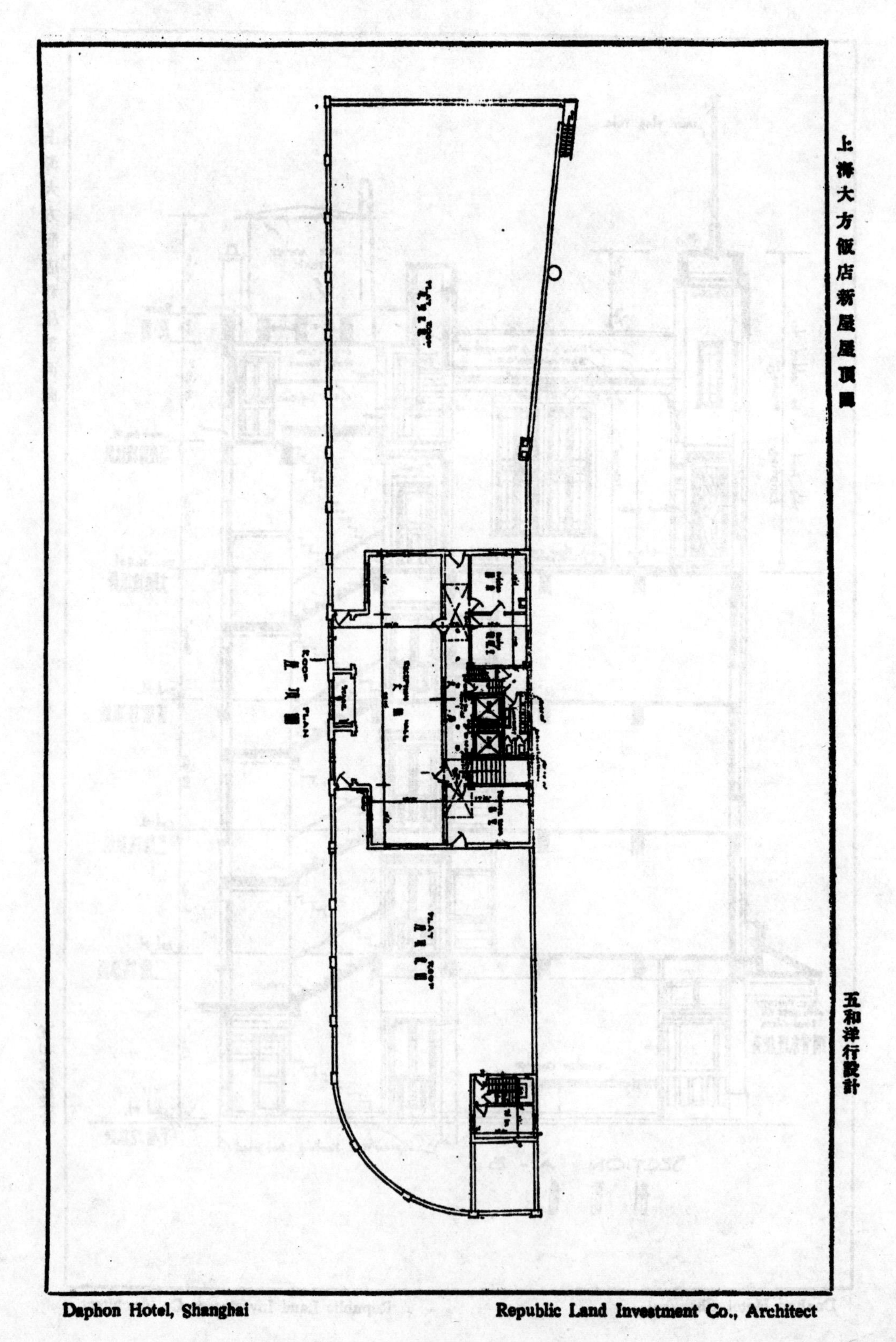

Daphon Hotel, Shanghai Republic Land Investment Co., Architect

建築辭典（五續）

「Ear」耳朵。●任何突出之物，狀如動物之耳者；如神像之像座。●門頭線於過樑兩端突出之處。〔見圖〕

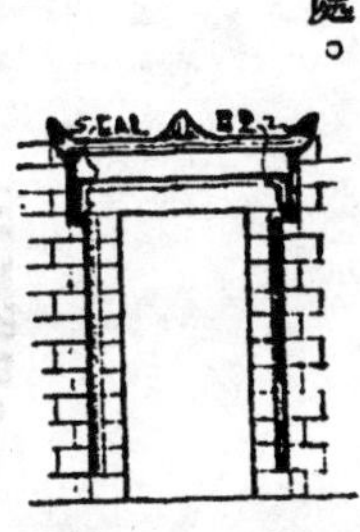

「Early English Architecture」早時英國式建築。英格蘭及蘇格蘭最初發明尖拱式建築（Pointed Architecture），係由腦門式(Norman)蛻化而變幾何之規劃，成圓形尖銳之式。考其時代約自千一百七十五年至千二百七十二年間。此項尖拱式建築最顯著之點，厥惟尖頂之法圈，用爲建築，同時也可用爲裝飾，並輔以其他彫刻飾品。單扇或連扇尖頂之窗樘，亦爲顯著之尖拱式建築。

「Earthenware pipe」陶器管。

「Earth table」大方脚。牆之底部兩面放大者。〔見圖〕

「Earth work」土工。掘土或填泥等工作。

「Easy chair」安樂椅。

「Eaves」簷頭。

「Eaves board」風簷板。

「Eaves channel」簷口水落。

「Eaves gutter」簷口水落。〔見圖〕

「Eaves soffit」簷口平頂。

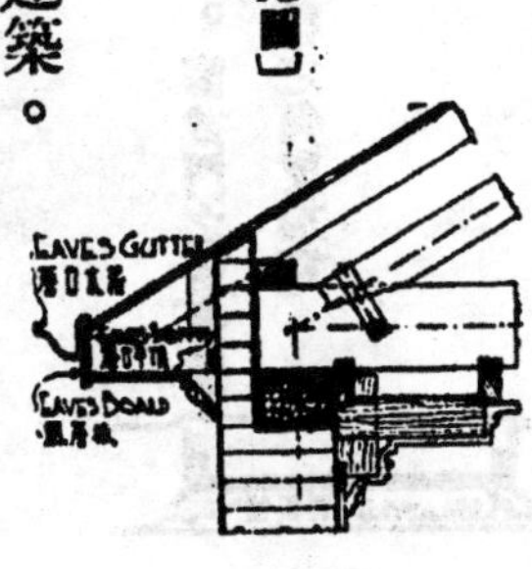

「Ecclesiastical Architecture」宗教建築。

「Echinus」饅形線。在陶立克式花帽頭下所襯之半圓形線。

「Echo」反響。

「Edge」邊。

「Edge moulder」彎頭車。挖刨彎頭，線脚之鉋車。〔見圖〕h.h. 裝鉋鉄之頭子。P. 裝皮帶轉動之輪軸。t. 工作之檯面。

「Edifice」殿堂。

「Effective area」有効面積。

「Effective depth of beam」樑之有效深度。

「Egg and Anchor」蛋錨飾。〔見圖〕

「Egg and Dart」蛋箭飾。〔見圖〕

「Egg and Tongue」蛋舌飾。〔見圖〕

「Egg Moulding」蛋圓線。

「Elastic limit」彈性限度。

「Elastic modulas」彈率。

「Electric work」電氣工程。

「Electric lift」電梯，電氣升降機。

「Electric light」電光。

「Electric lamp」電燈。

「Electric heat」電熱。

「Electric power」電力。

「Elevation」面樣，立面圖。

「Elevator」電梯，升降機。

「Elliptical arch」橢圓法圈。

EGG & ANCHOR 蛋錨飾

EGG & DART 蛋箭飾

EGG & TONGUE 蛋舌飾

「Elliptical pointed arch」橢圓尖頭法圈。

「Elm」黃麻栗。

「Elongation」伸長，延長。

「Embankment」塌。一種塌岸，或堤塘，用以防禦江水或海水之沖決。〔見圖〕

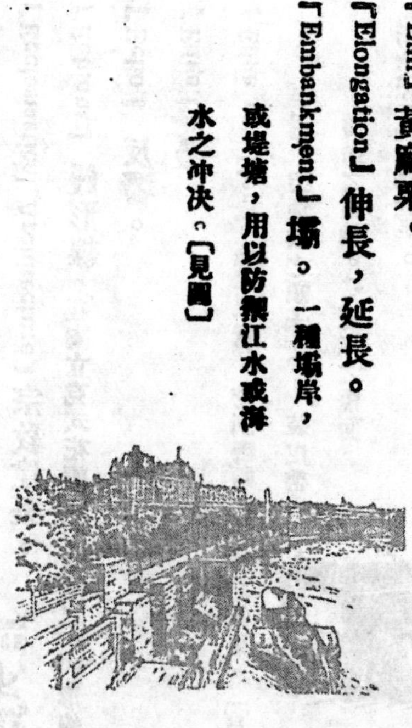

「Embrasure」斜度頭，八字度頭。窗或門之兩旁牆角，組砌成坡斜式，以便門窗開啓之角度加寬。〔見圖〕

EMBRASURE 斜度頭

「Empire style」帝國式。

「Emplecton」空斗牆。牆之用方石堆疊，中留空隙，填置泥土。此項牆壁行於希臘最早。〔見圖〕

「Enamel」磁漆。油漆之最後一塗。如欲光亮凝滑，則施以磁漆。

『Encarpus』菓花飾。此項花飾用於壁緣處，以菓實之形朵盤繞成飾。此語來自拉丁(encarpa)，意卽以菓實幻成之花飾。〔見圖〕

『Encaustic painting』蠟畫。古時建築裝飾中所用之油畫或油像。有時以顏色與蜜蠟調合，用時燒熔之。有時將色蠟敷面如藥，其體如碎錦磚或磁漆，更以熱鐵烙之，則各種色彩之條紋顯示矣。

『Encaustic tile』彩瓦。

『Encaustic work』彩畫工。

『Engine room』引擎間。

『Engineer』工程師。

『Engineering』工學，工程學。

Architectural engineering 建造工學。

Bridge 〃 橋樑工學。

Canal 〃 開河工學。

Civil 〃 土木工學。

Electrical 〃 電機工學。

Gas 〃 煤氣工學。

Geodetic 〃 量地工學。

Highway engineering 道路工學。

Hydraulic 〃 水利工學。

Mechanical 〃 機械工學。

Military 〃 軍事工學。

Mining 〃 採礦工學。

Municipal 〃 城鎮工學。

Railway 〃 鐵道工學。

River and harbor 〃 河海工學。

Structural 〃 構造工學。

Engineering drawing 工程畫。

〃 inspection 工程稽查。

〃 laboratory 工程試驗室。

〃 machinery 工程機械。

〃 scale 工程比例尺。

〃 society 工程學會。

〃 work 工程，工程業。

『English Bond』英國式牽頭，英國式組砌。參看『Bond』

『Entablature』台口。

在建築程式中，各種形式均有各種不同之台口。建於柱子或半柱之上，包含門頭線，壁緣及台口線二者而成台口。〔見圖〕

「Entasis」膨脹，凸肚形。柱身之作微凸形者。

「Enterclose」川堂。

「Entrance」大門，入口。

「Entrance Hall」外川堂。

「Entresol」擱樓，暗層。在下層與上層間之隔層。

「Erection」建造。

「Escalator」自動梯。梯級之能自動盤旋者。凡人踐踏其上，梯級自能升降。〔見圖〕

「Escape stair」太平梯。公共建築必須備有太平梯，以防萬一。

「Escutcheon」鑰匙眼。

「Estimate」估價。

「Estrade」壇。樓板或地板之一隅高起數寸者。

「Excavation」開掘。挖掘牆溝土方等工作。

「Exchange」交易所。

「Execution」施工。

「Exhibition building」展覽室

「Exit」出口。

「Existing」原有。

「Exmit」鋼板網。

「Expended metal」鋼板網。

「Extended foundation」擴張基礎。

「Extension」增築，加建。

「External mitre」外陽角。

「External Orthography」外面圖。

「External wall」外牆。

「Extra」增工，增費。

「Extrados」外圈。

「Eye」眼。

「Facade」正面。房屋之立面或外面，表示最顯著之面部。〔見圖〕

「Face」面。

「Facing brick」
「Facing tile」}面磚。

「Factor of safety」安全率。

「Factory」工廠。

「False arch」假法圈。

「False beam」 假大料，假樑。

「False ceiling」 假平頂。

「Fan」 扇。

Electric fan 電扇。

Ceiling fan 平頂風扇。

「Fan light」 腰頭窗。內部門之上面所開之窗。

〔見圖〕

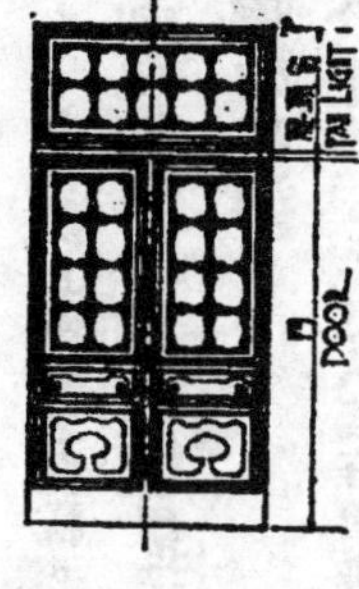

「Farm building」 農舍。

「Fascia」 挑口。

〔見圖〕

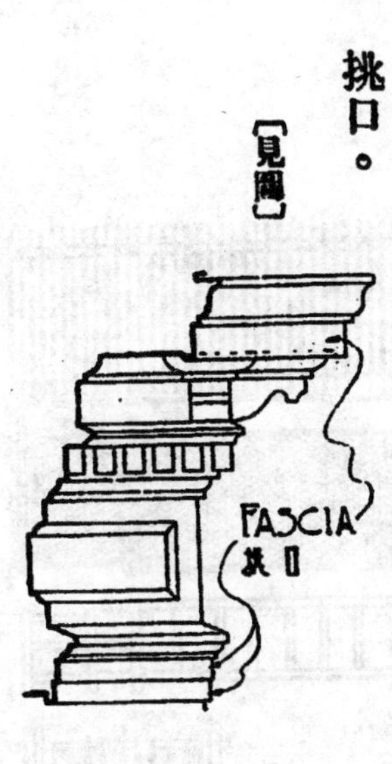

「Fast」 勾門。妥貼的配合，安置，緊握等意義。一如門之以門，窗之以銷。

「Fasten」 勾門。用任何器物以門銷，與fast之意義同。

Window fasten 窗銷，攀手。

〔見圖〕

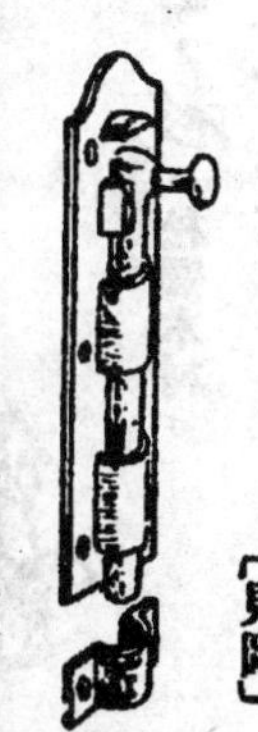

「Faucet」 龍頭。噴口處裝以凡而，總司管中流液之出口。

Faucet與Cock義似略同，惟Cock乃裝於水管或煤氣管之任何長及任何一處者。Faucet則爲出水處之龍頭。〔見圖〕

「Feather」 銷子。〔見圖〕 A.銷子。 B.地軸。 C.皮帶盤。

「Federal Architecture」 聯邦建築式。美國建國後流行之建築式樣，又名Colonial殖民式。

「Felt」 紙油毡。襯於瓦輪鐵下或其他紅瓦片下之黑色油毛毡氈。

『Fence』籬笆。〔見圖〕

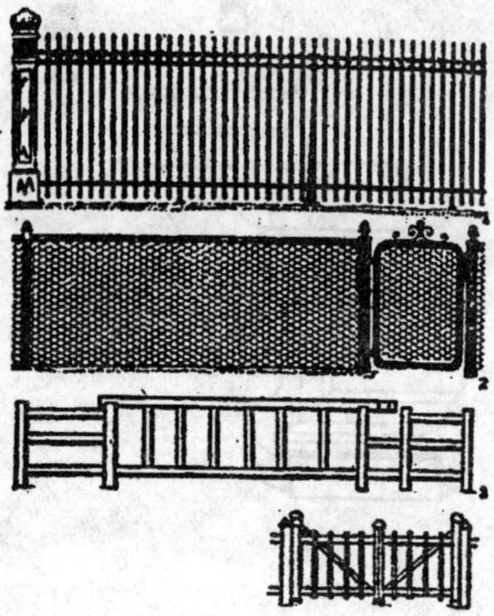

『Fender』火爐欄子。爐前防止灰燼之欄檻。

『Ferro』鐵。和以鐵或混以鐵。Ferro係自拉丁文"Ferrum"

『Ferro Concrete』鋼筋水泥。

『Field Work』野外工作。測量人員在野外實測之工作。

『Festoon』懸花。雕彫刻之花飾，兩端成結，中心彎下成弧形，普通見之於羅馬式台口之壁緣。〔見圖〕

『Fibrous plaster』蔴絲粉刷。粉灰中加以蔴絲或其他纖維材料者。

『Figure』尺碼，模樣。圖樣上簽註之尺碼。人體或其他物體之圖像。

『Filature』繅絲廠。

『File』銼刀。〔見圖〕

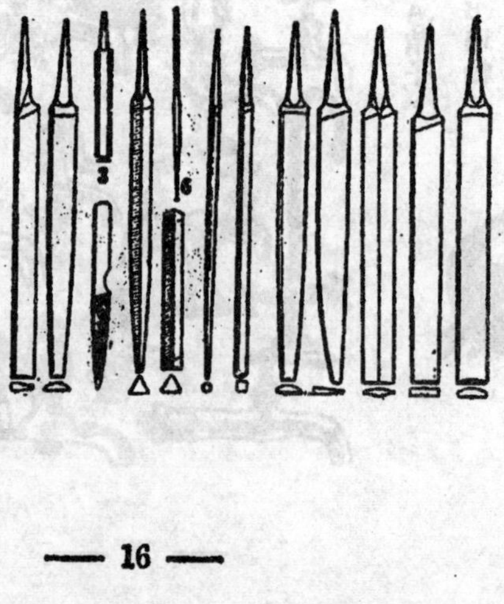

『Fillet』小線脚。分隔較大脚線脚或用作飾品之小線脚。

『Filter』沙濾器。

『Finial』頂華。〔見圖〕

『Fir』松，杉。松類木材。

『Fire back』爐背。

『Fire brick』火磚。

『Fire clay』火泥。

「Fire dog」薪架。與Andiron同。

「Fire door」火門。

「Fire escape」太平門。

「Fire grate」爐栅。

「Fire place」火爐壇。

「Fire proof building」避火房屋。

「Fire proof Construction」避火建築。

「Fire proof floor」避火樓[石反]。

「Fire resisting Material」抗火材料。

「First coat」草油，草漆。油漆之第一塗底漆。

「First floor」上層，二層。

「Fitter」裝管工人。裝接自來火或自來水管之工人。

「Fitting」配件。如鉄窗上之攀手，浴缸上之龍頭塞頭等。

「Fixing」裝配。

「Fixture」設置。

「Flag pole」旗杆。

「Flamboyant Architecture」火燄式建築。法國尖頂圈式(Pointed atchitecture)之一種。

「Flange」輪緣，凸緣。

「Flap」經摺窗。

「Flashing」凡水，滑水。出頂牆或煙囱與屋面接合處所包之鉛皮。

Double flashing 雙層凡水。〔見圖〕

Single flashing 單層凡水。〔見圖〕

Step flashing 踏步凡水。〔見圖〕

DOUBLE FLASHING 双層凡水

SINGLE FLASHING 單層凡水

STEP FLASHING 踏步凡水

「Flat」住所。大公寓中劃分之住所，包含起居室，臥室，浴室及廚房，爲一住所。合多數住所成一大公寓(Apartment)。

「Flat arch」平閘圈。

「Flat bar」扁鐵板。

「Flat brick paving」平舖磚街。

「Flat joint」平接頭。

「Flat panel」平面浜子。

「Flat roof」平屋面。

——待續——

本會服務部之新猷

為營造廠謀利益

我國營造廠之內部組織，多因陋就簡，僅致力於工程之競爭，而忽略於工程有關係之他種手續。即以文字方面言，廠方與建築師業主間來往之信扎合同等，均未能深切注意，如訂立承包合同時，營造廠雖予簽字，所知者則造價數目領欵期限及完工日期而已，合同上載明之其他條欵，初未瞭解，故於工程之進行，常引起種種糾紛，歷年經營造廠同業公會調解及法院受理之案件，年必數十起，由私人調解者尚不在內，精神財力之耗損，不可勝計，須作未雨綢繆，庶幾可免。查信扎文件不外中英文二種，營造廠對外之中文函件，執筆者均為賬房先生，其於工程法律既不明瞭，措辭自難切合；合同章程之訂立，司其事者屬諸廠中職員，其於文義規章不無隔閡，廠主大半係普通工商界人，亦未易洞悉，草率了事，致遺大悞。至若英文文件更乏負責之專門人材，或託人代擬，或勉强應付，對來件則一知半解，事後致受種種損失，來往函件以無保管方法（FileSystem），因多遺失，影響甚巨。再如建築師囑令加出之工程，營造廠雖經照辦，因乏人處理，致未作文字上之憑證，迨竣工時始開呈加賬，遂發生問題，亦時有之現象。要之營造廠因無中英文人材，對於業務影響殊大，本會以服務營造界為素志，特於服務部中增設中文文件英文文件兩股，聘請專門人材，專為營造界辦理各項中英文函件合同章程等各種文件，並當代將底稿保存，以便查考。備有詳細章程，函索即寄。

大舞台新屋之建築要點

上海大舞台新屋建築宏偉，爲我國劇院之最大者。設計之建築師德利君，曾於規劃全屋圖樣後，爲集思廣益，更求美善起見，聘請費博工程師 S. E. Faber, Consulting Civil Engineer 爲顧問工程師：費君對於建築工程富有經驗，如上期刊佈之上海電力公司發電廠大來碼頭上海自來火公司瓦斯蓄積池底基等，都出諸費君之手。

本刊於上期刊登該院建築圖樣後，疊接讀者來函詢問建築要點，未能一一奉復，爰掇要釋明如後。

橫樑——長一百十六尺，中無一柱支撐，是爲突破遠東紀錄之巨樑，最近落成的大光明戲院，最闊處爲九十尺，與德美二國最大戲院之闊度相同，則該樑之闊度實已超出德美戲院之所有矣。此樑初擬時，本無如是之闊，係用Plate Girder法構築，以求平頂下無巨樑顯露。後因費用太貴，故改用Steel truss 可省費百分之四十。惟此種長樑，於氣候變易時，鋼鉄常會伸縮，因於樑之兩端，預留空隙，藉使活動。

視線——設計座位時最須注意者，厥爲視線，務使觀客坐於任何高層與角隅，都能觀清，毫無阻隔。該院於繪製圖樣時，曾精心計算，對於視線須常適宜。

音波——劇院之音波，與視線有同樣重要。但院中光滑之牆壁，地板，平頂及法圈等，在在均有回聲，以致台上發音時，聽之龐雜。該院因於內部牆壁，地板，平頂等處，施以散音材料，則音響勻和，可免擾亂聽覺之回聲。

坐位——坐位除求舒適與視線適度外，並須注意前後排間之行道。我國劇院中，每有茶房穿梭泡茶送手巾等之陋習，非留有較大之空隙，殊多妨礙觀客。該院深能注意此點，其間留有十二吋之隙地。坐位自前至後爲三十吋半。

安全——該院全屋用鋼筋水坭構造，每排座椅中間之走道寬達五尺，兩旁置太平門，散戲時各處太平門開放，看客無須爭擠，可免危險。至於防救火警之設備，則有太平龍頭及隔絕前後台之保險鐵門等之裝置。

沉率——該院樁基之Skin Friction及排列，均用平均率 Equal Settlement 以免傾側而開裂牆垣。

按我國劇院自電影業發展以還，頗呈寥落氣象，因劇院之設備簡陋，不若電影院之整潔也。故劇院之急圖改良，應自建築新式院屋始。迺者，大舞台抱提倡戲劇之決心，撥巨欵以構新屋，既裔皇典麗，亦新穎整齊，行見不少劇迷，將重趨聆曲，拜倒於紅氍毹下也。

建築界新發明

新式抽水馬桶蓋

抽水馬桶爲現代建築的新設備，最近對於桶蓋又有新的改良。舊式的桶蓋有二套，新式的則只有一套，與外圈相平，節省地位有三吋之多，更無鉸鏈溼後不易淸潔之弊。蓋心平時與外緣相齊，掀起則有寬舒之坐蓋。故於美觀衞生舒適三者均具特長。

上圖爲新舊二式馬桶蓋。下圖爲新式平蓋，極顯示美觀舒適。

避免電鈴麻煩之方法

外門上裝置電鈴，所以通知開門之信號，但常有兜銷跑街，告貸人，求乞人，寫捐人等隨意撳揑之麻煩；現已發明避免此種麻煩之方法，即於門旁裝置一機，凡欲按鈴開門者，必先投資一角，電鈴方能發出響聲。裝置方法非常簡單，於門上釘一銅皮，中鑿一孔，將銀幣投入孔中，使落下撞衝裝於門內下面的電鈕，鈴遂發出響聲。

新式活動抽水機

三吋自動機口離心向外式的新式幫浦，爲近今各製造廠所大量需求之新利器。

此種新式幫浦之重量，等於舊式之二吋者，而效用則大增。其重量爲三八五磅，高三四吋，寬三七吋，茲將其抽水效能開列於後：

五呎進水　每小時打水二〇、四〇〇介侖
十呎進水　每小時打水一八、三〇〇介侖
十五呎進水　每小時打水一六、五〇〇介侖
二十呎進水　每小時打水一四、〇〇〇介侖
二十五呎進水　每小時打水九、〇〇〇介侖

此種幫浦之引擎，係用馬力六四。引擎與幫浦均裝於小車架上，以便推移搬動。若欲將幫浦及引擎拆卸，只須旋去四角螺絲卽可。

(七續)

杜彥耿

第四節 石作工程(續)

水泥假石 用水泥與黃砂相混之細砂。爲石之外層。用水泥、黃砂與石子相混之粗砂。爲石之裏層。置於預製之木殼模型中。用鐵鎚打堅後。卽將型板拆開。視石之面部有無空隙或毛紋。再以木蟹或鐵板擦之。使呈和勻之狀態。俟其乾硬後。用斧斤斬之。卽成完美之石狀。此項假石用作勒脚、台口及柱子等。旣經濟。又便捷。至堅固耐久。猶其餘事。

木壳子

澆成狀

斬成狀

此次美國支加哥百年進步博覽會中。陳列住宅一所。全用廬石『Rostone』砌成。此石係用人工化合。其方法亦極簡單。在八年前。有一羣工程師及化學師在印第安那州之辣斐德地方。作初次研求此石之發明。後經屢次之試探。卒藉化學與物理而成此石。今更進一步而作商業上之推銷矣。

經鑄點之紅棕色廬石。中間一塊為單色。旁兩塊則為複色。

工人正在砌置廬石塊於鋼質屋架。

製造此石所用原料。為白堊粉（即介殼類化合）及鹼性泥土（或鹽基性泥土）。（用廢石料作中心。）此新方法經幾度手續後。即成堅與數百萬年自成之天然石相埒矣。然更有進者。人造之石。實有超越天然石之可能。蓋石之大小與色澤。均可隨心所欲。為天然石所不及者。白堊粉先使成粉末。隨後摻以少量鹼性泥土拌和。微潤以水。此時可加入廢石料及顏色。並將此項材料用模型變壓。經二小時之蒸燒即成。無須水泥。亦無須其他泥凝之材料。製成此石。手續既簡單。而時間亦不到一日。由白堊粉與鹼性泥

支加哥百年進步博覽會中塵石構築之房屋行將完竣時之攝影

土之化學作用而結合成石體。其所成之石體。非特堅強。即色澤亦甚美觀。

關於顏色之施於此石者。無論何色均可。如灰色、奶油色、炒米色、棕色、綠色、藍色、紅色等。非特純用一色。並可用複色。如由淺入深。及影形等色。石之面部呈光潔悅目之狀。若施以彫刻或磨光。亦無不可。

上述二種石料之價格。頗難估算。若前者之假石。則不能以方碼或方位計算。應以體數計之。例如水泥假石窗檻。厚四寸。闊十二寸。長五尺。每根窗檻內置半寸鋼條二根。然全屋所用之窗。自不一律。必長短參差。故不能確定數目。當由讀者參照材料價目表。自行酌定。至後者之塵石。則為美國新發明者。本會現正依法試製。價格一時則無從得知也。

（待續）

麻太公式

盛羣鶴

作者按：計算估價，其最緊要之問題，在解决各項單位之數量，故必須取法簡準；是以鄙人擬就多數方法：其能由於學理而演成實用公式(Empirical Formula)，其可以由于屈線直線諸圖解表解；能于最短期間得知全部鋼骨水泥之總和及其每單位鋼骨水泥之比率。下舉砌牆用麻太(Mortar)公式自問雖無甚重要，然亦區區之愚得，不妨借題與諸　高朋，作進見研究之地步也。

麻太之爲用無非膠結一磚一石相叠而成直立體，外抗風霜雨雪內則塗面裝飾，上任屋架橫樑等；其壓力承受之多寡，在視麻太膠凝性之强弱，砌工之精巧爲問題，是則設M爲每方特等砌工磚牆所需麻太之總積數量，即每塊磚四五六面所凝之立方呎麻太，與具任何牆每方所需磚塊數相乘是也。

例甲．設每方十寸牆磚數爲一千二百四十八塊(已除灰縫)，頂磚週長爲十三寸二分其牆厚即磚長，灰縫之厚度爲二分，既得以上已知數，則代入式中，答其總積麻太數量爲一二．〇九二立方呎(損失在內)。

例乙．先求知每方直立體牆垣之皮數，長縫幾條，頭縫幾條，化槽幾條，逐一演算；雖則牆厚十寸，已覺其繁，答其總和麻太數量爲一一．五八二立方呎（損失未計）。

例丙．設牆厚爲卅寸，就中挖去一小方計用磚六塊，其次計算每塊磚所凝着之麻太數量相加，得總和爲．二一四八立方呎，但其化槽作半寸算；如除化槽以二分算得．一〇九一立方呎（損失未計）。然應用公式簡而得之爲．一〇九八立方呎（損失在內）。

例丁．根據砌牆之方法，不外乎頂隔頂，皮隔皮，走隔走等等鮮用純頂磚或純走磚砌牆，故必須頂走磚參援而砌。

總之，在觀察之下可知(一)麻太公式，簡而且易，較丙例爲易，乙例更易，(二)彙與各種砌法無甚衝突，(三)麻太數量與牆之縱深成相當反比例，蓋實際上雖有技術精良之匠司，終不免東空西空，故該公式之數亦自動而酌量微微減少 $\frac{10''^3}{T}$ 數也（即灰縫之十分之一之立方吋$\left(\frac{1''^3}{10}\right)$與牆之縱厚（T"）之微細分數也，亦即牆每厚一吋所剩餘之微分數量也；但該數之得實由理想之造成，第與實地計算(Field Estimate)所得麻太質量，尚能脗合，故列之，惟以不甚重要，是以于公式中忽略之。）

計算砌牆用

麻太 (Mortar)

公式

$$M = \Sigma OTN\left(\frac{t}{24} \pm \frac{1}{768}\right)$$

ΣO= 磚之週長（Perimeter of tranverse section of one brick）呎

T = 牆之實厚（Thickness of acture 10" wall）呎

N = 每方磚數（No. of bricks per Fong.）

t = 灰縫厚度（Thickness of joint）吋

$$M = \Sigma OTNX$$

$X = \frac{1}{4}$" 灰縫 $= \frac{.25}{24} - \frac{1}{768} = .0091$

$\frac{3}{8}$" „ „ $= .0143$

$\frac{1}{2}$" „ „ $= .0195$

$\frac{5}{8}$" „ „ $= .0247$

$\frac{3}{4}$" „ „ $= .0299$

$\frac{7}{8}$" „ „ $= .0351$

1" „ „ $= .0403$

以上 X 視 N 爲除灰縫之磚塊數

$$M = \Sigma OTNX'$$

$X' = \frac{1}{4}$" 灰縫 $= \frac{.25}{24} + \frac{1}{768} = .0117$

$\frac{3}{8}$" „ „ $= .0169$

$\frac{1}{2}$" „ „ $= .0221$

$\frac{5}{8}$" „ „ $= .0273$

$\frac{3}{4}$" „ „ $= .0325$

$\frac{7}{8}$" „ „ $= .0377$

1" „ „ $= .0429$

以上視 N 爲已除灰縫之磚塊數

例甲 △　10" 牆　$2\frac{1}{4}'' \times 4\frac{3}{8}'' \times 9''$ 大中機磚

$\frac{1}{4}''$灰縫　1248 塊　1 方

$\because\ \Sigma O = 2\frac{1}{4}'' \times 2 + 4\frac{3}{8}'' \times 2 = 13.25''$

$T = 9''$

$N = 1248$

$t = .25''$

$\therefore\ M = \frac{13.25}{12} \times \frac{9}{12} \times 1248 \times \left(\frac{.25}{24} + \frac{1}{768}\right)$

$= 1033.5 \times .0117$

$= 12.092$ 立方呎

例乙 △　10" 牆　$2\frac{1}{4}'' \times 4\frac{3}{8}'' \times 9''$ 大中機磚

$\frac{1}{4}''$灰縫　1248 塊　1 方

皮數 = 50

長縫 = 50 條

頭縫 = 865 條

化楯 = $432\frac{1}{2}$ 條

長縫灰砂 $= \frac{.25}{12} \times \frac{9}{12} \times 10 \times 50 = 7.812$

頭縫 ,, ,, $= \frac{.25}{12} \times \frac{9}{12} \times \frac{2.25}{12} \times 865 = 2.534$

化楯 ,, ,, $= \frac{.25}{12} \times \frac{9}{12} \times \frac{2.25}{12} \times 432\frac{1}{2} = 1.267$

損 失 未 計　　11.613 立方呎

例丙 △　30" 牆　$2\frac{1}{4}'' \times 4\frac{3}{8}'' \times 9''$ 磚

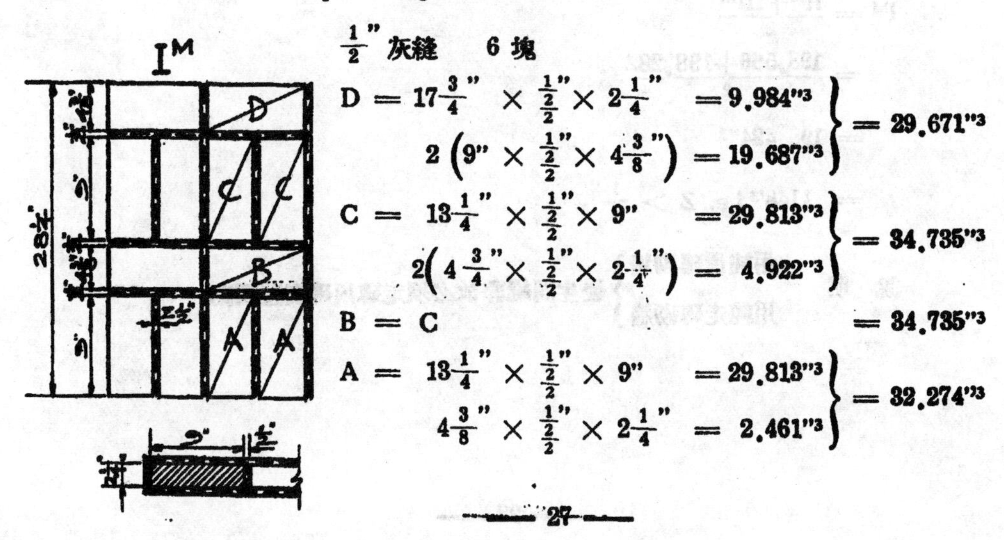

$\frac{1}{2}''$ 灰縫　6 塊

$D = 17\frac{3}{4}'' \times \frac{1}{2}'' \times 2\frac{1}{4}'' = 9.984''^3$
$2\left(9'' \times \frac{1}{2}'' \times 4\frac{3}{8}''\right) = 19.687''^3$ } $= 29.671''^3$

$C = 13\frac{1}{4}'' \times \frac{1}{2}'' \times 9'' = 29.813''^3$
$2\left(4\frac{3}{4}'' \times \frac{1}{2}'' \times 2\frac{1}{4}''\right) = 4.922''^3$ } $= 34.735''^3$

$B = C$　　$= 34.735''^3$

$A = 13\frac{1}{4}'' \times \frac{1}{2}'' \times 9'' = 29.813''^3$
$4\frac{3}{8}'' \times \frac{1}{2}'' \times 2\frac{1}{4}'' = 2.461''^3$ } $= 32.274''^3$

$\therefore\ 2A + B + 2C + D = 198.424''^3$ i.e. Z 化槽 $> \frac{1}{4}'' = .1148'^3$

損失未計 $2A + B + 2C + D = 188.58''^3$ i.e. Z 化槽 $\not> \frac{1}{4}'' = .1091'^3$

實用公式

$$M = \Sigma OTNX'$$

$$\therefore\ M = \frac{13.25}{12} \times \frac{9}{12} \times 6 \times .0221$$

$$= \frac{19.875}{4} \times .0221$$

$$= .1098'^3$$

例丙乙　I^M 種砌法 $= II^M III^M$ 種砌法之和之半(麻太質量數)

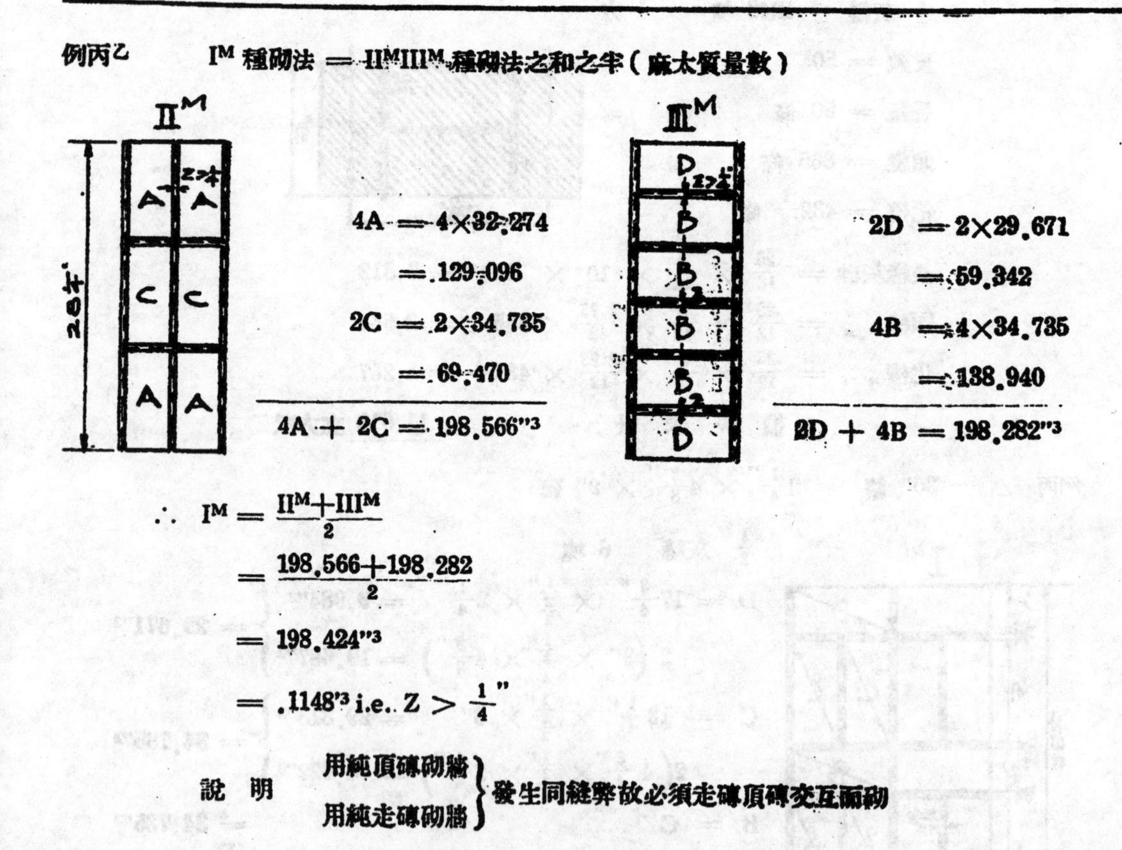

$$4A = 4 \times 32.274 = 129.096$$

$$2C = 2 \times 34.735 = 69.470$$

$$4A + 2C = 198.566''^3$$

$$2D = 2 \times 29.671 = 59.342$$

$$4B = 4 \times 34.735 = 138.940$$

$$2D + 4B = 198.282''^3$$

$$\therefore\ I^M = \frac{II^M + III^M}{2}$$

$$= \frac{198.566 + 198.282}{2}$$

$$= 198.424''^3$$

$$= .1148'^3 \text{ i.e. } Z > \frac{1}{4}''$$

說　明　用純頂磚砌牆 / 用純走磚砌牆 } 發生同縫弊故必須走磚頂磚交互而砌

21326

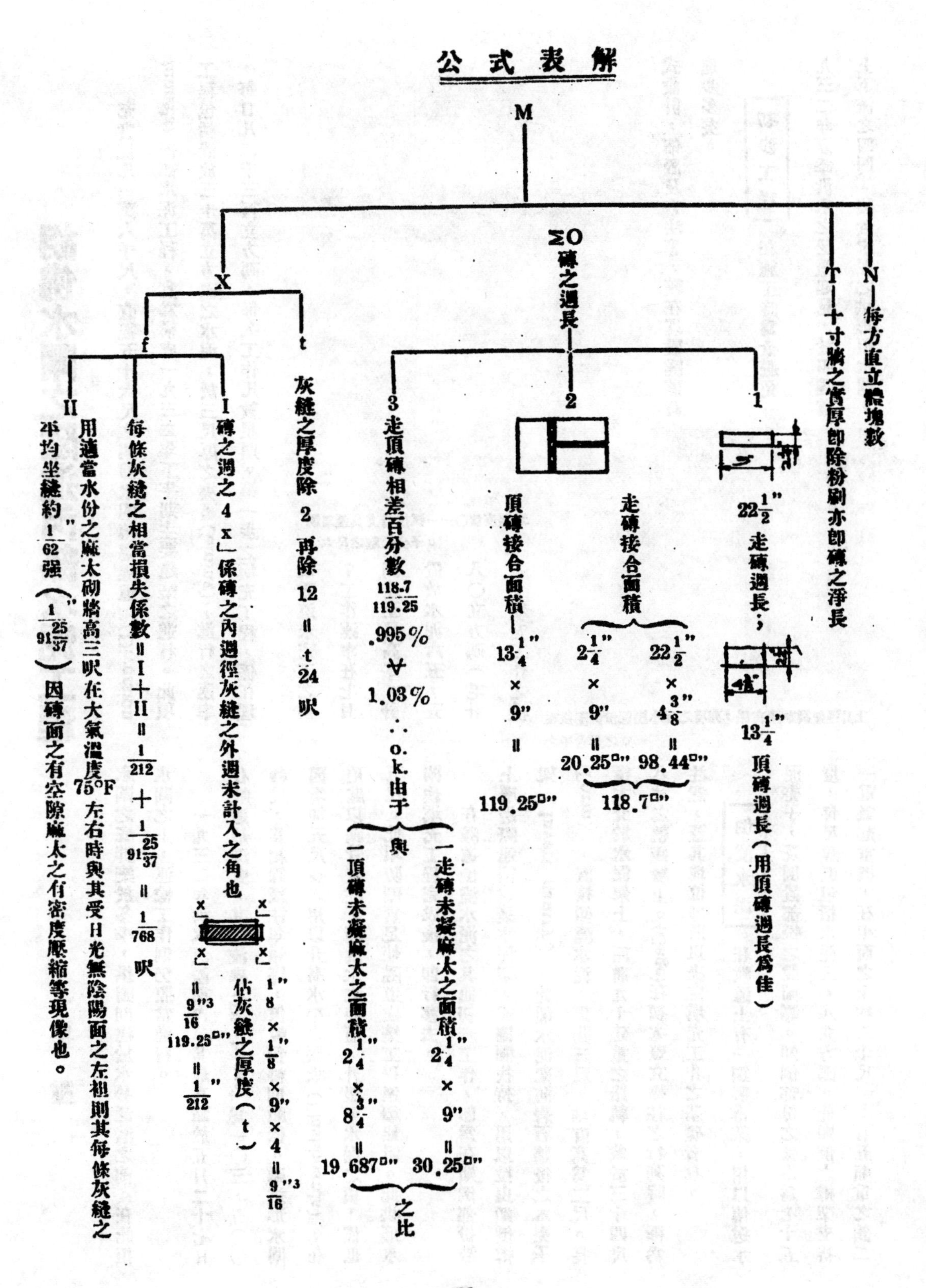
公式表解
M
N—每方直立牆塊數
T—十寸牆之實厚即除粉刷亦即磚之淨長
∑O 磚之週長
1
22 1/2" 走磚週長；
13 1/4" 頂磚週長（用頂磚週長爲佳）
2
走磚接合面積
2 1/4" × 9" = 20.25□"
22 1/2" × 4 3/8" = 98.44□"
118.7□"
頂磚接合面積—13 1/4" × 9" = 119.25□"
3 走頂磚相差百分數
118.7/119.25 .995% ∀ 1.03% ∴ o.k.由于
一走磚未凝麻太之面積 2 1/4" × 9" = 30.25□"
與
一頂磚未凝麻太之面積 2 1/4" × 8 3/4" = 19.687□"
之比
X
t
灰縫之厚度除 2 再除 12 = t/24 呎
f
I 磚之週之 4 x⌐ 係磚之內週徑灰縫之外週未計入之角也
x⌐ x⌐ x⌐ x⌐
= 9"³/16 / 119.25□" = 1/212"
估灰縫之厚度（t）
1/8" × 1/8" × 9" × 4 = 9"³/16
每條灰縫之相當損失係數 = I + II = 1/212 + 1/91 25/37 = 1/768 呎
II 用適當水份之麻太砌牆高三呎在大氣溫度75°F左右時與其受日光無陰陽面之左祖則其每條灰縫之平均坐縫約 1/62" 強（1/91 25/37"）因磚面之有空隙麻太之有密度壓縮等現像也。

胡佛水閘之隧道內部水泥工程

揚靈

充實長凡一萬六千尺，直徑五十六尺之胡佛水閘轉偏隧道 (Diversion tunnels) 內部水泥工程，實爲榛成一九三二年下半期主要建築之進行。此項工程包括置放三十萬立方碼之水泥，於三尺厚之夾裏(Lining)，進行之速率，每日凡二千三百立方碼，每次工作凡數星期。第一步之填充工程，係在埋設隧道未完工之前；工作速率在七月間達至最高峯，計置放水泥六五，五八〇立方碼（毛計）。填充工作之樣式設計，佈置及方法等，較在埋設隧道時進步多矣。

鋼架運具支持拱弧一一〇度直徑五十六尺之隧道壳子。

初步工程

在施工時爲欲避免一九三二年夏季洪水之泛濫起見，於四隧道上下流之四門，裝置水泥之拱形拒水閘。

在拱圈部份低壓水泥之填充，係在活動鋼架運具上之平台爲之。

水閘之底脚築於冬季，拱圈則建於水勢泛濫之前。在此拒水閘之上，運輸工作則仍照常進行。

一九三二年洪水泛濫期內，其最高點於五月二十七日在峽道最深處，其侵流率(Discharge)爲一〇三，五〇〇秒尺，其紀錄較往年相等，但較預料則頗低。雖拱形水閘因增加五尺長之用以升高水平之堰板(Flashboards)，在頂處以鋼骨直柱，而洪水之平面，升漲至水泥之頂，僅低五尺。此項防禦實足使隧道建築工程連續無阻。此拱形水閘俟填充工程完成後，即行移去。

在隧道倒澆水泥之其他初步工作，即爲在顛倒部份沿上層邊際連續建築水泥架，或柵欄扶持，用以拉曳顛倒榨架(Invert gantry)。此種水泥架向岩石鑿後之木壳子(Form)，直接傾澆水泥，頂闊三尺，垂直高爲二尺。長橫木支於水泥架上，而將九十磅重之路軌，載於三十四尺八寸之軌距離上。(Gage)在初次豎立撐柱之行列時，極爲注意，蓋其地位即所以決定填充工作之基礎者也。

倒澆水泥

在軌道上有一鋼製榨架，用以傳送水泥壳子，及倒置部份之設備等。顛倒部份之弧形爲七十五度，每尺隧道包括水泥三•八立方碼。此顛倒之榨架支持一電氣起重機，在平面之上約二十尺，上有五噸重之鉤二

活動樑架(Gantry)，以電力發動，用運輪車搬載二碼水泥吊桶，以備傾倒於部份之殼子(Forms)。

具，另有馬達等以移動橋梁及樑架等。電氣設備用四四〇福爾(Volt電力單位)，電流之供給係經由五百尺長之橡皮線，沿牆以木槽支持之。樑架之行動計可達一，〇〇〇尺。

在工作時另搭棚架以備傳遞水泥吊桶，運輪車輛，及已完成之工作等。水泥運入隧道，達於樑架起重機，然後再存置於傾倒部份內。在工作之初，曾用二立方碼之吊桶，以汲取四碼水泥混合器之產量，但在後感覺不敷，在裝載時發生阻礙與困難。迨後代以四立方碼容量之攪拌混合器，塡充工作之大部份卽用此。水泥係在機中混合，至於攪拌則在傾倒之時，或利用在輸送時交通阻斷之空間而行之。

抵拒水土壓力之門，建於隧道上流之入口。

至樑架後，二碼之吊桶卽自手車內取出，或裝滿於攪拌車中，依運輸之方法而異，然後儲於傾倒部份。迨充分之水泥儲於隧道之底後，支持於鋼骨橋梁彎向隧道半徑之木準條(Screeds)，自中心點用手絞車將其拔脫，將水泥擣上。此項工作之完成，用木餞及泥版等輔助之。工作進行時全在輕便鋼架上，工具設備等則用樽架輸送之。

邊牆工作

顛倒部份工程完竣後，在未動工建築邊牆時，尚需二附帶之工作，第一，將水泥架之新欄楣扶持使於顛倒水泥部份，路軌等卽移置於此新扶持之上。此新路軌卽用以支持邊牆及拱圈壳子。原有之倒轉架子加以毀埋，成爲充填水泥之一部，但第二列之架子則須移至隧道較低之部，蓋因須在該處工作較久也。第二，倒置部份之水泥必須予以保護。因工作進行均自隧道上流開始，而該處則置有水泥機者也。此保護方法係以岩石爲背襯，從手車上傾卸，留置一濶度二十五尺之坦道，伸延於支持邊牆壳子之橫樑間。此材料在每尺隧道平均約二立方碼半，有一道路用以防護倒澆水泥。追填充工程完成後，背襯卽以鏟剷除之，裝入手車內移去。

在倒轉部份運送水泥係以活動樽架及吊桶爲之，水泥拌攪器則置於運輸車上。

邊牆壳子

置放邊牆之壳子頗大。充實邊牆之壳子，係以鋼骨扶持之，兼可支持樽架之升擧器。每一壳子之單位，計長八十尺；其重量若將起重機等完全裝配就緒，約計有二七〇噸。此種單位係用氣體動力之升擧器，沿路軌而移動。因欲保護邊牆水泥之力量見，在下面繼續宗運輸工作時，必須將此種單位保持清潔。

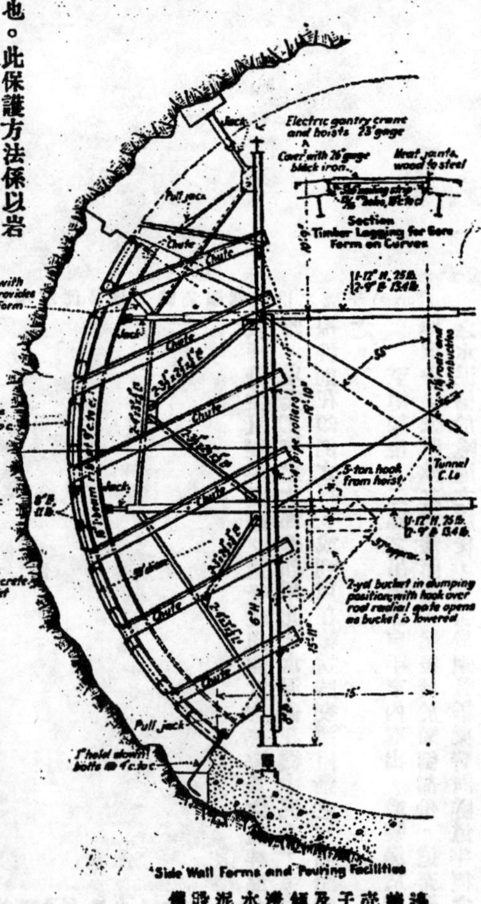

邊牆壳子及傾澆水泥設備

倒置壳子及樽架

在說明書中曾載明水泥澆入壳子時，不能垂直超過五尺，流動時不能依水平之方向超過五尺。因此必須採用斜槽(Chute用以使物向下滑卸者），在垂直方面每隔五尺設置一個，水平方向則每隔十尺設置一個。此種斜槽延伸超過二分厚之鋼製夾裏版(Lining plate)迨水泥在壳子後升起時，即加關閉。夾裏版係用平面鋼骨柱及肋骨支持之，並用下垂活動機鈕(Hold-down bolts)使與倒澆水泥之上沿相接觸。另有拉曳器一組（Pull Jacks），以隨時校正壳子地位之行列，隨後壓力器（Pressure）卽出而集中之。在使用此種工具時，必須備置扶梯及平台等。

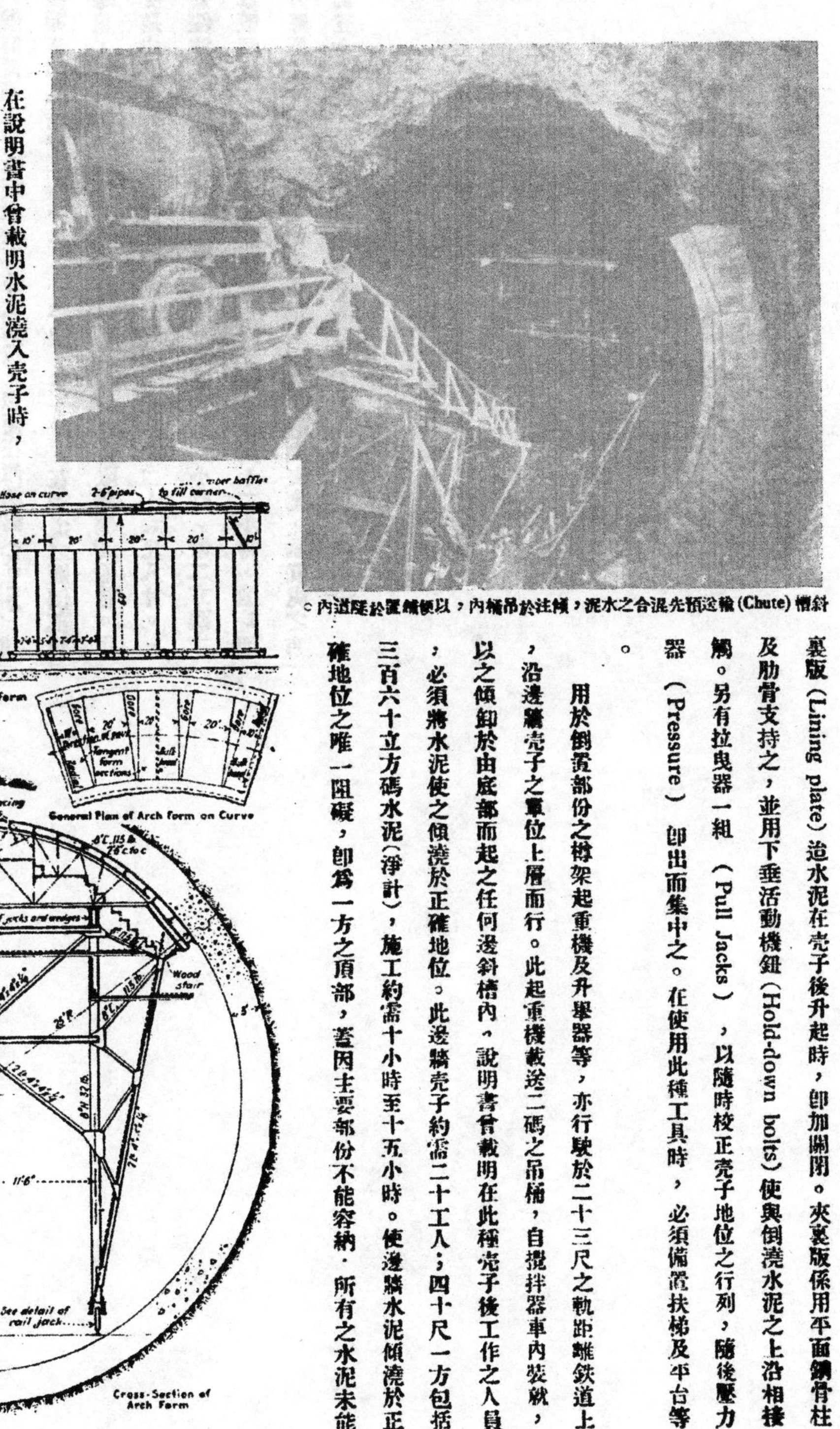

斜槽(Chute)輸送預先混合之水泥，傾注於吊桶內，以便鋪置於隧道內。

拱圈壳子剖面圖

用於倒置部份之榫架起重機及升擧器等，亦行駛於二十三尺之軌距離鉄道上，沿邊牆壳子之單位上層而行。此起重機載送二碼之吊桶，自攪拌器車內裝就，以之傾卸於由底部而起之任何邊斜槽內。說明書曾載明在此種壳子後工作之人員，必須將水泥使之傾澆於正確地位。此邊牆壳子約需二十工人；四十尺一方包括三百六十立方碼水泥（淨計），施工約需十小時至十五小時。使邊牆水泥傾澆於正確地位之唯一阻礙，卽為一方之頂部，蓋因主要部份不能容納，所有之水泥未能向地之引力而流也。另有特式之斜槽，沿於殼子之頂部，倚殼子之末端爲樞鈕，若降低至平面地位時，其容量有二立方碼。此連接之斜槽及漏斗，自水泥吊桶中盛滿，然後再以氣體升舉器由倚爲樞鈕之一端舉起，達於存儲處；此亦爲邊牆水泥最後之升舉。

臨時置備木製抵拒水土壓力之構造，以便在傾注處（Pours）建築鑲節。楔道（Keyway）計一吋半深，濶十吋。在隧道之顚倒部份，邊牆，及拱圈之鑲節，係每隔四十尺，但此僅限顚倒者而言。至於隧道中之永久溢水道（Spillway）則其空間減至二十六尺八寸。一邊牆溢注處之完成與第二者之開始，其間約需六小時。當二方四十尺或較短三方之邊牆工作完成時，殼子留置原處十二小時，逾時卽以升降器移置第二部份。此邊牆包括顚倒部份之夾裏、垂直處之角度爲五十五度，每尺隧道淨含水泥九立方碼云。

（待續）

上海愛文義路黃君住宅

成城建築事務所設計

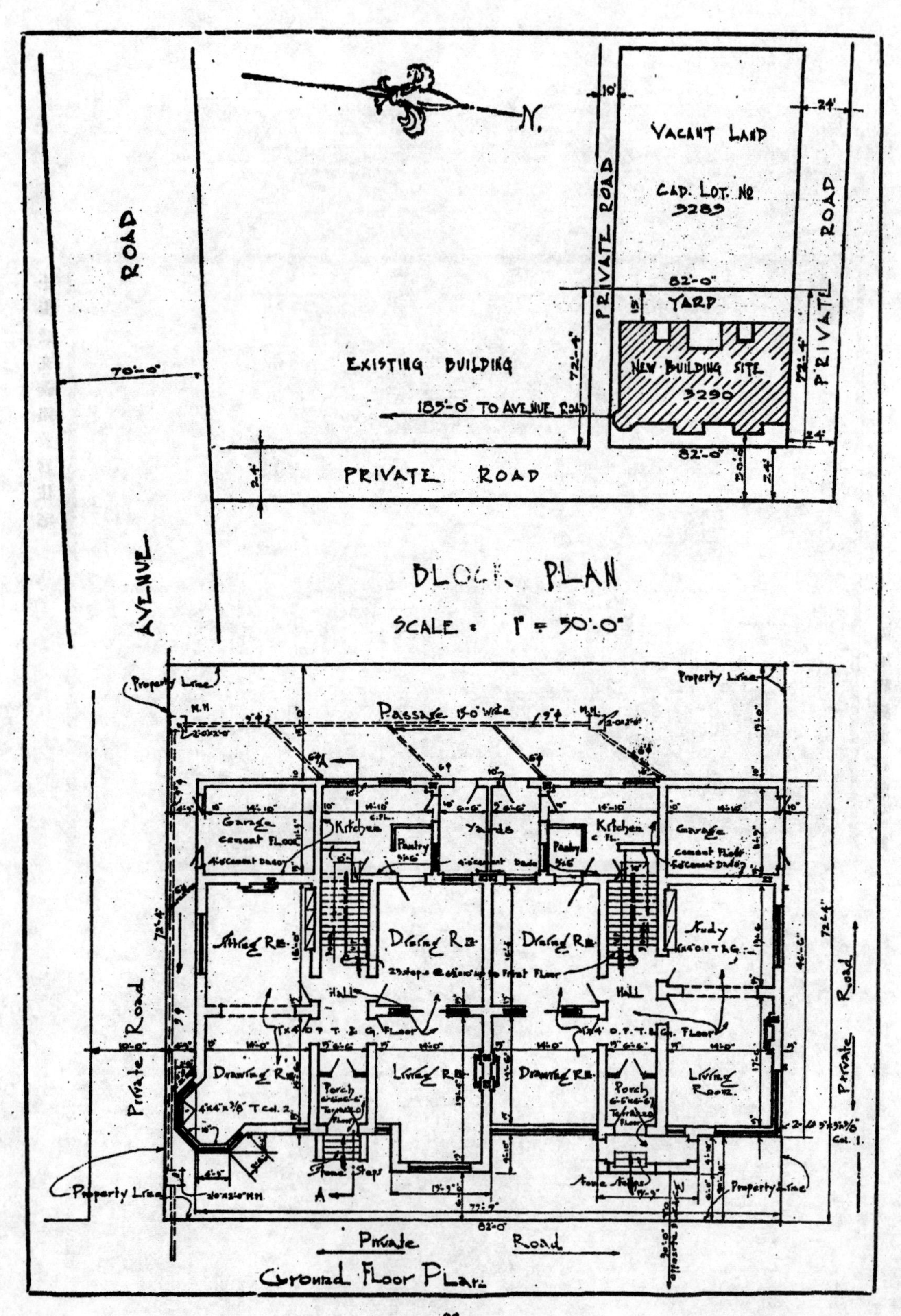
N.
VACANT LAND
CAD. LOT. NO 3289
ROAD
PRIVATE ROAD
EXISTING BUILDING
NEW BUILDING SITE 3290
YARD
185'-0" TO AVENUE ROAD
PRIVATE ROAD
AVENUE ROAD
BLOCK PLAN
SCALE : 1" = 50'-0"
Passage 13'-0" wide
Property Line
Garage
Kitchen
Pantry
Yards
Dining Rm
Drawing Rm
Sitting Rm
Study
Hall
Living Rm
Porch
Stone Steps
Private Road
Ground Floor Plan

21334

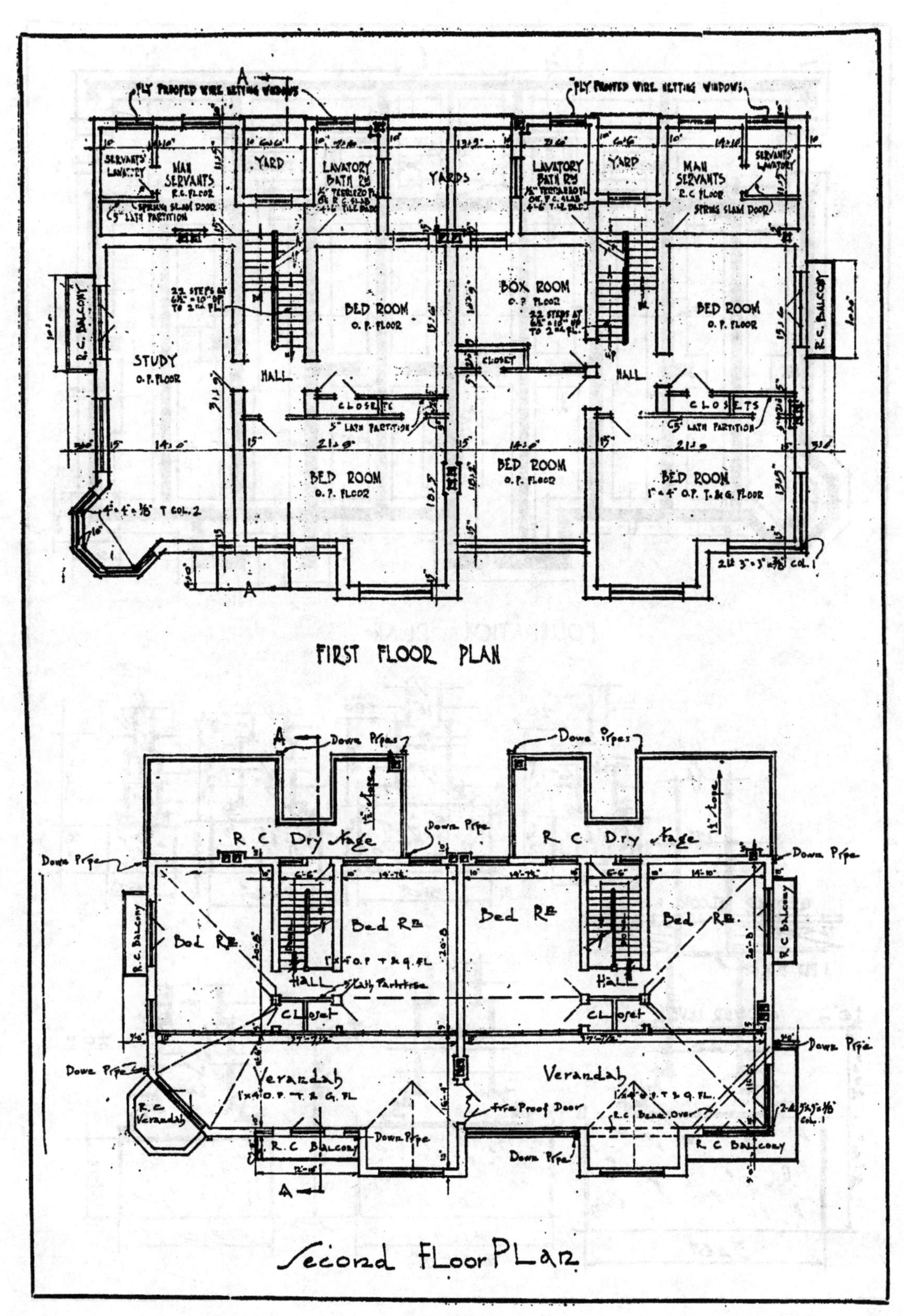
FLY PROOFED WIRE NETTING WINDOWS
SERVANTS' LAVATORY
MAN SERVANTS
R.C. FLOOR
SPRING SLAM DOOR
5" LATH PARTITION
YARD
LAVATORY
BATH RM
YARDS
BOX ROOM
O. P. FLOOR
BED ROOM
O. P. FLOOR
STUDY
O. P. FLOOR
R. C. BALCONY
HALL
CLOSETS
CLOSET
5" LATH PARTITION
22 STEPS AT
TO 2ND FL.
BED ROOM
O. P. FLOOR
FIRST FLOOR PLAN
R C Dry Stage
Down Pipe
Bed Rm
R.C. Balcony
Hall
Closet
5" Lath Partition
Verandah
R.C Verandah
Fire Proof Door
R.C Beam Over
R. C Balcony
Second Floor Plan

21335

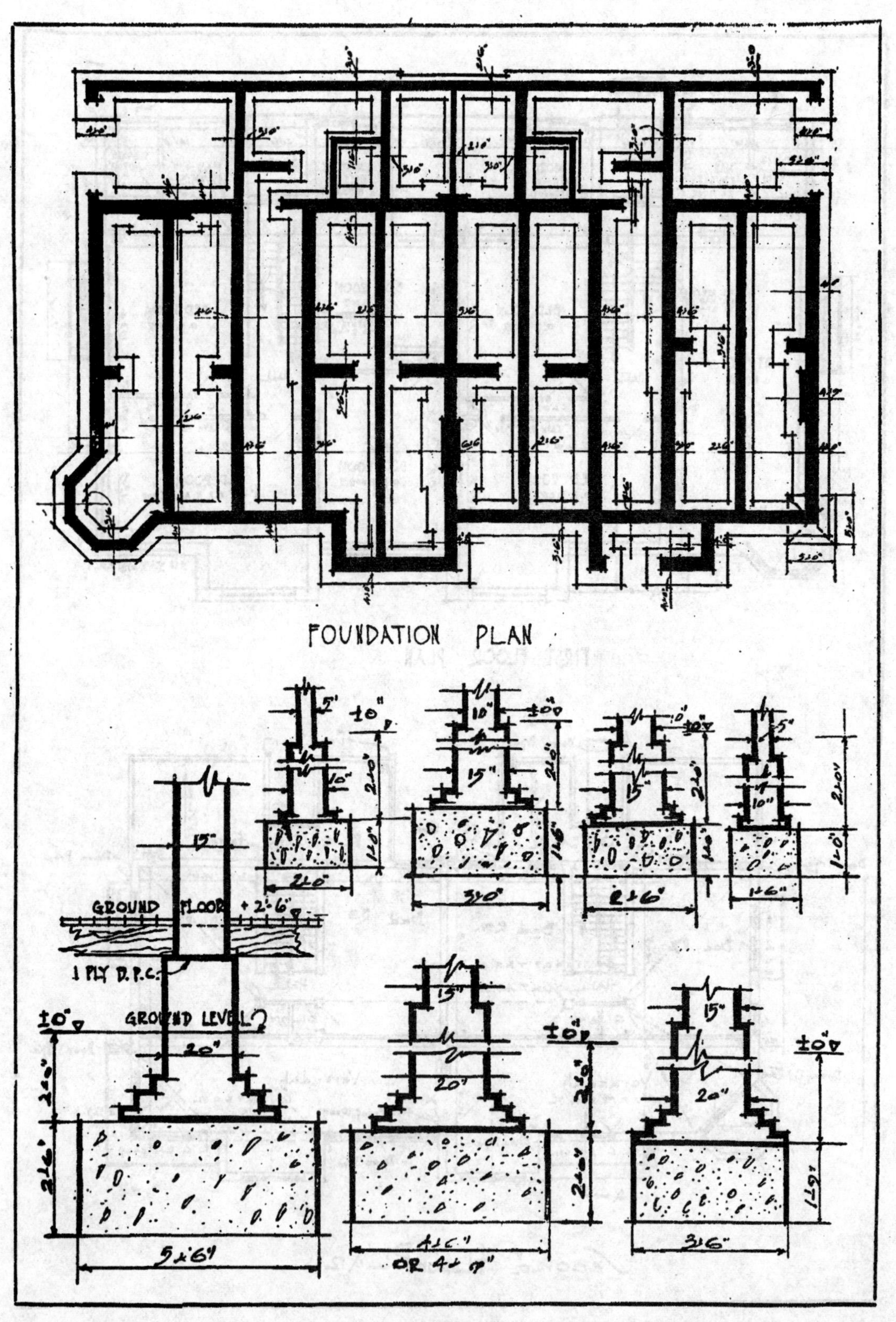

21336

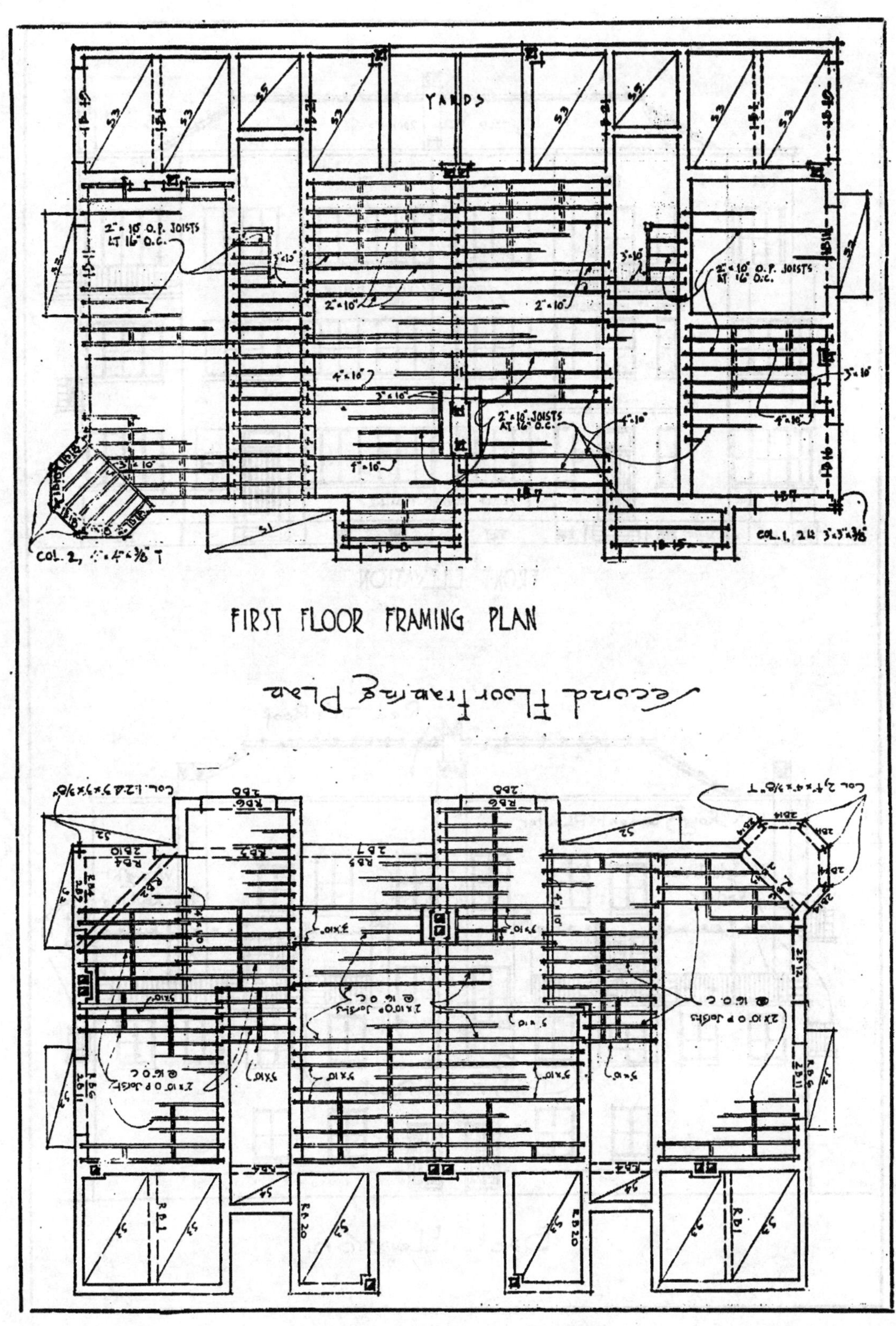
YARDS
2" x 10" O.P. JOISTS
AT 16" O.C.
2" x 10"
4" x 10"
3" x 10"
2" x 10" JOISTS
AT 16" O.C.
COL. 2, 4" x 4" x 3/8" T
COL. 1, 2L 3" x 3" x 3/8"
FIRST FLOOR FRAMING PLAN
Second Floor Framing Plan

21337

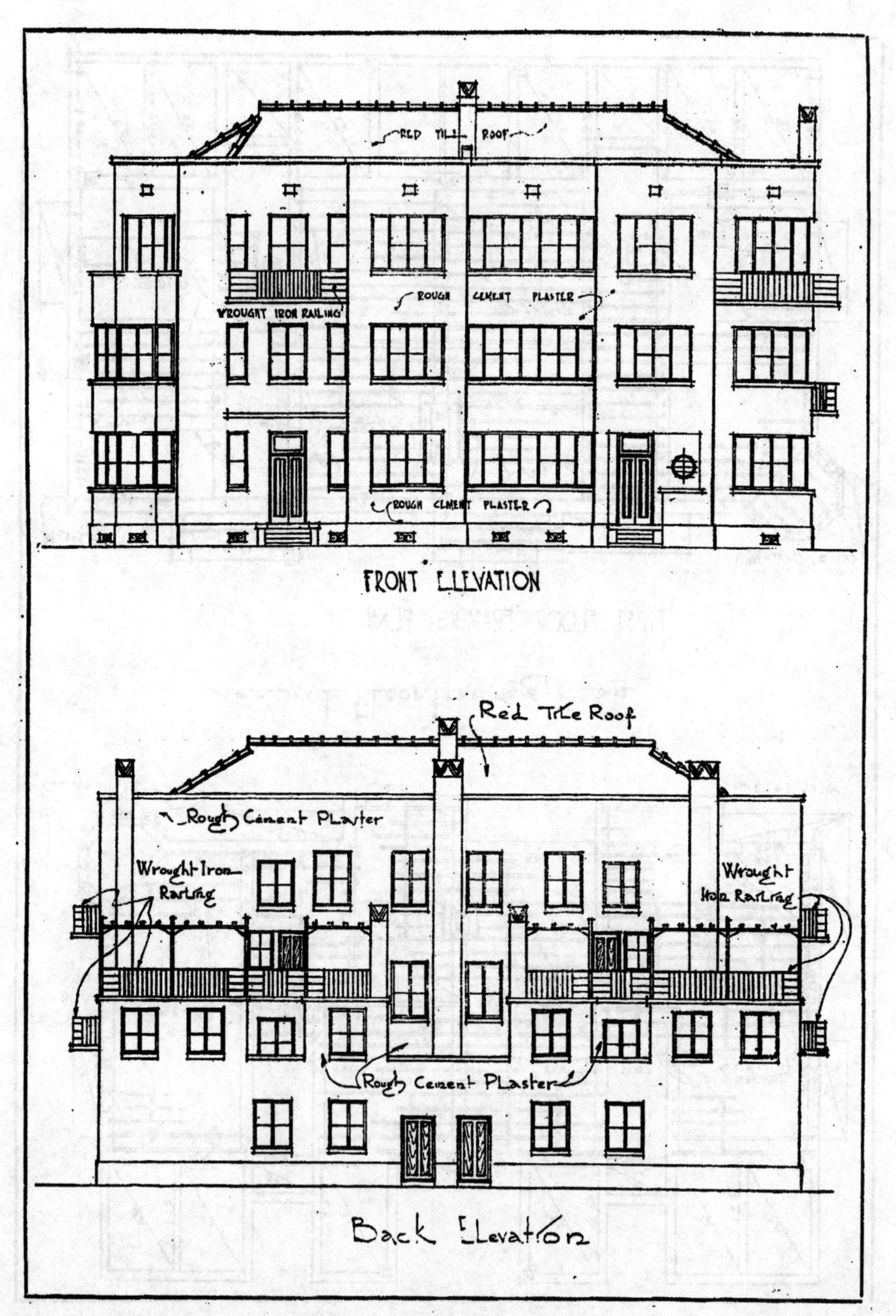
RED TILE ROOF
WROUGHT IRON RAILING
ROUGH CEMENT PLASTER
ROUGH CEMENT PLASTER
FRONT ELEVATION
Red Tile Roof
Rough Cement Plaster
Wrought Iron Railing
Wrought Iron Railing
Rough Cement Plaster
Back Elevation

21338

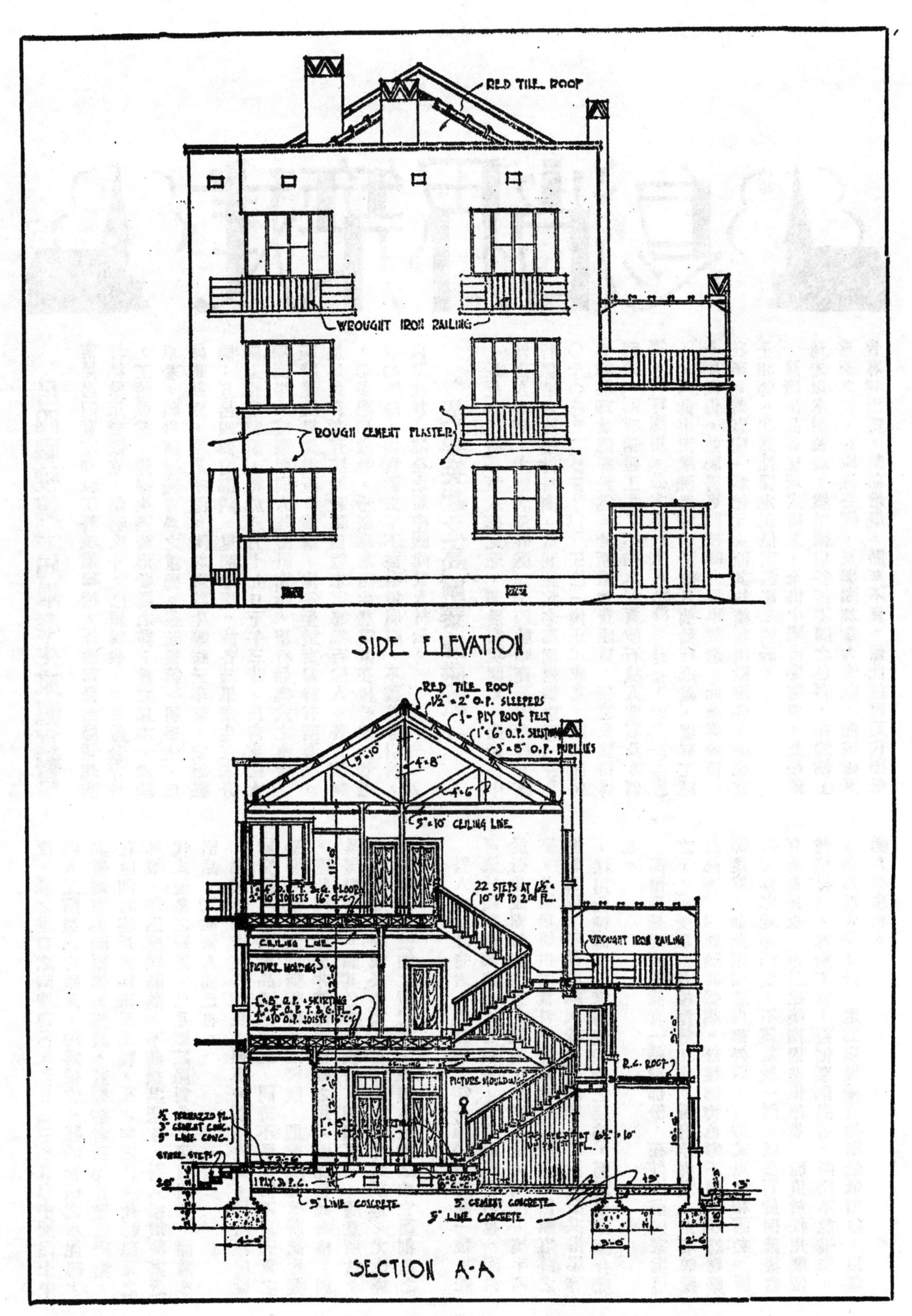
RED TILE ROOF
WROUGHT IRON RAILING
ROUGH CEMENT PLASTER
SIDE ELEVATION
RED TILE ROOF
1-PLY ROOF FELT
CEILING LINE
22 STEPS
WROUGHT IRON RAILING
PICTURE MOULDING
R.C. ROOF
5" LIME CONCRETE
3" CEMENT CONCRETE
5" LIME CONCRETE
SECTION A-A

建築界消息

呂四職校第一屆畢業生來滬實習

南通呂四私立初級工科職業學校，係馥記營造廠司理陶桂林君斥資設立，創辦迄今，已屆四載。平日施教方針，工讀並重，俾學生無畸形發展之弊；設立以來，成績卓著，頗得南通教育界之重視。茲該校第一屆學生，已修業期滿，畢業來滬。陶君以該生等雖云卒業，究乏經驗；且呂四僻處海隅，見聞未廣。故各該畢業生在未分派工作實習前，特於八月十九日下午三時，在南京路大陸商場六樓馥記同人建築研究所，舉行始業式之集會，函請建築界先進蒞會演講，俾各生於實習時有所遵循。是日到會者有該校教職員暨來賓等都百餘人。各人演詞，語多懇切激勉，希望畢業諸生能秉其在校時學的智識做的經驗，切實幹去，不被環境屈服，不被外界引誘，以期成為一健全之新中國建設人材云。

異軍突起之高爾泰搪磁廠

最近本埠有一新式磚瓦廠，即將實現開業。此廠係中外商人合辦，主動者為外灘二十四號嘀商公大洋行。該行係著名建築材料商。磚瓦廠定名高爾泰搪磁廠 (The Col-Cotta Glazing Co. Inc.) 一俟正式成立，該行即將為總經理兼總經銷處。此新廠曾費鉅貲，在遠東獲得專利權，所有搪磁工程，不拘水泥黃沙石塊人造石及瓦器等，均可應用。公大洋行主人經海司君(Mr. Kienhuize)，曾為此事至歐洲考察，於數月前始行返滬，攜有工廠全副設備，並聘得專門技師，從事製造。此廠落成後，在磚瓦業實開一新紀元；而其規模實與歐洲各大廠家完全相等。開廠扯擇定在億定盤路二號云。

該廠出品各種新式磚瓦，全供中國市場需要。此種磚瓦先以水泥製成，然後搪以各種不同之色彩，在裝飾上務盡其宜。在歐洲各國，及美國加拿大等處，此種磚瓦皆專利出售，銷額增廣，歷年不衰。蓋此種磚瓦代價低廉，較之進口之陶器磚(Ceramic Tiles)及以中國泥土中國人工所製造之磚瓦，均為便宜。經過搪磁之水泥磚，其質地實與陶器磚瓦無異，蓋製造者對此曾澈底研究，在歐洲考察戶內外磚瓦工程，凡六年之久。此種磚瓦之外觀，若遇凜霜酷熱，不能損其毫末。吾人祗須觀其近代式優良之廠房，已足徵該廠對此已深有研究，而將來出品，定能使人滿意也。

水泥磚瓦若材料純良，經專家製造得宜，同時廠房設備完全，則其出品必無瑕疵，同時不受任何不良天氣之影響。至於該廠搪瓷磚瓦之美觀，則非陶器磚所能比擬，蓋此種磚瓦原非替代陶器磚之用，而係自成一格，別具優點者也。而其色彩及設計，種類萬千，隨意所欲；更能由建築師或營造商，自加審定，託為製造，尤感極大便利。故壁飾之新紀元，或將由該廠之成立而創造之也！

吾人尤須注意者，即搪磁工作不僅限於磚瓦一種，並可施於牆面及其他巨大面積等，不拘形式若何也。而對於衛生設備特別注意之建築，如實驗室，醫院，施手術室，及屠場等供給食料處，更宜予以注意。因無痕跡之搪磁工程，不能隱藏灰埃及害蟲等。游泳池公共浴場等，採用此種磚瓦，實為理想中之裝飾，而所費亦極合度也。

高爾泰搪磁廠並設有一特別部份，在外國藝術家指導之下，承受雕刻及模型等工作。備有水泥及人造石等建築飾物，以便隨時採購。該種飾物色彩不同，任憑建築師選取，如此則屋之內部外觀，其形式更能和諧矣。搪磁工程之範圍極廣，不僅限於一隅，該公司於開業後當有所表見也。至於建築商因造價昂貴，而迫於採用廉價建築材料，殊所不取，蓋價廉則品劣，所得不能償失。該廠為推廣營業計，定能以最優貨物取最低價格，以為國人服務也。

營造與法院

楊文詠上訴奚籟欽蘇高一分院判決

變更原判令被上訴人給付上訴人造價

江蘇高等法院第一分院民事判決二十一年上字第六一三四號判決

上訴人　楊文詠　年三十四歲住辣斐德路六二三號

右訴訟代理人黄修伯律師

被上訴人　奚籟欽　年六十歲住東西華德路積善里一號

右兩造因請求給付建築費涉訟一案。上訴人不服江蘇上海第一特區地方法院中華民國二十二年二月七日第一審判決。提起一部上訴。本院判决如左。

主　文

原判决關於駁回上訴人請求給付造價欠欵銀三千一百八十六兩之訴。及訟費部分變更。

被上訴人應更給付上訴人造價洋四千四百五十五元九角四分四厘。係就前項所載銀三千一百八十六兩以七一五折洋計算。

其餘上訴駁回。

第一二兩審訴訟費用由被上訴人負担十分之八。上訴人負担十分之二。

事　實

上訴人聲明應爲判决將原判决變更。令被上訴人償還造價銀三千一百六十八兩。加工銀九千一百〇九兩。及其法定利息。并由被上訴人負担訟費。其陳述略謂。合同第十二欵所載支付該數額百份之七十云云。係指已完成之工作。及已送到之材料而言。如建築師每次以實價總數百分之七十簽出領款證後。其未付百份之三十併入第二次實價總數。再按百份之七十付款。依此類推。直至最後一次付款時所存百分之三十。始俟全部工竣時及九個月後付之。此已據證人宋天壤（上海市建築協會代表）及鴻達建築師證明無異。今係第四次付欵。并非末次。足證上訴人應領之款。實係領款證所載之實數。被上訴人何得拒付。乃原判誤將合同所載支付該數額百分之七十字句。認爲支付證書數額百分之七十。殊屬牽强。又加工部分合同既載明憑建築師吩咐。而有增減。不使契約無效。是則建築師代表雙方所簽之加工證明書。不啻雙方簽立之合同。該加工證明書既係建築師代表雙方所簽定。則該加工賬欠款九千一百零九兩之數目。被上訴人當然須遵守照付。且建築師簽定之加工書。內有建築於地內及更改之工程。均未估計。且更不能依最近市價估計。置原加工書之數目於不顧。原判竟謂兩造既未訂立加工合同。對於此項加工之權義。自不適用。原合同之規定。乃憑兩年後楊工程師估計之市價。令被上訴人給付。亦屬不合云云。被上訴人聲明應爲駁回上訴。并令上訴人負担訟費之判决。其陳述略爲按合同規定於工程未完竣前。僅能支欵七成。今上訴人所支者已超出多多。其所稱付欵方法。非斷章取義。卽牽强附會。總之被上訴人歷次所付之欵。已超出百份之七十。并無不當。至加工部分。如須被上訴人承認付欵。總要有憑據。鴻達建築師僅居於監督中證之地位。如果加工自應得三方之同意。今所爭者。完全在加工部分。被上訴人絕對不承認有加工情事。而鴻建築師之承認。決不能謂卽被上訴人之承認。故關於加工部份。既經法院指派楊錫鏐工程師公平鑑定。其結果爲銀六千七百五十七兩四錢四分。被上訴人并無不服云云。

理　由

本件關於合同造價欠款計銀三千一百八十六兩部份。其欠欵數額已爲被上訴人所承認。玆應審究者。卽上訴人向被上訴人要求卽時給付能否認爲正當。是已查原合同第十二款載建築師在工程進行時。得承攬人之要求簽發領欵證書。其欵數係依工程進行之程度。及運抵營造地之材料等價值。由業主付欵與承攬人云。付款之方法。卽建築師估算已完工程及已到材料之價值。至簽發證書時止。不包含前曾簽給之證書。假定估得材料與工值有元一萬兩。或建築師所費同之其他數額時。承攬人得依此數於七日內實收七成。卽百分之七十。直至全工完成時止。至其餘數額。應經建築師證明全工完成已滿意時支付四分之三。而其餘四分之一。則於建築師簽發完工證書後第九個月之末。經建築師證明此項工程確爲完美時支付之等語。所謂不包含前曾發給之證書云云。因係扣除該證書所載之數額而言。惟該證書所載數額原係按照已完工程及已到材料之價值。以七成折算。爲上訴人所應領之實數。並非如原判所認係按已完工程及已到材料各作值之總數所簽發。再由上訴人按所簽之數以七成折算領款。例如第一次已完工程及已到材料價值估算爲一萬兩。則僅按七成簽發七千兩之證書。其餘三成。係并入第二次計算。第二次工程及已到材料如仍爲一萬兩。則應加第一次未簽證書之三千兩計算。共爲一萬三千兩。再按七成簽發九千一百兩之證書之類。非特已據證人宋天壤及鴻達建築師證明無異。卽按該款所載文義。亦屬當然解釋。且被上訴人於最後辯論時。對此點亦已不爭。則原工程師歷次既均係按照已完工程及已到材料之價值以七成折算。簽發領欵證書。按原合同第十三十四各欵規定。被上訴人卽有如數照付之義務。上訴人因要求被上訴人卽時給付。自不能謂爲當不。乃原審誤解領欵證書所載之七成數額。爲已完工程及已到材料之總數額。遽謂上訴人祇能按照證書所載數額以七成領欵。其餘三成統應於全部工作完成。幷由建築師證明滿意時支付四分之三。尙餘四分之一。須於工程完成後九個月之末支付之。更置原合同所載已完工程及已到之材料之價值等語句於不顧。竟以合同所載造價總額之七成。爲計算付欵之方法。因認上訴人所領之欵。已逾定額。遂將上訴人關於此部分之訴駁回。自有未合。上訴人提起上訴。尙不能謂爲無理。又關於加賬欠欵部分。無論其工程之變更或增加。應否另訂書面合同。但被上訴人既承認有加工情事。原判亦認定被上訴人對於加工部分之欠款。又據聲明。幷無不服。自無庸更就應否訂立書面合同之問題。予以審究。玆上訴人所爭執者。不過在原判決所命被上訴人償還之數額。是否相當之一點。查上訴人在第一審就加工部分之數額。雖經提出建築師之證書爲證。惟其以後既經同意。另派楊錫鏐建築師重行鑑定。而鑑定結果。其所加工部分祇值銀六千七百五十七兩四錢四分。上訴人對此數額更以明白表示承認。其代理人陳霆銳律師亦曾表示該部分照所鑑定之數額和解。幷稱加賬業經鑑定人製成報告書。兩造均不能否認等語。見第一審本年一月二十一日及二月二日筆錄。是該上訴人對於鑑定數額。業經承認於前。已不容於事後有所翻悔。況所稱建築師於內地及更改之工程。實究有若干。在上訴人又均無證明方法。更何得再以空言執爲不服原判之論據。故其此項上訴。殊難認爲有理。至利息一項。上訴人在第一審並未主張。玆在上訴審迅加請求。又求得被上訴人之同意。自應毋庸置議。據上論結。本件上訴一部爲有理由。一部爲無理由。依民事訴訟法第四百十六條第四百十五條第八十二條特爲

判決如主文

中華民國二十二年七月三日

江蘇高等法院第二分院民事庭

審判長推事　李　棟

推事　葉任晦

推事　倪徵噢

書記官　顧思俊

本件證明與原本無異

二十二年七月念三日收到

大東鋼窗公司遷移新址

上海大東鋼窗公司，專造鋼窗鋼門及鋼鐵建築材料，營業殊爲發達。現該公司因原址四川路七十二號，不敷應用，業已遷至河南路天津路口四九五路恆利銀行大樓新屋二樓照常營業，聞電話已改爲九二四〇〇號云。

▲本會徵集圖書啓事

本會成立之始，卽以研究建築學術爲宗旨；研究之基礎，端爲蒐集圖書，藉供博採觀摩；故組織建築圖書館，亦嘗列入本會工作之一。而限於經濟，因循未成。耿耿之心，則無寗已。迺者，檢集歷年存書，得中西書刊數百本，束之高閣，殊背羅致之初衷，以致借閱，則嫌掛一而漏萬。爰擬積極籌劃，必期實現。除量力增購以圖擴充外。並盼熱心提倡建築學術之人士，踴躍捐贈：如割愛可惜，則暫行借存亦可。務使建築同人獲得讀書之機會，功在昌明建築學術，彌深企禱。倘蒙國內外出版家贈閱有關築建之定期刊物，亦所歡迎，本會當以本刊奉酬也。此啓。

問答欄

葛德銘君問

本國所產各種木材，如橡、松、杉、榆、槐、柏、赤楊、白楊等，計算時各種Ultimate & Allowable Stresses 數值如何？

服務部答

其數值如左表：

木材的應力 每方吋……磅

材料名稱		極力 Ultimate Stress		工作應力 Working Stress	
		拉力 Tension	壓力 Compression	拉力 Tension	壓力 Compression
槐	Ash	10,000	8,000	1,200	1,000
黃楊	Box	16,000	8,500	2,000	1,100
柏樹	Cedar	6,000	4,000	800	500
榆	Elm	10,500	5,000	1,300	600
白松	White pine	6,000	4,000	800	500
紅松	Red Pine	10,000	5,000	1,200	600
橡樹	Oak	10,000	6,000	1,200	750

葉貽壽君問

木料採購有否等級？柳安柚木椿木之英文名？

服務部答

木料採購均有等級，如洋松之有普通貨及揀選貨。柳安英名Lauan or Philippine Hard-wood. 柚木英名Teak, 椿木英名Piling log。柳安柚木與亞克之等次極繁，尤以柳安之種類頗為複雜，不下數十種。

問 甯漆廣漆係用何種原料構成？溶液薄料和燥頭(Vehicle, Thinner & Drier)與西洋漆中所用者有何不同？

答 甯漆廣漆用生漆和厚桐油合成，中國漆中無所謂溶液薄料和燥頭。西洋漆係用亞蔴油為溶液薄料，加以白鉛粉及其他種種礦物色素，使其具有富質和容易乾燥。

問 請詳述 Varnishing, Polishing, Enameling & Staining之中文名稱及其功用。

答 Varnishing 中名凡立水，係無色液油，宜用於外面木料。Polishing中名泡立水。也係無色者，宜用於內面裝修。Enameling中名磁漆，房間浴室及廚房中最宜用此項磁白油漆。Staining 即於木料施以黑色底子，再罩泡立水。

問 外牆塗刷黃粉，一經雨水霑濕，非常不雅，且難耐久，有何法補救之？

答 除時常粉刷外，別無他法。

問 汰石子與Stucco是否相同？

答 完全不同。

H由鐵鏈C任之。同時恐船向外移動，以鐵鏈V繫之。故撑木以垂直於木斗船者為宜，因為無須乎任水流之橫衝力也。

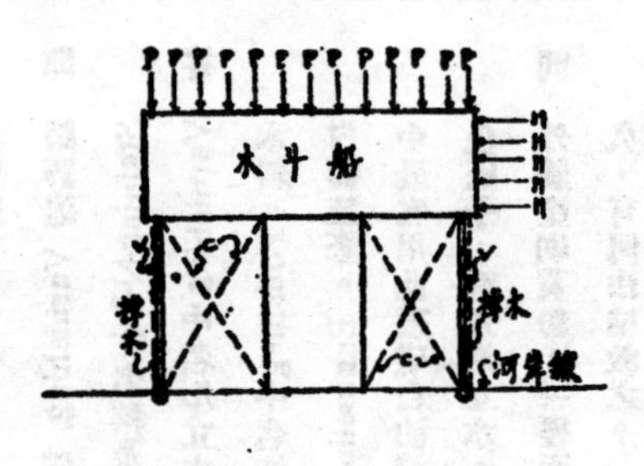

聞天聲君問

定製鐵門，有否繪就之圖案可參考；或有現貨可供採購？

服務部答

鐵門無現貨，亦無繪就之圖樣。須自行繪製小樣，然後將小樣放大如鐵門大小，繪於刨光之木板，交鐵匠店依樣製造。

宋一華君問

普通作旅客上落及貨物起卸用之碼頭，設計面板時，應假定每方呎Dead Load若干磅？Live Load若干磅？

服務部答

碼頭單為旅客上落之用，或卸落同面積而輕於旅客的貨物時，Live Load70#，已夠。倘有較重的貨物卸落，Live Load 當隨之增加。

Dead Load視Live Load之大小而轉移。設計時可以假定Dead Load為若干磅，以求碼頭之厚度，厚度既得，其每方呎之重量，可立即算出。倘假定的Dead Load超過實在的重量，則O.K.如小，便應重算。

問：關於木斗船撑木之設施如何？

答：木斗船的撑木，功效在抵抗波浪力P，水之橫衝力

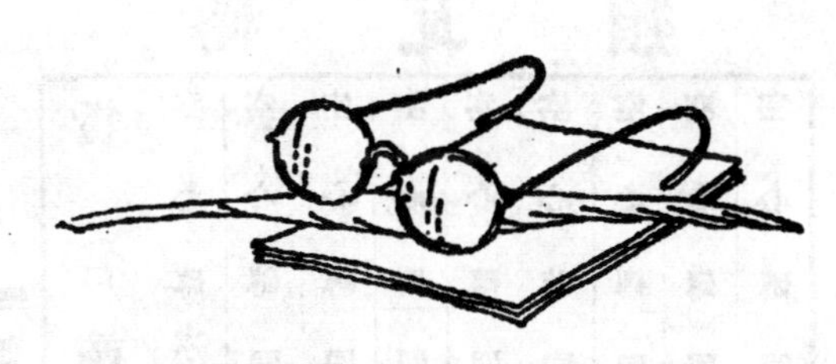

編餘

第八期已編排完了，有許多話想對諸位讀者報告一下，在此便照例寫上一篇編餘。

這幾天眞怕看日歷，因爲日歷不留情地一張張的飛去，本刊的一張張地排印，老是夠不上它的迅速。今天印刷所裏說一切都排完，單等編餘了，心頭才算寬舒了一下。不過，又趕得遲了，承諸位常來詢問，謹表謝意與歉忱。該得聲明的，延期的原因，爲了增印一二期再版，印刷所忙不過來，以致遲悞了。

■本期譯著除原有各長篇續稿外，有「麻太公式」與「胡佛水閘之隧道內部水泥工程」等短篇著作多篇。

我國普通房屋之建造，砌製磚牆需用灰沙，而計算灰沙數量，我國向無一定之公式，計算時頗費麻煩。本文憑作者研究心得，製成麻太公式，從事牆壁工程，計算需用數量時，可依照公式推算。既省時間，且免錯悞，請讀者注意及之。

美國胡佛水閘之隧道內部水泥工程，原定上期刊登，旋以稿件擁擠，雖已排就，改載本期。該項建築共用三萬立方碼水泥，架撑圓桶壳子型模非常奇妙，混凝土工作極爲艱難，可供建築界的參攷，本文對於建築情形有詳細之記載。只因限於篇幅，分爲二期發表。續稿准下期刊完。

本刊所載圖樣，均屬建造新屋之圖樣；本期刊登之大方飯店圖樣，樓地盤圖，剖面圖，及屋頂圖等，却是造圖樣。房屋完竣以後，因特殊情形之關係，將原來的應用計劃打消而改作他用者，時有所聞。應用的方面既不同，裝飾佈置自必予以修改，這是一件不很容易的工作。本刊特登此項圖樣，讀者頗有參考的價値。遇有此種改造工程委託設計時，可舉一反三的變化辦理。

居住問題新式住宅圖樣全套，爲最新穎最合用的住宅式樣，可供較大的新家庭居住。

本刊第九第十兩期擬刊印合訂本，以便趕上準期出版。

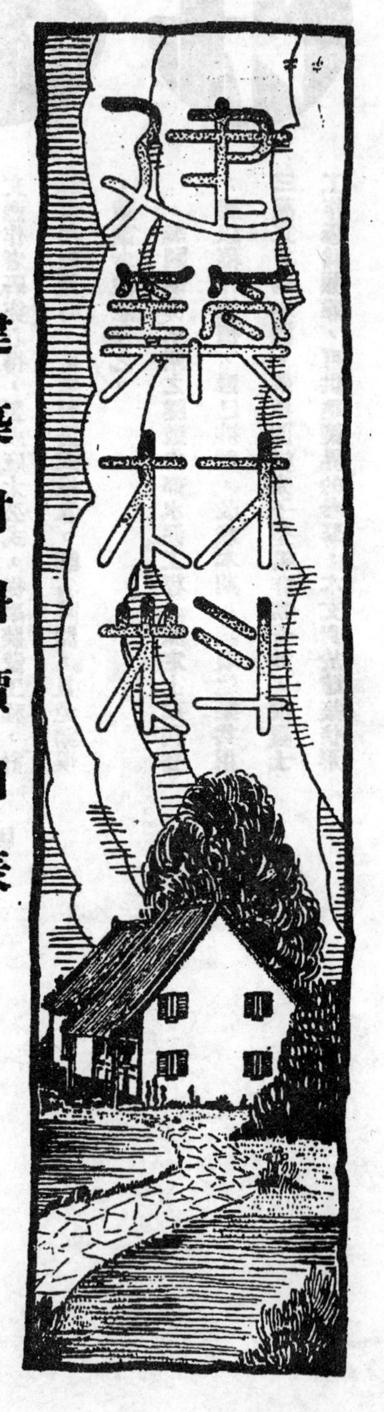

建築材料價目表

本欄所載材料價目，力求正確，惟市價瞬息變動，漲落不一，集稿時與出版時難免出入。讀者如欲知正確之市價者，希隨時來函或來電詢問，本刊當代為探詢詳告。

磚瓦類

貨名	商號	標記	數量	價目
空心磚	大中磚瓦公司	12"×12"×10"	每千	二八〇元
空心磚	同前	12"×12"×8"	同前	二三〇元
空心磚	同前	12"×12"×6"	同前	一七〇元
空心磚	同前	12"×12"×4"	同前	一一〇元
空心磚	同前	12"×12"×3"	同前	九〇元
空心磚	同前	9¼"×9¼"×6"	同前	九〇元
空心磚	同前	9¼"×9¼"×4½"	同前	七〇元
空心磚	同前	9¼"×9¼"×3"	同前	五六元
空心磚	同前	4½"×4½"×9¼"	同前	四三元

貨名	商號	標記	數量	價格
空心磚	大中磚瓦公司	3"×4½"×9¼"	每千	二七元
空心磚	同前	2½"×4½"×9¼"	同前	二四元
空心磚	同前	2"×4½"×9¼"	同前	二三元
紅機磚	同前	2½"×8½"×4¼"	每萬	一四〇元
紅機磚	同前	2"×5"×10"	同前	一三三元
紅機磚	同前	2¼"×9"×4¼"	同前	一二六元
紅機磚	同前	2"×9"×4⅜"	同前	一一二元
紅平瓦	同前		每千	七〇元
青平瓦	同前		同前	七七元

磚瓦類

貨名	商號標記		數量	價目
青脊瓦	大中磚瓦公司		每千	一五四元
蘇式灣瓦	同前		同前	四〇元
西班牙筒瓦	同前		同前	五六元
手工大二二	華興機窰公司	2¼"×5"×10"	每萬	一五〇元
手工小二二	同前	2¼"×4½"×9"	同前	一三〇元
手工二五十	同前	2"×5"×10"	同前	一三五元
機製大二二	同前	2¼"×5"×10"	同前	一六〇元
機製小二二	同前	2¼"×4½"×9"	同前	一四〇元
機製二五十	同前	2"×5"×10"	同前	一四〇元 以上均上海碼頭交貨
機製洋瓦	同前	12½"×8½"	每千	七十四元
六眼空心磚	同前	9¼"×9¼"×6"	同前	七十五元
六眼空心磚	同前	12"×12"×8"	同前	二二〇元
六眼空心磚	同前	12"×12"×6"	同前	一六五元
四眼空心磚	同前	12"×12"×4"	同前	一一五元
四眼空心磚	同前	3"×9¼"×4½"	同前	四十元
三眼空心磚	同前	9¼"×9¼"×4½"	同前	七十元
三眼空心磚	同前	9¼"×9¼"×3"	同前	五五元
二眼空心磚	同前	4"×9¼"×6"	同前	四五元 以上均作場交貨
瓦筒	義合花磚瓦筒廠	十二寸	每只	八角四分
貨名	商號標記		數量	價目
瓦筒	義合	九寸	每只	六角六分
瓦筒	同前	六寸	同前	五角二分
瓦筒	同前	四寸	同前	三角八分
瓦筒	同前	小十三號	同前	八角
瓦筒	同前	大十三號	同前	一元五角四分
青水泥花磚	同前		每方	二〇元九角八
白水泥花磚	同前		每方	二六元五角八
空心磚	振蘇磚瓦公司	9¼"×4½"×2¼"	每千	二十五元
同前	同前	9¼"×4½"×3"	每千	三十元
同前	同前	9¼"×9¼"×3"	每千	六十元
同前	同前	9¼"×9¼"×4½"	每千	七十五元
同前	同前	9¼"×9¼"×6"	每千	九十元
同前	同前	9¼"×9¼"×8"	每千	一百十元
同前	同前	9¼"×4½"×4½"	每千	四十元
同前	同前	12"×12"×4"	每千	一一五元
同前	同前	12"×12"×6"	每千	一六〇元
同前	同前	12"×12"×8"	每千	二二〇元
紅磚	同前	10"×5"×2¼"	每千	十三元五角
同前	同前	10"×5"×2"	每千	十三元

磚瓦類　木材類

貨名	商號	標記	數量	價目
紅磚	振蘇磚瓦公司	9¼"×4½"×2¼"	每千	十二元五角
紅磚	同前	9¼"×4½"×2"	每千	十二元
光面紅磚	同前	10"×5"×2¼"	每千	十三元五角
同前	同前	1G"×5"×2"	每千	十三元
同前	同前	9¼"×4½"×2¼"	每千	十二元五角
同前	同前	9¼"×4½"×2"	每千	十二元
青平瓦	同前	12½"×8"	每千	七十五元
紅平瓦	同前	12½"×8"	每千	六十五元
青筒瓦	同前	12"×6"	每千	七十元
紅筒瓦	同前	12"×6"	每千	六十元
洋松	上海市同業公會公議價目	八尺至三十二尺（再長照加）	每千尺	九十元
一寸洋松	同前		同前	九十二元
半寸洋松	同前		同前	九十三元
洋松二寸光板	同前		同前	六十八元
四尺洋松條子	同前		每萬根	一百四十元
一寸四寸洋松一號企口板	同前		每千尺	一百十元
一寸六寸洋松一號企口板	同前		同前	一百二十元
俄紅松方	同前		同前	六十七元
俄麻栗光邊板	同前		同前	一百二十元
俄麻栗毛邊板	同前		同前	一百十元

貨名	商號	標記	數量	價目
一二五・四寸一號洋松企口板	上海市同業公會公議價目		每千尺	一百五十元
一二五・六寸洋松一號企口板	同前		同前	一百六十元
柚木（頭號）	同前	僧帽牌	同前	六百三十元
柚木（甲種）	同前	龍牌	同前	四百五十元
柚木（乙種）	同前	龍牌	同前	四百二十元
柚木段	同前	龍牌	同前	三百五十元
硬木	同前		同前	二百元
硬木火介方	同前		同前	一百九十元
九尺寸坦戶板	同前		每丈	一元四角
柳安	同前		每千尺	二百二十元
紅板	同前		同前	一百二十元
抄板	同前		同前	一百四十元
十二尺三寸六八皖松	同前		同前	六十元
一二五｜四寸柳安企口板	同前		同前	二百十元
十二尺二寸皖松	同前		同前	六十元
一寸六寸柳安企口板	同前		同前	二百元
二寸一半建松片	同前		同前	六十元
一丈字印建松板	同前		每丈	三元三角
一丈足建松板	同前		同前	五元二角
八尺寸甌松板	同前		同前	四元

木材類

貨名	商號	說明	數量	價格
一寸六寸一號甌松板	上海市同業公會公議價目		每千尺	四十六元
一寸六寸二號甌松板	同前		同前	四十三元
八尺機鋸五分杭松板	同前		每丈	二元
九尺機鋸五分甌松板	同前		同前	一元八角
八尺足寸皖松板	同前		同前	四元五角
一丈寸皖松板	同前		同前	五元五角
八尺六分皖松板	同前		同前	三元五角
台松板	同前		同前	四元
九尺八分坦戶板	同前		同前	一元二角
九尺五分坦戶板	同前		同前	一元
八尺六分紅柳板	同前		同前	二元一角
七尺俄松板	同前		同前	一元九角
八尺俄松板	同前		同前	二元一角

油漆類

貨名	商號	說明	數量	價格
AA純鋅上白漆	開林油漆公司	雙斧牌	二十八磅	九元五角
AA純鉛上白漆	同前	同前	同前	八元五角
A白漆	同前	同前	同前	六元八角
B白漆	同前	同前	同前	五元三角半
K白漆	同前	同前	同前	三元九角
KK白漆	同前	同前	同前	二元九角
A各色漆	同前	同前	同前	三元九角

貨名	商號	標記	數量	價格
B各色漆	同前	同前	同前	三元九角
銀硃調合漆	同前	同前	一介倫	十一元
白色調合漆	同前	同前	同前	五元三角
各色調合漆	同前	同前	同前	四元四角
白及各色磁漆	同前	同前	同前	七元
金粉磁漆	同前	同前	同前	十二元
白打磨磁漆	同前	同前	半介倫	三元九角

商號	品號	品名	裝量	價格	用途	每介侖能蓋方數
元豐公司	建一	白厚漆	28磅	二元八角	木質打底	三方
同前	建二	黃厚漆	同前	二元八角	土木質打底	三方
同前	建三	紅厚漆	同前	二元八角	鋼鐵打底	四方
同前	建四	頂上白厚漆	同前	十元	蓋面	五方
同前	建五	燥頭	七磅	一元二角	促乾	
同前	建六	淺色魚油	六介侖	十六元半	調合厚漆	(土)三方 (木)六方
同前	建七	快燥亮油	五介侖	十二元九	同前	同右
同前	建八	三煉光油	六介侖	二十五元	同前	同右
同前	建九	發彩油(紅黃藍)	一磅	一元四角半	配色	
同前	建十	香水	五介侖	八元	調漆	
同前	建十一	葉狀洋灰釉	二十磅	八元	門面	四方

油漆類

商號	商標	貨名	裝量	價格
永華製漆公司	醒獅牌	AA特白厚漆	廿八磅	六元八角
永華製漆公司	醒獅牌	A上白厚漆	廿八磅	五元三角
永華製漆公司	醒獅牌	二號各色厚漆	廿八磅	二元九角
永華製漆公司	醒獅牌	快燥硍硃磁漆	一介倫	九元
永華製漆公司	醒獅牌	快燥各色磁漆	一介倫	六元六角
永華製漆公司	醒獅牌	快燥金銀磁漆	一介倫	十元七角
永華製漆公司	醒獅牌	汽車凡立水	一介倫	四元六角
永華製漆公司	醒獅牌	清凡立水	一介倫	三元二角
永華製漆公司	醒獅牌	清凡立水	五介倫	十五元
永華製漆公司	醒獅牌	黑凡立水	一介倫	二元五角
永華製漆公司	醒獅牌	黑凡立水	五介倫	十二元
永華製漆公司	醒獅牌	硃紅調合漆	一介倫	八元五角
永華製漆公司	醒獅牌	白色調合漆	一介倫	四元九角
永華製漆公司	醒獅牌	各色調合漆	一介倫	四元一角
永華製漆公司	醒獅牌	改良金漆	一介倫	三元九角
永華製漆公司	醒獅牌	改良金漆	五介倫	十八元
永華製漆公司	醒獅牌	核桃木器漆	一介倫	三元九角
永華製漆公司	醒獅牌	核桃木器漆	五介倫	十八元
永華製漆公司	醒獅牌	硃紅汽車磁漆	一介倫	十二元
永華製漆公司	醒獅牌	各色汽車磁漆	一介倫	九元
永華製漆公司	醒獅牌	淡色魚油	五介倫	時價

商號	品號	品名	裝量	價格	用途	每介倫能蓋方數
元豐公司	建十二	調合洋灰釉	二介侖	十四元	門面地板	五方
同前	建十三	漿狀水粉漆	二十磅	六元	牆壁	三方
同前	建十四	橡黃釉	二介侖	七元五角	門窗地板	五方
同前	建十五	柚木釉	同前	七元五角	同前	五方
同前	建十六	花利釉	同前	七元五角	同前	五方
同前	建十七	上白磁漆	同前	十三元半	蓋面	六方
同前	建十八	朱紅磁漆	同前	廿三元半	同前	五方
同前	建十九	純黑磁漆	同前	十三元	同前	五方
同前	建二十	紅丹油	五六磅	十九元半	防銹	四方
同前	建二一	鋼窗灰	五六磅	廿一元半	防銹	五方
同前	建二二	鋼窗李	同前	十九元半	防銹	五方
同前	建二三	鋼窗綠	同前	廿一元半	同前	五方
同前	建二四	屋頂紅	同前	十九元半	同前	五方
同前	建二五	上白調合漆	五介侖	三十四元	蓋面	五方
同前	建二六	上綠調合漆	同前	三十四元	同前	五方
同前	建二七	水汀銀漆	二介侖	二十一元	汽管汽爐	五方
同前	建二八	水汀金漆	同前	二十一元	同前	五方
同前	建二九	凡宜水(清黑)	二 五 介侖	七 十七 元	罩光	五方
同前	建三十	各色一層漆丙種	卌六磅	十三元九	普通	(土木)三 (金)四 方

21352

油漆類

商號	商標	貨名	裝量	價格	用途
永固造漆公司	長城牌	各色磁漆	一介侖	七元	搽於鋼鉄及木製器具上顏色鮮豔堅韌耐久
同前	同前	同前	半介侖	三元六角	
同前	同前	同前	二五介侖	一元九角	
同前	同前	金銀色磁漆	一介侖	十元七角	同前
同前	同前	同前	半介侖	五元五角	
同前	同前	同前	二五介侖	二元九角	
同前	同前	改良廣漆	五介侖	十八元	有金黄紅木及棕紅色數種最合于木器傢具地板等處
同前	同前	同前	一介侖	三元九角	
同前	同前	同前	半介侖	二元	
同前	同前	清凡立水	五介侖	十六元	易乾耐用光亮透明用於傢具木器地板等可增美觀而防物腐
同前	同前	同前	一介侖	三元三角	
同前	同前	同前	半介侖	一元七角	
同前	同前	黑凡立水	五介侖	十二元	
同前	同前	同前	一介侖	二元五角	
同前	同前	同前	半介侖	一元三角	
同前	同前	灰防銹漆	五六磅	二十二元	用於鋼鉄器具上最有防銹之功效
同前	同前	同前	一介侖	四元四角	
同前	同前	紅防銹漆	五六磅	二十元	
同前	同前	同前	一介侖	四元	
同前	同前	各色調合漆	五六磅	廿元五角	
大陸實業公司	同前	固木油	一介侖	三元五角	
同前	同前	同上	五介侖	十七元五角	
同前	同前	同上	四十介侖	一二一元六角	

貨名	商號	數量	價格	備註
二二號英白鐵	新仁昌	每箱	六七元五五	每箱廿一張重四二〇斤
二四號英白鐵	同前	每箱	六九元〇二	每箱廿五張重量同上
二六號英白鐵	同前	每箱	七二元一〇	每箱卅三張重量同上
二二號英瓦鐵	同前	每箱	六一元六七	每箱廿一張重量同上
二四號英瓦鐵	同前	每箱	六三元一四	每箱廿五張重量同上
二六號英瓦鐵	同前	每箱	六九元〇二	每箱卅三張重量同上
二八號英瓦鐵	同前	每箱	七四元八九	每箱卅八張重量同上
二二號美白鐵	同前	每箱	九一元〇四	每箱廿一張重量同上
二四號美白鐵	同前	每箱	九九元八六	每箱廿五張重量同上
二六號美白鐵	同前	每箱	一〇八元三九	每箱卅三張重量同上
二八號美白鐵	同前	每箱	一〇八元三九	每箱卅八張重量同上
美方釘	同前	每桶	十六元〇九	
平頭釘	同前	每桶	十八元一八	
中國貨元釘	同前	每桶	八元八一	
半號牛毛毡	同前	每捲	四元八九	
一號牛毛毡	同前	每捲	六元二九	
二號牛毛毡	同前	每捲	八元七四	
三號牛毛毡	同前	每捲	十三元五九	

建築工價表

名稱	數量	價格
清混水十寸牆水泥礲雙面柴泥水沙	每方	洋七元五角
柴泥水十寸牆灰沙礲雙面清泥水沙	每方	洋七元
清混水十五寸牆水泥砌雙面柴泥水沙	每方	洋八元五角
清混水十五寸牆灰沙砌雙面柴泥水沙	每方	洋八元
清混水五寸牆水泥礲雙面柴泥水沙	每方	洋六元五角
清混水五寸牆灰沙礲雙面柴泥水沙	每方	洋六元
汰石子	每方	洋九元五角
平頂大料線脚	每方	洋八元五角
泰山面磚	每方	洋八元五角
磁磚及瑪賽克	每方	洋七元
紅瓦屋面	每方	洋二元
灰漿三和土(上脚手)		洋十一元
灰漿三和土(落地)		洋十元五角
掘地(五尺以上)	每方	洋六角
掘地(五尺以下)	每方	洋一元
紮鐵(茅宗盛)	每擔	洋五角五分
工字鐵紮鉛絲(仝上)	每噸	洋四十元
擣水泥(普通)	每方	洋三元二角

名稱	商號	數量	價格
擣水泥(工字鐵)		每方	洋四元
二十四號九寸水落管子	范泰興	每丈	一元四角五分
二十四號十二寸水落管子	同前	每丈	一元八角
二十四號十四寸方管子	同前	每丈	二元五角
二十四號十八寸方水落	同前	每丈	二元九角
二十四號十八寸天斜溝	同前	每丈	二元六角
二十四號十二寸還水	同前	每丈	一元八角
二十六號九寸水落管子	同前	每丈	一元一角五分
二十六號十二寸水落管子	同前	每丈	一元四角五分
二十六號十四寸方管子	同前	每丈	一元七角五分
二十六號十八寸方水落	同前	每丈	二元一角
二十六號十八寸天斜溝	同前	每丈	一元九角五分
二十六號十二寸還水	同前	每丈	一元四角五分
十二寸瓦筒擺工	義合	每丈	一元二角五分
九寸瓦筒擺工	同前	每丈	一元
六寸瓦筒擺工	同前	每丈	八角
四寸瓦筒擺工	同前	每丈	六角
粉做水泥地工	同前	每方	三元六角

THE BUILDER

Published Monthly by The Shanghai Builders' Association

620 Continental Emporium, 225 Nanking Road.

Telephone 92009

建築月刊

第一卷第八號

中華民國二十二年六月份初版

編輯者　上海市建築協會　南京路大陸商場六樓六二〇號

發行者　上海市建築協會　南京路大陸商場六樓六二〇號

電話　九二〇〇九

印刷者　新光印書館　上海法租界聖母院路聖達里三十一號

投稿簡章

一、本刊所列各門，皆歡迎投稿。翻譯創作均可，文言白話不拘。須加新式標點符號。譯作附寄原文，如原文不便附寄，應詳細註明原文書名，出版時日地點。

一、一經揭載，贈閱本刊或酌酬現金，撰文每千字一元至五元，譯文每千字半元至三元。重要著作特別優待。投稿人卻酬者聽。

一、來稿本刊編輯有權增删，不願增删者，須先聲明。

一、來稿概不退還，預先聲明者不在此例，惟須附足寄還之郵費。

一、抄襲之作，取消酬贈。

一、稿寄上海南京路大陸商場六二〇號本刊編輯部。

本刊價目表

零售	每冊大洋五角
定閱	全年十二冊大洋五元（半年不定）
郵費	本埠每冊二分，全年二角四分；外埠每冊五分，全年六角；香港及南洋羣島每冊一角八分；西洋各國每冊三角。
優待	同時定閱二份以上者，定費九折計算。

定閱諸君如有詢問事件或通知更改住址時，請註明(一)定單號數(二)定戶姓名(三)原寄何處，方可照辦。

廣告價目表

Advertising Rates Per Issue

地位 Position	全面 Full Page	半面 Half Page	四分之一 One Quarter
底封面外面 Outside back cover.	七十五元 $75.00		
封面及底面之裏面 Inside front & back cover	六十元 $60.00	三十五元 $35.00	
封面裏頁及底面裏頁之對面 Opposite of inside front & back cover.	五十元 $50.00	三十元 $30.00	
普通地位 Ordinary page	四十五元 $45.00	三十元 $30.00	二十元 $20.00
分類廣告 Classified Advertisements	每期每格一寸高三寸半闊洋四元 $4.00 per column		

廣告概用白紙黑墨印刷，倘須彩色，價目另議；鑄版彫刻，費用另加。

Designs, blocks to be charged extra. Advertisements inserted in two or more colors to be charged extra.

21355

馥記營造廠

本廠承造各埠建築達數十處都千萬餘金略舉如下備資參考

本埠工程

- 儉德儲蓄會　福生路
- 實隆醫院　白克路
- 公共宿舍　聖母院路
- 劉公館　亞爾培路
- 上海牛皮廠　白利南路
- 七層公寓　國富門路
- 七層公寓　海格路
- 義泰興碼頭　浦東董家渡
- 中華碼頭　浦東周家渡
- 交通大學工程館　徐家匯
- 西式住宅市房　梅白格路
- 公和祥碼頭及棧房　浦東
- 公和祥碼頭　兆豐路
- 四行念二層大樓　跑馬廳

外埠工程

- 總理陵墓第三部工程　南京
- 中山紀念堂　廣州
- 陣亡將士公墓全部　南京
- 美領事署　廈門
- 財政部辦公處　南京
- 宋部長官邸　南京
- 中國銀行　南京
- 新村合作社　南京
- 海軍船塢　青島

▲事務所　上海四川路六號　電話一二三〇五

▲總工廠　戈登路三五五號　電話三四五七九

▲本埠分廠　虹口兆豐路公和祥碼頭　跑馬廳四行念二層大樓

▲外埠分廠　南京靈谷寺　廈門鼓浪嶼　廣州德宣路　青島

電報掛號　上海一五二七　廣州〇五四七　南京七四五〇

中國石公司

註冊商標

CHINA STONE CO.

Shanghai Office: 6 Szechuen Road.

Telephone 12305.

上海辦事處

四川路六號

營業項目

製作：牌匾櫃台 桌椅石面

各式墓碑 紀念碑塔

裁截：鋪地石磚 內外牆磚

各式牆爐 窗台石板

雕刻：水晶物品 玻璃器皿

銅鐵五金 堅硬物品

電話一二三〇五號

電報掛號一七二五號

CITROËN

Wheelbase 167"

異軍突起之兩噸

雪鐵龍

六汽缸運貨汽車

構造堅固。機力强大。

費用節省。駛行極便。

投資於此。萬無一失。

總經理

法大汽車公司

上海霞飛路四二四—四二六號

電話 八四一〇四 八四一〇五

良記

專門承包機磨人造石美術大理石有亮光蘇石及屋頂地坑舖油毛毡等工程如蒙委託毋任歡迎

事務所

上海康腦脫路三十九弄第十號

電話三三二四五三

LIANG KEE & COMPANY

CONTRACTORS FOR

BITUMASTIC, CONCRETE, ROOFING, MACHINE GRINDING,

TERRAZZO, ARTIFICIAL MARBLE & POLISHING GRANITE

Lane No. 39 House No. 10 Connaught Road, Shanghai.

Telephone 32453.

協隆地產建築公司

The Yaloon Realty & Construction Co.

Architects
Real Estate
Mortgages
Property Owners
Construction

Work done:
Shanghai Silk Develoment Bldg.
Corner of Hankow & Fokien Roads.
Owners & Building Contractors for new building on corner of Bubbling Well Road & Love Lane.
Owner & Building contractors for the new 3 story hongs & shops on Cad. Lot No. 539 — corner of Foochow & Fokien Roads.
Architects for the 8 story Apartments Building under construction on Race Course Road.

設計打樣
代客買賣
地產押款
承包工程
地產業主

承造工程：
上海綢業銀行大樓　漢口路石路口
承造兼業主：
新建市房　上海靜安寺路斜橋衖口
設計工程：
八層公寓　上海跑馬廳路

H 313. HUPEH ROAD. Tel. 92651

事務所上海湖北路迎春坊三一三號

南京中山路最近落成之大廈

▲本廠承攬之首都▼

最高法院全部鋼窗鋼門工程

過養默建築師設計

本廠創辦於民國十四年為國貨鋼窗廠中之首創者經多年之研究對於構造原理經驗豐富如首都國民政府交通部大廈蔣委員長官邸汪院長公館中央衛生署及上海市政府各局辦公室中國銀行虹口分行四行儲蓄會交通銀行新貨棧華業公寓中國銀行新貨棧均由敝廠承辦足證出品精良

中國銅鐵工廠

上海甯波路四十號　電話一四三九一號

德興電料行

上海電料行

上海南京路四十九號二樓
青島德縣中山路十六號
電話一七　八四　三二　九六　四九

此圖係二馬路華商證券交易所　建築師陸謙受

本行承裝各埠電氣工程路舉如下備資參考

本埠工程

- 華商證券交易所　漢口路
- 四明銀行貨棧及市房　福煦路
- 美華地產公司市房　施高塔路
- 交通部部長住宅　愚園路
- 外國公寓　威海衛路
- 永安公司地產市房　北四川路
- 四達地產公司市房　施高塔路
- 中華學藝社　愛麥虞限路
- 林發社　南市篾竹街
- 青心女學　南市跨龍路
- 楊虎臣公館　海防路
- 楊順銓公館　環龍路
- 馬公館　寶建路
- 劉志騤公館　甘司東路
- 外國公寓　億定盤路

外埠工程

- 青年會　寧波新江橋
- 華美醫院　寧波北門外
- 鐵道部　南京
- 國立山東大學　青島
- 嚴春陽住宅　南通石港
- 浙江圖書館　杭州
- 野利醫院　湖南

德興電料行
上海電料行　謹啓

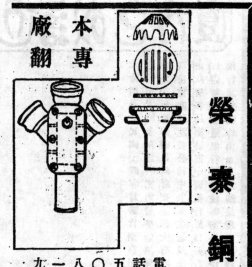

新仁記營造廠

事務所

上海江西路福州路口一七〇號二樓二五八號

電話一〇八八九

本廠承造工程之一班：

沙遜大樓　南京路

漢彌爾登大廈　江西路

都城飯店　江西路

九層公寓　本廠最近承造工程之一

Sin Jin Kee & Company

170 KIANGSE ROAD, HAMILTON HOUSE.

TELEPHONE 10889

21365

DEMAG BLOCKS

全世界著名台麥格廠出品之電力吊車工作敏捷使用簡單開支低廉實爲起重及運輸利器該種吊車可裝置爲固定者或能移動者而尤以用於各種吊重及屋面行動吊車爲適宜 倘蒙垂詢請函知敝公司俾將樣本說明書專函寄奉或請與敝公司專家接洽當不另取費 台麥格廠各種電力吊車常備現貨

上海江西路一三八號
謙信機器有限公司
電話一三五九九

中國及香港獨家經理德國台麥格廠最經濟之吊車能力自四分之一噸至九噸

DEMAG
DUISBURG

Sole Agents in China & Hongkong
Chien Hsin Engineering Co., Ltd.
SHANGHAI, 138 KIANGSE ROAD.
TEL. 13599

WHY DON'T YOU BUY WAHSON FANS?

請君購用國產華生電扇

註冊商標

Trade Mark

Most important facts:

1. Lowest Price with best quality.
2. Less Electricity.
3. Durable construction.
4. Smooth & quiet operation?
5. Guaranted service.

Wahson Desk and ceiling fans give you entire satisfaction.

Wahson Fans are in use by many thousands, and have the most reputation.

A trial will convince you.

一，價廉物美
二，省電耐用
三，物質堅固
四，風扇旋轉寂無聲
五，保用十年

華生檯吊風扇運銷全球聲譽卓著故社會人士樂于購用均稱滿意諸君試用當知言之不謬也

WAHSON & CO., ELECTRIC FACTORY
Shanghai, China.
General office, 484 Nanking Road, Tel. 92696 & 91701 Cable Address: "Wahson "Shanghai

中國上海華生電器製造廠

事務所 南京路四八四號 有線無線電報掛號二二二五上海

ASIA STEEL SASH CO.

STEEL WINDOWS, DOORS, PARTITIONS ETC.,

OFFICE: NO. 625 CONTINENTAL EMPORIUM.
NANKING ROAD, SHANGHAI.
TEL. 90650
FACTORY: 609 WARD ROAD.
TEL. 50690

事務所
上海　南京路
大陸商場六二五號
電話　九〇六五〇

製造廠
上海　華德路遼陽路口
電話　五〇六九〇

元豐公司

專製上等油色漆墨

上海北京路九十六號

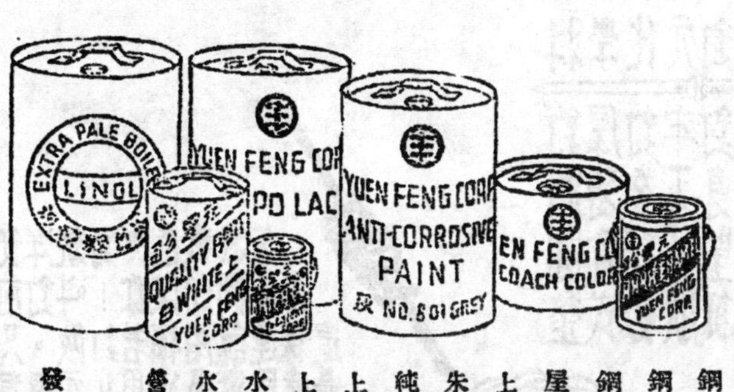

△元豐牌建築油漆

白厚漆 黃厚漆 紅厚漆 頂上白厚漆

燥頭 淡色魚油 快燥亮油 三煉光油

香水 漿狀洋灰釉 調合洋灰釉 漿狀水粉漆

橡黃釉 柚木釉 花利釉 紅丹釉

各色一層漆又名普及漆

鋼窗灰 鋼窗李 鋼窗綠 屋頂紅 上白磁漆 朱紅磁漆 純黑磁漆 上白調合漆 上綠調合漆 水汀銀漆 水汀金漆 營造凡宜水（清黑） 發彩釉（紅黃藍）

價目表承索即寄

電話一二八九五

採用油漆諸君最後結果總是改用

長城牌油漆

永固造漆公司

地址

本廠 上海泛濱路九百號

推銷部 上海北河南路四百另七號

分銷處 上海東熙華德路七二一號 同昌棧五金號

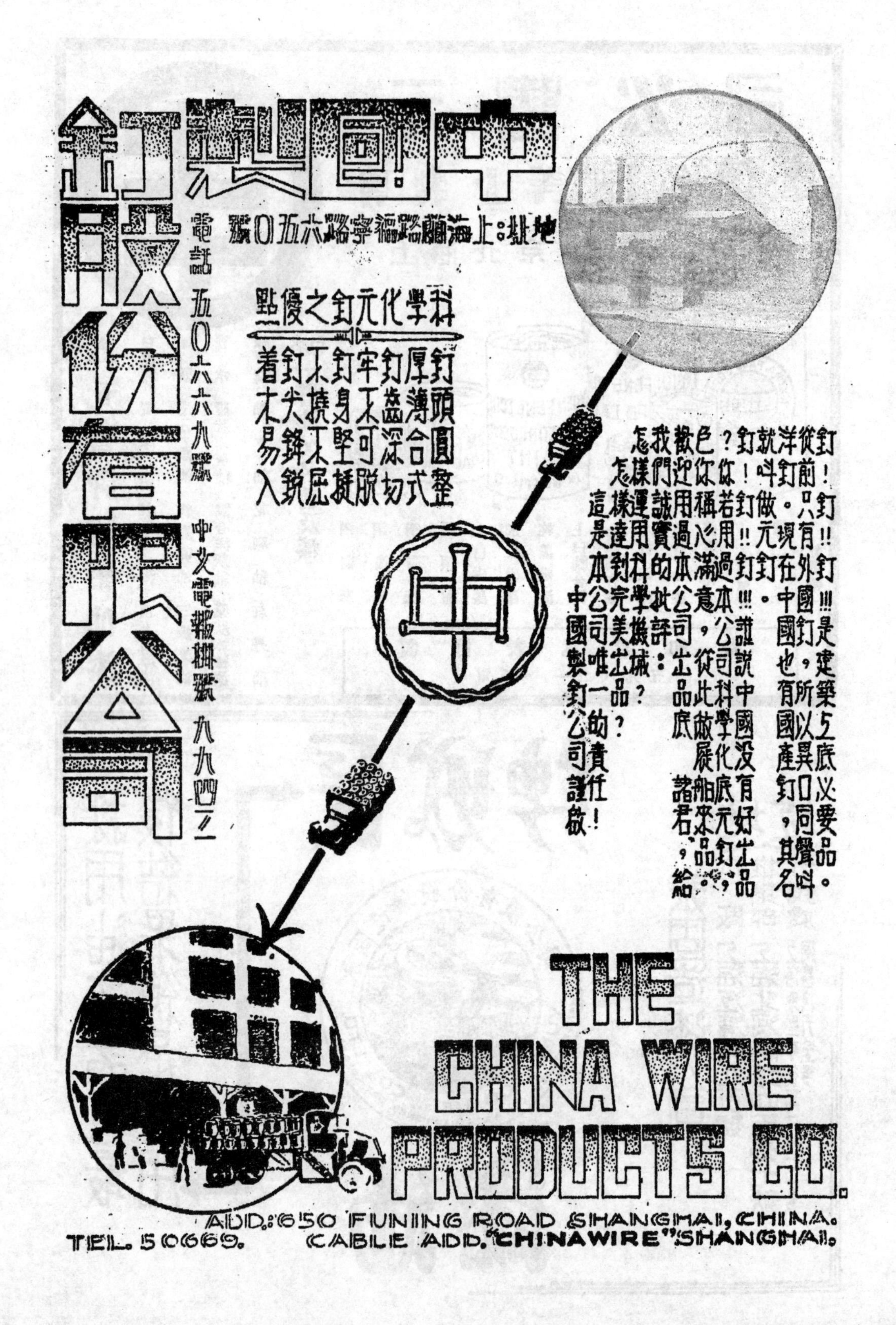
中國製釘股份有限公司
地址：上海蘭路福寧路六五0號
電話五0六六九號
中文電報掛號九九四二
科學化元釘之優點
釘頭圓整
厚薄合式
釘蓋深切
牢不可脫
釘身堅挺
不撓不屈
釘尖鋒銳
着木易入
釘！釘！！釘！！！是建築上底必要品。從前只有外國釘，所以異口同聲叫洋釘。現在中國也有國產釘，其名就叫做元釘。
釘！釘！！釘！！！誰說中國沒有好出品？你若用過本公司科學化底元釘，包你稱心滿意，從此廢棄舶來品，歡迎用過本公司出品底諸君，給我們誠實的批評：怎樣運用科學機械？怎樣達到完美出品？這是本公司唯一的責任！
中國製釘公司謹啟！
中
THE
CHINA WIRE
PRODUCTS CO.
ADD.:650 FUNING ROAD SHANGHAI, CHINA.
TEL. 50669.
CABLE ADD. "CHINAWIRE" SHANGHAI.

THE BUILDI

建築月刊

大中機製磚瓦股份有限公司

製造廠浦東南匯縣下沙鎮

本公司因鑒於建築事業日新月異材料選擇尤關重要特聘專門技師購置德國最新式機器精製各種青紅磚瓦及空心磚等品質堅韌色澤鮮明自應銷以來已蒙各界推為上乘樂予採購茲略舉一二以資參攷其他惠顧諸君因限於篇幅不克一一備載諸希鑒諒是幸

大中磚瓦公司附啟

曾經購用敝公司出品各戶台銜列后

本埠

工部局平涼路巡捕房　新蓀記承造
國立中央實驗館 兆豐花園　和興公司承造
四行儲蓄會 英大馬路　陶馥記承造
鹽業銀行 北京路　趙新泰承造
南京飯店 山西路　新金記祥號承造
開成造酸公司 軍工路　王銳記承造
四海銀行 北京路　惠記興承造
麵粉交易所 民國路　元和興記承造
業廣公司 歐嘉路　陳馨記承造
法教堂 勞神父路　吳仁記承造
七層公寓 霞飛路　吳仁記承造

外埠

中央飯店 南京　新金記承造
金陵大學 南京　利源建築公司承造
航空學校 杭州　新金記康號承造

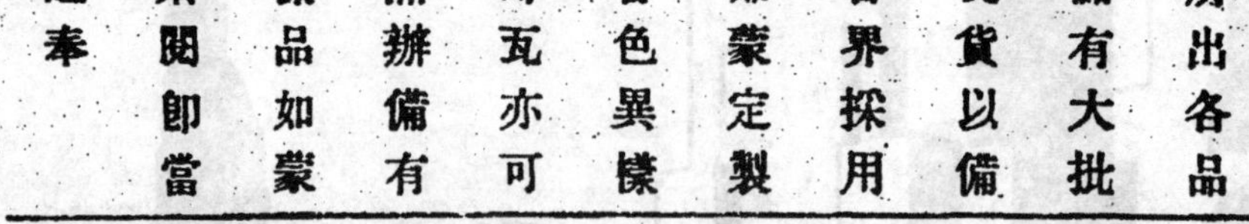

所出各品儲有大批現貨以備各界採用如蒙定製各色異樣磚瓦亦可照辦備有樣品如蒙索閱即當送奉

駐滬批發所

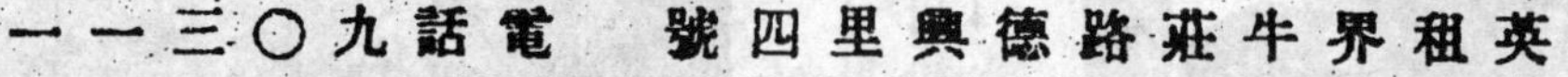

英租界牛莊路德興里四號　電話九〇三一一

DAH CHUNG TILE & BRICK MAN'F WORKS.

Sales Dept. 4 Tuh Shing Lee, Newchwang Road, Shanghai.

TELEPHONE 90311

POMONA PUMPS

凡裝自流井而欲求最經濟之水源請採用最新式

『普摩那』

電機抽水機

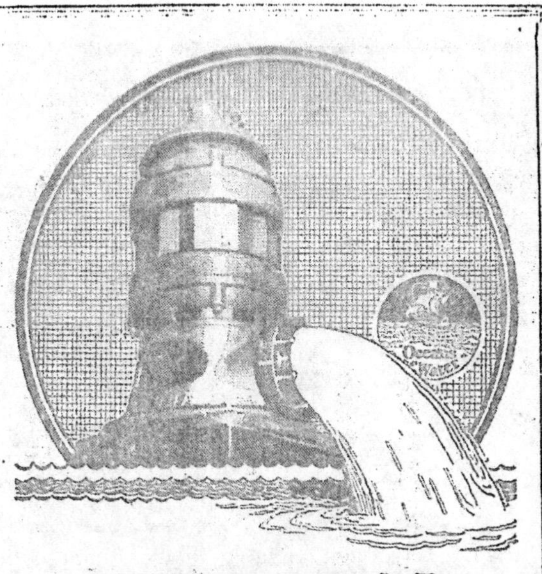

最新式之抽水設備

PUMPING WATER

THE MODERN WAY

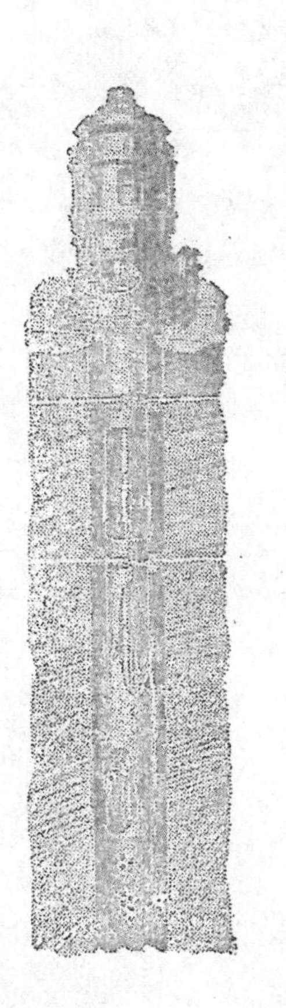

「普摩那」透平式抽水邦浦。利用機械與水壓原理製成。適得其宜者。

「普摩那」透平邦浦。絕對可靠。費用儉省。而出水量較多。

常年運用。幾無需耗費管理或修理等費。時間減少。出水量增多。無需裝置價格昂貴之壓氣機等設備。大小邦浦。皆可裝置自動機件。

出水量。每分鐘自十五伽倫至五千伽倫。大小俱備。抽水機軸。每隔十尺。裝有橡皮軸承。用水潤滑。靈便。可靠。

所佔裝置地位極小。

用美國威斯汀好司廠馬達發動之。

滬上各處裝置。成績優良。咸皆贊美。

總經理美商茂和公司

上海圓明園路廿四號 電話一一三一〇

建築月刊
第一卷
第九第十期合訂本
民國二十二年八月份出版

目錄

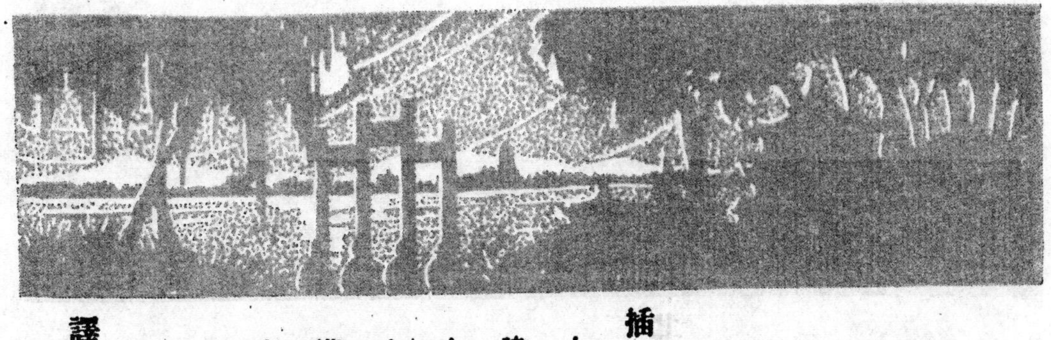

插圖

譯著

BUILDER
AUGUST 1933
CONTENTS

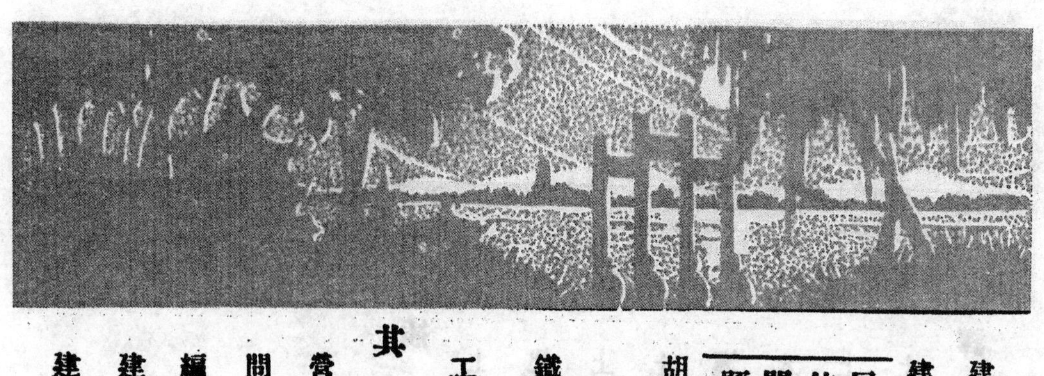

THE
JULY &
LEADING

ILLUSTRATIONS

ARTICLES

廣告索引

…WING (ON LEFT) RECENTLY COMPLETED.

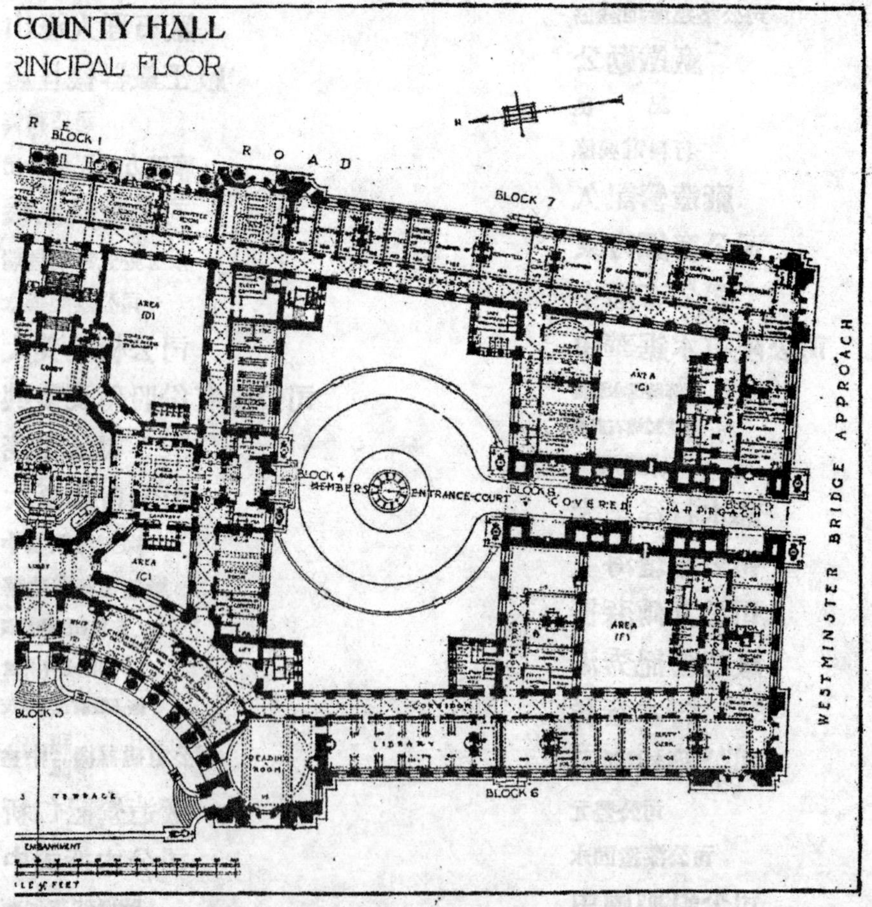

… County Hall.

…STONE COLLINS, FF.R.I.B.A., Architects.

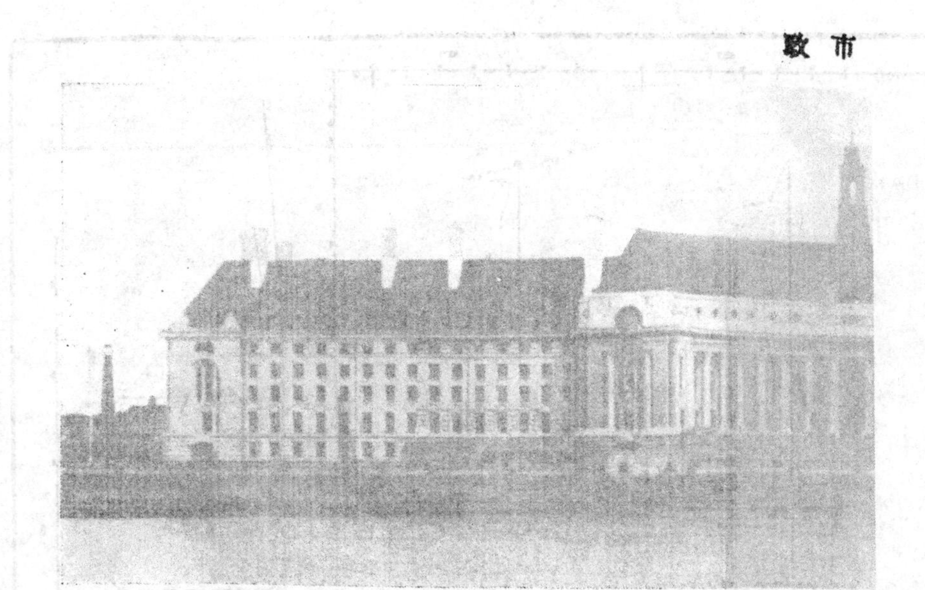

View of River Frontage, showing new

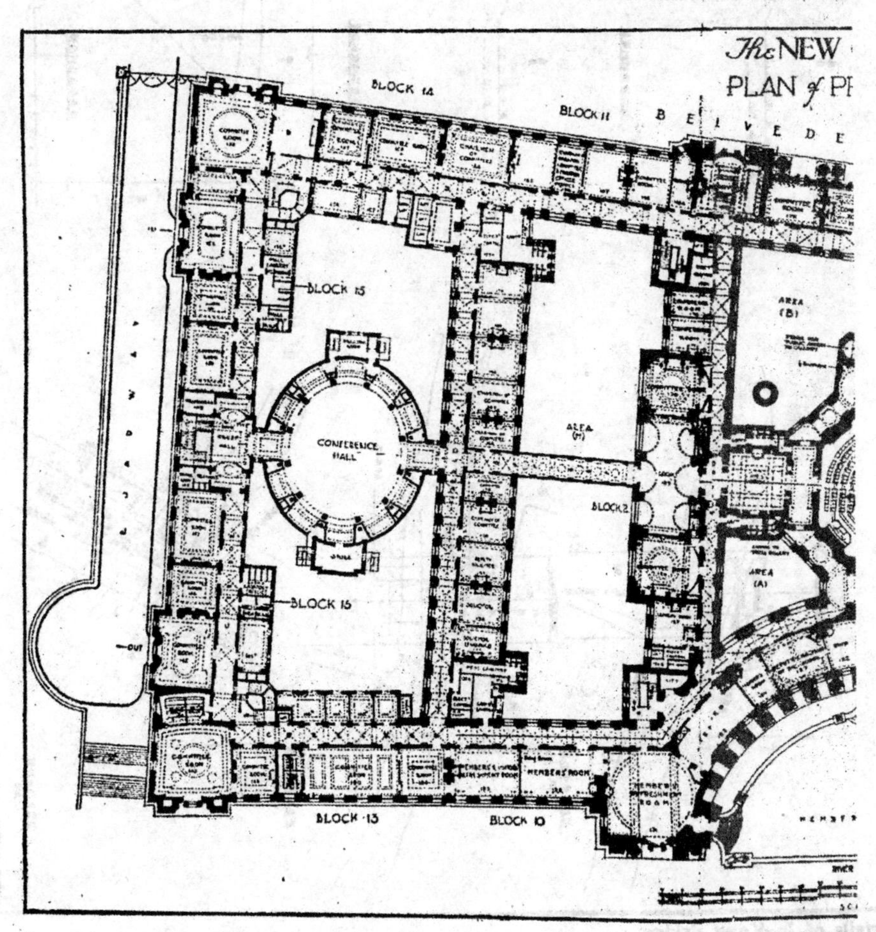

.The London

The late Ralph Knott and Mr. E.

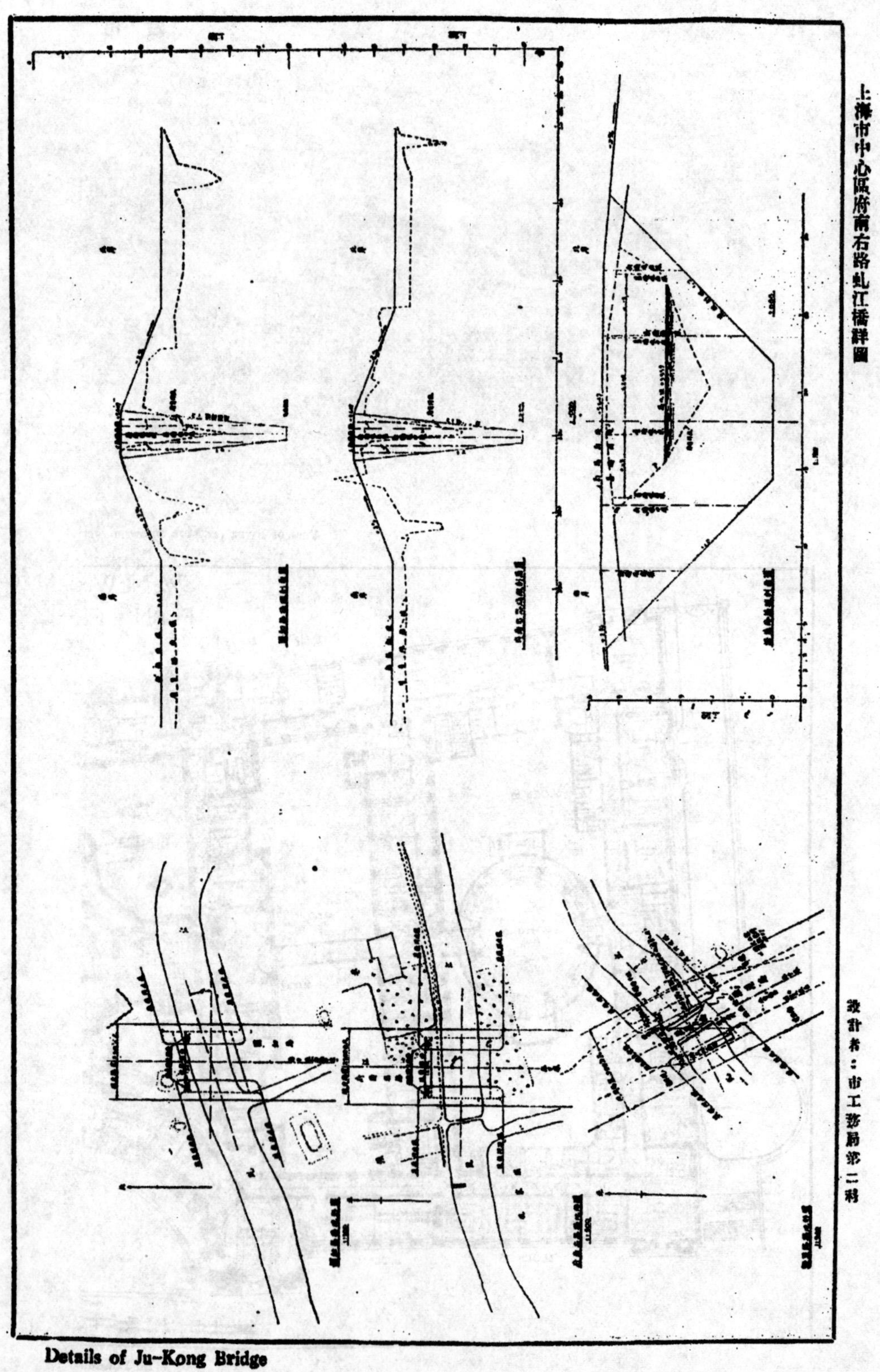

Details of Ju-Kong Bridge

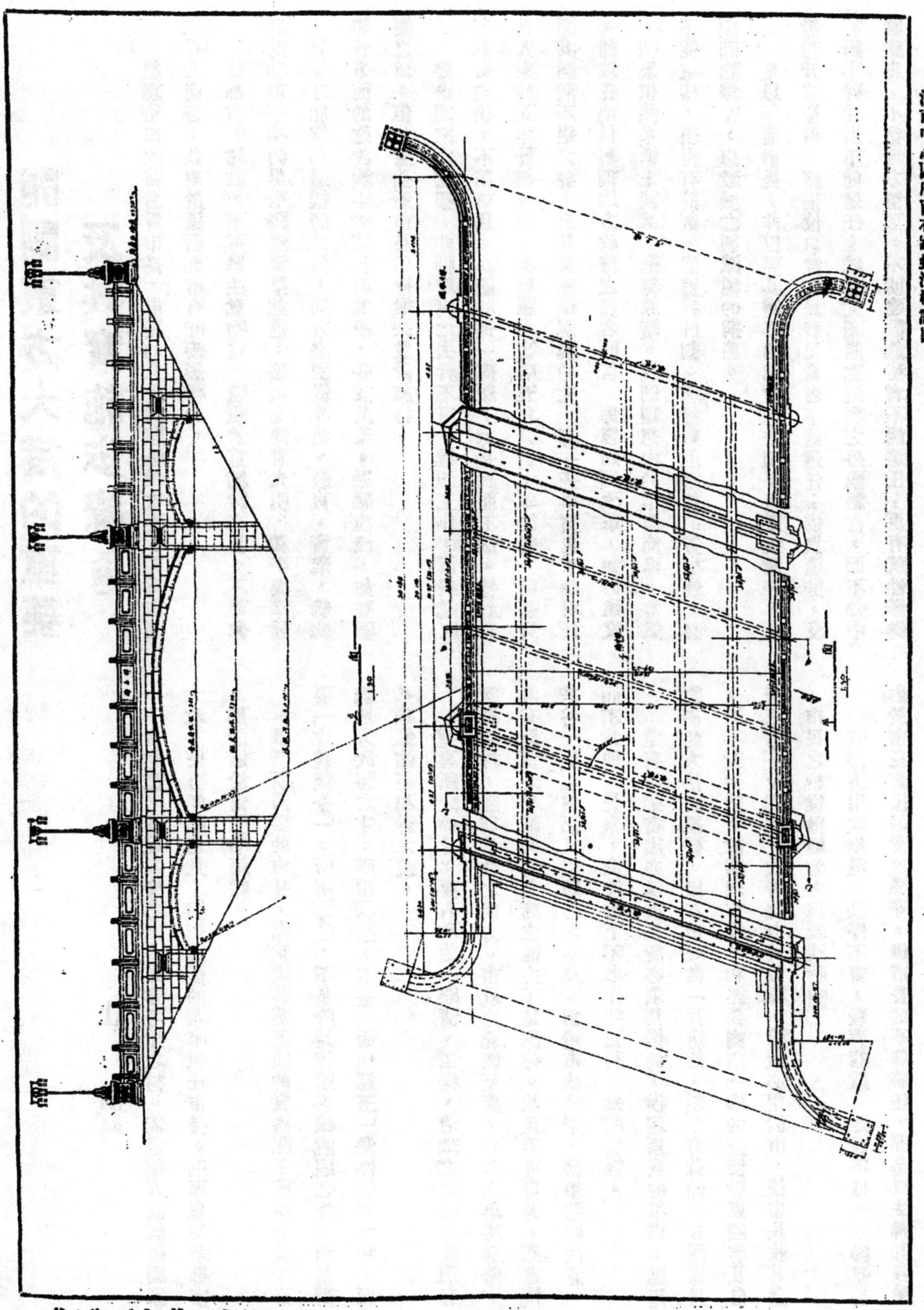

Details of Ju-Kong Bridge

開闢東方大港的重要及其實施步驟（續）

杜漸

統理全市政務者爲市長，市長的人選問題極爲重要，因爲市長之得人與否，是對於這新都市有直接影響的。

這都市的建設，不可單注意物質，還須兼重精神文明。不要像別處都市一樣的黑暗跟隨繁榮並進，務須充滿着光明、和平與幸福。怎樣才能達到這樣的目的？那末必須從政治、教育、實業、航政等各方面的建設着手，使各就其學，各安其業，融融洩洩，如登極樂之境。但，這全憑市長的權握去設計施行。

要求國家之富强，非脚踏實地去幹不可，埋頭工作，沉毅進取，不尙空談，不稍苟且。我國的惟一病癥，就是說而不做，譬如看見人家的五年計劃成功，也就跟着高唱五年計劃十年計劃，可是只聞其滔滔不絕之聲，只見其洋洋灑灑的文，却一些事實也不能看到。卽以各地負辦理地方政務之責者而言，每以如何改革，如何建設，結果依然是紙上談兵，毫無成績。我們理想中的乍浦商埠，當然不能這樣，須得有計劃，能實行計劃。那種敷衍空談的劣根性，必須剷除淨盡，以殺滅亡國滅種的病菌。

是以乍浦市長，非但要具辦事的能力，並須要有堅毅精神。一般想升官發財，藉權位以搜括民脂民膏者不能選任；依靠權勢，沒有辦事幹才者不能選任；雖有文憑能說流利之外國語言，而不知中國歷史，不悉地方情形，不明建設急務者不能選任；更有賦性怪僻，不合潮流，不近人情之輩，亦非可用之材。倘這種人而統握國家大政，便有傾國之危；倘把這樣的人來担任市長，則理想的新都市，那能達於光明幸福呢。

我們所需要的市長，究竟須具備怎樣的資格呢？簡單的說：必要「才貌雙全」。所謂「才」，不是吟詩作賦善頌祝嘏之才，而是辦理地方政務之才。所謂「貌」，不是「面如冠玉」儼然道學之貌，而是雄偉端莊和祥之貌。

這裏所說的才，要有政治、經濟、工程、治理之學識，並須有選擇人材，識別是非之能力。市政之範圍至廣，日常之事務殊繁，非有廣博之學識非有判斷之能力不足應付。並且不可自滿，應虛懷若谷，廣集羣惡，以助己之不及。對於市政情形，務須隨時注意，而不爲他人覺察，庶幾屬下不敢作奸犯科，知所警惕。

還有商業智識亦爲市長所必須具備的，辦理新興的都市，應用經商的方法去經營，因本市好像一片店舖，須年有盈餘，日漸擴展，而不致倒閉。故辦理市政，和經營商店一樣的要使股東顧客及自身三方各受利益。政府向市民徵税，税欵必用於市，使市民收其益，市民之納税猶顧客之以錢購物啊！

倘地方財政崩潰，秩序不甯，教育窳敗，建設不修，不論是否由於市長直接的背違職守，但市長的不能勝任，那是無法辭卸咎戾者。

市長而既具上述各種才能，尙須無官僚習氣，不自高其身價，多與民衆接近。平時或星期假日，御車、乘馬、或步行於市，巡觀市中社會風狀，政務設施，以察應修應革之點，俾漸臻盡善。但市長的出行，當與普通市民無異，不爲民衆所驚奇。

關於市長的才已略如上述，至於市長的貌究應怎樣？約申鄙見：

市長有全市對內對外的責任，才的重要不必說，貌的能否使人生敬亦足影響市政。這裏所說的貌，就是上文所說的雄偉和祥端莊的容儀。市長應使民衆敬仰親愛，應使外賓尊重親熱，容貌便成市長必要的問題了。

演講宴會接見外賓以及攝影攝製有聲電影時，聲狀笑貌與市長的地位很有關係，須充分表演出中國人的高尙風度，這於國際上的觀瞻也有莫大的關係。外國軍政界要人於攝製有聲電影時，身體上之任何微細瑕點亦必設法除去，以示整潔而表顯其高尙之精神，這也可證明市長的貌是多麽重要了。

乍浦商埠的開闢，那是希望的實現，將來市政建設自須有一理想的計劃，市長是全市的主宰，關係至鉅，本文特予提出討論，幸讀者勿忽視之。

上海海寧路融光大戲院

The Ritz Theatre, Shanghai

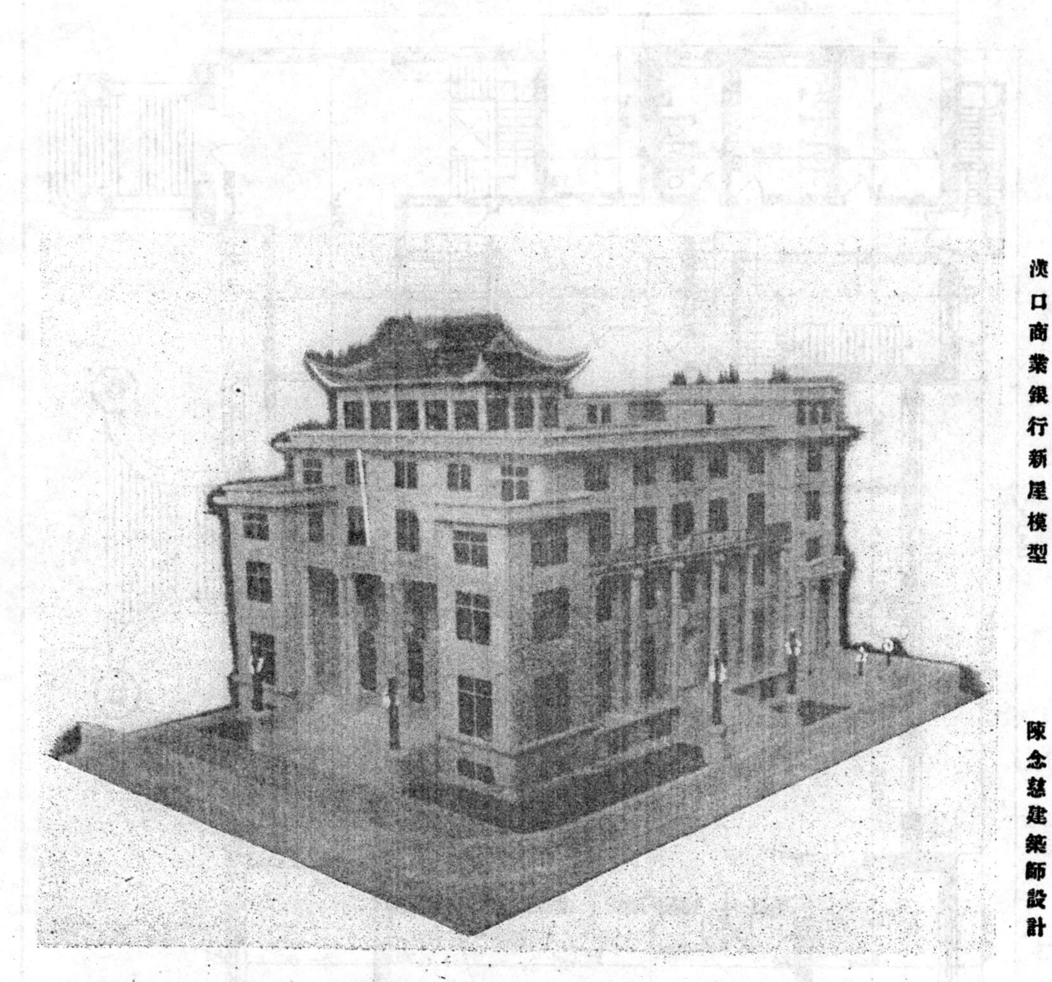

漢口商業銀行新屋模型

陳念慈建築師設計

Model of the Hankow Commercial Bank Building
Hankow

Mr. N. T. Chen, *Architect*

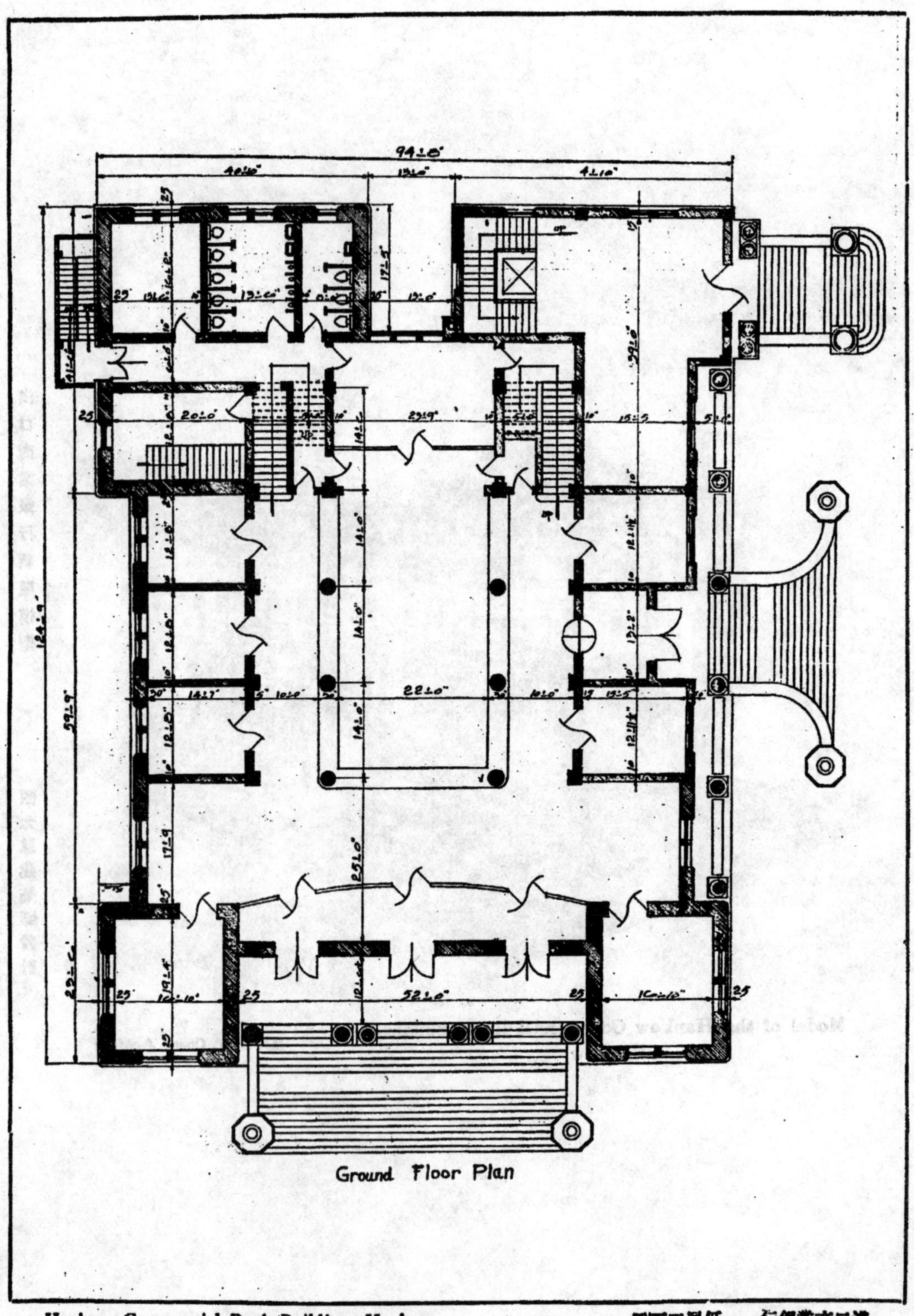

Hankow Commercial Bank Building, Hankow.　　漢口商業銀行——低層平面圖

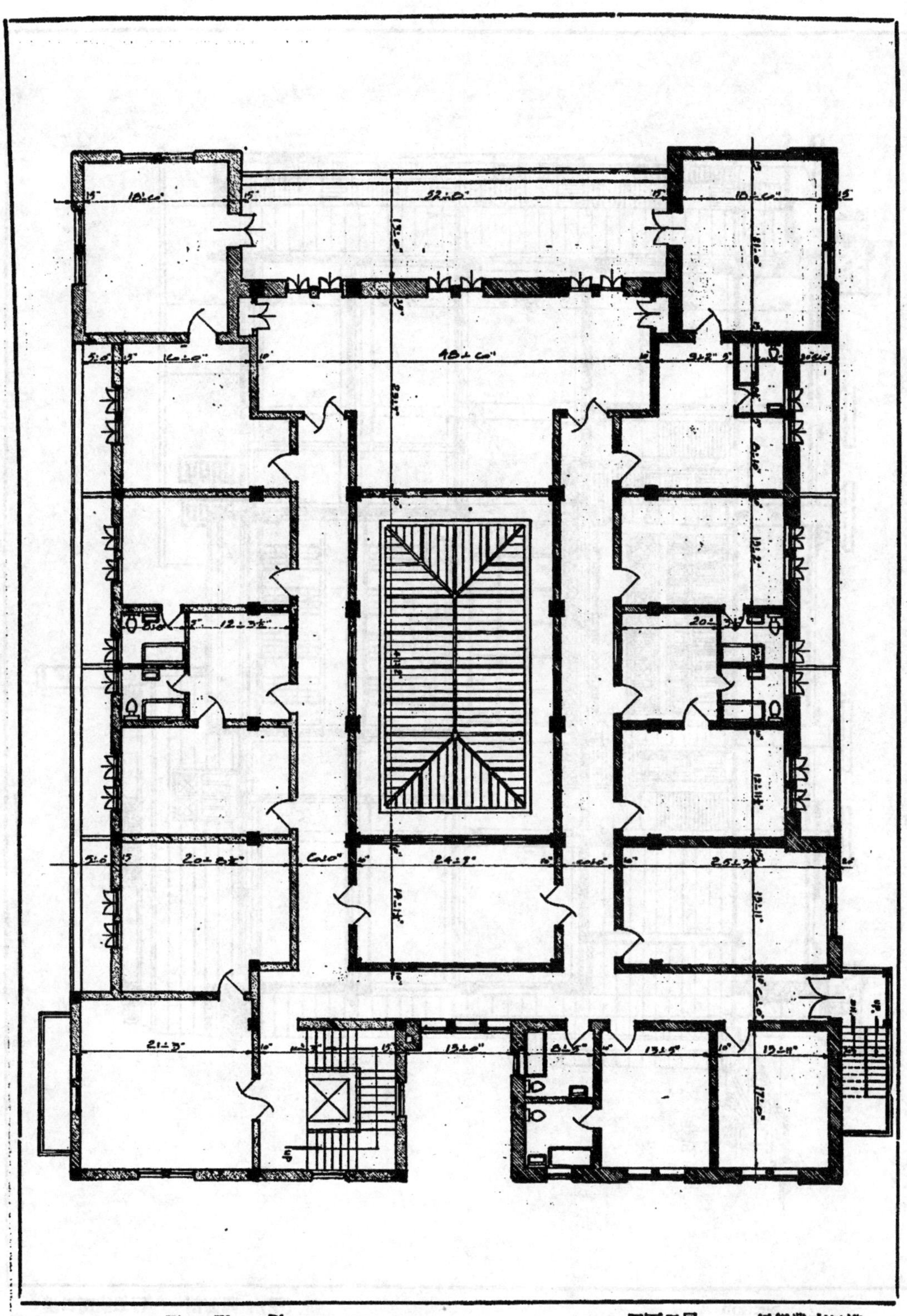

First Floor Plan　　　　　　　　　　　漢口商業銀行——一層平面圖

Hankow Commercial Bank Building, Hankow.

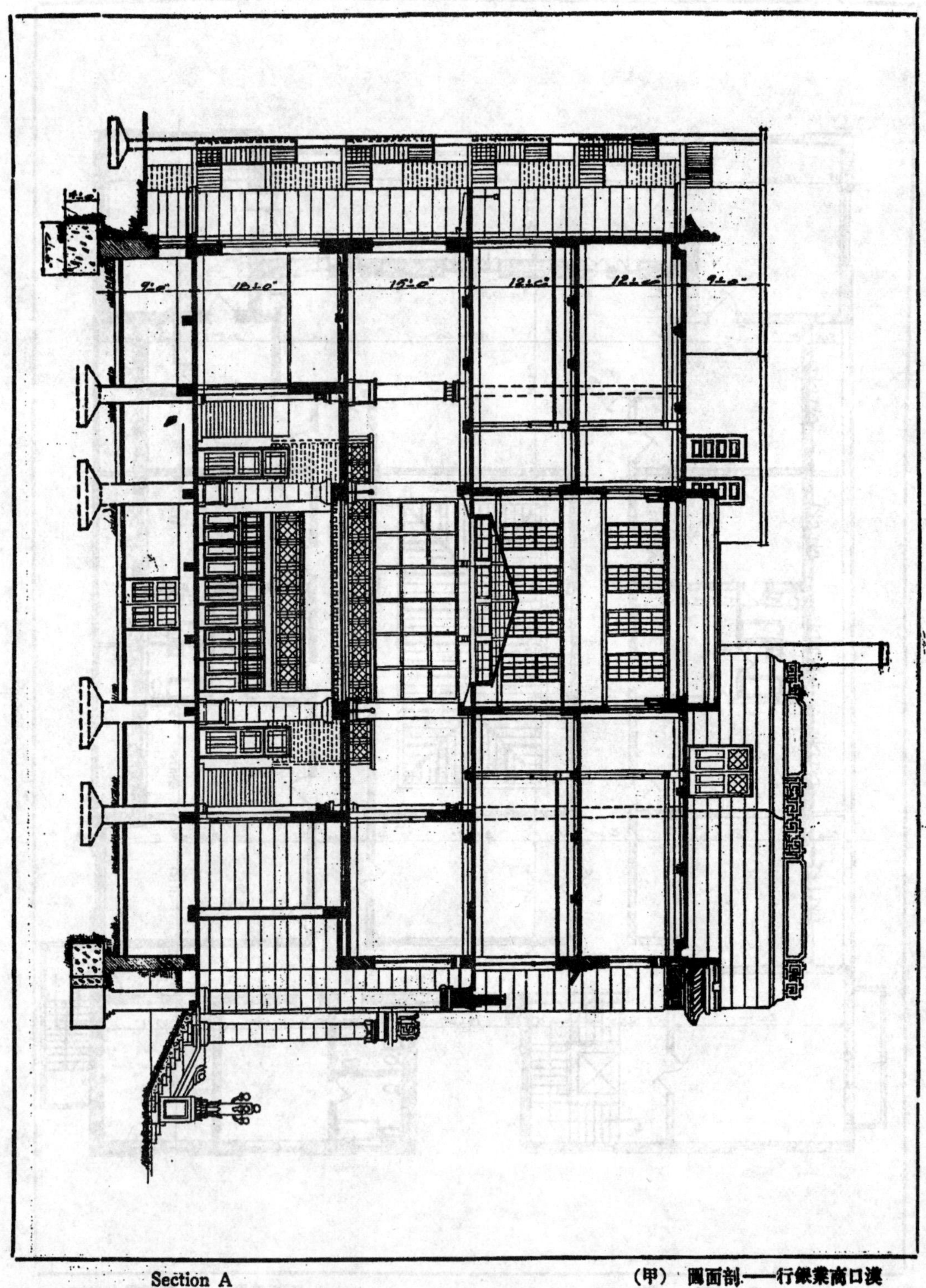

Section A　　　　　　　　　　　　　　　　　　　　　　　漢口商業銀行——剖面圖（甲）

Hankow Commercial Bank Building, Hankow.

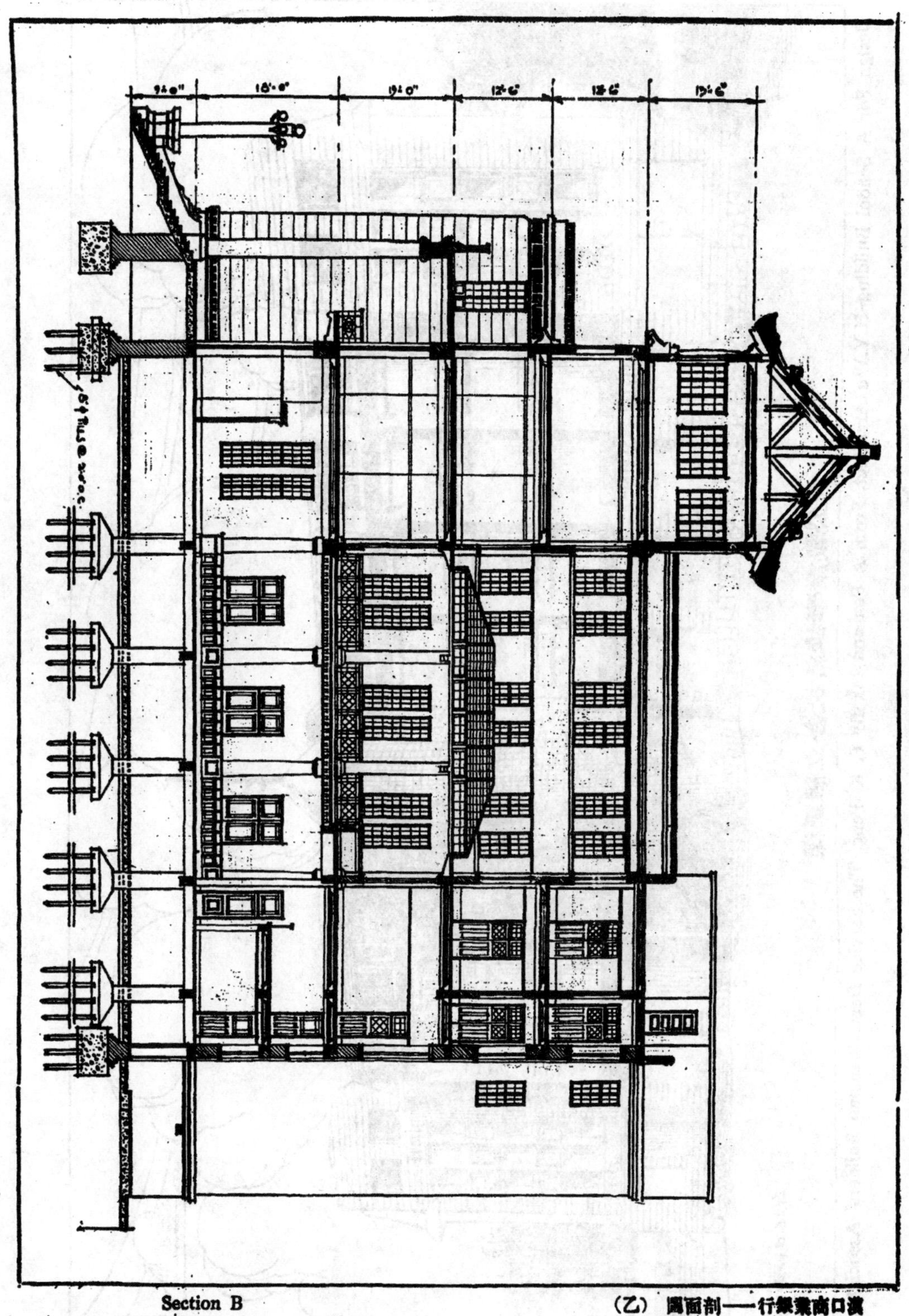

Section B 漢口商業銀行——剖面圖（乙）

Hankow Commercial Bank Building, Hankow.

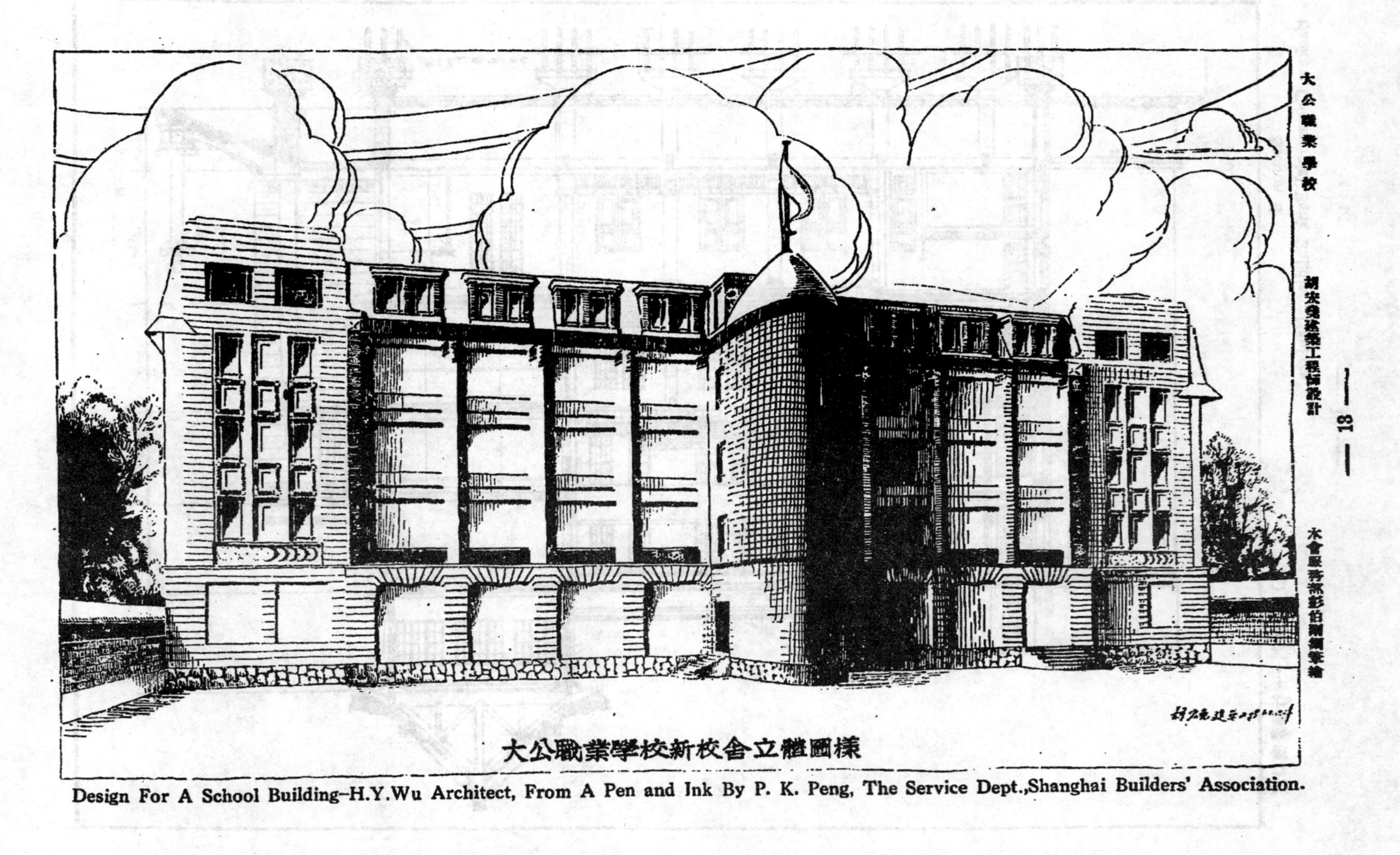

大公職業學校新校舍立體圖樣

Design For A School Building–H.Y.Wu Architect, From A Pen and Ink By P. K. Peng, The Service Dept.,Shanghai Builders' Association.

大公職業學校　胡宏堯建築工程師設計　本會服務部彭伯剛鋼筆繪

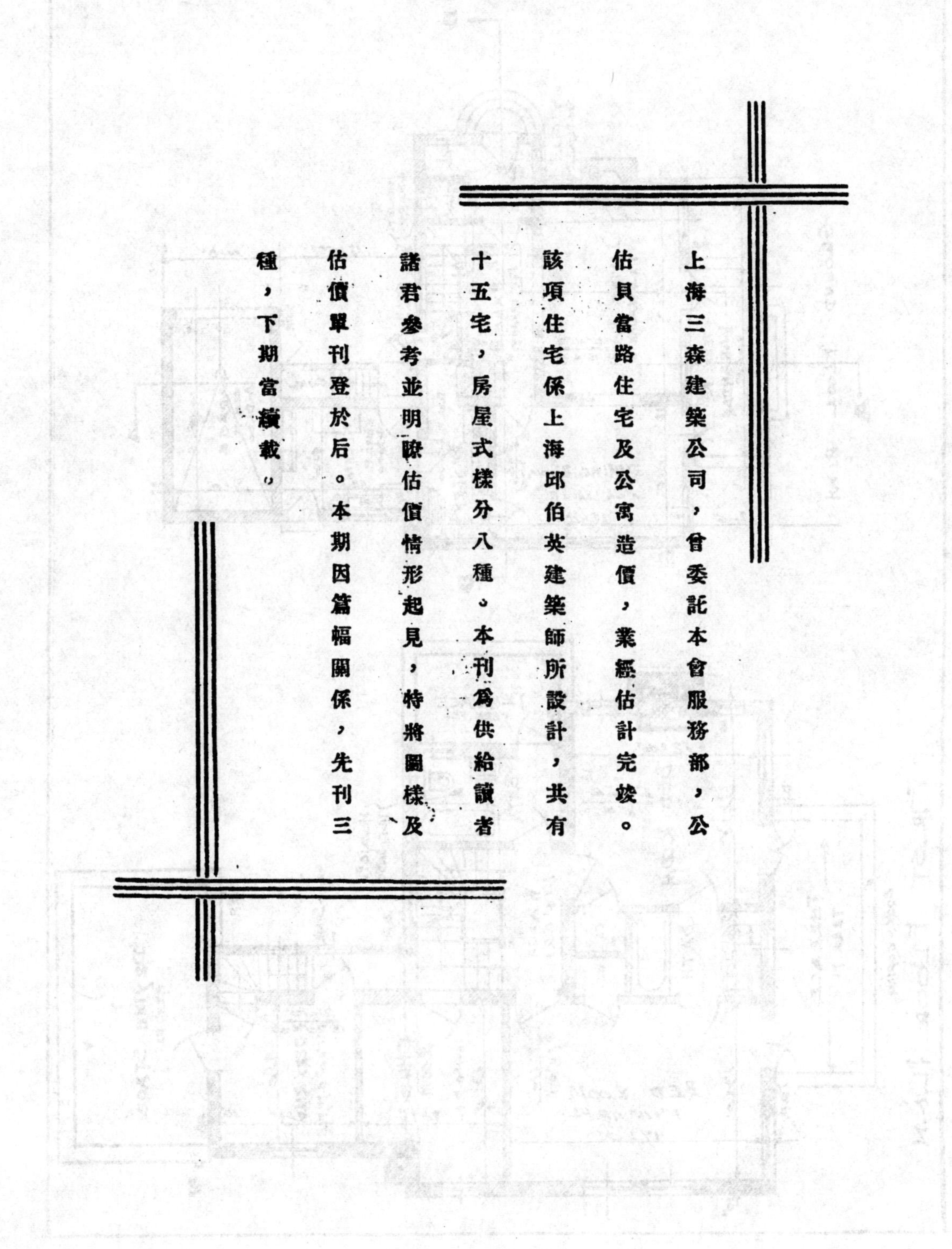

上海三森建築公司，曾委託本會服務部，公估貝當路住宅及公寓造價，業經估計完竣。該項住宅係上海邱伯英建築師所設計，共有十五宅，房屋式樣分八種。本刊爲供給讀者諸君參考並明瞭估價情形起見，特將圖樣及估價單刊登於后。本期因篇幅關係，先刊三種，下期當續載。

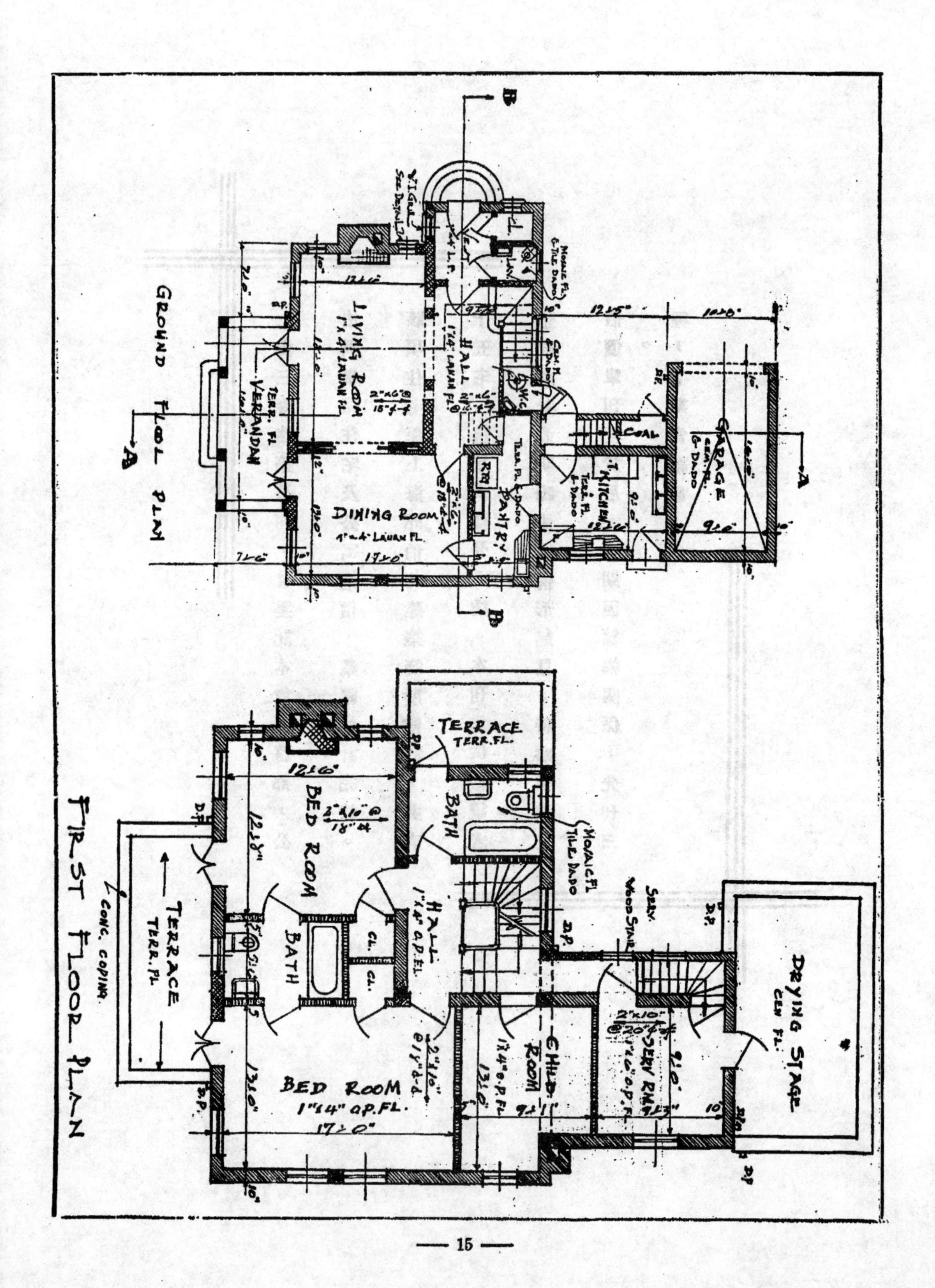
GROUND FLOOR PLAN
LIVING ROOM
HALL
VERANDAH
DINING ROOM
PANTRY
KITCHEN
COAL
GARAGE
FIRST FLOOR PLAN
TERRACE
BED ROOM
BATH
HALL
BED ROOM
CHILD ROOM
DRYING STAGE

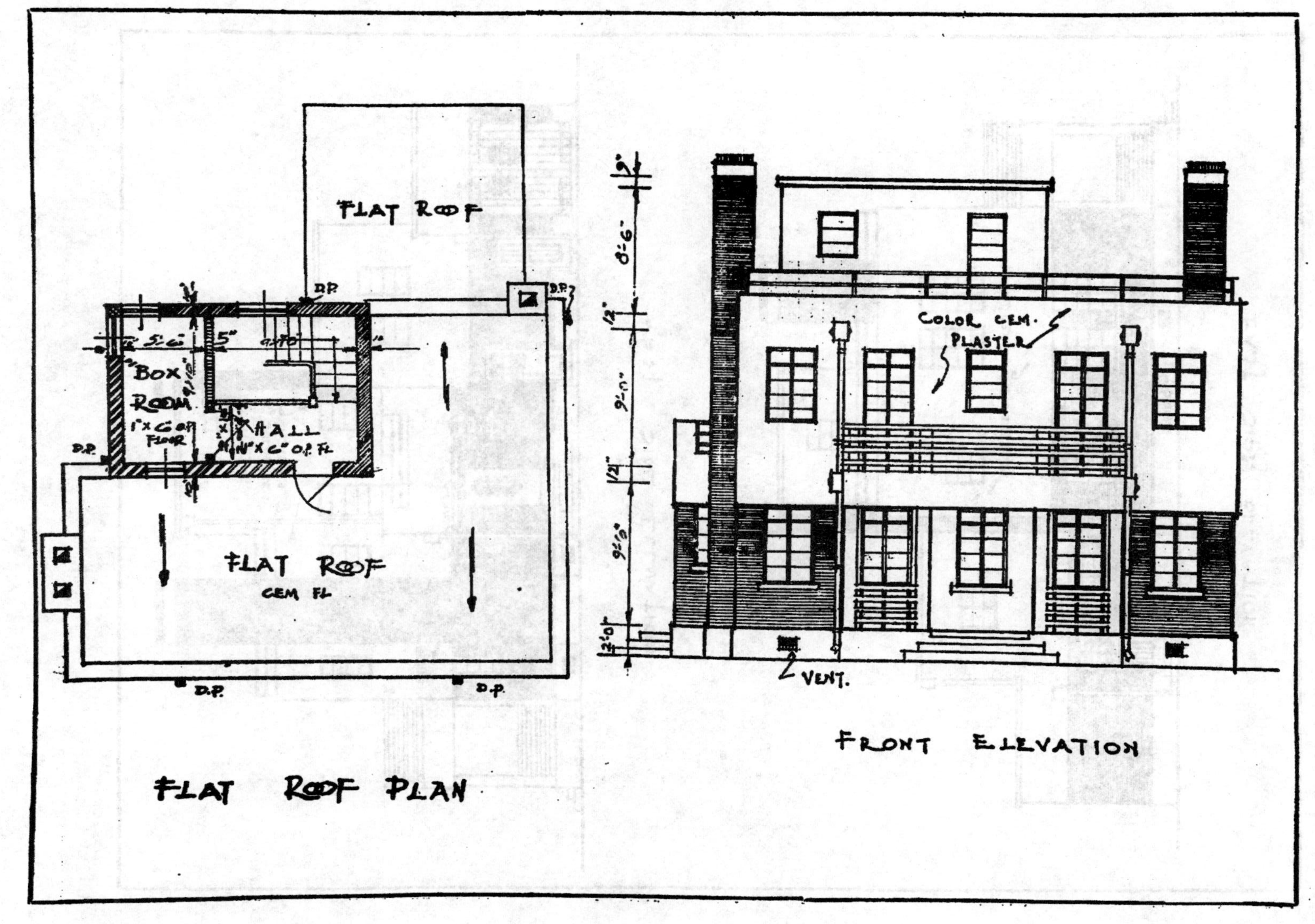
FLAT ROOF
BOX ROOM
HALL
FLAT ROOF
CEM FL
D.P.
8'-6"
12"
9'-0"
9'-6"
2'-0"
COLOR CEM. PLASTER
VENT.
FRONT ELEVATION
FLAT ROOF PLAN

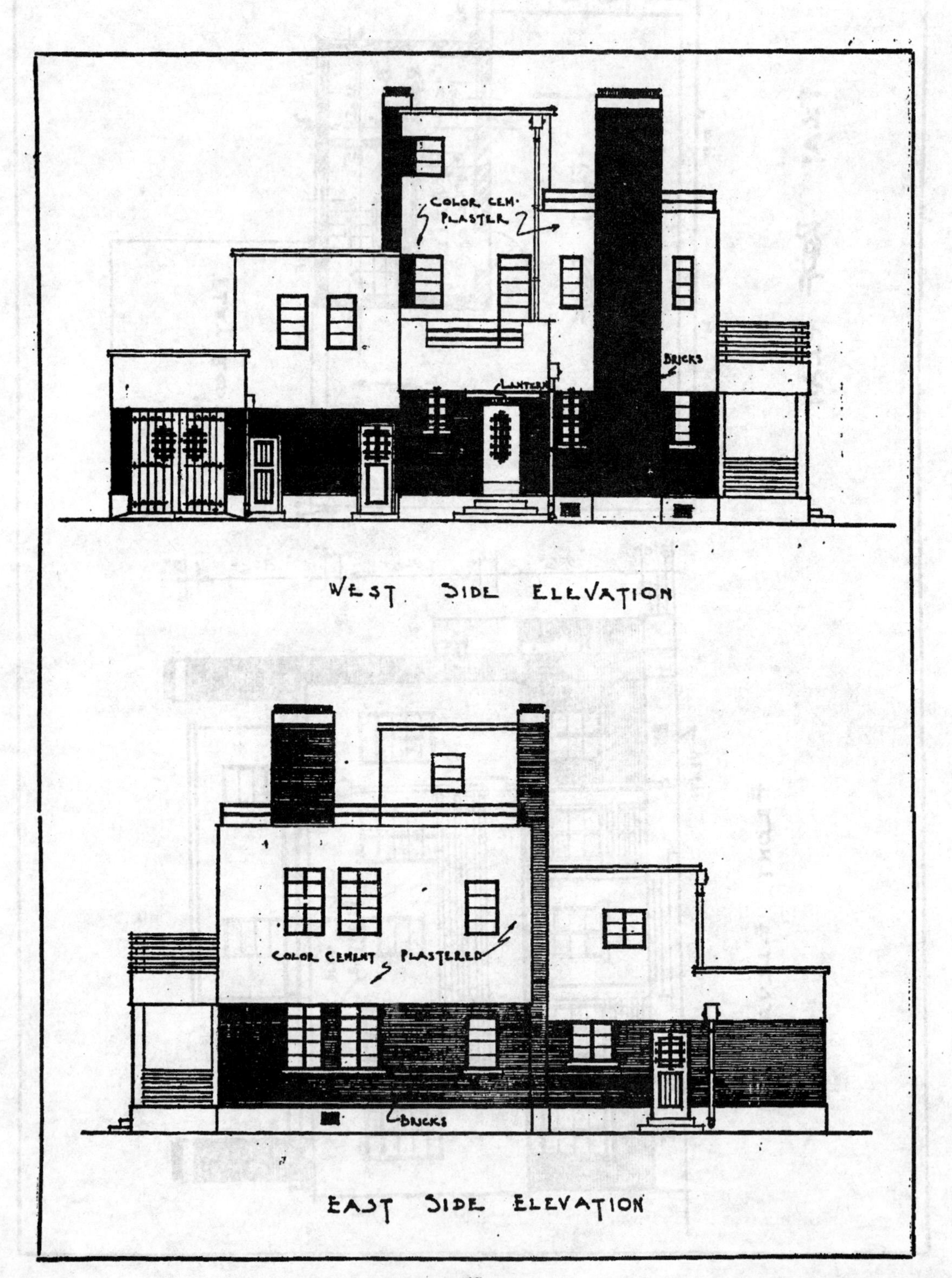
COLOR CEM.
PLASTER
BRICKS
LANTERN
WEST SIDE ELEVATION
COLOR CEMENT PLASTERED
BRICKS
EAST SIDE ELEVATION

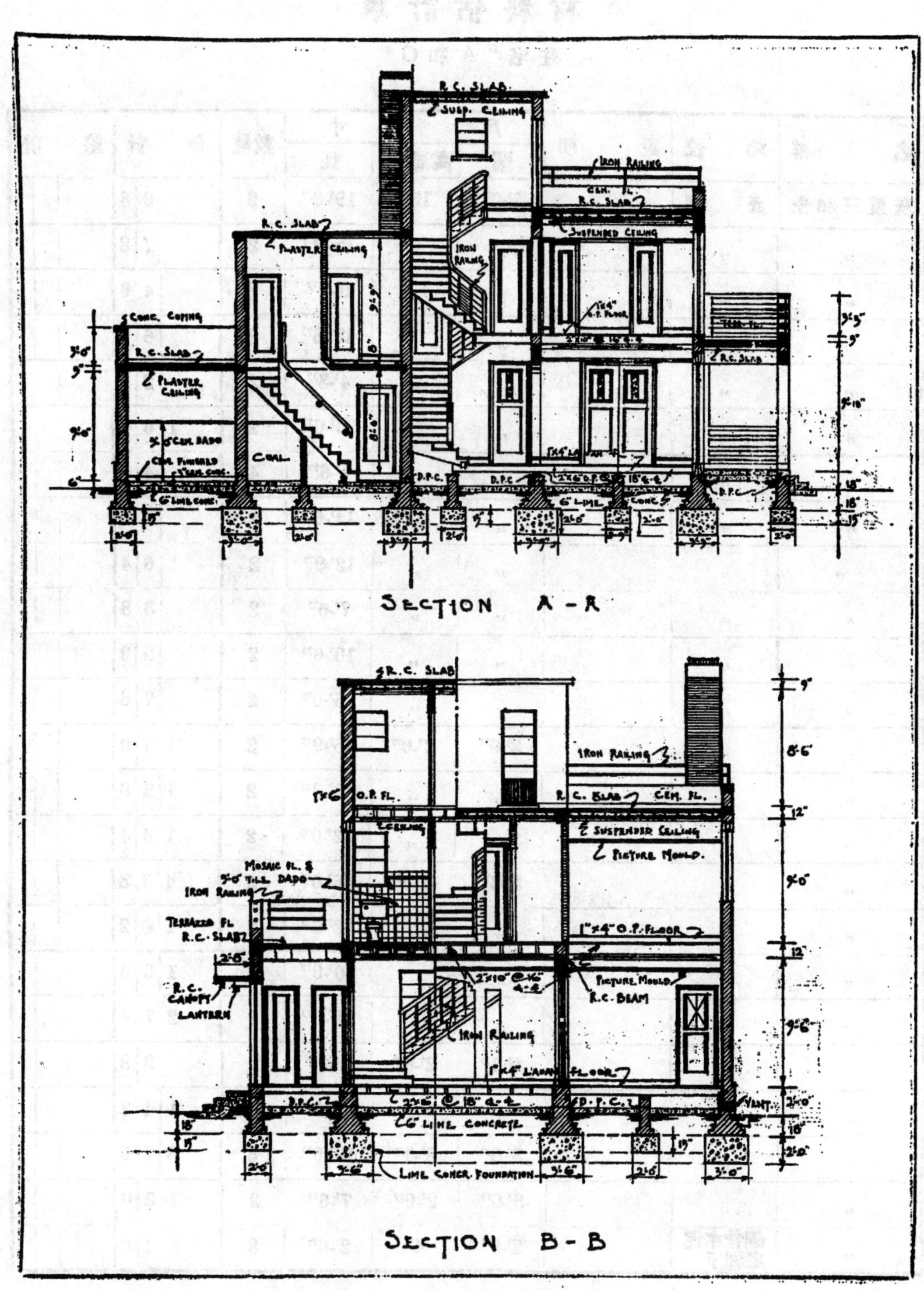
R.C. SLAB
SUSP. CEILING
IRON RAILING
CEM. FL.
R.C. SLAB
SUSPENDED CEILING
R.C. SLAB
PLASTER CEILING
IRON RAILING
CONC. COPING
R.C. SLAB
PLASTER CEILING
COAL
D.P.C.
R.C. SLAB
SECTION A-R
R.C. SLAB
IRON RAILING
R.C. SLAB
CEM. FL.
SUSPENDED CEILING
PICTURE MOULD.
CEILING
MOSAIC FL. &
IRON RAILING
TERRAZZO FL
R.C. SLAB
1"×4" O.P. FLOOR
PICTURE MOULD
R.C. BEAM
R.C. CANOPY
LANTERN
IRON RAILING
6" LIME CONCRETE
LIME CONCR. FOUNDATION
SECTION B-B

21397

材料估計單

住宅“A和O”

名稱	地位	說明	尺寸			數量	合計	總計
			闊	高或厚	長			
灰漿三和土	底脚		2'-0"	15"	19'-6"	2	98	
”	”		”	”	15'-9"	2	78	
”	”		”	”	9'-0"	2	46	
”	”		”	”	12'-6"	2	62	
”	”		”	”	4'-3"	2	22	
”	”		”	”	20'-0"	2	100	
”	”		”	”	4'-6"	4	46	
”	”		”	”	14'-6"	2	72	
”	”		”	”	12'-9"	2	64	
”	”		”	”	7'-6"	2	38	
”	”		”	”	10'-6"	2	52	
”	”		”	”	15'-0"	2	76	
”	”		3'-0"	2'-0"	15'-9"	2	190	
”	”		”	”	10'-6"	2	126	
”	”		”	”	12'-0"	2	144	
”	”		3'-3"	2'-0"	36'-0"	2	468	
”	”		”	”	12'-6"	2	162	
”	”		”	”	10'-0"	2	130	
”	”		”	”	21'-0"	2	274	
”	”		3'-6"	2'-0"	7'-0"	2	98	
”	”		”	”	10'-6"	2	148	
”	”		3'-9"	2'-0"	19'-0"	4	570	
”	”		5'-0"	2'-0"	7'-6"	2	150	
”	鋼骨水泥底脚下		2'-6"	4"	2'-6"	8	16	

材料估計單

住宅"A和O"

名稱	地位	說明	尺寸 闊	高或厚	長	數量	合計	總計
								3230
灰漿三和土	踏步		5'-0"	6"	8'-6"	2	42	
"	"		3'-6"	12"	8'-0"	2	56	
"	滿堂		9'-0"	6"	16'-0"	2	144	
"	"		9'-0"	"	12'-6"	2	112	
"	"		2'-6"	"	12'-6"	2	32	
"	"		5'-9"	"	11'-6"	2	66	
"	"		10'-0"	"	15'-0"	2	150	
"	"		6'-6"	"	10'-0"	2	66	
"	"		13'-0"	"	17'-0"	2	222	
"	"		12'-6"	"	18'-0"	2	226	
"	"		6'-0"	"	16'-6"	2	100	
								1216
水泥三和土	汽車間		9'-0"	8"	16'-0"	2	72	
"	廚房		9'-0"	"	12'-6"	2	56	
"	煤間		2'-6"	"	12'-6,	2	16	
"	伙食間		5'-9"	"	11'-6"	2	34	
"	肉裡洋台		6'-2"	"	16'-6"	2	50	
								228
1"水泥粉光	晒台		9'-0"	-	16'-0"	2	288	
"	汽車間		9'-0"	-	16'-0"	2	288	

材料估計單

住宅“A和O”

名稱	地位	說明	尺寸 闊	高或厚	長	數量	合計	總計
1"水泥粉光	煤間		2'-6"	–	4'-6"	2	22	
"	平屋頂		13'-0"	–	14'-0"	2	364	
"	"		12'-0" 10'-6"	– –	30'-6" 11'-6"	2	974	
水泥台度	汽車間		2(9'-0")	5'-0"	2(16'-0")	2	500	
"	煤間		2(2'-6")	"	2(4'-6")	2	140	
								2576
磨石子地面	廚房		9'-0"	–	12'-6"	2	226	
"	伙食間		5'-9"	–	11'-6"	2	132	
"	肉裏洋台		6'-2"	–	16'-6"	2	204	
"	洋台		6'-0"	–	9'-6"	2	114	
"	"		6'-0"	–	16'-6"	2	198	
磨石子台度	廚房		2(9'-0")	5'-0"	2(12'-6")	2	430	
"	伙食間		2(5'-9")	"	2(11'-6")	2	346	
								1650
瑪賽克地面	廁所		3'-3"	–	4'-0"	2	26	
瑪賽克樓面	浴室	包括夾沙樓板	5'-6"	–	8'-6"	2	94	
"	"	"	5'-6"	–	9'-6"	2	104	
								198
磁磚台度	廁所		2(3'-3")	5'-0"	2(4'-0")	2	146	
"	浴室		2(5'-6")	"	2(8'-6")	2	300	
"	"		"	"	2(9'-6")	2	280	

材料估計單

住宅"A和O"

名稱	地位	說明	尺寸 濶	高或厚	長	數量	合計	總計
								726
1"×4"柳安地板	走廊		10'-0"	-	15'-0"	2	300	
"	入口		10'-0"	-	6'-6"	2	130	
"	大餐間		13'-0"	-	17'-0"	2	442	
"	會客室		12'-6"	-	18'-0"	2	450	
								1322
" ×4"洋松樓板	壁櫥		2'-6"	-	3'-6"	4	36	
"	兒童臥室		9'-1"	-	13'-0"	2	236	
"	臥室		13'-0"	-	17'-0"	2	442	
"	"		12'-6"	-	12'-8"	2	316	
"	走廊		2'-6"	-	6'-0"	2	30	
"	"		4'-0"	-	9'-3"	2	74	
								1134
1"×6"洋松樓板	僕室		9'-0"		9'-3"	2	166	
"	箱籠間		5'-6"	-	9'-10"	2	108	
"	走廊		4'-0"	-	9'-6"	2	76	
								350
10"磚牆	地龍牆		15'-9"	3'-0"	15'-0"	2	184	
"	肉裏洋台		18'-0"	5'-6"	2(7'-0")	2	352	
"	入口		9'-0"	15'-0"	11'-6"	2	616	

材料估計單

住宅“A和O”

名稱	地位	說明	尺寸			數量	合計	總計
			闊	高或厚	長			
10”磚牆	汽車間		20'-10”	15'-0”	19'-8”	2	12 1 4	
”	底脚至一層		90'-0”	14'-6”	59'-0”	2	43 2 2	
”	”		–	12'-0”	25'-0”	2	6 0 0	
”	一層至二層		90'-0”	10'-0”	80'-0”	2	34 0 0	
”	二層至屋頂		15'-6”	8'-6”	11'-6”	2	4 6 0	
”	烟囱		11'-0”	10'-0”	8'-0”	2	3 8 0	
								115 2 8
10”空心磚牆	二層至屋頂		15'-6”	8'-6”	11'-6”	2	4 6 0	
5” 磚牆	底脚至一層		13'-0”	13'-6”	19'-10”	2	8 8 8	
”	”		–	12'-0”	12'-6”	2	3 0 0	
”	一層至二層		–	10'-0”	12'-6”	2	2 5 0	
								14 3 8
5” 板牆	地平線至一層		5'-0”	11'-6”	28'-0”	2	7 6 0	
”	一層至二層		5'-6”	9'-0”	–	2	1 0 0	
”	”		13'-0”	9'-6”	38'-4”	2	9 7 6	
”	二層至屋頂		–	9'-0”	9'-10”	2	1 7 6	
”	一層至二層		11'-6”	9'-9”	–	2	2 2 4	
								22 3 6
8'×8' 大門	汽車間					2		
扯門	會客室大餐間中					2		

材料估計單

住宅"A和Q"

名稱	地位	說明	尺寸 闊	尺寸 高或厚	尺寸 長	數量	合計	總計
彈簧門	廚房伙食間中					2		
雙扇洋門						8		
單扇洋門						50		
鋼窗	前面	有花鐵柵的	3'-3"	5'-0"	–	6	98	
"	"	"	1'-9"	4'-0"	–	2	14	
"	東面		3'-3"	5'-0"	–	4	66	
"	"		3'-3"	3'-0"	–	2	20	
"	"		2'-6"	4'-0"	–	2	20	
"	後面		1'-9"	2'-9"	–	2	10	
"	"		4'-6"	3'-0"	–	2	28	
"	西面		1'-9"	4'-0"	–	4	28	
"	"		1'-9"	3'-0"	–	2	10	
								294
鋼窗	前面		3'-3"	5'-0"	–	4	66	
"	"		2'-6"	4'-0"	–	2	20	
"	"		2'-6"	3'-0"	–	2	16	
"	東面		3'-3"	5'-0"	–	4	66	
"	"		3'-3"	3'-0"	–	2	20	
"	"		2'-6"	4'-0"	–	2	20	
"	後面		2'-6"	4'-0"	–	2	20	
"	"		3'-0"	4'-0"	–	4	48	
"	"		2'-6"	3"0"	–	2	16	

材料估計單

住宅"A和O"

名稱	地位	說明	尺寸 闊	尺寸 高或厚	尺寸 長	數量	合計	總計
,,	西面		1'-9"	4'-0"	–	4	28	
,,	,,		2'-6"	4'-0"	–	6	60	
鋼窗	西面		2'-6"	3'-0"	–	2	16	
								396
4根水泥欄杆					70'-0"		70'	
管子欄扞	前平屋頂	2根			71'-0"		71'	
,,	西洋台	3根			15'-0"		15'	
平屋頂	晒台	6皮柏油牛毛毡上	16'-0"	–	9'-0"	2	288	
,,	洋台	鋪綠豆沙下有懸空	6'-0"	–	10'-0"	2	120	
,,	,,	平頂	16'-6"	–	6'-0"	2	198	
,,	僕室上		14'-0"	–	13'-3"	2	372	
,,	臥室上		30'-6"	–	12'-3"	2	748	
,,	兒童臥室上		11'-6"	–	10'-6"	2	242	
,,	箱籠間上		15'-3"	–	11'-9"	2	358	
								2326
水落管子				136'		2	272'	
大扶梯						2		
僕人扶梯						2		
火爐		包括火磚等				2		
生鐵垃圾桶						2		

材料估計單

住宅"A和O"

名稱	地位	說明	尺寸			數量	合計	總計
			濶	高或厚	長			
生鐵出風洞						2		
信箱						2		
鋼骨水泥大料	RB15		10"	12"	13'-0"	2	22	
"	1B54		"	16"	11'-6"	2	26	
"	1B55		"	30"	22'-0"	2	92	
"	RB51		"	12"	7'-0"	4	24	
"	RB53		"	12"	4'-0"	4	14	
"	RB52		"	12"	6'-9"	2	12	
"	RB29		"	14"	13'-0"	6	76	
"	"		"	14"	15'-0"	4	58	
"	RB49		"	18"	21'-0"	2	52	
"	RB50		"	18"	11'-0"	2	28	
"	RB56		"	20"	16'-0"	2	44	
鋼骨水泥樓板	RS1		16'-6"	3½"	6'-10"	2	66	
"	"		7'-0"	"	10'-6"	2	42	
"	"		5'-3"	"	14'-0"	6	128	
"	"		5'-6"	"	12'-6"	8	160	
"	RS4		4'-0"	3"	8'-0"	2	16	
"	"		4'-0"	"	14'-0"	2	28	
"	1S5		10'-6"	5¼"	14'-0"	2	128	
"	BS6		10'-6"	5"	17'-6"	2	154	
"	RS7		10'-6"	4"	14'-0"	2	98	
"	RS8		11'-6"	4½"	17'-0"	2	150	
鋼骨水泥柱頭	C1		10"	12'-0"	10"	8	66	
鋼骨水泥底脚	C1		22"	10"	22"	8	22	
								1506

工程估價總額單

住宅"A和O"

名稱	說明	數量	單價	金額	總額
水泥欄杆		560'	300	16800	
管子欄杆		374'	500	18700	
生鐵出風洞		10	200	2000	
水落管子		272'	450	12240	
大扶梯		2	75000	150000	
傭人扶梯		2	52000	104000	
信箱		2	5000	10000	
火爐		2	8500	17000	
平屋面	6皮牛毛毡，上舖綠豆沙，下有懸空平頂	2326	5000	116300	
鋼骨水泥		1506	12500	188250	
生鐵垃圾桶		2	4500	9000	
					2040359

上海市建築協會服務部估計

工程估價總額單

住宅"A和O"

名稱	說明	數量	單價	金額	總額
灰漿三和土	底脚包括掘土	3230	1800	58100	
„	滿堂和踏步下	1216	1600	19456	
水泥三和土	滿堂	288	8400	24192	
水泥粉光	台度及地面	2576	1000	25760	
磨石子	台度及地面	1650	6000	99000	
瑪賽克樓板	包括夾沙樓板	198	8300	16434	
瑪賽克地板		26	6300	1638	
3"×6"磁磚台度		726	7500	54375	
1"×4"柳安地板	包括擱柵及踢脚板	1322	9200	121624	
1"×4"洋松樓扳	包括擱柵，踢脚板和平頂	1134	2700	30218	
1"×6"洋松樓板	„	350	2200	7700	
10" 磚牆	包括粉刷和畫鏡線	11528	3400	391952	
5" 磚牆	„	1438	2500	35950	
10" 空心磚	„	460	5500	25300	
5"雙面板牆	„	2236	3000	67080	
雙扇扯門		2	25000	50000	
雙扇洋門		8	3500	28000	
雙扇汽車間門		2	16500	33000	
單扇洋門		52	2900	150800	
鋼窗		690	150	103500	
窗上花鐵欄		26	1600	41600	
玻璃		690	15	10350	

上海市建築協會服務部估計

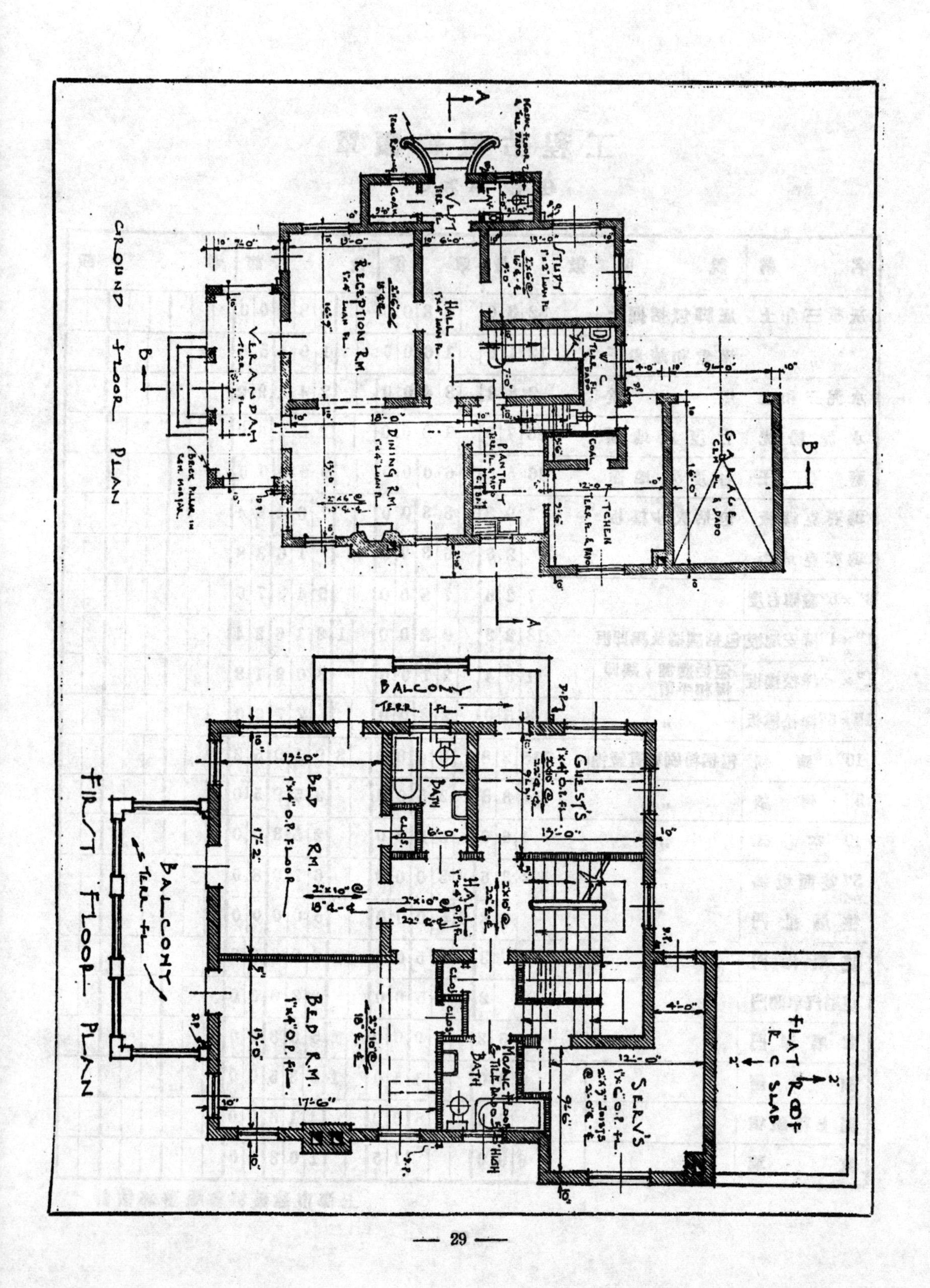

21408

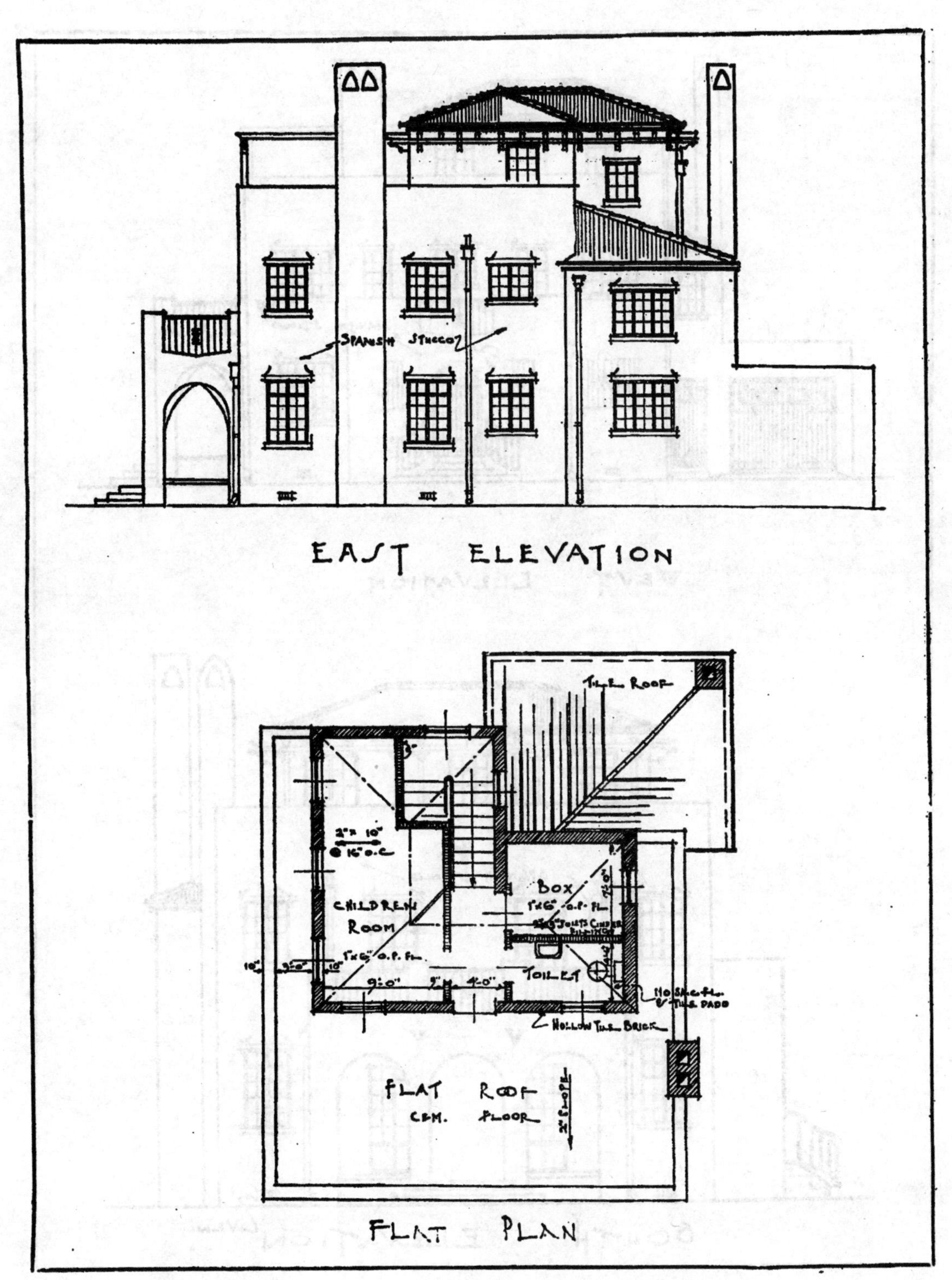
SPANISH STUCCO
EAST ELEVATION
TILE ROOF
CHILDREN'S ROOM
BOX
TOILET
HOLLOW TILE BRICK
FLAT ROOF
CEM. FLOOR
FLAT PLAN

21409

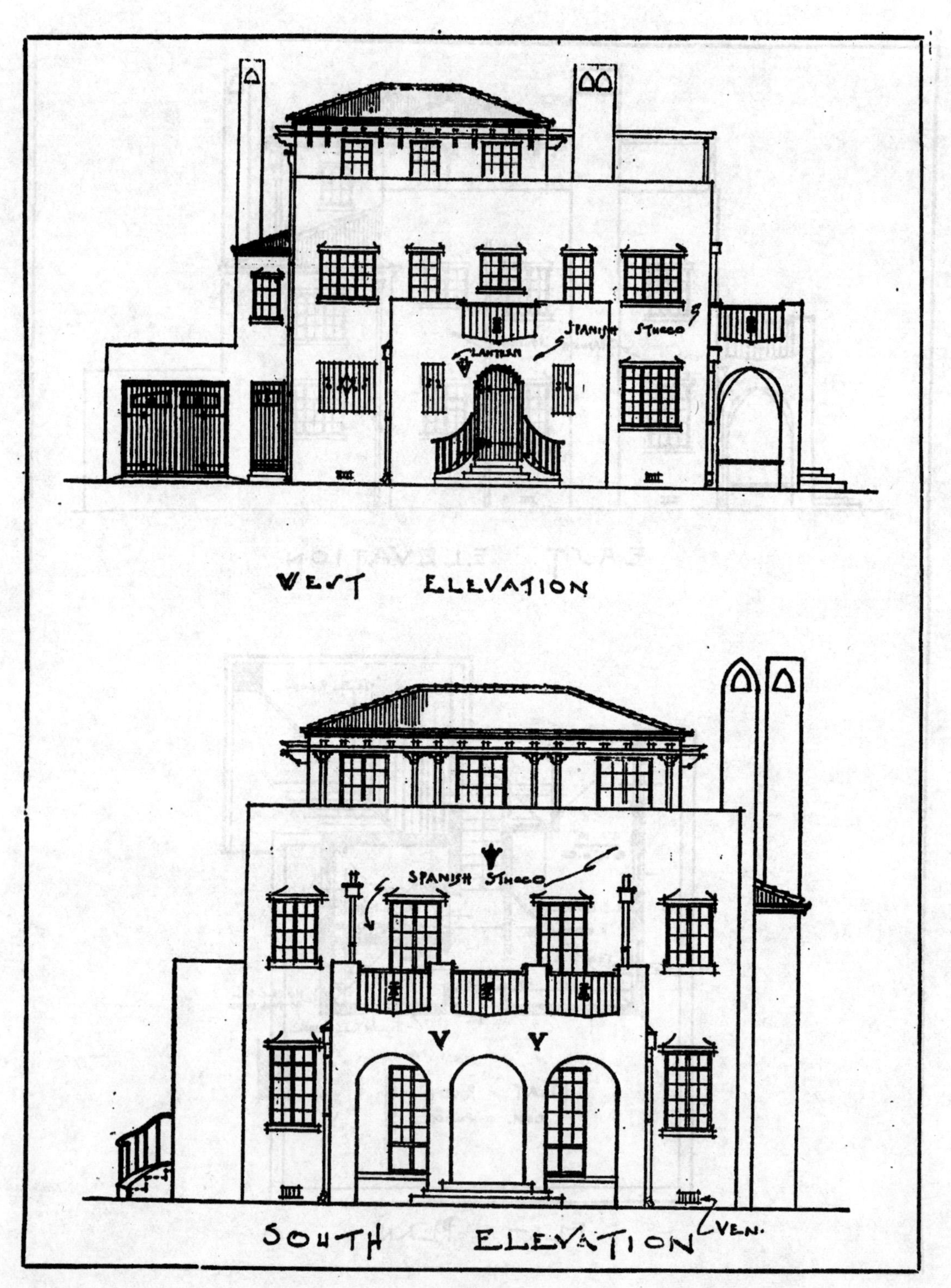
SPANISH STUCCO
LANTERN
WEST ELEVATION
SPANISH STUCCO
SOUTH ELEVATION
VEN.

21410

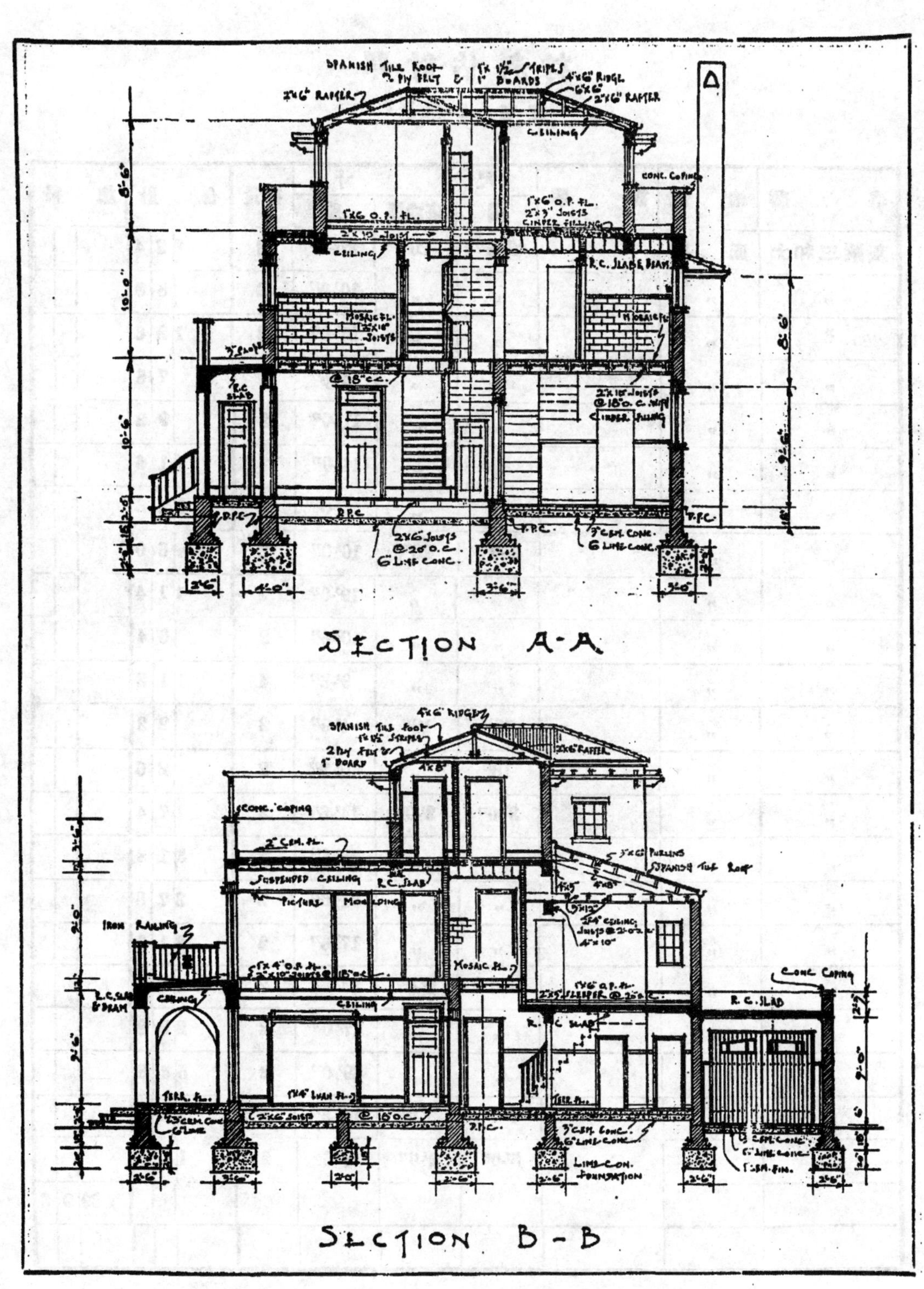

21411

材料估計單

住宅"B和P"

名稱	地位	說明	尺寸			數量	合計	總計
			闊	高或厚	長			
灰漿三和土	底脚		2'-6"	20"	27'-0"	2	224	
"	"		"	"	10'-6"	2	88	
"	"		"	"	15'-0"	2	126	
"	"		"	"	4'-6"	4	76	
"	"		"	"	11'-0"	2	92	
"	"		"	"	14'-0"	2	116	
"	"		"	"	15'-0"	2	126	
"	"		2'-0"	18"	10'-0"	2	60	
"	"		"	"	19'-0"	2	114	
"	"		"	"	10'-6"	2	64	
"	"		"	"	9'-3"	4	112	
"	"		18"	18"	4'-9"	2	22	
"	"		18"	"	5'-9"	2	26	
"	"		3'-0"	2'-0"	14'-6"	2	174	
"	"		"	"	26'-6"	2	318	
"	"		"	"	31'-6"	2	378	
"	"		"	"	17'-6"	2	210	
"	"		3'-6"	2'-0"	34'-6"	2	484	
"	"		"	"	17'-0"	2	238	
"	"		"	"	39'-0"	2	546	
"	"		4'-0"	2'-0"	14'-6"	2	232	
"	"		5'-0"	2'-0"	8'-6"	2	170	
								3996

材料估價單

住宅"B和P"

名稱	地位	說明	尺寸			數量	合計	總計
			闊	高或厚	長			
灰漿三和土	踏步下		4'-0"	6"	6'-0"	2	24	
„	„		„	„	8'-0"	2	32	
„	滿堂		9'-0"	„	16'-0"	2	144	
„	„		9'-6"	„	12'-0"	2	114	
„	„		4'-0"	„	6'-6"	2	26	
„	„		5'-6"	„	7'-0„	2	38	
„	„		7'-6"	„	13'-0"	2	98	
„	„		3'-6"	„	8'-6"	2	30	
„	„		7'-0"	„	16'-0"	2	112	
„	„		6'-0"	„	10'-0"	2	60	
„	„		9'-0"	„	13'-0"	2	118	
„	„		4'-0"	„	17'-0"	2	68	
„	„		13'-0"	„	18'-0"	2	234	
„	„		13'-0"	„	16'-9"	2	218	
„	„		7'-10"	,	20'-0"	2	156	
								1472
水泥三和土	汽車間		9'-0"	3"	16'-0"	2	72	
„	廚房		9'-6"	„	12'-0"	2	58	
„	„		4'-0"	„	6'-6"	2	14	
„	煤間		2'-6"	„	7'-0,'	2	8	
„	僕人廁所		5'-0"	„	10'-6"	2	26	
„	伙食間		7'-6"	„	13'-0"	2	48	
„	廁所		4'-0"	„	5'-0"	2	10	

材料估價單

住宅"B和P"

名稱	地位	說明	尺寸			數量	合計	總計
			闊	高或厚	長			
水泥三和土	肉裏洋台		7'-10"	3"	20'-0"	2	78	
								314
1"水泥粉光	汽車間		9'-0"	–	16'-0"	2	288	
„	煤間		2'-6"	–	7'-0"	2	36	
„	平屋頂		10'-0"	–	16'-0"	2	320	
„	„		13'-0"	–	30'-0"	2	780	
„	„		3'-0"	–	21'-0"	2	126	
„	„		3'-0"	–	12'-6"	2	76	
水泥台度	汽車間		2(16'-0")	5'-0"	2(9'-0")	2	500	
								2126
磨石子地面	廚房		9'-6"	–	12'-0"	2	228	
„	„		4'-0"	–	6'-6"	2	52	
„	僕人廁所		5'-0"	–	10'-6"	2	106	
„	伙食間		7'-6"	–	13'-0"	2	196	
„	肉裏洋台		7'-10"	–	20'-0"	2	314	
„	洋台		4'-0"	–	16'-9"	2	134	
„	„		7'-0"	–	18'-6"	2	260	
„	入口		4'-0"	–	6'-0"	2	48	
磨石子台度	廚房		2(9'-6")	5'-0"	2(12'-0")	2	430	
„	„		2(4'-0")	„	2(6'-6")	2	210	
„	伙食間		2(7'-6")	„	2(13'-0")	2	410	
„	僕人廁所		2(5'-0")	„	2(10'-6")	2	310	

材料估計單

住宅"B和P"

名稱	地位	說明	尺寸			數量	合計	總計
			闊	高或厚	長			
								2698
瑪賽克地面	廁所		4'-0"	–	5'-0"	2	40	
瑪賽克樓面	浴室	包括夾沙樓板	6'-0"	–	9'-3"	2	112	
"	"	"	6'-0"	–	8'-0"	2	96	
"	盥洗室	"	4'-6"	–	8'-6"	2	76	
								284
3"×6"磁磚台度	廁所		2(4'-0")	5'-0"	2(5'-0")	2	180	
"	浴室		2(6'-0")	"	2(9'-3")	2	306	
"	"		2(6'-0")	"	2(8'-0")	2	280	
"	盥洗室		2(4'-6")	"	2(8'-6")	2	260	
								1026
1"×4"柳安地板	自修室		9'-0"	–	13'-0"	2	234	
"	走廊		7'-0"	–	10'-0"	2	140	
"	"		6'-0"	–	17'-0"	2	204	
"	大餐間		13'-0"	–	18'-0"	2	468	
"	會客室		13'-0"	–	16'-9"	2	436	
"	掛衣室		4'-0"	–	5'-0"	2	40	
								1522
1"×4"洋松樓板	僕室		9'-6"	–	12'-0"	2	228	

材料估計單

住宅"B和P"

名稱	地位	說明	尺寸 闊	高或厚	長	數量	合計	總計
1"×4"洋松樓板	僕室		4'-0"	–	7'-6"	2	60	
„	走廊		7'-0"	–	11'-0"	2	154	
„	„		6'-0"	–	6'-0"	2		
„	客室		9'-5"	–	13'-0"	2	244	
„	臥室		13'-0"	–	17'-6"	2	256	
„	臥室		13'-0"	–	17'-2"	2	448	
								1662
1"×6"洋松樓板	兒童臥室		9'-0"	–	13'-0"	2	234	
„	„		5'-6"		7'-0"	2	78	
„	走廊		4'-0"	–	9'-0"	2	72	
„	箱籠間		7'-0"		9'-0"	2	126	
								510
10"磚牆	地龍牆		10'-0"	3'-0"	10"6"	2	124	
„	底脚至一層		132'-6"	14'-6"	152'-6"	2	8266	
„	肉裏洋台		20'-0"	15'-0"	2(7'-0")	2	1022	
„	入口等		2(4'-0")	16'-0"	18'-6"	2	848	
„	一層至二層		52'-6"	10'-0"	20'-0"	2	1450	
„	一層至欄杆		39'-0"	13'-0"	67'-0"	2	2756	
„	一層至屋簷		29'-0"	8'-6"	21'-0"	2	850	
„	二層至屋簷		45'-0"	7'-6"	47'-6"	2	1388	
								16702

材料估計單

住宅"B和P."

名稱	地位	說明	尺寸			數量	合計	總計
			闊	高或厚	長			
5" 磚牆	底脚至一層		22'-6"	14'-0"	14'-0"	2	1022	
5" 板牆	一層至二層		33'-0"	9'-6"	43'-0"	2	1444	
	二層至屋簷		12'-0"	8'-0"	56'-0"	2	640	
								2084
3'-0"花鐵欄杆					41'	2	82'	
8'×8'大門	汽車間					2		
雙扇洋門						18		
單扇洋門						50		
鋼窗	南面	有花鐵柵的	3'-3"	5'-0"	–	4	66	
"	東面	"	3'-3"	5'-0"	–	4	66	
"	"	"	3'-3"	4'-0"	–	2	26	
"	"	"	4'-9"	4'-0"	–	2	38	
"	北面	"	3'-3"	1'-9"	–	2	12	
"	"	"	3'-6"	4'-0"	–	2	28	
"	西面	"	4'9"	4'-0"	–	2	38	
"	"	"	1'-9"	4'-0"	–	4	28	
"	"	"	4'-9"	5'-0"	–	2	48	
								350
鋼窗	南面		3'-3"	4'-0"	–	8	104	

材料估計單

住宅"B和P"

名稱	地位	說明	尺寸			數量	合計	總計
			闊	高或厚	長			
鋼窗	東面		3'-3"	4'-0"	–	4	52	
„	„		„	2'-6"	–	2	16	
„	„		4'-9"	3'-9"	–	2	36	
„	„		2'-6"	3'-0"	–	4	30	
„	北面		3'-3"	3'-0"	–	2	20	
„	„		„	4'-0"	–	2	26	
„	„		„	9'-0"	–	2	58	
„	西面		3'-3"	2'-9"	–	2	18	
„	„		„	4'-0"	–	4	52	
„	„		4'-9"	4'-0"	–	4	76	
„	„		2'-6"	3'-6"	–	2	18	
								506
西班牙式屋面			19'-0"	–	15'-0"	2	570	
			28'-0"	–	24'-0"	2	1344	
								1914
平頂屋	洋台	6皮拍油牛毛毡,上舖	20'-0"	–	7'-10"	2	314	
„	„	綠豆沙下有懸空平頂	4'-0"	–	17'-0"	2	136	
„	汽車間上		16'-0"	–	9'-0"	2	288	
„	臥室上		30'-0"	–	13'-0"	2	780	
„			3'-0"	–	34'-0"	2	204	
								1722

材料估計單

住宅"B和P"

名稱	地位	說明	尺寸			數量	合計	總計
			闊	高或厚	長			
木花架					150'	2	300'	
水落及管子				235'		2	470'	
大扶梯						2		
傭人扶梯						2		
火爐						2		
生鐵垃圾桶						2		
生鐵出風洞						12		
門燈						6		
信箱						2		

材料估計單

住宅"B和P"

名稱	地位	說明	尺寸			數量	合計	總計
			闊	高或厚	長			
鋼骨水泥大料	RB 15		10"	12"	12'-6"	2	20	
"	IR 36		"	10"	6'-6"	2	10	
"	IB 37		"	16"	15'-0"	2	34	
"	IB 35		"	14"	10'-0"	2	20	
"	RB 30		"	20"	17'-6"	2	48	
"	RB 31		"	20"	8'-0"	2	22	
"	RB 29		"	14"	17'-6"	8	136	
"	RB 33		"	20"	17'-0"	2	48	
"	"		"	20"	11'-6"	2	32	
"	"		"	20"	19'-6"	2	54	
"	RB 34		"	22"	6'-6"	2	20	
鋼骨水泥樓板	RS 7		12'-0"	4"	17'-0"	2	136	
"	IS 3		5'-6"	3"	6'-6"	2	18	
"	RS 3		5'-9"	"	18'-6"	2	54	
"	"		3'-9"	"	21'-6"	2	40	
"	"		3'-9"	"	11'-6"	2	22	
"	IS 13		11'-0"	5¾"	13'-6"	2	142	
"	RS 12		8'-9"	4"	20'-0"	2	116	
"	RS 1		6'-0"	3½"	15'-0"	4	108	
"	"		6'-6"	"	15'-0"	2	56	
"	"		5'-0"	"	15'-0"	4	88	
"	2 S 5		9'-9"	5¼"	11'-6"	2	98	
								1322
[illegible]								

工程估價總額單

住宅“B和P”

名稱	說明	數量	單價	金額	總額
灰漿三和土	底脚包括掘土	3996	1800	71928	
”	滿堂和踏步下	1472	1600	23552	
水泥三和土	滿堂	314	8400	26376	
水泥粉光	地面及台度	2126	1000	21260	
磨石子	地面及台度	2678	6000	161880	
瑪賽克樓板	包括夾沙樓板	284	8300	23572	
瑪賽克地板		40	6300	2520	
3"×6"磁磚台度		1026	7500	76950	
1"×4"柳安地板	包括擱柵和踢脚板	1522	9200	140024	
1"×4"洋松樓板	包括擱柵，踢脚板和平頂	1662	2700	44874	
1"×6"洋松樓板	”	510	2200	11220	
10"磚牆	包括粉刷和畫鏡線	16702	3400	567868	
5"磚牆	”	1022	2500	25550	
5"雙面板牆	”	2084	3000	62520	
雙扇洋門		10	3500	35000	
雙扇汽車間門		2	16500	33000	
單扇洋門		58	2900	168200	
鋼窗		856	150	128400	
窗上花鉄柵		24	1600	38400	
玻璃		856	15	12840	
3'-0"花鉄欄杆		82	5000	41000	
木花架		300	2800	84000	

上海市建築協會服務部估計

工程估價總額單

住宅"B和P"

名稱	說明	數量	單價	金額	總額
生鐵垃圾桶		2	4500	9000	
門燈		6	1500	9000	
水落及管子		470	450	2 150	
大扶梯		2	75000	150000	
僕人扶梯		2	52000	104000	
信箱		2	5000	10000	
火爐		2	8500	17000	
生鐵出風洞		12	200	2400	
西班牙式紅瓦屋面	包括平頂	1914	15000	287100	
平屋面	6皮拍油牛毛毡上鋪綠豆沙下有假平	1722	5000	86100	
鋼骨水泥		1322	12500	165250	
					2661934

上海市建築協會服務部估計

21422

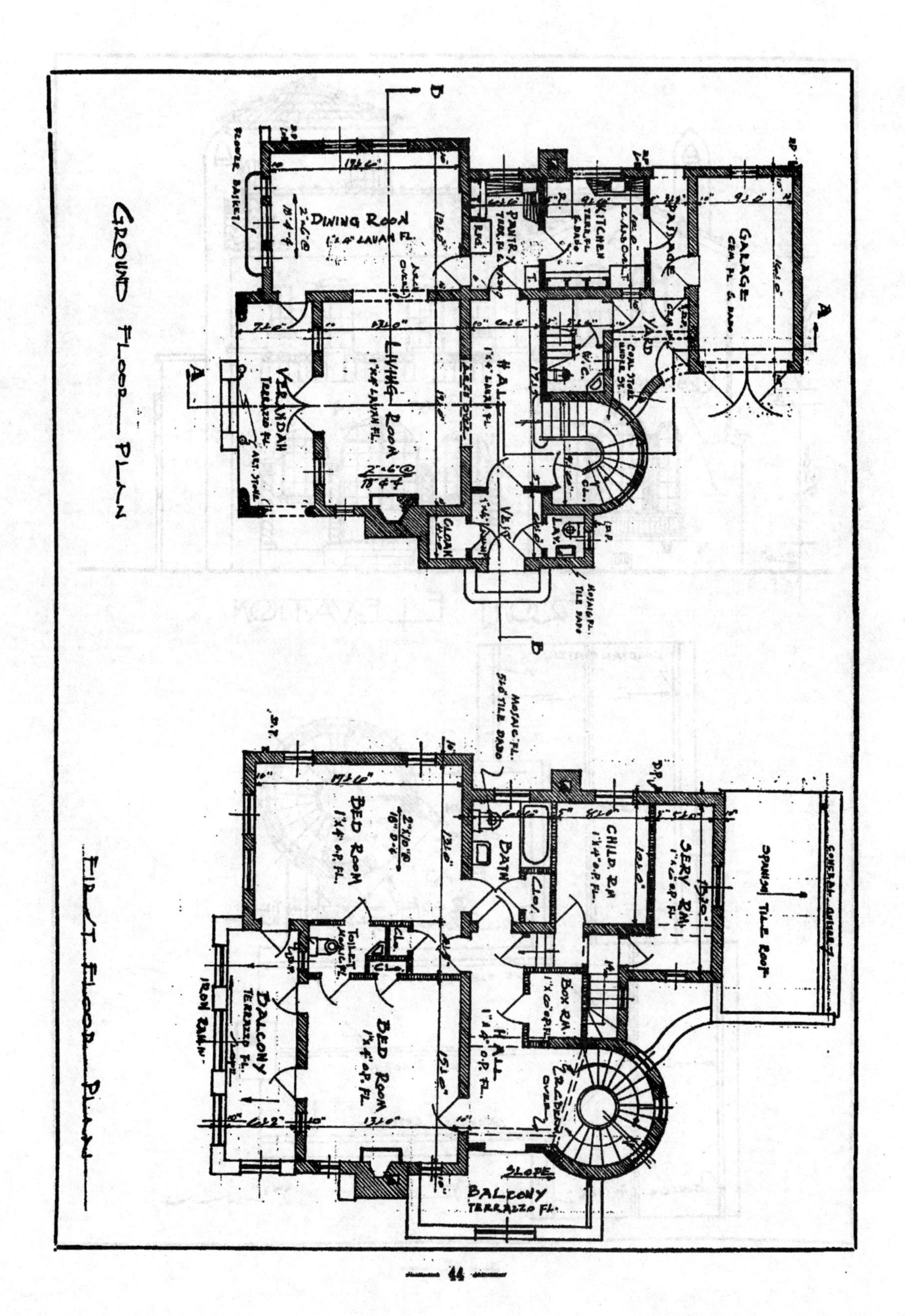
GROUND FLOOR PLAN
DINING ROOM
LIVING ROOM
VERANDAH
TERRAZZO FL.
PANTRY
KITCHEN
PASSAGE
GARAGE
YARD
HALL
VEST.
CLOAK
LAV.
FIRST FLOOR PLAN
BED ROOM
BATH
CHILD. RM
SERV. RM.
BOX RM.
TOILET
BALCONY
IRON RAIL
SPANISH TILE ROOF
SLOPE

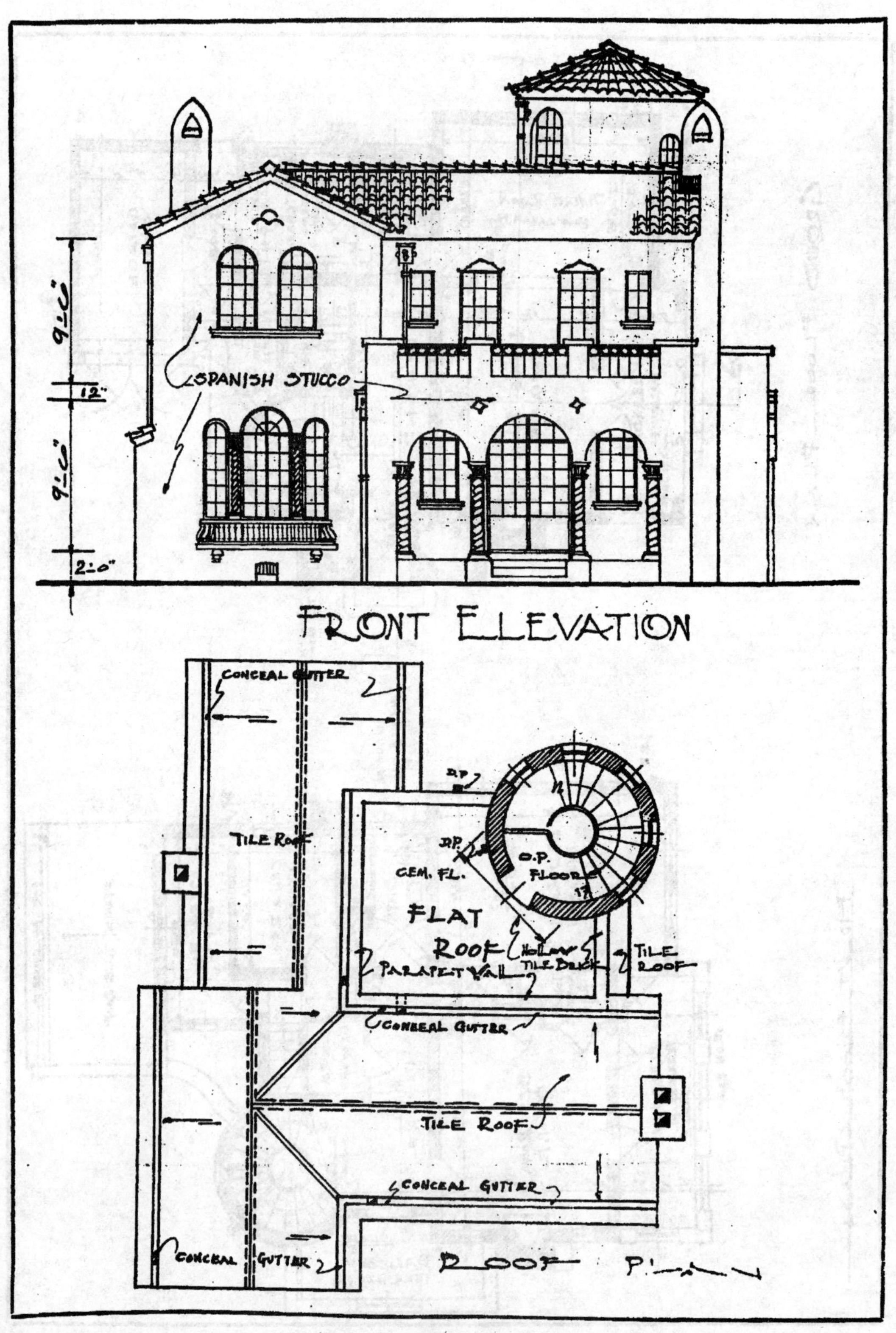
9'-0"
12"
9'-0"
2'-0"
SPANISH STUCCO
FRONT ELEVATION
CONCEAL GUTTER
TILE ROOF
CEM. FL.
FLAT
ROOF
PARAPET WALL
TILE
ROOF
FLOOR
CONCEAL GUTTER
TILE ROOF
CONCEAL GUTTER
CONCEAL GUTTER
ROOF PLAN

21424

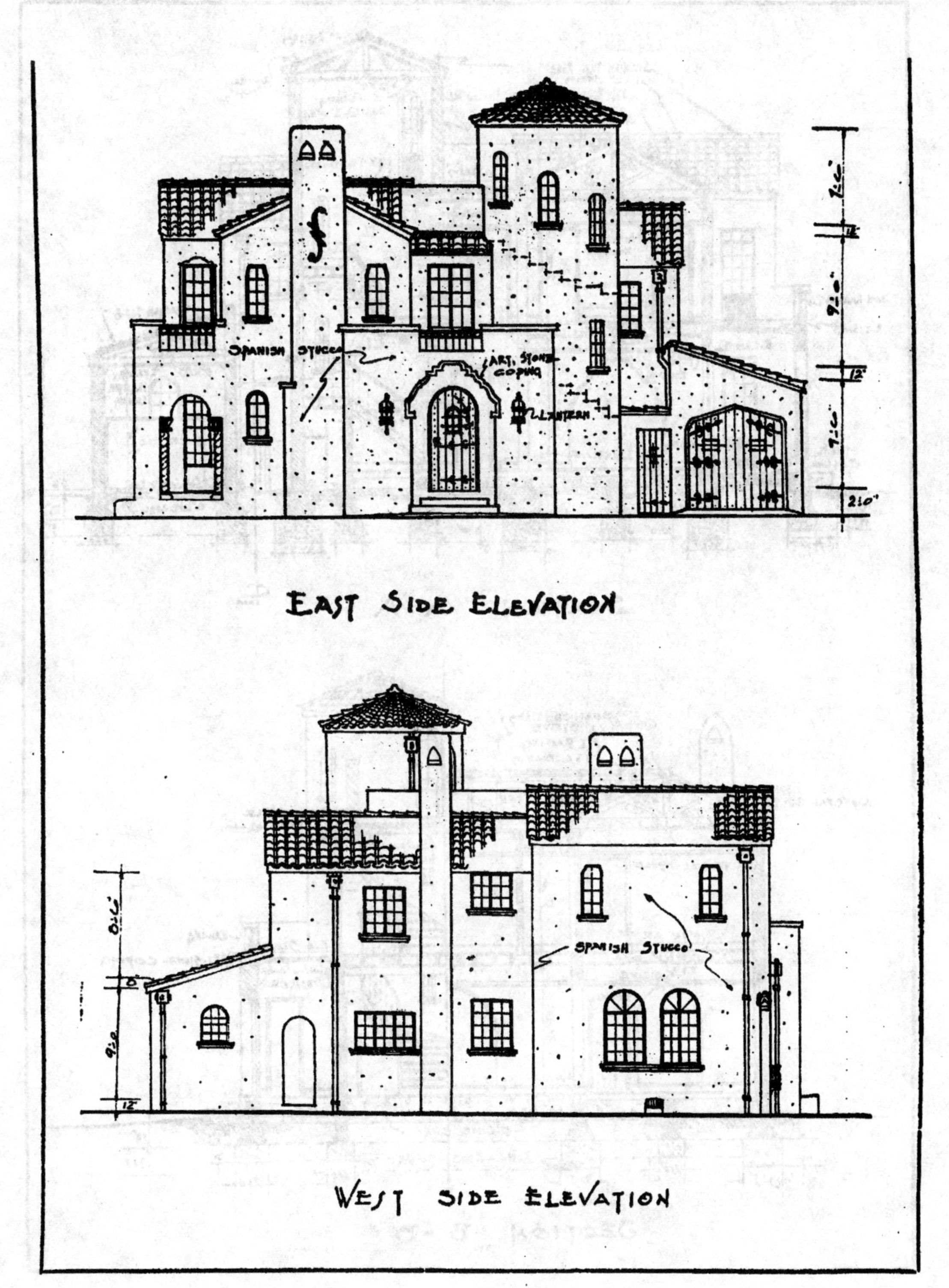
SPANISH STUCCO
ART. STONE COPING
LANTERN
EAST SIDE ELEVATION
SPANISH STUCCO
WEST SIDE ELEVATION

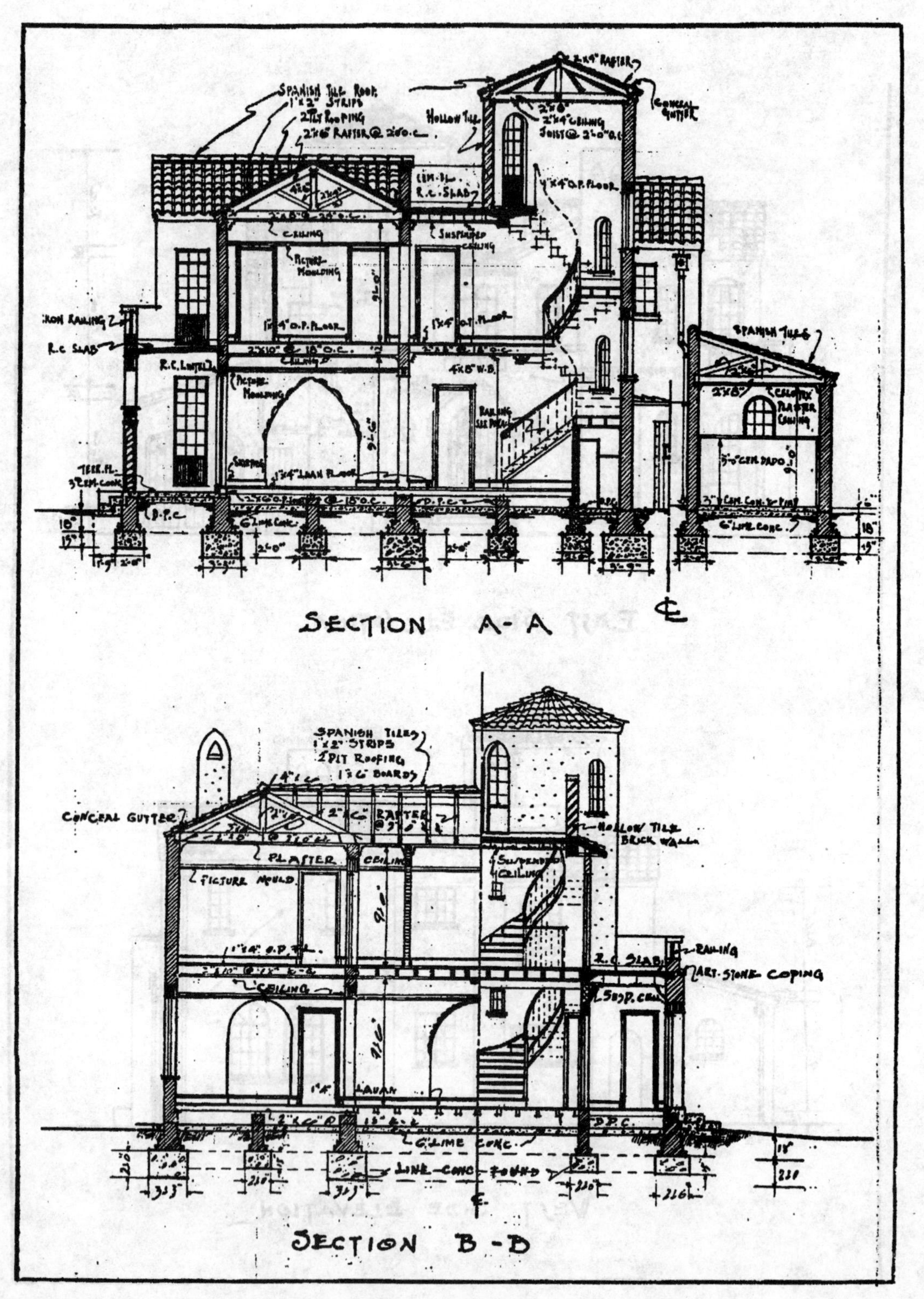
SECTION A-A
SECTION B-B
SPANISH TILE ROOF
1"x2" STRIPS
2 PLY ROOFING
SPANISH TILES
CONCEAL GUTTER
HOLLOW TILE
BRICK WALL
RAILING
ART. STONE COPING
PLASTER CEILING
PICTURE MOULD
SUSPENDED CEILING
PICTURE MOULDING
R.C. SLAB
IRON RAILING
6" LIME CONC.
LIME CONC. FOUND

21426

材料估計單

住宅"C和H"

名稱	地位	說明	尺寸			數量	合計	總計
			闊	高或厚	長			
灰漿三和土	底脚		2'-0"	1 5"	22'-0"	2	110	
"	"		"	"	16'-9"	2	84	
"	"		"	"	26'-9"	2	134	
"	"		"	"	8'-6"	2	42	
"	"		"	"	20'-0"	2	100	
"	"		"	"	15'-9"	2	78	
"	"		"	"	7'-6"	2	38	
"	"		"	"	16'-0"	2	80	
"	"		"	"	11'-0"	2	59	
"	"		"	"	4'-6"	2	22	
"	"		"	"	9'-0"	2	46	
"	"		2'-6"	"	8'-0"	2	50	
"	"		3'-0"	2'-0"	15'-9"	2	180	
"	"		"	"	11'-0"	2	132	
"	"		"	"	24'-0"	2	288	
"	"		"	"	4'-0"	2	48	
"	"		"	"	14'-0"	2	168	
"	"		3'-3"	"	16'-9"	2	218	
"	"		"	"	7'-0"	2	92	
"	"		"	"	21'-9"	2	282	
"	"		"	"	37'-0"	2	481	
"	"		3'-6"	"	19'-6"	2	274	
"	"		3'-9"	"	25'-0"	2	376	
"	"		5'-2"	"	8'-0"	2	166	

材料估計單

住宅"C和H"

名稱	地位	說明	尺寸 闊	高或厚	長	數量	合計	總計
								3546
灰漿三和土	踏步		2'-0"	6"	5'-0"	2	10	
"	"		6'-0"	"	7'-0"	2	42	
"	堂滿		9'-0"	"	16'-0"	2	144	
"	"		3'-8"	"	10'-0"	2	36	
"	"		7'-3"	"	8'-0"	2	58	
"	"		9'-6"	"	10'-0"	2	96	
"	"		5'-6"	"	8'-6"	2	46	
"	"		9'-6"	"	4'-0"	2	38	
"	"		6'-0"	"	6'-0"	2	36	
"	"		4'-0"	"	4'-0"	2	16	
"	"		6'-6"	"	6'-0"	2	40	
"	"		"	"	17'-5"	2	114	
"	"		"	"	10'-0"	2	66	
"	"		13'-0"	"	19'-0"	2	248	
"	"		"	"	17'-5"	2	228	
"	"		7'-0"	"	19'-0"	2	134	
								1352
水泥三和土	滿堂		7'-0"	3"	19'-0"	2	66	
"	"		4'-0"	"	4'-0"	2	4	
"	"		6'-6"	"	10'-0"	2	32	
"	"		5'-6"	"	8'-6"	2	24	
"	"		9'-6"	"	10'-0"	2	48	
"	"		7'-0"	"	8'-0"	2	28	

材料估計單

住宅"C和H"

名稱	地位	說明	尺寸 闊	高或厚	長	數量	合計	總計
水泥三和土	滿堂		3'-8"	3"	10'-0"	2	18	
„	„		9'-0"	„	10'-0"	2	46	
„	„		18'-0"	„	4'-0"	2	36	
								806
1"水泥粉光	汽車間		9'-0"		16'-0"	2	288	
„	走廊		3'-8"		10'-0"	2	74	
„	天井		7'-0"		8'-0"	2	112	
„	煤間		18'-3"		4'-0"	2	146	
„	平屋面		12'-6"		12'-6"	2	312	
水泥台度	汽車間			5'-0"	50'-0"	2	500	
								1422
磨石子地面	櫥房		9'-6"		10'-0"	2	190	
„	貨食間		6'-6"		10'-0"	2	130	
„	肉裹陽台		7'-0"		19'-0"	2	266	
„	陽台		6'-2"		„	2	236	
„	„		5'-0"		14'-6"	2	146	
磨石子台度	櫥房			5'-0"	39'-0"	2	390	
„	貨食間			„	33'-0"	2	330	
								1688
瑪賽克地板	廁所		4'-0"		4'-0"	2	32	
„	僕人廁所		5'-6"		8'-6"	2	94	126
瑪賽克樓板	浴室	包括夾沙樓板	6'-6"		10'-0"	2	130	
„	盥洗室	„	4'-0"		6'-0"	2	48	

材料估計單

住宅"C和H"

名稱	地位	說明	尺寸：闊	尺寸：高或厚	尺寸：長	數量	合計	總計
								178
磁磚台度	廁所			5'-0"	16'-0"	2	160	
"	僕人廁所			"	28'-0"	2	280	
"	浴室			"	33'-0"	2	330	
"	盥洗室			"	20'-0"	2	200	
								970
1"×4"柳安地板	走廊		6'-6"		17'-5"	2	226	
"	入口		6'-0"		6'-6"	2	78	
"	掛衣室		4'-0"		4'-0"	2	32	
"	會客室		13'-0"		19'-0"	2	494	
"	餐室		"		17'-6"	2	456	
								1286
1"×4"洋松樓板	臥室		13'-0"		17'-6"	2	456	
"	"		"		15'-0"	2	390	
"	走廊		4'-6"		4'-0"	2	36	
"	"		"		17'-6"	2	158	
"	"		8'-0"		4'-0"	2	64	
"	兒童臥室		"		10'-0"	2	160	
"	走廊		3'-0"		7'-6"	2	46	
"	扶梯間		"		4'-0"	2	24	
								1334
1"×6"洋松樓板	箱籠間		4'-6"		6'-6"	2	58	
"	僕室		5'-6"		13'-10"	2	152	
								210

材料估計單

住宅"C和H"

名稱	地位	說明	尺寸 闊	高或厚	長	數量	合計	總計
10" 牆	地龍牆		17'-0"	3'-0"	16'-0"	2	1 9 8	
"	汽車間		17'-8"	12'-0"	19'-8"	2	8 9 6	
"	"		3'-0"	15'-0"		2	9 0	
"			30'-4"	16'-0"	26'-10"	2	18 3 0	
"	底脚至一層		113'-9"	13'-6"	10'-0"	2	58 1 8	
"	一層至二層		99'-0"	10'-0"	40'-0"	2	27 8 0	
"	"		24'-6"	8'-9"	41'-0"	2	11 4 6	
"	二層至屋簷		31'-6"	8'-6"		2	5 3 6	
"	壓簷牆		27'-0"	4'-0"	18'-0"	2	3 6 0	
"	烟冲		3'-4"	8'-6"	13'-0"	2	2 7 8	
								189 3 2
5" 牆	底脚至一層		28'-6"	13'-6"	6'-6"	2	9 4 6	
"	一層至二層			8'-6"	7'-0"	2	1 2 0	
								10 6 6
5" 板牆	下層至一層		4'-0"	11'-6"	4'-0"	2	1 8 4	
"	一層至二層		36'-6"	8'-0"	8'-0"	2	7 1 2	
"	"		8'-0"	9'-0"	25'-6"	2	6 0 4	
								15 0 0
1'-6"花鐵欄杆	陽台				21'-0"	2	4 2	
								4 2
單扇洋門						66		
雙扇洋門						2		
8'×8'車間門						2		

材料估計單

住宅"C和H"

名稱	地位	說明	尺寸			數量	合計	總計
			濶	高或厚	長			
鋼窗	南面	包括花鐵欄	1'-9"	6'-0"		4	42	
„	„	„	3'-3"	6'-6"		2	42	
„	„	„	2'-6"	5'-0"		4	50	
„	東面	„	1'-9"	3'-6"		2	12	
„	北面	„	1'-6"	4'-0"		2	12	
„	„	„	1'-9"	3'-6"		6	36	
„	西面	„	2'-6"	2'-6"		2	12	
„	„	„	4'-9"	3'-0"		2	28	
„	„	„	3'-0"	4'-0"		2	24	
„	„	„	3'-3"	5'-6"		4	72	
								330
鋼窗	南面		3'-3"	5'-0"		4	66	
„	„		1'-6"	3'-0"		4	18	
„	東面		1'-9"	4'-0"		6	42	
„	扶梯間		1'-9"	3'-9"		16	106	
„	北面		3'-3"	4'-0"		2	26	
„	„		1'-6"	4'-0"		2	12	
„	西面		3'-3"	4'-0"		2	26	
„	„		3'-0"	3'-0"		2	18	
„	„		1'-9"	4'-0"		4	28	
								342
西班牙式屋面			13'-0"		21'-6"	2	560	
„			”直徑			2	266	
„			14'-0"		21'-0"	2	588	

材料估計單

住宅"C和H"

名稱	地位	說明	尺寸			數量	合計	總計
			闊	高或厚	長			
西班牙式屋面			13'-6"		19'-6	2	526	
								1940
平屋面			13'-0"		12'-6"	2	326	
								326
圓扶梯						2		
僕人扶梯						2		
火爐						2		
水落管子				105'-0"			210	
生鐵垃圾箱						2		
生鐵出風洞						4		
信箱						2		
門燈						4		
								1352

材料估計單

住宅"C和H"

名稱	地位	說明	尺寸 闊	高或厚	長	數量	合計	總計
鋼骨水泥大料	1 B 1 4		10"	16"	11'-0"	2	24	
"	1 B 1 2		"	12"	10'-0"	2	16	
"	R B 1 1		8"	10"	7'-6"	2	10	
"	R B 1 2		10"	12"	8'-6"	2	14	
"	R B 1 3		"	16"	9'-6"	2	22	
鋼骨水泥樓板	1 S 3		3'-6"	3"	9'-0"	2	16	
"	1 S 1 3		12'-0"	5¾"	22'-0"	2	354	
"	R S 1		6'-0"	3½"	16'-0"	2	56	
"	B S 1		8'-0"	"	21'-0"	2	98	
"	R S 6		10'-0"	5"	14'-3"	2	118	
"	R S 1		6'-0"	3½"	6'-0"	2	22	
"	R S 1 4		4'-0"	6"	5'-0"	2	20	
								670

工程估價總額單

住宅"C和H"

名稱	說明	數量	單價	金額	總額
水落及管子		500	450	22500	
圓扶梯		2	85000	170000	
僕人扶梯		2	52000	104000	
信箱		2	5000	10000	
火爐		2	8500	17000	
生鐵垃圾桶		2	4500	9000	
生鐵出風洞		4	200	800	
西班牙式紅瓦屋面	包括平頂	1940	15000	291000	
平屋面	6皮柏油牛毛毡，上鋪綠豆沙，下有假平頂	706	4000	28240	
鋼骨水泥		670	12500	83750	
					2169584

上海市建築協會服務部估計

工程估價總額單

住宅"C和H"

名稱	說明	數量	單價	金額	總額
灰漿三和土	底脚包括掘土	3546	1800	63820	
„	滿堂和踏步下	1352	1600	21632	
水泥三和土	滿堂	306	8400	25704	
水泥粉光	地面及台度	1432	1000	14320	
磨石子	地面及台度	1688	6000	101280	
瑪賽克樓板	包括夾沙樓板	178	8300	14770	
瑪賽克地板		126	6300	7938	
3"×6"磁磚台度		970	7500	72750	
1"×4"柳安地板	包括擱柵和踢脚板	1286	9200	118312	
1"×4"洋松樓板	包括擱柵，踢脚板和平頂	1334	2700	36018	
1"×6"洋松樓板	„	210	2200	4620	
10"磚牆	包括粉刷和畫鏡線	13932	3400	473688	
5"磚牆	„	1066	2500	26650	
5"雙面板牆	„	1500	3000	45000	
雙扇洋門		2	3500	7000	
雙扇汽車間門		2	16500	33000	
單扇洋門		66	2900	19140	
鋼窗		672	150	100800	
窗上花鐵欄		30	1600	48000	
玻璃		672	15	10080	
1'-6"花鐵欄杆		42	2500	10500	
門燈		4	1500	6000	

上海市建築協會服務部估計

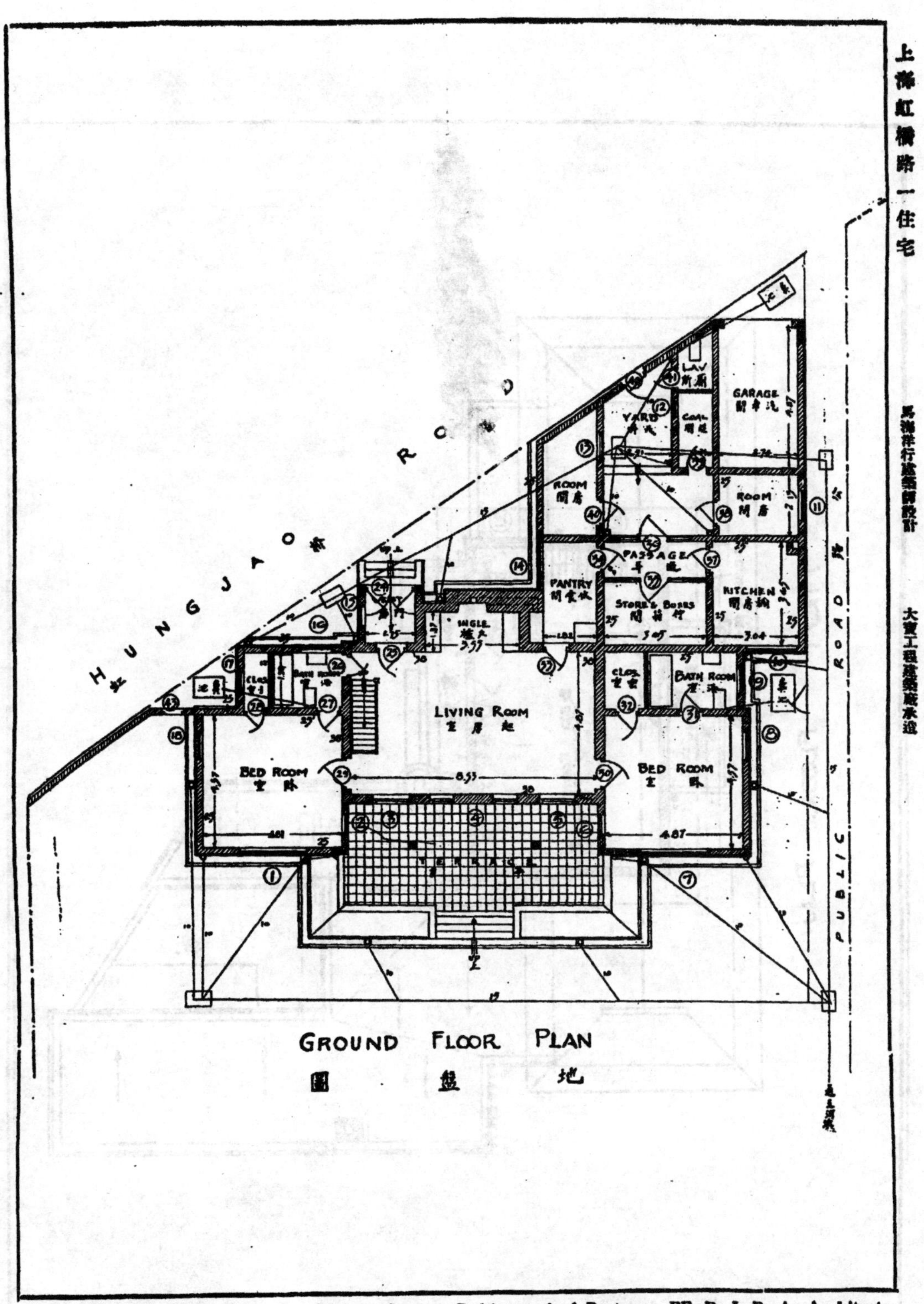

A House At Hung-Jao. Messrs. Spence. Robinson And Partners, FF. R. I. B. A. Architects.
Dai Pao Construction Co. General Contractors.

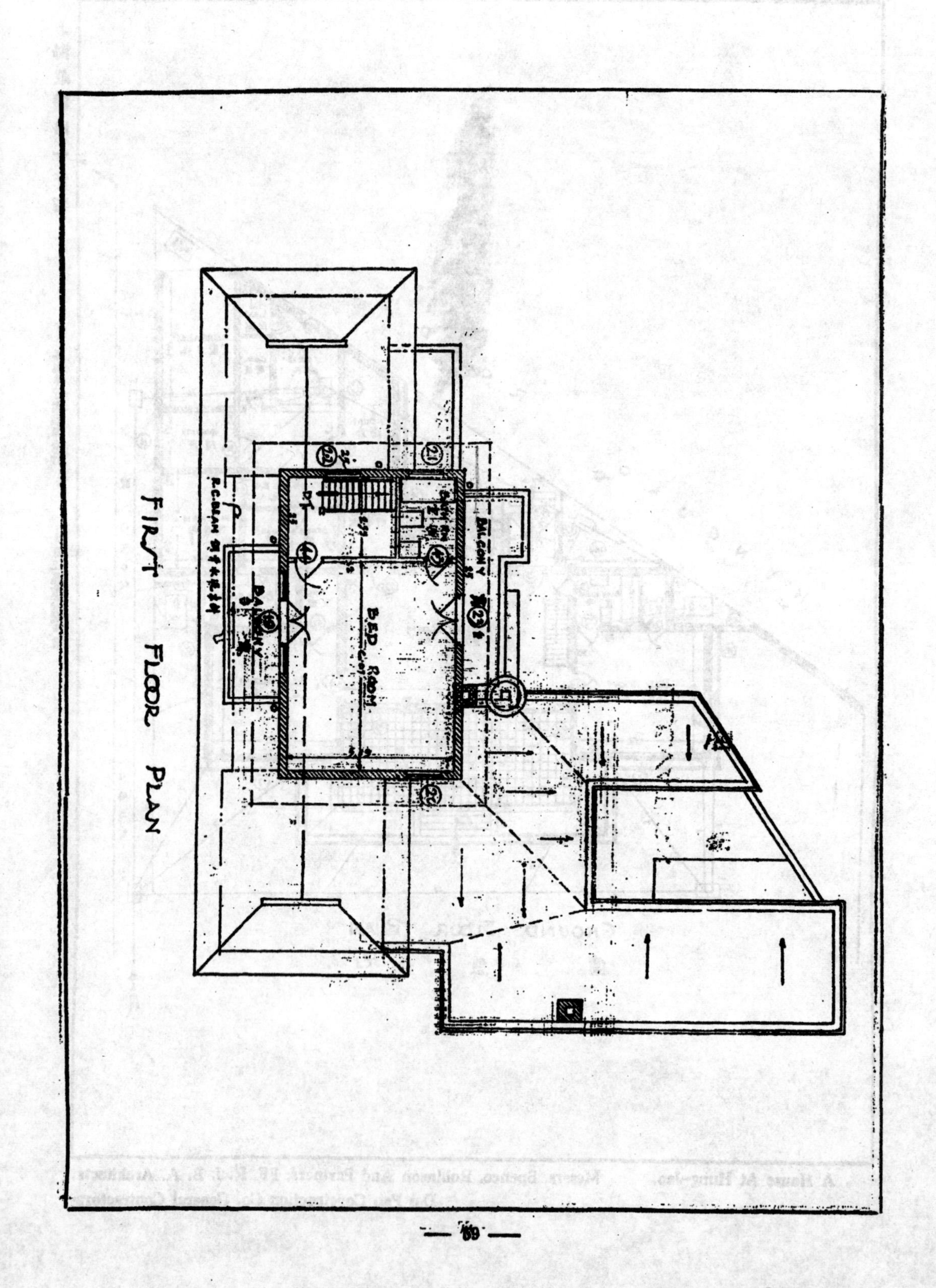
FIRST FLOOR PLAN
BED ROOM
BALCONY
BALCONY

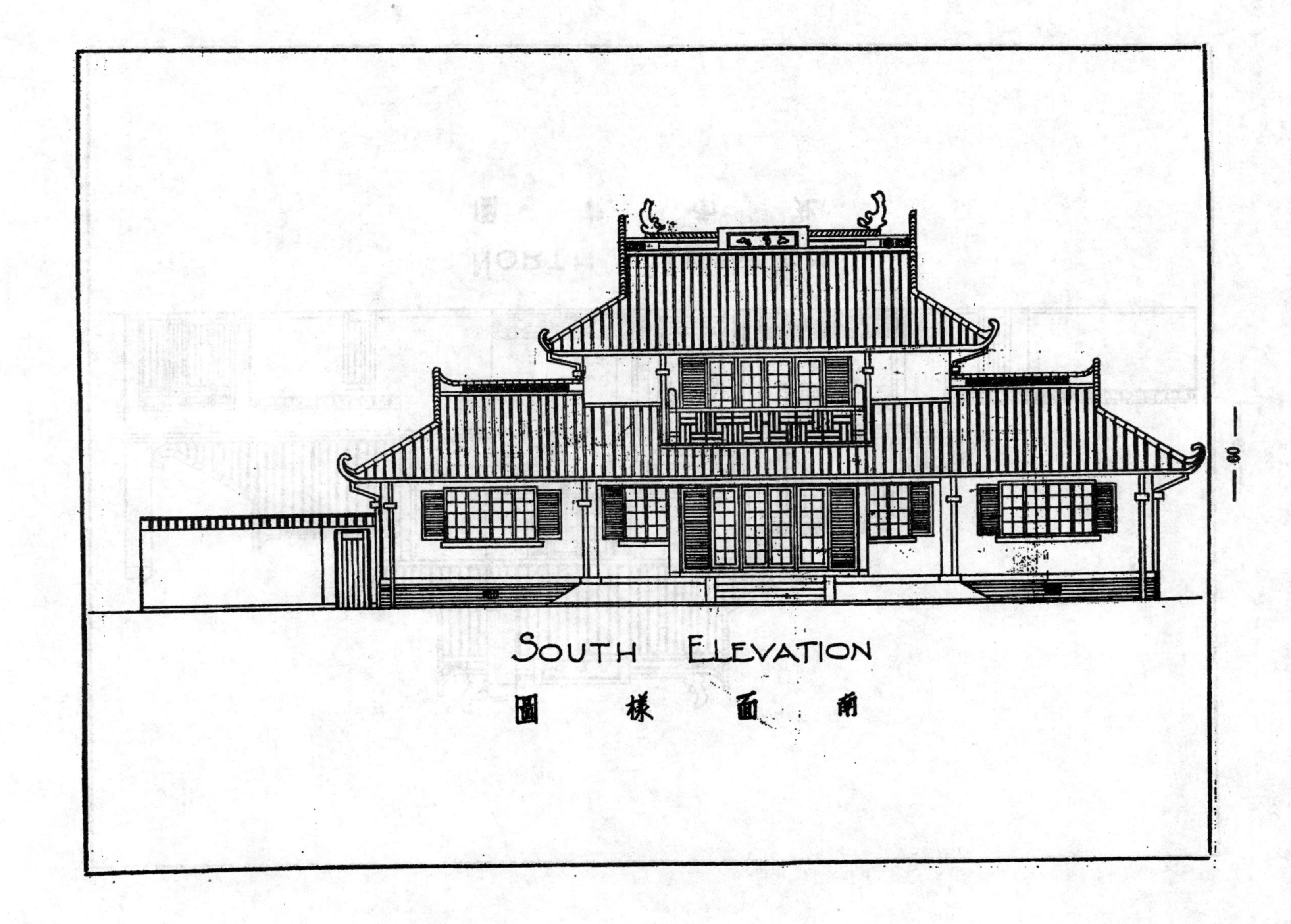
SOUTH ELEVATION
南面樣圖

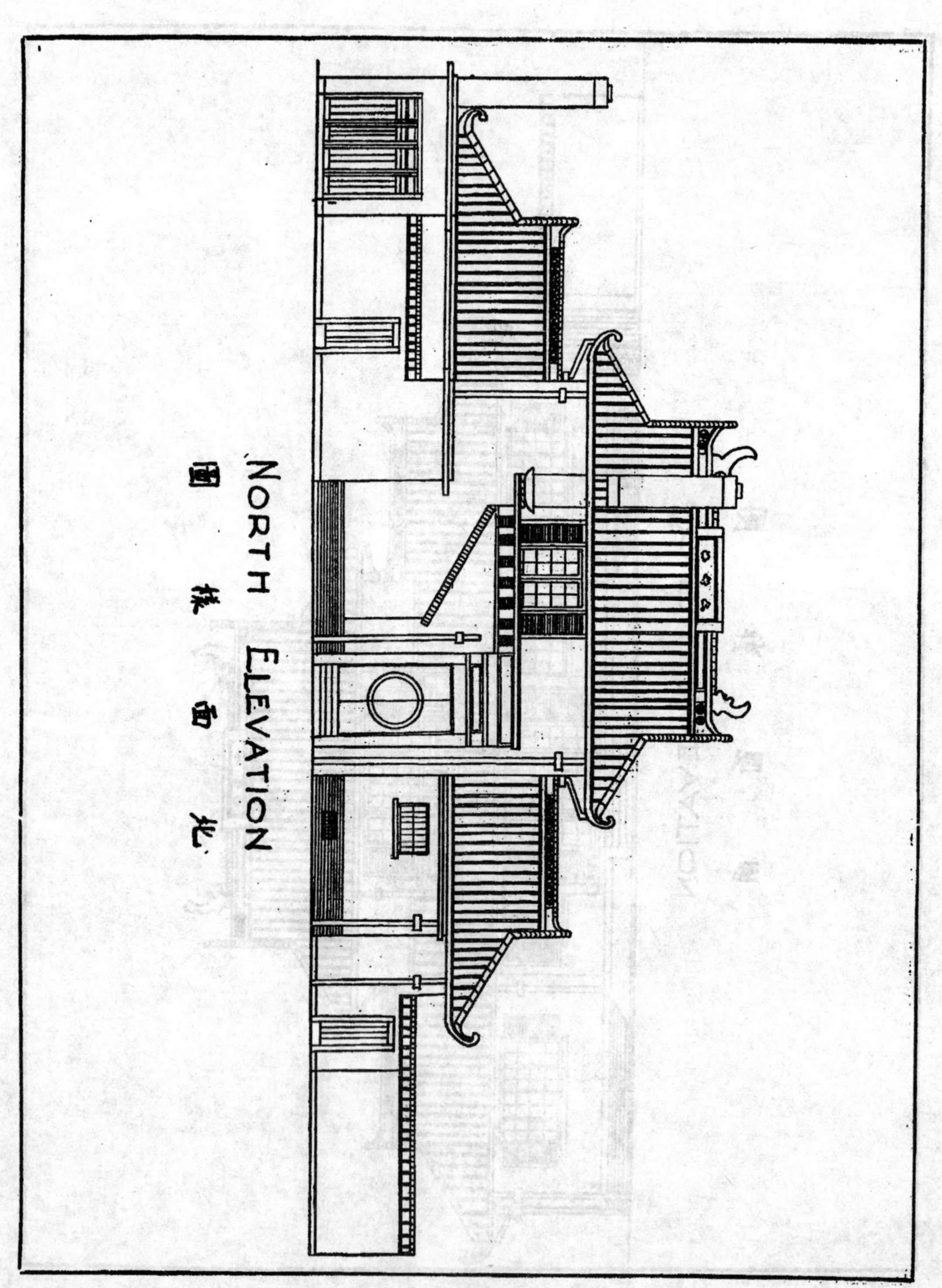
NORTH ELEVATION
北面樣圖

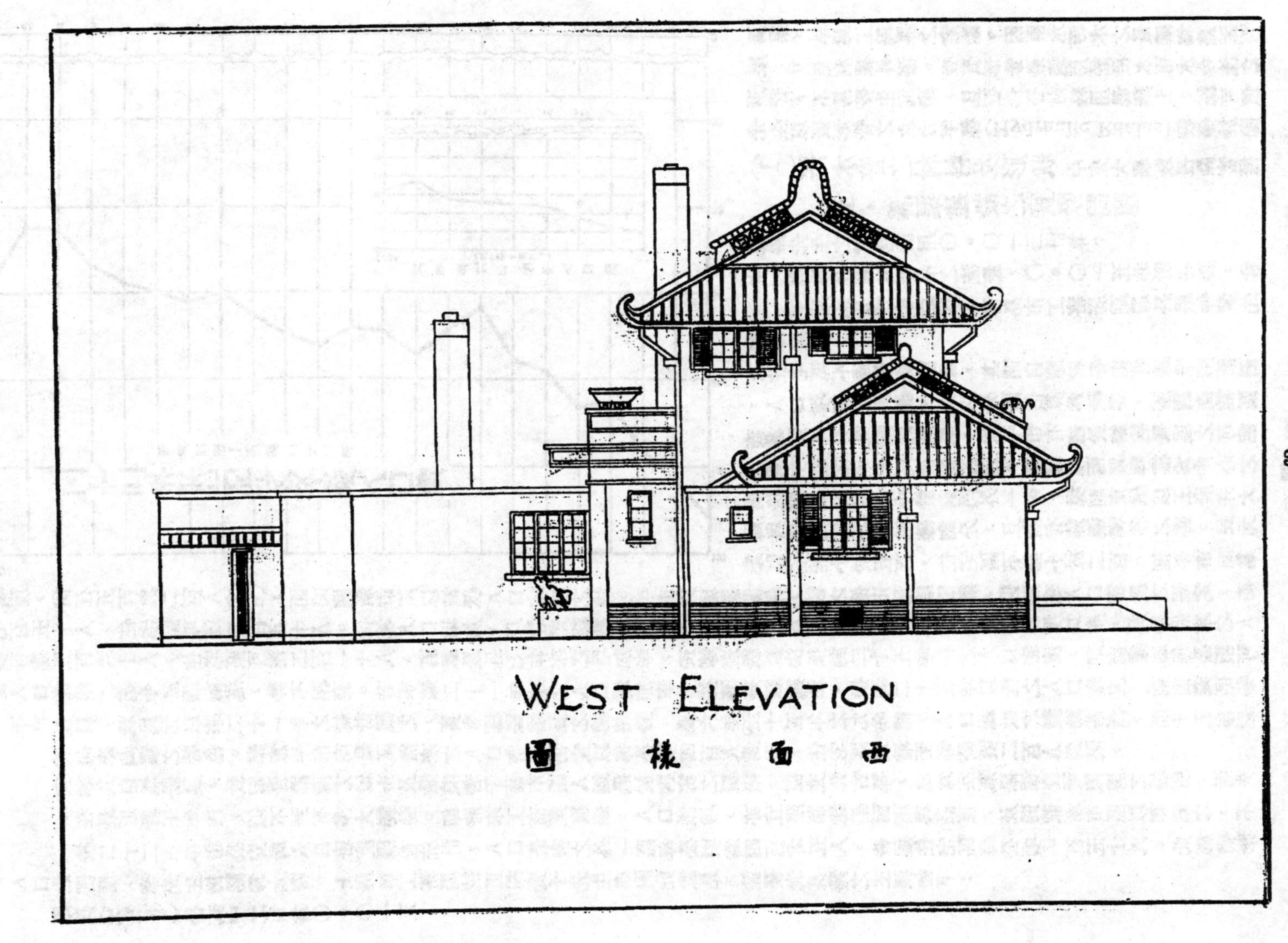
WEST ELEVATION
西面樣圖

庫氏(Kutter)公式中之N爲〇•〇一五

人口之密度，李先生仍認爲太密。上海市工務局技正胡實予先生亦同此意見，並發表具體之主張如下：

「按二十二年平市公安局人口密度調查統計，人口最密之外一區每公頃爲四百零五人，普通住宅區每公頃一百五十人。此種情形，在最近若干年內，似不至有多大變動。卽將來工商業發達，人口激增，亦宜限制建築面積與高度，及闢設新市區以調劑之，不宜聽其自然發展，致蹈吾國南方城市及歐美若干舊市區人烟過於稠密之覆轍，使文化古都，成爲空氣惡濁交通擁擠之場所，而失其向來幽雅之特色。鄙意平市商業區將來之人口密度仍宜以每公頃四百人爲限，住宅區以增至每公頃二百人爲限。」

平市人口，就民元以來二十一年之統計觀之，實有穩堅增長之總趨勢。雖六年至十五年之九年間，人口總數之變動甚微，而十五年以後之人口激增，迄今賡續前進，勢不稍衰。若根據二十一年來之人口增加率，按等差級數法，推測二十五年以後之人口密度，則商業區每公頃可達五百六十人，住宅區可達二百一十人。若就最近七年來之增加率，按等差級數法推測二十五年後之人口密度，則商業區每公頃可達七百五十八人，住宅區可達二百八十人。推算人口增加，以等差級數法所得之結果，最爲保守。按二十一年之平均增加率，算得將來之人口密度，尚在五百與二百人之上，而開闢新市區以減低人口密度之法，平市以城牆關係，較之他市稍感困難，似將來人口密度之假定，商業區不能小於五百，住宅區不能小於二百。惟平市商業區與住宅區不能明確劃分，且漸有變遷轉移之勢。民元前後商業區皆集中於前門外一帶，現則東城以王府井大街爲中心之商業區發展甚速，西城以西單牌樓爲中心之商業區亦有突飛之興榮，故平市有趨於細胞發展之可能，人口增加之推測，亦以分區估算爲較妥，所謂商業區及住宅區不過籠統而言，其間自應就各處特殊情形而斟酌損益也。

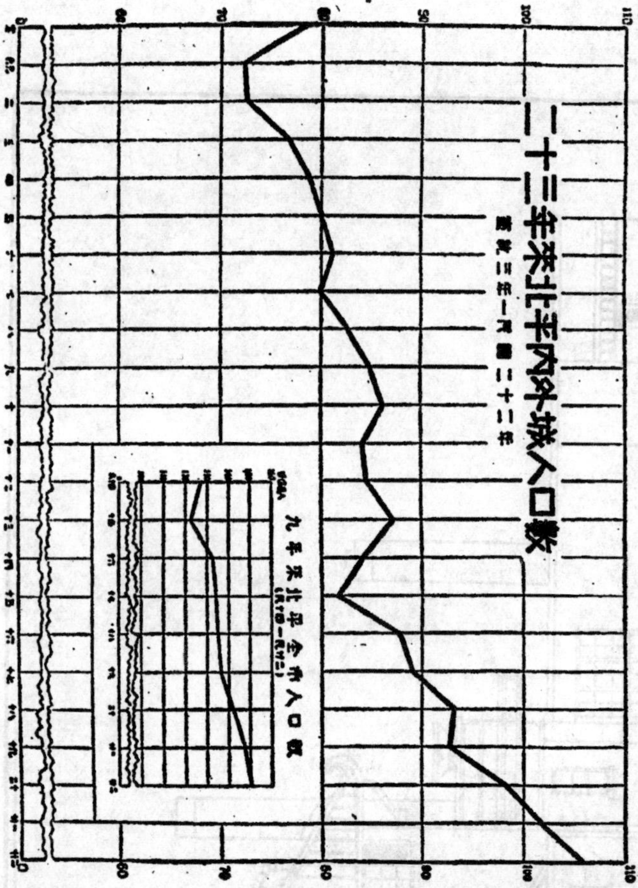

二十二年來北平內外城人口數

九年來北平全市人口數

至庫氏公式中之N，青島市工務局副局長嚴仲絜先生，認爲計算缸管中之流量，〇•〇一五非所必要，當選嚴先生之意見改用〇•〇一三計算。

五，溝渠建設之實際問題

(1)污水管之材料及形狀 中央大學教授關富權先生以蛋形管之水力半徑(Hydraulic Rdaius)較優於圓形管，不易發生沉澱，且蛋形管材料用混凝土，既可價廉，又免利權外溢。查蛋形管最適用於污水雨水合流之溝渠，早爲工程界之定論。因雨水污水之量雖相差至百數十倍，而流於蛋形管內，流速之變動則至微也。惟平市溝渠擬採分流制已如上述，若僅流污水之管，其每日之流量無大差異，且每日至少有一次之滿流，卽有沉澱，爲每日之滿流所冲刷，亦不致有壅塞之弊。混凝土蛋形管之用於合流溝渠者，有於管裏面之下部貼以光滑之缸瓦，其用意一方在減少管內之阻力，一方在防止汚水侵蝕洋灰，若汚水溝渠而用混凝土蛋形管，設不滿貼缸瓦，似難免以上二弊，若貼用缸瓦，則所費不貲矣。現唐山開灤煤礦已不兼營缸管貿易。平津所用者皆該地土窰所製，雖品質稍遜，倘大量訂購，可使加工精製也。故購用缸管，並無利潤流入外商之弊。再就經濟方面言，缸管亦較混凝土管爲省費。按青島市溝渠工程之統計，四百公厘以下者以用缸管爲省，四百公厘以上者以用混凝土管爲省。茲列青市工務局之統計表於左以明之：

管徑(公厘)	管質	每公尺長工料價共計(土工在外)
一五〇	缸管	一、一六元
二〇〇	仝	一、六六
二五〇	仝	二、〇二
三〇〇	仝	三、七二
三五〇	仝	五、二六
四〇〇	仝	六、三一
五〇〇	混凝土管(一：二：四)	六、〇〇
六〇〇	仝	七、〇〇
七〇〇	仝	八、〇〇
九〇〇	仝	九、五〇

若在平市，混凝土所需之原料石子砂子皆較青市昂至一倍左右，而唐山缸管較之青市所用之博山缸管，價尙稍廉。茲列比較表如左：

名稱	單位	青島價格	北平價格
石子	立方公尺	二、四〇元	三、九〇元
砂子	立方公尺	一、五〇元	三、七〇元
缸管	半徑四百公厘，一公尺長，	六、〇〇元	三、八四元(此係唐山交貨最上等雙釉缸管價格，北平交貨另加運費每公尺約一元左右。)

故就材料之經濟而論，平市溝渠之宜用缸管，殆尤迫切於青島市也。

(2)接管用之材料 下水道水管間結合之材料，普通用者有柏油麻絲及洋灰砂漿二種用洋灰砂漿之優點在堅實省費，其缺點在換裝支管困難，接頭處無伸縮性，若基地下陷或壓力不均，缸管有折裂之虞。用柏油麻絲之優點在換裝支管甚易，接頭處有伸縮性，缸管不致折裂，其缺點在用費稍昂，略欠堅牢。嚴先生主張用洋灰砂漿接管，在街傍用戶於建造溝渠時皆同時裝接支管，則該處以洋灰砂漿接管，倘

民國廿二年　二、二七八、七〇一。　三、七一六、七五二。

●民國廿三年　九八四、二三三。　九五二、一五九。

註(◉)廿三年係一月至十月十個月之數字

(▲)民國元年的數量係鐵與水泥混合統計

吾國進口水泥歷年總量已如上述。然其內容究竟如何。孰爲大宗進口國家。亦頗值得注意。按水泥爲值低而體重之物。隔離過遠。或運輸不便之地。在經濟上往往不易發生貿易關係。故進口水泥均以距離較近之國家所產者爲最大。當吾國水泥工業初興之時。英法德日等國紛起競爭。而其所設之廠則均環我國境或竟在我國內。如香港・滬防・澳門・九龍・大連・青島等處是。而我國進口水泥之大宗來路。亦卽爲安南香港與日本。其他各國雖有相當進口。但分之則爲數寥寥矣。茲列表如左。

▲進口水泥國別統計表

	二十年 擔	廿一年 擔	廿二年 擔	廿三年△
安南	一三三、九二七	一、二五七、七四六	五六八、六三三	三二六、五四〇
香港	一、九六八、九四六	一、四〇五、一九一	五一〇、一四八	三一七、四〇三
日本	六五三、九九六	二六九、九〇〇	四五三、三六〇	三五五、〇六六
朝鮮	四八、七六八	三三、八五三	——	——
澳門	二〇三、五一三	二七三、五一六	三二、六二〇	三二、八六六
蘇聯(歐洲各口)	——		——	四五
關東租借地	——		一六九、〇六六	六六、七六一
其他各國	二〇九、七九三	三二一、九九五	三四六、八七五	二五五、五一〇
合計	三、〇六八、七七三	三、六七〇、二〇一	二、一七八、七〇一	九八四、一三三

註△廿三年係一月至十月的數量且由公擔化爲擔以便與前數年比較

(二)國產水泥的狀況

我國國內水泥廠自啓新洋灰公司創始以後。繼起者雖不乏其人。但迭經風浪。迄今尙能屹然存在者。已屈指可數。茲就所知。臚列於下。

工廠名稱	廠址	成立年	資本	商標	每年之生產能力
啓新洋灰公司	河北唐山	光緒廿四年	一千四百萬元	馬牌	一百六十萬桶
廣東士敏土廠	廣州	光緒三十四年	一百二十萬元	獅球牌	二十萬桶
華記湖北水泥公司	湖北大冶	宣統二年	銀一百萬兩	塔牌	三十萬桶
上海華商水泥公司	江蘇龍華	民國九年	一百六十三萬餘元	象牌	六十四萬桶
中國水泥公司	江蘇龍潭	民國十年	二百萬元	泰山牌	九十萬桶
西村士敏土廠	廣州	民國十八年	二百萬元(港幣)	五羊牌	五十萬桶
致敬水泥公司	山東濟南		二十萬元	——	九萬桶

上表所列七家。其每年之生產力共爲四百二十三萬桶。但此乃可能產量。實際產額往往不足此數。其實際產量究竟若何。所可得而考者。僅啓新・華記・中國・上海四家而已。其餘三家均從闕。茲先將此四家近三年之生產額列表如下。

廠名	二十年七月至廿一年六月止	廿一年七月至廿二年六月止	廿二年七月至廿三年六月止	廿三年七月
中國	四六六、六九九桶	六一七、六五四桶	七九三、九三三桶	六〇七、八四七桶
上海	四六八、六四〇桶	四四四、九九三桶	四三三、二六二桶	七六、一九九桶

21444

	桶	桶	桶	桶
華記	一四九、〇六三	一〇六、六〇九	二三九、七三二	三三八、五六六
	桶	桶	桶	桶
啟新	一、四九二、三五五	一、四三三、三五〇	一、三五七、三三二	一四九、三三二

又據統稅局調查。龍華・龍潭・大冶・唐山四廠產銷數量如下。(單位公斤每桶水泥約一百七十公斤)

	產額	銷量
龍華		
二十二年上半期	三五、四八六、八二〇	三三、九四七、二二五
二十三年上半期	三三、四七三、八二〇	三一、九七五、四六八
龍潭		
二十二年	五八、一三二、五三〇	五九、七九七、八二一
二十三年	二七、一五二、四二五	五八、六五四、八一六
大冶		
二十二年	九、三三六、一三〇	八、三九七、三五〇
二十三年	二四、三三二、六三〇	二〇、三九七、八二五
唐山		
二十二年	一四八、九二七、八六七	八四、三二七、七七一
二十三年	一三一、一八〇、七五五	一二六、〇〇四、〇五五
合計		
二十二年	二五一、八八三、三四七	一八六、四七〇、一六七
二十三年	二一六、〇三七、六三〇	二三八、九三二、一四四

以上兩表產額與前項可能產額相較。則知各廠產額均在其生產能力以下。換言之。即各廠固有能力尚未能發揮盡量。不僅此也。海關新稅則實行以後。進口水泥較昔銳減。論理國產水泥應比較增加。始合邏輯。乃證諸統稅局統計。二十三年上半年四廠產量較二十二年同期反減百分之十一強。此種情形。殊足發人深省。

又從出口水泥之數量而論。就關冊所載。民國二十年之出口量有四十四萬餘擔。二十一年減為三十二萬八千餘擔。二十二年更減為一萬八千餘擔。去年一月至十月則僅六千七百餘擔矣。此種現象。有兩面觀察。一為國內銷路增加。移國外銷數於國內。二為外國水泥進口減少後。以其剩餘傾注於國外市場。致我國水泥國外銷路驟蹙。惟目前我國水泥工業尚未至爭奪國外市場的時期。故無論其起因若何。對於我國水泥工業之影響。並不重大。吾人所期望者。惟國內市場能有所發展耳。

國內各埠水泥消費情形如何。雖無完備統計可資參考。但水泥工業國內祇此數家。海關所列土貨轉口統計。亦頗足以表現水泥移動概況。惟最近關冊尚未公布。僅能就廿二年度之數字以觀其概。

據二十二年關冊所示。土貨轉口統計中各埠(計二十九關)進口水泥合計為三百八十二萬八千餘擔。內中上海占一百五十餘萬擔居第一。廣州次之。占五十八萬四千餘擔。汕頭第三。占五十萬四千餘擔。膠州第四。約四十萬擔。廈門第五。占二十六萬七千餘擔。甯波第六。約十六萬擔。烟台第七。占十二萬餘擔。其餘則等諸自鄶。均在五萬擔以下矣。至於出口方面。則以天津居第一。在各埠出口總計四百四十五萬二千餘擔中佔三百八十餘萬擔。鎮江次之。佔二十八萬五千擔。上海第三佔二十萬擔。廣州第四。占五萬餘擔。漢口第五。佔三萬餘擔。惟進出不經由海關之移動。則無從估計耳。

又據統稅局統計。二十三年上半年啟新華記華商中國四廠銷數共為一百四十萬桶強。較諸前年同期約增百分之二十八云。

(三)水泥工業之前途

年來國內建設計劃甚囂塵上。水泥需要之增加自爲意中事。自新稅則實行以後。進口水泥受一打擊。國產水泥之前途似覺更有希望。以吾國幅員之廣。人口之衆。城市建設之繁。區區七家工廠所產水泥。何足以資應付。無論從事實上從理論上推測。水泥工業俱應有突飛猛進之發展。顧從統計數字所示，則去年(二十三年)進口水泥固已大減而特減矣。而國產水泥亦較上年減色。其故何哉。間嘗思之。國民經濟之一般的衰落。當然爲各種要因之一環。而過重的負担與不合理之壓迫。則尤爲斯業不能發展之重要因素。關於前者。可以中華水泥廠商聯合會之呈文爲證。民國二十二年十二月五日財部增加水泥統稅。該會具呈呼籲。略謂『查水泥統稅。原徵國幣六角。現改徵國洋一元二角。其用包袋裝置者。照原稅加倍計算。…使消費者不勝負荷。生產者難於維。……國產水泥徵稅始於前清光緒三十三年。國內海關値百抽五。通行全國。概不重征。計每桶貨征關平銀一錢。合國幣一角五分。至民國十六年。始加附稅百分之二•五。仍祗合國幣二角三分之譜。上年統稅實行。每桶驟增至國幣六角。今施行未久。忽又加倍徵收。較之舊額。增至八倍。即較十六七年之稅額。亦增六倍……若就屬會會員公司而論。年來國產水泥因受環境影響。創痛正深。雖蒙政府增加外貨進口稅。以資保護，特因國內多故。民生困窘。謀食不遑。安論建設。故水泥出品祗有通商巨埠尙見行銷。內地銷場已日見狹隘。全國產額素感供過於求。若復困以重稅。則用戶方面除萬不得已之用途外。必將別謀替代……』云云。則水泥工業苦於捐稅負擔之重。概可想見。乃橫逆之來，更有甚於捐稅者。則新興的省統制之壓迫是已。查四廠水泥運往廣東。本須另納大學捐九角。長途電話捐四角五分。並須領取進口允許證。較之粵省水泥廠產品之負擔已經加重。去年七月粵省政府又飭建設廳擬水泥統制法。凡機關建築及人民建築在萬元以上者。必須用五羊牌士敏土。其未經准許入口之水泥。固不得在省內私銷。即允許入口之水泥。亦一律止發允許證。不得再行入口。於是華北長江一帶所產水泥乃不得入粵境。溯自九一八以來。東北之銷路斷絕。自去年七月以來。西南之銷路又告停頓。如是而欲中國水泥工業發展。其可得乎。且所謂省統制經濟之風。方始萌動。各省倘或尤而效之。則國際保護貿易將見於國內。寧非一大怪事。吾人根據過去現在的狀況。雖深信水泥工業前途極有希望。然而參諸人事。則殊未敢自信。而以爲尙有考慮餘地。固然就水泥工業本身而論。應待改善之處甚多。但政府待遇之合理化。終當先一切改進而成立。庶幾可以樹整個的統制經濟之不基乎。

(轉載一月一日新聞報)

胡熾期　黃元仁　徐嘉平
侯春懋　李國樑　劉雲書
李鋸眉　陳向誠
諸君均鑒：本刊按期依照所開尊址由郵寄奉，近被退回，無法投遞；即希示知現在通訊處，俾便更正，而免悞遞。爲盼

本刊發行部啓

東行記

杜彥耿

記者在二十一年的冬季創辦建築月刊以來，便認定要週遊各處，採取材料，獻給讀者。此議醞計已久，故便有今春的北行，與秋季的東行。並預定明春擬南行一次，如時機的許可，明秋更欲往歐美一走。

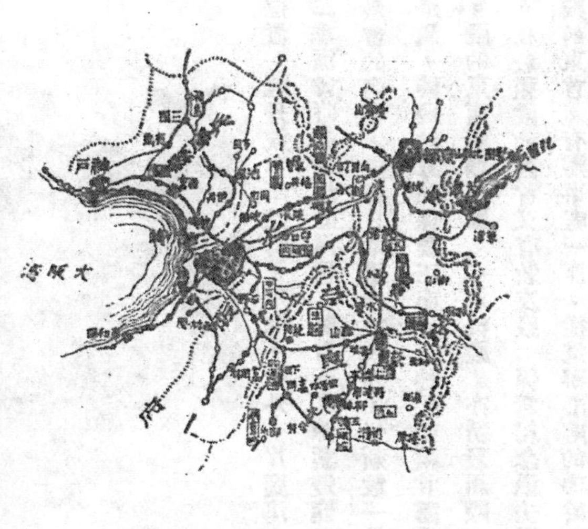

在上海時，聞得日本奈良縣屬的丹波市區裏，新近建築一所天理教的神社。據日人說，這是全日本最偉大的一所神社建築。記者於是決計前往一觀，由滬起行。在船抵神戶時，便登岸換車轉至丹波市區，時已萬家燈火，由日友導往日本橋的教會住下。

晚上未有好好睡着，故在晨光曦微之中，便起身到外面去，領畧山川的秀色。回來洗浴，於早餐後去瞻仰那偉大的神社。這時雨伯也知趣，下着斷續的微雨。四架飛機，像蜻蜓般在天空迴環低飛。記者在這時體念着已往滬戰時的餘悸，但今日他們所表演的，却是散發繽紛的彩紙，祝賀神社的落成典禮。

教中的事務員導我去見教本部建築工事設計監督，技師高田清一郎氏，他把全部建築圖樣翻給我看，並導往地下層參觀。據說這地下層，非教中重要人員，不容輕易進去。出地下層後，復到外面攝取神殿的照片。

丹波市天理教神殿正面

建築的式制，大別為東西洋二大系統。東方建築要以中國與印度為體系。日本的建築式樣，實淵源於中國，所以在日本所見的宮室廟宇神社，與中國的都相類似。在佐藤佐氏所著日本建築全史中，曾說飛鳥時代的建築，都依照中國六朝直寫，鎌倉時代則直襲宋元，桃山時代則影響明清，現代則浸於歐美。這話是很確切的。

神殿之遠面

神殿的位置，離丹波市車站約一里餘。殿外一片廣場，面積極大。在春秋二季廟會時，廣場的兩傍，豎着五萬餘盞燈籠。在燈上題着每一分教會的名字，故在日本國內或國外，每新設一分教會，便多添一座燈籠，神殿的方向係屬正南。這神殿亦稱甘露台，台上可容數千人。殿的東西兩邊長廊，可通後殿，亦稱教祖殿。殿前也是一片廣場。在教祖殿的西首又有教友殿，係爲紀念過去教友而建的。在教祖殿的東首，有辦事處一座，從這辦事處的梯畔，可通至地道。這是教本部的大概情形。在廟會時，各方信徒專到本部來參拜的，足有三十萬衆，從這一點便可推想前後殿容積的偉大。還有一點是值得注意的，日人進殿，必先在廊下脫去木屐。試想同時有這許多人去參拜，廊下的木屐勢必混雜，或有遺失的可慮。但事實却是不然，一雙雙的木屐，自己依着順序排列，在參拜完畢，出殿穿屐時，依舊好好的擺着，從無淩亂或遺失的弊病。記者至此，又不禁想到上海每年四月初八靜安寺浴佛節的那種混亂狀態了！

神殿外圍牆

從本部神殿直南，則有天理學校，天理外國語學校，圖書館，暨寄宿舍等。往東則有天理男女中小學校，天理青年會，講堂，及天理教高級人員的住宅。往西爲天理療養院與印刷所。更西爲丹波市火車站，或稱天理驛。往北爲教祖墓與教友墓地。站在這裏向四面瞭望，只見翠山環繞，幽境天成。

在丹波市盤桓了幾天，便向第二目的地——東京進發。在東京見着日本建築士會的會長中村傳治氏，他連稱巧極，因爲該日適値共同建物株式會社的新屋舉行落成（全套圖樣見三五至四二頁）。兩人便同去該廈參觀，入門見兩傍滿立招待員，身上一律穿着西洋禮服。會長把請柬授給一個招待員，並聲明他帶着一個朋友同來。招待員便連說請！請！並各送紀念冊一份，冊上並有黃瓣紅心的花朵一枚。我初不知道是什麼用處，迨折了一個灣，門口兩傍又站滿着招待員，一邊是男招待，對面是盛裝的女招待。見客步入，便趨前把書上的花朵取下，替來賓插在襟上，然後至各部詳細參觀，最後至八層進茶點，復乘電梯至地下層，參觀爐機電氣冷氣等裝置。

共同建物株式會社新廈，位置在東京市京橋區銀座西五丁目貳番地。地面計佔一，四八〇枰九五一（每枰四平方公尺）高凡八層。地下層用作機氣，電氣，倉庫，事務，守衛，燒化垃圾爐等。下層爲店舖，電氣器具等之試驗室，及出租辦事室之入門口。二層至七層爲出租事務室。八層爲大食堂，小食堂，喫烟室，酒室，攜帶物寄放室，廚房，配膳室及冷藏室。八層暗層爲食堂，使用人更衣室，預備室，送信機室及排氣機室。屋上正面搭屋，爲電梯機房及水箱室。

該屋全用鋼幹構架，並以鋼筋水泥建築，是一所避火避地震的新構造，內部的設置，極稱完備，如：（一）煖房冷房裝置，（二）換氣裝置，（三）給水排水設備，（四）熱水設備，（五）救火設備，（六）鑿井設備，（七）電氣設備，（八）電話設備，（九）電氣時計設備，（十）無線電收音機設備，（十一）避電針設備，（十二）昇降機設備，（十三）垃圾燃燒設備，（十四）瓦斯設備，（十五）信箱設備，（十六）警火裝置，（十七）衞生設備。此屋之設計並監工者，爲佐藤功一與內藤多仲兩建築事務所。承包建築者，係合資會社淸水組。工程開始於去年四月二十六日，至今年九月三十日竣工。

東京帝國大學，號稱東京郊外公園，校址很大，承建築課長淸水幸重氏伴至各部參觀，並贈總圖一張，及圖書館建築圖樣全套。（見二七至三四頁）

在東京尙有一處巨大之工程，正在建築中，這便是帝室博物館。主持該工程者，爲帝室博物館營造課長，宮內技師北村耕造氏。據云該館建築圖樣，係用懸賞競選方式徵得者。當選者渡邊仁建築師，得獎金一萬元。二名海野浩太郎，得獎七千元。三名塚田達，得獎五千元。此外四五等獎及選外佳作，各賞三千元二千元一千元不等。這種公開徵選的方法，以及鉅大的獎額，實足誘進投稿者奮發的心理，因此並可發見無名的佳作。應徵章程，備要異常，足供吾人的參考，茲擇要抄錄如下：

東京帝室博物館新廈建築圖案懸賞徵集章程

第一條　帝室博物館復興翼賛會，爲帝室博物館新廈建築圖案懸賞徵集。

第二條　本規程應徵人應以日本國籍人民爲限。

第三條　應徵圖案，經審定後分左列等級贈賞：

一等賞　金一萬圓一名
二等賞　金七千圓一名
三等賞　金五千圓一名
四等賞　金三千圓一名
五等賞　金二千圓一名

第四條　選外佳作，經審定若干名，各贈金一千圓。

第五條　應募圖案，須於昭和六年四月三十日正午，送達東京市麴町區丸內一丁目二番地，日本工業俱樂部內，財團法人帝室博物館復興翼贊會事務所。

第六條　應募圖案，須具備下列圖面及書類：

一、配置圖　縮尺五百分之一

二、各平面圖　縮尺二百分之一

三、立面圖　四面　縮尺百分之一

四、斷面圖（陳列室部分顯示）

二面　縮尺百分之一

五、詳細圖（主要部）

一面　縮尺二十分之一

六、透視圖　一面　全張紙大

七、說明書

第七條　圖面及書類，應依左記作成：

一、設計須別出心裁

二、紙用白色製圖原紙，繪黑墨。陰影自由，透視圖可著色。

三、寸法依前條規定寸法收縮。

四、文字用國字明瞭記入。遇有用外國字必要處，祇得用註音字代之。

五、平面圖各室尺寸應註明

六、配置圖示建築物以外之出入口等位置，庭園道路等關係，詳細圖示。

七、說明書載明設計要旨，意匠，材料，及構造概略；並全屋面積，各室面積，陳列室面積等，務使一目瞭然。

第八條　平面圖計劃，於其光線支配，尤爲重要，應募者應特別注意。

第九條　應募者於圖案等處簽註暗號，勿書真實姓名。所註暗示，以國字爲限。

第十條　應募者於繳送圖案時，應分二個封筒。甲封筒書明應募者住所姓氏（若係共同應募，則書代表者之姓氏）。乙封筒内封送圖案暗記。迨經審定當選，或選外佳作，自當依照原地址姓氏寄還。住址者有搬移，應以書面通知，並須與前投之暗記及姓氏地址符合。

第十一條　應募者於其圖案及文件，須嚴加固封。

第十二條　應募所費，由應募者自己負担。

第十三條　應募圖案，須經左記審查委員審定：

審查委員長　財團法人帝室博物館復興翼替會副會長，侯爵細川護立。

審查員　東京帝國大學名譽教授，工學博士伊東忠太。

帝室博物館總長大島義修。

財團法人帝室博物館復興翼替會理事荻野仲三郎。

大藏次官河田烈。

京都帝國大學教授，工學博士武田五一。

東京帝國大學教授，文學博士瀧精一。

東京帝國大學名譽教授，工學博士塚本清。
東京帝國大學教授，工學博士內田祥三。
東京帝國大學教授，文學博士黒板勝美。
早稻田大學教授，工學博士佐藤功一。
宮內技師北村耕造。
東京帝國大學教授，工學博士岸田日出刀。

關於應募條例尚有十四條，玆不贅錄。該館預算需款八百五十萬元，用鋼鐵六千噸。開工以來，已有三載。鋼幹構架，本年底可以完成。明年年底完成水泥混凝土工程，全廈完竣須待一九三七年終云。

其他新建築如建築會館，建築闊館也是用競選方法徵得的。造價預算一百四十五萬元。帝室博物館同軍人會館的圖案，當選的經過嚴格的鑑定，洵屬佳構，擬在下期本刊發表，想讀者亦是樂聞的。

日本東京建築會館

因爲時間關係，不能在東京多加逗遛，便乘火車直回大阪。所以預定要往橫濱，名古屋，京都等處參觀建築材料工廠的，都憑火車約略而過，沒有下車參觀。便在大阪也沒多躭擱，祇去訪晤日本建築協會的西谷節氏與村田幸一郎建築師。大阪的日本建築協會，設在大同生命大廈四樓。在協會辦公室外，闢材料陳列室，凡大阪各廠所出之建築材料，都羅列室中。陳列室外爲俱樂部。記者於俱樂部壁上，見一秩序單，題爲「關西風水害關於建築通俗大演講會」。主持該演講會者，爲日本建築協會與建築學會二社團。十一月九

日本東京建築士會大門

日映演關西大風水害之慘狀影片。講演者，日本建築協會會長片岡安，講題爲「都市建築之重大性」。大阪府建築課長中誠一郎，講「將來之學校建築」。東京帝國大學教授工學博士濱田稔講「鋼筋混凝土之實力」，及東京工業大學教授工學博士田邊平學講「耐震耐風之家屋建築」。十一月十四日下午六時，又爲演講會，並開始映演「關西大風水害慘狀」影片。繼各講演主講者，爲京都帝國大

「Gymnasium」體育館。

——待續——

更正　上期「Earth table」係勒脚或稱土台，上期誤載大方脚，特此更正，請讀者注意。

本會服務部之新猷

為營造廠謀利益

我國營造廠之內部組織，多因陋就簡，僅致力於工程之競爭，而忽略於工程有關係之他種手續。即以文字方面言，廠方與建築師業主間來往之信札合同等，均未能深切注意。如訂立承包合同時，營造廠雖予簽字，所知者則造價數目領欵期限及完工日期而已，合同上載明之其他條欵，初未瞭解，故於工程之進行，常引起種種糾紛，歷年經營造廠同業公會調解及法院受理之案件，年必數十起，由私人調解者尚不在內，精神財力之耗損，不可勝計，須作未雨綢繆，庶幾可免。査信札文件不外中英文二種，營造廠對外之中文函件，執筆者均為賬房先生，其於工程法律既不明瞭，措辭自難切合；合同章程之訂立，司其事者屬諸廠中職員，其於文義規章不無隔閡，廠主大半係普通工商界人，亦未易洞悉，草率了事，致遺大悞。至若英文文件更乏負責之專門人材，或託人代擬，或勉強應付，對來件則一知半解，事後致受種種損失，來往函件以無保管方法(File System)，因多遺失，影響甚巨。再如建築師囑令加出之工程，營造廠雖經照辦，因乏人處理，致未作文字上之憑證，迨竣工時始開呈加賬，遂發生問題，亦時有之現象。要之營造廠因無中英文人材，對於業務影響殊大，本會以服務營造界為素志，特有服務部中增設中文文件英文文件兩股，聘請專門人材，專為營造界辦理各項中英文函件合同章程等各種文件，並當代將底稿保存，以便查考。備有詳細章程，函索卽寄。

建築的原理與品質述要

黃鍾琳

建築是科學與藝術的結合，也是文化的代表作。科學一天一天的發達，文化一天一天的演進，建築也一天一天的在向前邁步，同樣的沒有止境。

建築是一種活的學術，應保持着他的生氣與個性。抄襲和摹倣，是不應該有的。好比人一樣，各人的身體四肢百骸，其組織雖相同，可是因為生活力的發育不同，結果却顯示着不同的個性。不論化裝術高明到若何程度，決不會把二位美人的臉兒裝的盡同；不論機械的能力高妙得多麼神奇，也決不能把一位美人改造成和美神一樣的身材。我們的建築同是這樣的道理，房屋都由牆，柱，樑板，屋頂等相組合而成，但決不會也不應有二所房屋會完全相同，這也是因為含有生活力的緣故。建築完全於設計當時應情形而計劃的，因之適合於某一種情形之下的建築，未必能適合於另一情形的環境。建築術不息地在變化，沒有一定繩規可守。不過欲得優美的建築，那必須不背建築原理學合於某種條件。設不合原理與條件，則成為畸形發展，與發育不全的人無異。

古代建築已跟着歷史過去，祇在歷史和文化史上留下了值得追尋與研究的遺蹟。這種建築自然很適用於當時，雖則已不宜于今日。所以能保持他歷史上的光榮直至今日，而受現代人的瞻仰，欣賞與研究，和存在圖館裏的史料一般者，因為這種有生命的作品，可以供給我們去研究當時的情形與建築原理，作事業的參考，而發明新的創作。

本文想從建築原理與品質方面略述概要。分別寫在後面。

甲　原理

建築的最要點，為眞和美。

（一）眞——在建築原理上，最重要之一點就是「眞」，卽不假。建築須合乎自然美力的進展。好的建築不應有欺騙觀衆目光之舉。其內容與外表，應相符合，不得作任何假借，如把煙囪築成支柱或小尖塔等形式。建築物的形式，須能表示其內在與用途，教堂不應與市府相似，學校不宜與住宅相仿。故建築格式，須與所計劃之用途相切合。

教堂的建築無論是上古式或尖頂式，但均須表顯他宗教的色彩，必要沉默而壯嚴。尖塔又須別於普通建築，門窗屋頂及其他裝飾，都要合其特性。

市府房屋為市政官邸，環境既壯嚴與隆重，房屋也就必須表出壯嚴與宏偉。房屋的各部，均應作相對穩重之佈置。貴人私邸重要雖或同，但雄偉不宜過分，或勝于附近政府房屋。至于外表，可用精細之裝飾，及沈靜之橫線，以示居宅之本色。這種公家建築與私人房屋分別，必須隨時留意．無論何時，都須於格式上有明白表示。

「圖一」示一真實表明建築之目的的建築，顯示着牢獄酷之嚴的深刻印像。粗糙之線條與石作，暗示着厚與堅固。

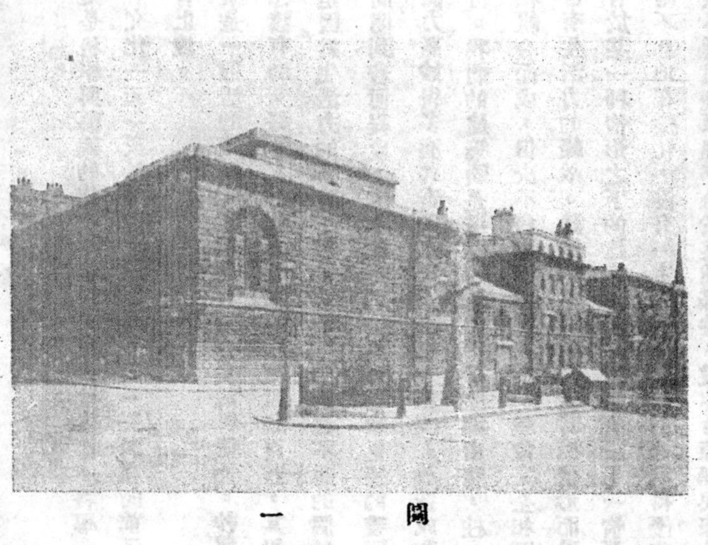

圖一

無論如何，虛假的式樣，卽不合建築眞的原理；盲目的摹仿古代建築，祇可說是藝術詭譎。

不同建築材料的施用及序列，須適合其本性。堅强而粗糙的材料，可用以支持輕弱材料，如花崗岩之適合於底層建築。大理石，磚，木，鋼鐵均有其相當用途。錯誤的安置，祇顯出混亂的形狀。

圖二示一合理之處置。

圖二

建築物僅內在的堅固，還不能算美滿．其外表，也須表現堅强與平穩。

例．如建花崗岩石層於木架房屋之上，雖因木架堅固而並無危險，但這種顛倒的處置，己是背理感覺。

支持方法須明白顯示，適合目光視覺，於支持垂直力與側力求其平衡。拱。形建築，以堅强礎台抵抗側力，使不致下墜；有時，則用繫柱，以防拱脚之外出。雖或有時並不需要此種繫柱，然爲美觀計，亦當外露。

圖三之角柱，設無繫柱，亦頗牢固，惟以順眼，故另加繫柱。

圖四亦然。

圖三

圖四

工程師以材料經濟建築牢固爲原則：建築師更須便建築物滿足觀者之感覺。如輕便鋼鐵骨架建築，常用土石材料，以作外飾，使合觀者之視覺，如圖五。

圖五

工程師藉合理的計算，乃能運用一鋼質小柱的堅强力，支持數層沉重的磚壁；這樣的建築，將使觀者不寒而慄。如圖六，可誇爲工程上的勝利，惟在觀者，則終覺有岌岌欲危之勢。

圖六

建築既爲科學與藝術之結晶，除材料堅强力須充分外，尚須與所處之地位適宜，組合與建築之目的，也須明白指示。優美之建築的最貴原素爲眞實，能使其印像深入觀衆腦際。圖七所示，該建築形如築于一片玻璃之上，已失其眞的原理。

圖七

（二）美——美之可愛實極神祕，在建築上爲第二主要原素。含有不可捉摸之原理，並可傲視一切。

美之力足以激動幻想，及精煉與鼓勵情感，質量雄壯外表優美之高等建築，可深印人心，使久而不忘。凡曾至衞尼斯（Venice）遊歷者，決不會遺忘Chiesa della Salute，圖八之雄美。其所以能給予人們以如此深刻的印像，因他不但只有宏偉的質量，並具有不可思議之美。礎台與塑像之施用，使建築物產生優美與生氣，增加不少神祕性。

圖八

乙 品質

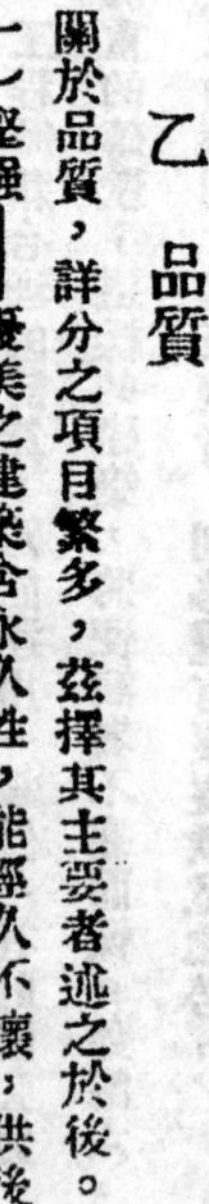

關於品質，詳分之項目繁多，茲擇其主要者述之於後。

（一）堅强——優美之建築含永久性，能經久不壞，供後世之瞻仰。除內在堅固外，卽其外表亦須呈露堅强之形式。埃及金字塔，（圖九）猶如小山一座，卽可代表其堅固與永久性之外觀。

圖九

樹的全力負載於根，樹幹的粗細須能支持其枝葉之重量。房屋亦然，故須建築於强固之基礎上。

建築物最堅固最大之部份應置於下部，上部則漸上漸輕而愈精細。下部建築，除較形巨大外，所用材料亦須堅强。例如花崗岩暗示其堅强結實之性，如用於建築，可得堅固的印像。如略加觀察，即知花崗岩能負載任何材料。材料可加以處理，使更增其堅固程度。

設花崗岩於砌時，外面衹用粗斫，不另磨光，可使上部建築物形如建于山石之上。平滑面石牆與毛面石牆，實有同等强度，惟其外表則後者似較强。

石作用深槽嵌線，可顯示牆之厚；嵌線愈闊，其影響愈大。這種結構方法，純爲心眼觀察，覩者自不難察知牆之實厚。

圖十

圖十可作其例。底層用粗斫石塊與闊嵌線上層用平面石塊與較淺槽嵌線，頂層則用密線灰縫。對於拱環處理亦有研究，底層用單拱，其上則用雙拱；於是可顯上輕下重之勢，而得平穩之現象。

（二）生活力——優美建築可顯示其生活力，在結構上顯露着生活與長育之勢。這種暗示，用可巧妙的手腕得之。

建築上普通習慣，建築另件常以生活爲標準或對像。如支柱以人爲對像，柱頂爲頭，柱身爲人身，柱脚爲人足；人類有男女之別，支柱也有細長與粗短的不同。成行之列柱，猶軍隊之列伍，產生雄壯之形勢。圖十一卽示雙行隊伍之形像。

圖十一

圖十二

圖十三

建築之生育力顯示最強者，莫如作樹形之支柱、由根而上，以達參天之枝葉，圖十二可作代表。圖十三成爲發生長葉細草之狀。

欲建築物有生氣。須明下述原理。雖樹之生長由根而幹而枝葉，然無二樹完全相同。最奇者莫如人面，以人面方寸之小，然亦無二面完全相同者。所以建築雖有基本式樣，然亦可就材料與當地情形而略加更改；倘改的得當則因加入新原動力而生新的產品。建築物既有生活力，則應與生人一樣能對人自白其內在。

（三）約束——不論一屋之目的如何，不應有無限制，無意義或不需要之形勢，裝飾，與線條雜亂無意義之裝飾，猶無理組合之字句。建築外表須簡潔直達；不應有之着重或無限制之裝飾，徒損美觀與强力。圖十四卽示一裝飾過分精密之建築。圖十五示一簡潔之房屋。

圖十四

（四）精密——無約束的建築物，不能提鍊精密，精密之意義不祇約束，並含形式之純潔與材料之完美。

材料均須用最好品級，同時並須適合其用途與地位。用不合宜價值過昂之材料，或過甚之裝飾，其結果反爲無價值與炫耀，不合於精密。

圖十五

參看圖十六，可知該建築之精密；其接縫之細密，另件之純潔，裝飾之有限制，極可加以研究。最可注意者，爲中部與角部的結構；角部用雙柱，於觀瞻上增進强度不少。

圖十六

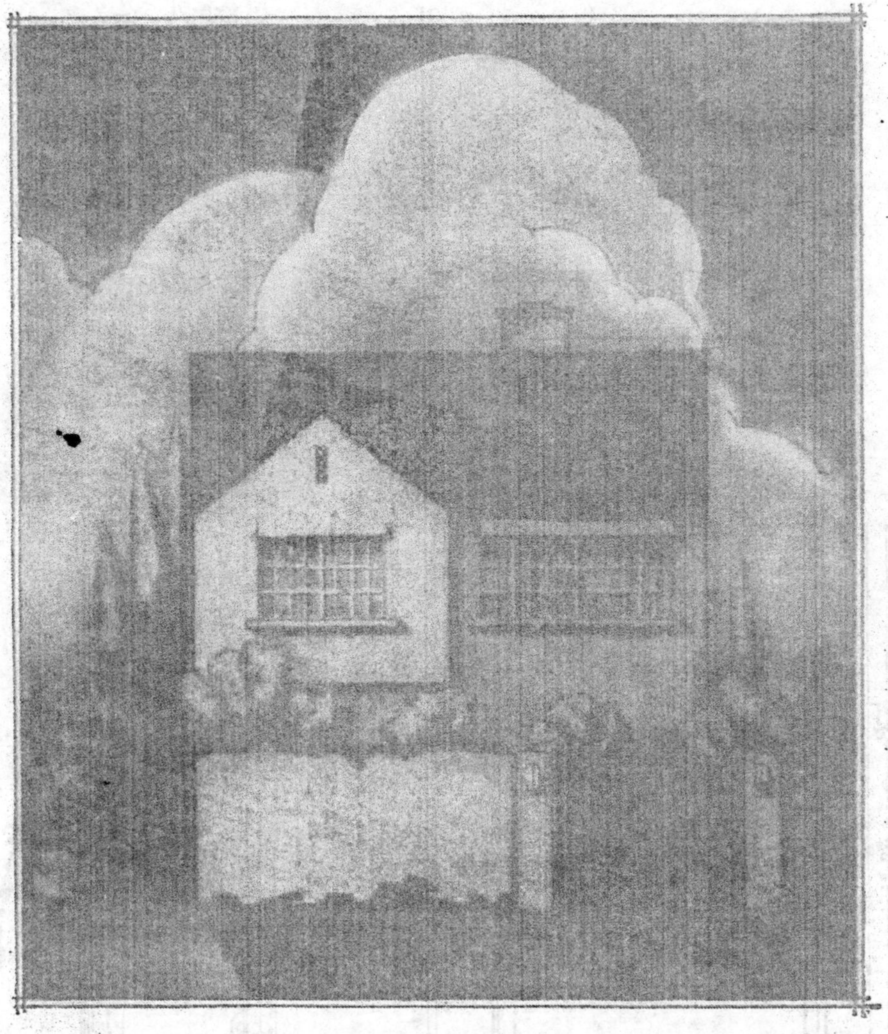

嘉善闞氏住宅

本會服務部彭伯剛彩繪

DESIGN FOR A SMALL HOUSE IN CHIA-SIAO, CHEKIANG
SERVICE DEPARTMENT OF S. B. A., ARCHITECTS

FROM A COLORED SKETCH BY P. K. PENG

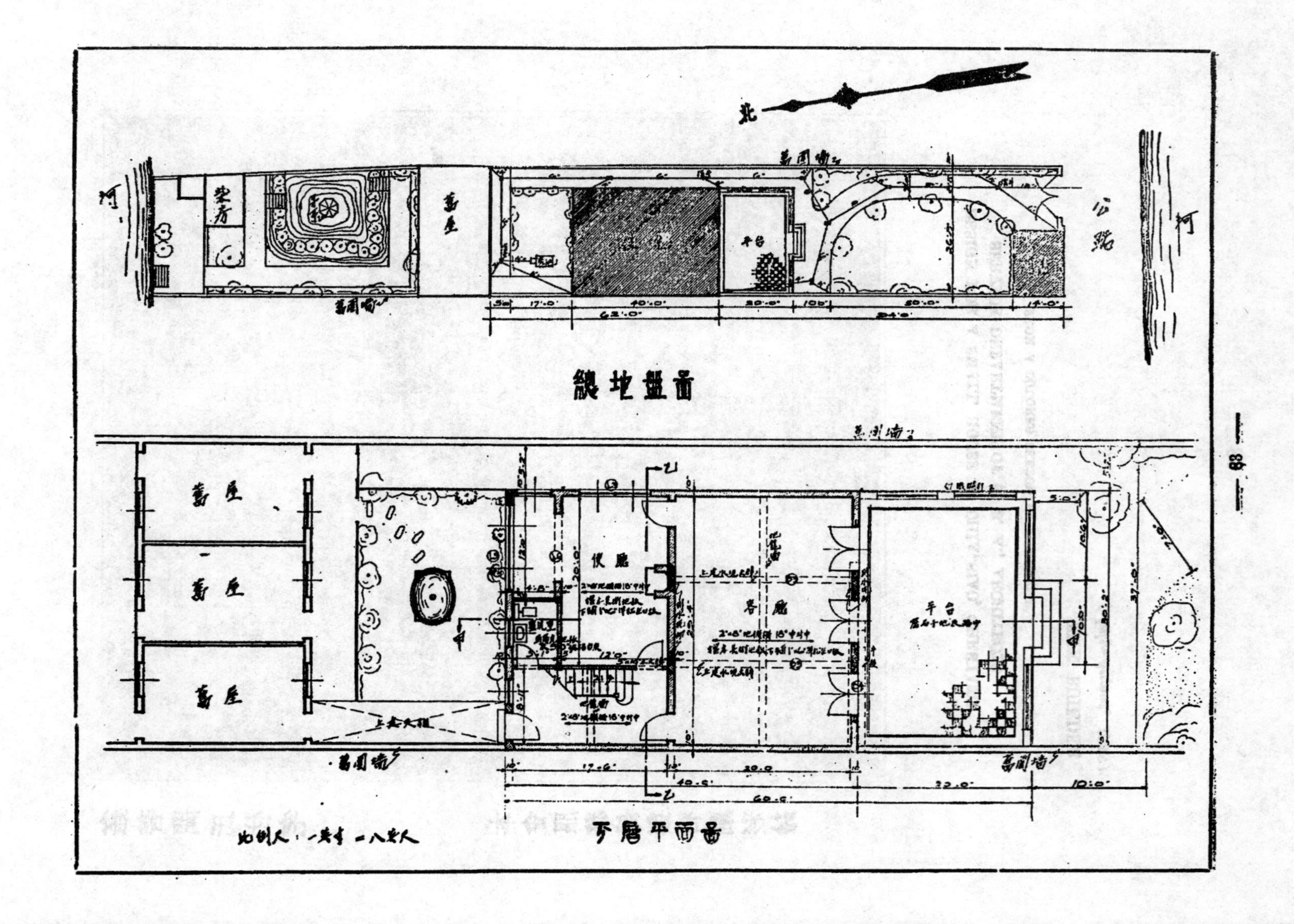

北
河
柴房
舊屋
舊圍牆
平台
公路
總地盤圖
舊屋
便廳
客廳
平台
下層平面圖

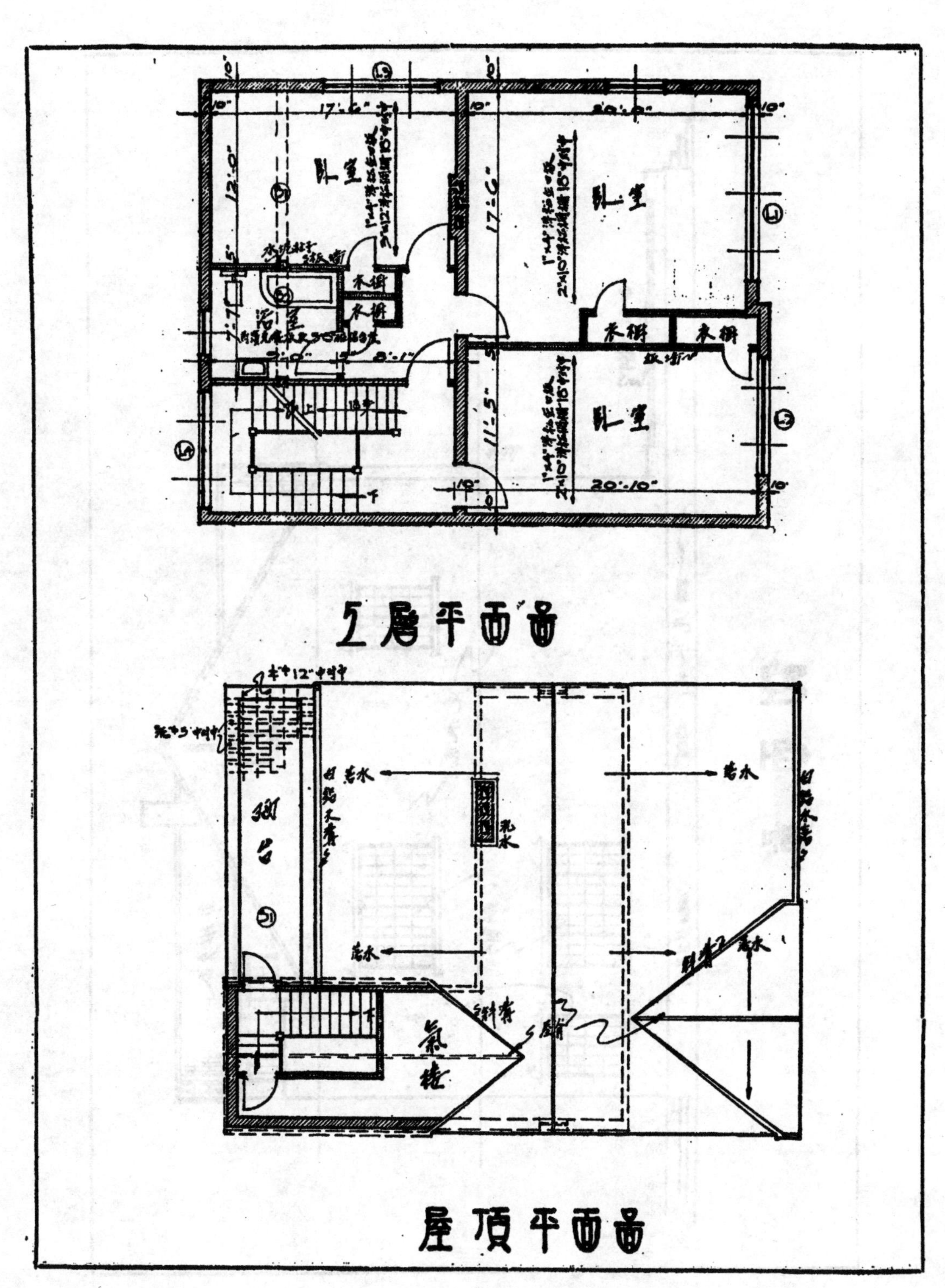

臥室
臥室
臥室
浴室
衣櫥
衣櫥
衣櫥
衣櫥
二層平面圖
氣樓
屋頂平面圖

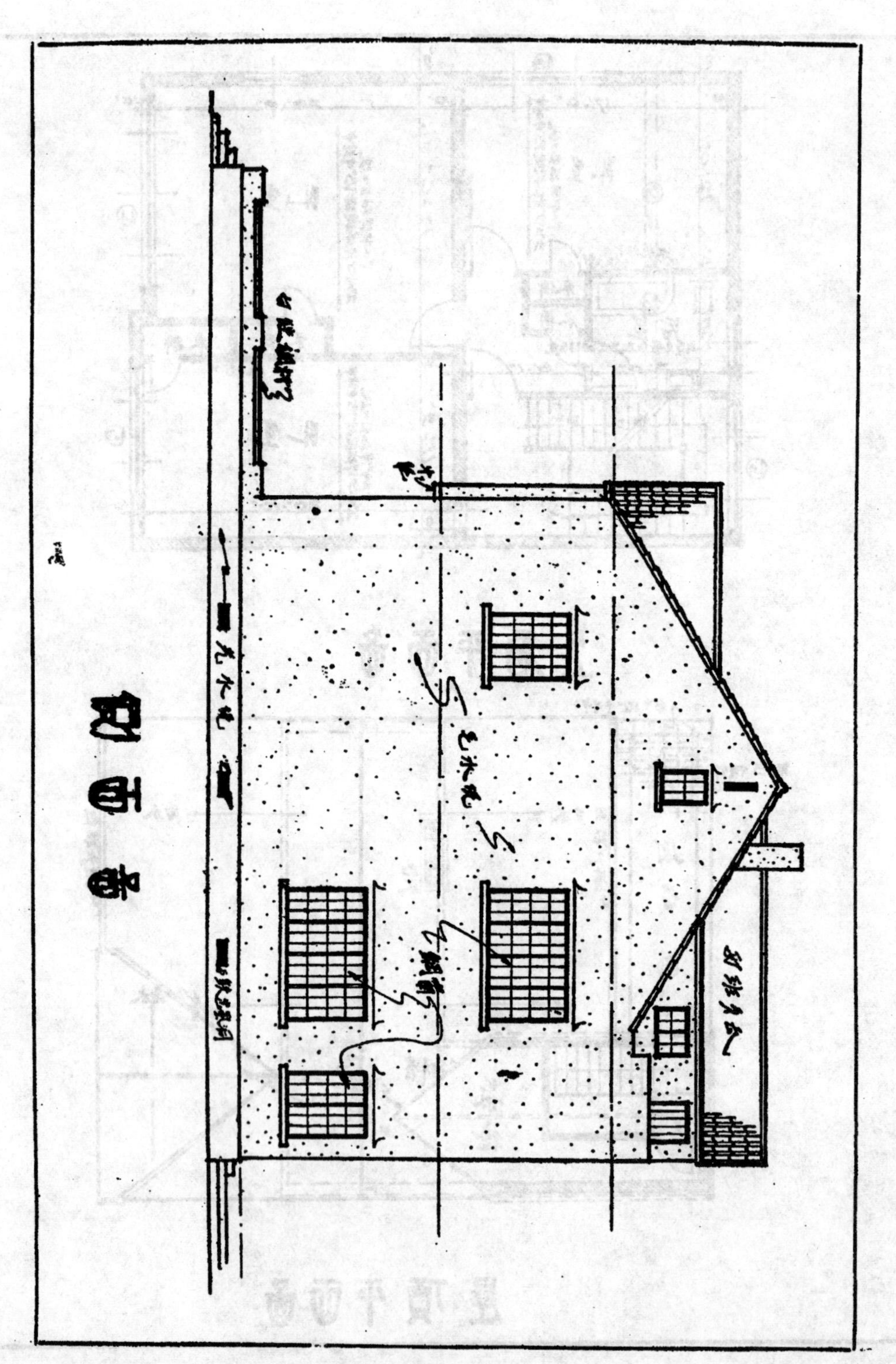
側面圖

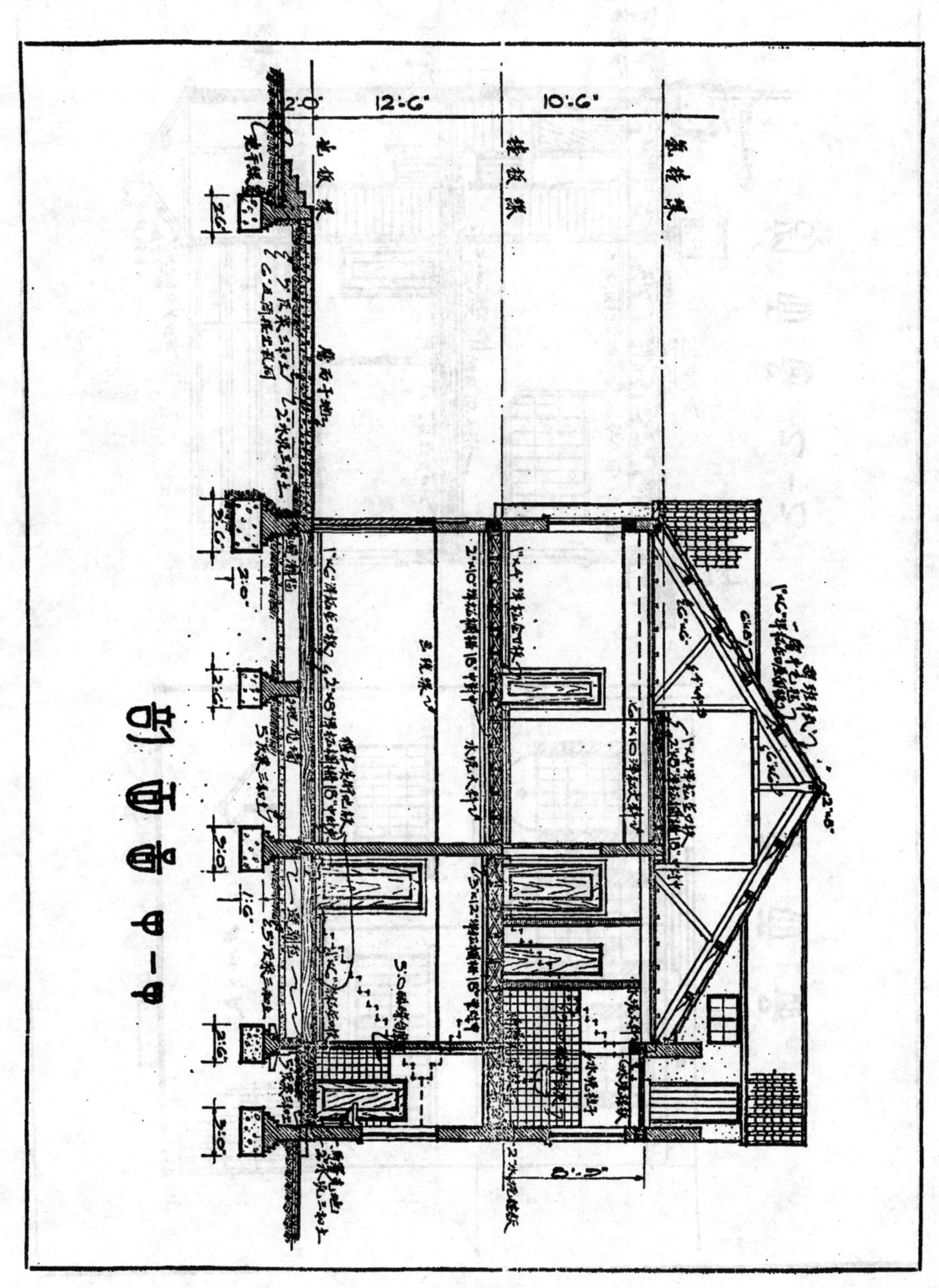
剖面圖 甲-甲

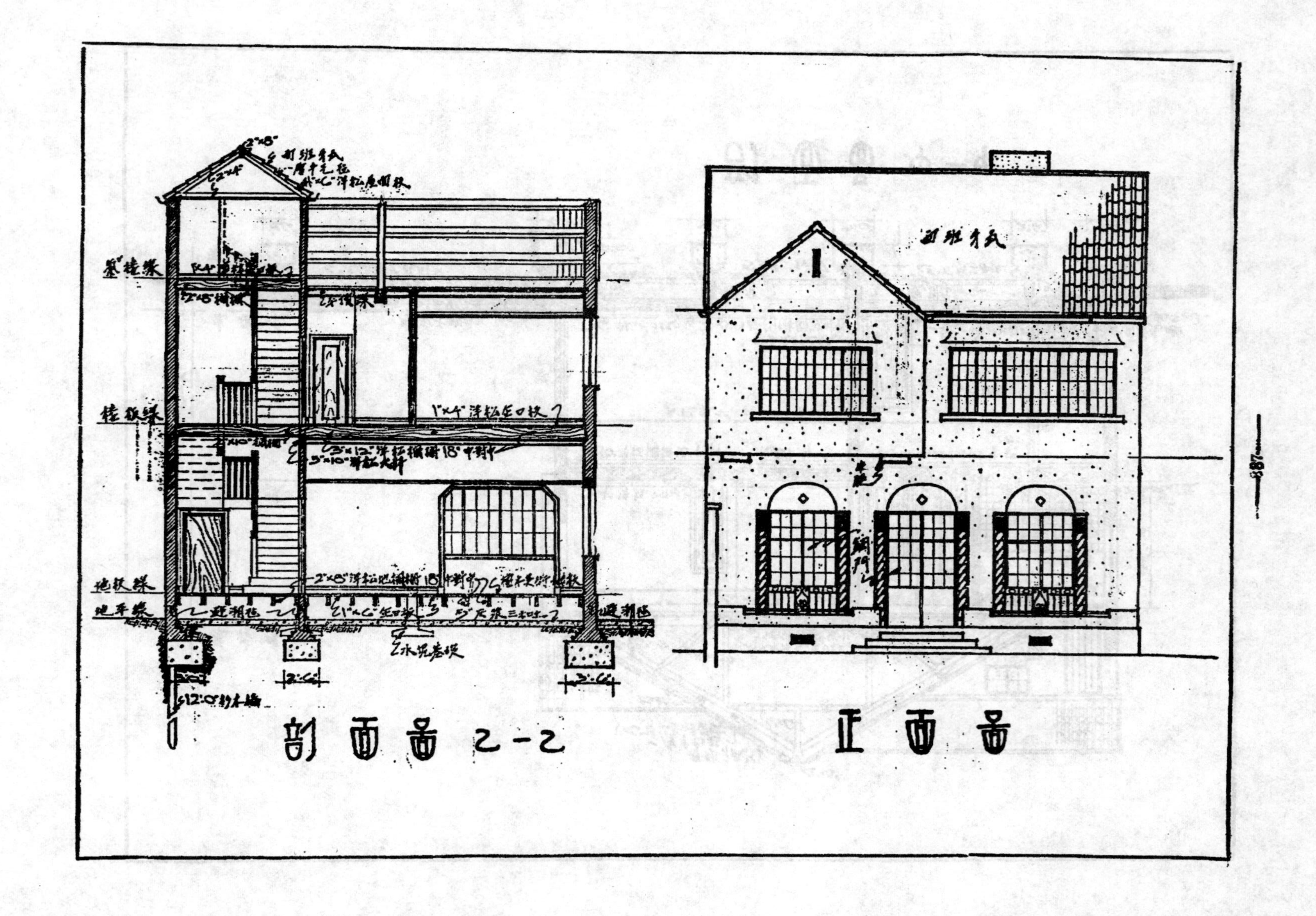

21466

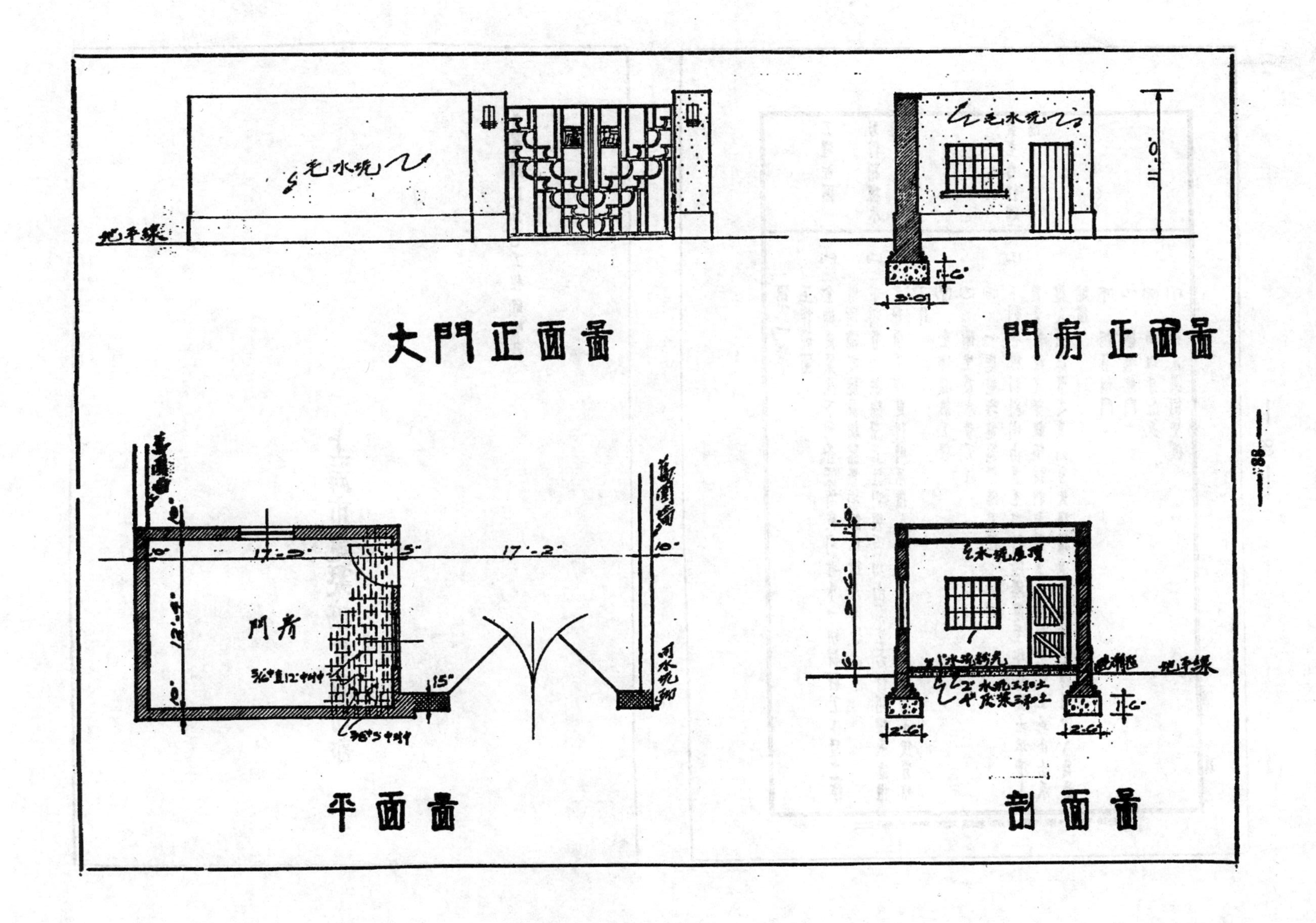

地平線
毛水泥
大門正面圖
門房正面圖
11'-0"
門房
17'-2"
17'-2"
12'-4"
15"
平面圖
剖面圖

嘉善闞氏住宅工程說明書

上海市建築協會服務部

第一章

工作範圍

工程範圍

(一) 全部建築除下列各條所載明者外一切材料工作及工作時所需之器具機器等均歸承攬人供給

另行招標承包

(二) 下列各項無論圖上註明與否均由業主另行招標承造惟于各項工作進行時承攬人應予以相當之協助不使有妨工作

(甲) 全部暖氣工程

(乙) 衛生及水管工程

(丙) 一應電綫電器設備工程

業主自行購備

(三) 下列各種材料均由業主自行購備運至作場交由承攬人負責裝配完整該項材料自運至作場起至完工為止由承攬人負保管之責如有失竊損壞等事發生歸承攬人負責賠償

(甲) 鋼窗鋼門

(乙) 圍牆鐵門

(丙) 西班牙紅瓦

(丁) 檀木美術地板

第　頁

第二章 底腳牆頭

（一）房屋界綫
房屋界綫照圖樣釘出後經建築師業主或業主代表者驗看准確方可開掘底腳牆溝如釘灰綫時查出有尺寸不符或地形與圖樣有出入處應即報告建築師業主或業主代表者設法糾正並須出入如為數不大則仍照原賬備或相差過巨則按實地量得面積或增或減之

（二）底腳牆溝
挖掘牆溝以照圖樣挖足須正方平直挖下如有垃圾或舊浜等類應即報告建築師業主或業主代表者驗看加深底腳牆溝有汜濘者皆應用木料撐堅不使坍下溝內有水應即排乾不使淤積

（三）平水
標準平水以公路面為準

（四）樁頭
靠西牆下打五寸小頭丈二杉木樁二尺中對中打梅花式

（五）灰漿三和土
各處牆垣下皆做灰漿三和土底腳先掘牆溝溝底整平然後用碎磚及濃厚灰漿在拌板上拌透下溝

（六）灰漿三和土合法
用一份頭號石灰二份黑砂及四份碎磚先將石灰與砂加水拌和成漿將碎磚放拌板上加漿拌透然後下溝隨下隨排不使停久

第二頁

（七）鋼骨水泥底腳做法詳水泥類

（八）石灰及碎磚
石灰應用頭號灰不可用散化末灰碎磚應用清水貨不可有垃圾瓦類及雜物混雜塊子大小最大不得過二寸

（九）搭腳手
三和土皆分皮下溝每皮下溝不得過九寸用大號木人搭腳手排堅候尺寸放足再澆漿一皮打腰固二次經建築師業主或業主代表者認可然後砌牆腳

（十）滿堂
滿堂三和土做法與底腳同先將泥填平用水澆透然後用大號木人排堅再做滿堂三和土

（十一）一應踏步皆做三和土底腳六寸厚

（十二）填泥
如該地適有泥土缺少等情均須依照圖樣填妥

（十三）單面底腳
沿地界之牆垣皆做單面底腳照圖示做法打樁頭掘溝時應注意點鄰房屋之安全必要時應照建築業主或業主代表者之指示施以支撐以免危險倘因承攬人之失察發生意外承攬人應負全責

第三頁

第三章 鋼骨水泥

水泥 (一) 用馬牌水泥或其他國貨水泥一切潮濕及硬塊水泥均不可應用

黃砂 (二) 用寧波黃砂須粗潔光銳毫無污穢雜質混入者

石子 (三) 用松江青石無泥土雜質塊子最大不得過六分如有不合立即車去倘有灰砂及石屑者均用篩子篩過

鋼條 (四) 用比國或美國貨品三分以上者用竹節鋼條三分圓及二分半等圓均用盤圓

(五) 鋼條皆須清潔新貨如有銹蝕起鱗或石灰漬者皆須剔除之一切接板大料等須用水泥小塊墊起使不與木壳子相連

木壳子及撑頭 (六) 一切壳子板皆用洋松板大料及柱子用二寸厚樣板用一寸厚壳子裡面刨光下置堅實撑頭

釘壳子板嵌縫板 (七) 壳子釘時應注意於拆卸時不致損及水泥澆擣水泥前一應板縫及接筍處皆用紙巾嵌補然後用水將一切壳子板澆濕

成份 (八) 一切鋼骨水泥用一份水泥二份黃砂及四份石子拌和

拌和 (九) 先將水泥黃砂乾拌使和合不分然後加以石子及水重復拌之拌至乾濕適宜隨用隨拌拌好不得過二十分鐘過時不能應用

澆擣及澆水 (十) 澆擣水泥不得停止於半途須一次完成水泥擣成後即用蘆蓆或船篷等類遮蓋一星期內並須時常澆水不使乾燥

寒天 (十一) 天氣嚴寒時不得澆擣水泥如擣後十八小時內天氣驟變降至冰點時應完全鏟去俟天暖重擣之一切費用歸承攬人負責

(十二) 水泥擣後在三十六小時內不得置物其上於三日後方可砌墻

拆壳子 (十三) 壳子撑頭拆除須得建築師或業主或業主代表者同意方可至少須經二十一天方可移動

滿堂水泥 (十四) 滿堂水泥及平常水泥做法同

門窗過樑 (十五) 三尺半以外之門窗過樑皆做鋼骨水泥看鋼骨圖樣

第四章 墻垣水料

清放	(一) 一應墻垣及地龍墻均用泆家浜新三號清放砌
澆水	(二) 一應磚塊皆於砌時用水澆濕方可應用
水電管	(三) 凡一切水管電綫管等皆於砌墻時隨時與該項工程之承包者妥協後預留相當之地位並予以相當協助惟如該管等有穿過水泥大料柱子時應向建築師業主或業主代表者詢問得其允准方可施行
窗盤石	(四) 一切窗盤石皆用水泥澆出內安三分圓鋼条三根出面處斬毛安鋼窗處做出笋頭另出大樣
法圈	(五) 門窗除用水泥過樑外皆砌法圈轉方圓或平直圈視情形而定均用水泥灰砂砌
牛毛毡	(六) 墻砌至地平線時皆舖二號牛毛毡2PLY一皮接縫至少三寸濶度與墻之厚度同
鑲火磚	(七) 火斗內部下鑲火磚四尺半高上部粉紙巾出項
西班牙紅瓦	(八) 此項貨品由業主自購承攬人須妥行裝置及配備屋面板等
墻垣壓頂	(九) 墻垣壓頂皆用水泥三和土澆出四寸厚中安三分圓鋼条

水落及管子	(十) 一應水落及管子皆用二十四號白鉄鉛皮每六尺用鉄箍釘牢
屋面保証	(十一) 屋面完工後承攬人應絶對負責保証屋面之完全滿意毫不滲漏如完工一年內發生一切滲漏情形均歸承攬人負責修理完整凡因該滲漏而損及房屋內部如粉刷平頂等類亦應歸承人修理完善
砌磚	(十二) 一應磚墻用灰砂砌者用一份石灰二份砂泥拌和凡註明用水泥砌者及一切藏子法圈墻角及門窗間之寬不滿二尺者皆用水泥砌用一份水泥二份黄砂拌和砌時均須滿刀灰砌直砌到項每砌十尺用平水排直灰縫不得過二分厚
大放脚	(十三) 大方脚二皮一收三尺墻脚三收三尺半四收

第五章 裝修木料

洋松樓板	(一) 一應樓板均用頭號一寸四寸花旗洋松企口板用鉄馬排緊啲釘釘牢上面刨光倘有節疤等類均不可應用
檀木美術地板	(二) 客廳便廳及扶梯間均鋪檀木美術地板由業主自備惟檀下鋪一寸六寸洋松企口板下塗柏油由承攬人鋪設應極平準勿稍高低
鋼窗鋼門	(三) 一應窗皆用鋼窗尺寸照圖樣客廳大門用鋼門此項貨品由業主自購承攬人須妥行裝置及配備窗盤板等
門頭線	(四) 一應門上均裝頭號柳安門頭線白貨節疤皆須剔淨做法另出大樣
門樘	(五) 一應門樘均用三寸六寸柳安做法另詳大樣與墻垣相接處皆塗固木油
門	(六) 住宅內門均用毛圈攏双面釘柳安五隔板隨台門後門及門房門均做直拼門另詳大樣
壁櫥	(七) 各壁櫥小間內皆用一寸厚洋松板做格板三格掛衣梗等配全
踢脚線	(八) 除磁磚或磨石子地外各間均用六寸高踢脚线洋松地板者用洋松踢脚线檀木地板用柳安踢脚线

第八頁

木扶梯及欄杆等	(九) 扶梯扶手及欄杆等均用柳安做法另詳大樣
灰沙披頂	(十) 上層各間做灰沙披頂做法先將櫊柵割低二寸然後在櫊柵下釘一寸一寸半木条上鋪一寸木板及牛毛毡一層再鋪煤屑水泥與櫊柵平上做二寸水泥後鋪馬賽克磁磚
火斗	(十一) 用柳安做另出大樣
屋面板	(十二) 屋面內屋頂板用一寸六寸三號洋松板上鋪一號牛毛毡一皮接縫至少三寸用牛毛毡釘釘牢
平頂欄柵	(十三) 平頂欄柵用二寸四寸洋松木料
壓磚檻	(十四) 凡五寸墻內每五尺用二寸四尺壓磚檻一条
欄柵	(十五) 一應欄柵照圖上尺寸均用頭號洋松
大料	(十六) 一應屋頂大料等均用洋松一切接榫處皆用鉄螺絲鉄落千人字鉄板及蝴蝶鉄板釘牢此項鉄器於裝釘之前應先做紅丹一度
塗柏油	(十七) 凡木料擱擋于墻上者塗固木油二度
木料	(十八) 一應木料除另註明外均用美國頭號洋松皆須完全乾燥無環節疤等弊

第九頁

第六章

粉刷類

(一) **磨石子** 圖上註明用磨石子者用青水泥或白水泥及礬石粉六分厚磨光顏色另定未做之先應做樣品交建築師業主或業主代表者核准

(二) **毛水泥** 毛水泥做法用黃砂水泥打底外洒水泥漿一皮使成毛形然後粉黃粉二度

(三) **水泥地** 門房間及踏步均做水泥地三寸厚下襯五寸灰漿三和土

(四) **馬賽克** 凡圖上註明鋪馬賽克者應用益中或興業磁磚公司出品花色應先將樣品及樣本交建築師業主或業主代表者核選

(五) **磁磚台度** 浴室及盥洗室牆上皆做六寸方白磁磚台度五尺高上鑲黑踢綫一條一切陰陽轉角壓頂線等均應配全

(六) **柴泥水砂** 除門房及洗樓外均做柴泥水砂分三度做第一度用一份石灰四份砂泥拌和每方加柴筋三十斤於應用二月前分層堆放使柴筋完全腐爛用時隨時攪爛粉於牆面在未粉之先牆面應用水澆濕揩於牆外之硬灰砂縫除第一塗柴泥應先出壁頭拟直隨後依據垂直之壁頭刮粉第二塗為

泥紙筋最末塗為水沙

(七) **內牆顏色** 宅內各房間牆做好水沙粉刷於粉刷完工三個月後俟粉刷完全乾燥後牆面用膠粉填嵌俟燥用砂皮打光草油後做二塗顏色粉顏色另候選擇

(八) **石灰粉刷** 門房及洗樓牆上皆刷白石灰二塗

(九) **板牆** 用二寸四寸板牆筋十六寸中到中門樘處做人字架外釘二分兜板条子然後粉刷

第七章 鋼鐵五金

欄杆	(一) 平台欄杆用白鉄管子客廳外大門用熟鉄花欄杆做式另詳大樣
鉄門	(二) 圍牆大門由業主自備承攬人須負裝置之責
壁爐	(三) 壁爐樑頭及兩脚全用鋼梁紮筲爐端配全
出風洞	(四) 出風洞生鉄翻製式樣另詳大樣

第八章 門窗五金

鉸鏈及鎖	(一) 一切洋門均配四寸鉄長鉸或方鉸視門之開閉難易為定門鎖執手及銅剷均須配全鎖每副約洋六元式樣應先交建築師業主或業主代表看擇定
暗鎖	(二) 衣櫥各配暗鎖一把及拉手一只
水落及管子	(三) 均用二十四號白鉄皮
天溝凡水等	(四) 此項皆用二十四號白鉄鉛皮
天棚	(五) 上蓋二十四號瓦楞白鉄

泡立水　油漆　紅丹打底　淨片　冰梅片

第九章　油漆玻璃

(一) 除浴室盥洗室及鋼窗鋼門外其餘門及門頭線均做泡立水或油漆顏色臨時指定之

(二) 浴室及盥洗室內部均揩白色油漆五塗草油批紅油油白木光香水白拿麻白鋼窗鋼門裡面均揩油漆顏色臨時定之外面均揩黑油二塗

(三) 一應水落水斗等鐵器均用紅丹打底黑油二塗斜溝及天溝先用紅丹打底後漆紅油二塗

(四) 木地板皆先刨光揩泡立水四塗再上蠟打光狀務與地板同

(五) 一切鋼窗上除另註明外皆配二十六盎子淨片一切氣泡皆須剔淨用油灰嵌背襯底灰

(六) 浴室及盥洗室窗上玻璃均配冰梅片

第十四頁

上海市建築協會服務部

明溝　陰溝　道路　糞池　陰井　花木

第十章　溝渠及雜項

(一) 房屋四週做明溝六寸半圓用水泥三和土下做清水三和土底脚八寸闊六寸厚落水向最近陰井每尺三分平屋面落水向面落水每尺三分

(二) 陰溝照圖示尺寸安放落水每丈至少一寸接頭處用水泥塞足每水落下做陰溝眼總管接出公路通至河口

(三) 一切道路均做水泥光鋪五寸碎磚排堅然後做一：二：四水泥三和土二寸半厚上粉半寸厚細沙

(四) 照圖示地位做糞池式樣大小另詳大樣

(五) 一應陰井皆用磚砌十寸厚三尺方內粉水泥上做水泥蓋

(六) 草地花木由業主自備

第十五頁

上海市建築協會服務部

住宅圖說

本圖爲兩開間排立式住宅之一種，可於上海市華界或公共租界內依樓建造，因與該兩處工務機關所規定之建築章程條款相合也。

(一)面積經濟　本圖連空間(天井)在內，計九〇〇、平方英呎。較諸廚房馬鞍式之普通排立式單間石庫門房屋，(進深至少四十五呎，濶十二呎，總計五四〇、平方英呎。)祇多出三六〇、平方英呎，而名義上旣爲兩開間，事實上亦增兩個寬大之房間也。

(二)客堂設計　客堂後廊牆之左右兩邊，可闢直狹長窗二個。客堂內若用中式佈置，牆中可懸掛中堂，對聯，並於靠牆處設擱几方桌等。若採西式，則可懸掛鏡框。倘隔作前後兩間，後間之光線亦極充分。

(三)前門設計　前門牆垣，(或作窗沿牆)通常均與樓窗檻相齊，距地平線高十六呎。考其原因，或以舊時無曬臺之設備，住戶利用之晾衣，竹竿之一頭擱置牆上，另一端則擱於窗檻，故須與樓窗口相平。本圖已改爲十呎高，可使光線充分射進客堂。

(四)廂房設計　尋常廂房，大都東西狹而南北深，故面南壁上祇可闢一窗牖，現改東西深而南北狹，使面南增爲兩窗，使室中可得充分之陽光。

(五)扶梯間設計　扶梯之地位須適中，又須有充分之光線。本圖之扶梯地位，使樓上下各房均不走破。梯下用作女傭之臥室，其面北有窗一，以取光線。扶梯平臺處有窗，梯級踏步可免黑暗。每步高闊遵照175×175×28=63之定律設計，使舉步上下，不覺峻峭。

(六)廚房設計　廚房以清潔通暢爲主要之條件。本圖之設計，廚房與正屋間隔以小天井，使不相連屬；所有廚房中之油味烟氣，均可從天井上昇天空，不致侵入正屋。南北面均有窗與門，空氣可流通，光線可充足矣。自來水龍頭，可裝置於小天井內，廚灶烟囱之位置，在後面之牆角穿出，沿牆上升，故樓上二臥室，均不開北窗。以防烟灰吹入。

(七)亭子間設計　由扶梯平臺而入，北壁開窗一，南首安置床位，樓板係鋼骨水泥搗就，所以避下層廚房之火患也。作爲客房，或小孩臥室，最爲相宜；且居扶梯之中間，上下甚便利。

(八)臥室設計　臥室均面南開窗，寬闊相宜，且兩臥室大小彷彿。中式或西式家具，可隨意佈置。二房不相通氣，稍有喧鬧聲浪，可不相侵擾。

(九)浴室設計　位置在曬臺之門旁，地板高與曬臺相平；由二層上數級扶梯，開門卽曬台，轉彎卽入浴室。室內設置浴盆一隻，抽水馬桶一隻，而不設面盆，因住戶習慣，洗臉恆喜在臥室內

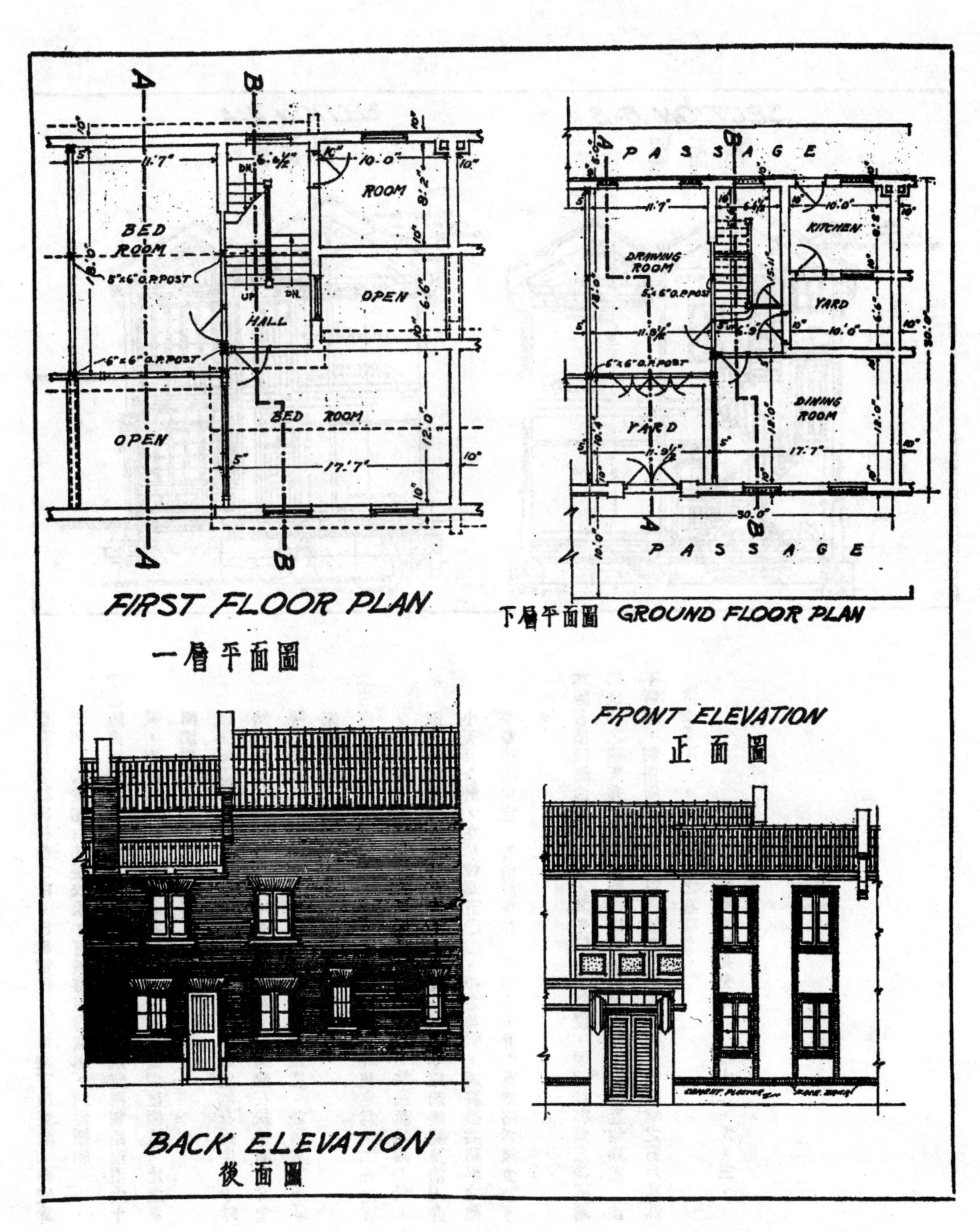
A
B
ROOM
BED
ROOM
OPEN
HALL
BED ROOM
OPEN
FIRST FLOOR PLAN
一層平面圖
PASSAGE
DRAWING
ROOM
KITCHEN
YARD
YARD
DINING
ROOM
PASSAGE
下層平面圖 GROUND FLOOR PLAN
FRONT ELEVATION
正面圖
BACK ELEVATION
後面圖

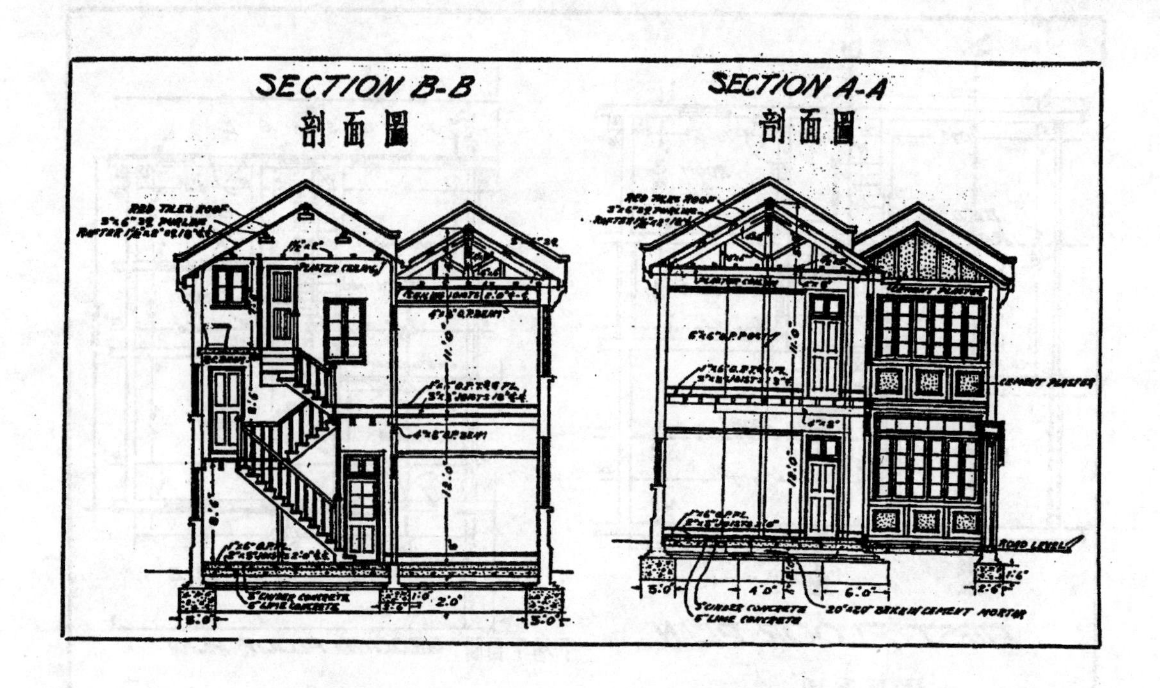

面湯檯或梳粧檯前之故。卽就實際言，於臥室內盥漱，亦較爲便利。若於晒台洗濯衣服，可於浴室內取水，頗爲便利。

（十）防火牆設備　華界及公共租界建築章程，規定兩牆距離須六十呎，本圖兩宅相並開闊適相符合，且防火牆深度極淺，比之單開間房屋山頭牆尤爲經濟。

（十一）後廊牆設備　華界及公共租界建築章程，規定牆身長度，十吋牆超過二十五呎以上時，須加厚牆身。本圖故在扶梯間與客堂隔間牆砌入十吋牆一段，以減短後廊牆之長度。並可於其上承架浴室之水泥樓板及過樑。

（十二）空氣地位　華界規定百分之六十。公共租界規定爲十二分之五，本圖前衖以半衖計算爲五呎，後衖五呎，共進深爲四十呎，以三十呎寬相乘爲一二〇〇平方英呎，今以前後衖及前天井小天井合計，空地位爲五〇〇平方英呎，適符公共租界之建築章程所規定。若造於華界，可將小天井之寬度略爲減少卽可。

本圖若前後建造兩埭以上，其光線並不阻礙，因前埭客堂之後廊適對後埭之前天井，後埭之廂房適對前排之曬臺，高低互相參差，並不對峙，利用廣闊之天空以吸收充分之光線。且前後埭之窗戶高低，亦參差不一，可免外人之窺視也。

建築師施兆光識　二十二、九、三、

胡佛水閘之隧道內部水泥工程

（續）

揚靈

拱圈水泥

最後一百十度拱圈部份水泥之澆置，係藉空氣之壓力而工作之。拱圈壳子支持於高鋼骨架上，行動於擕載邊牆壳子之同一軌道內。鋼大樑之設計，用以承載厚凡五呎水泥之拱圈全部面積；並以防範擕載過重所發生罅裂情事，兼使運輸工作可通行無阻。邊牆水泥頂部之拱圈壳子，用扛重機扶持，以保平衡。此壳子之特殊現象，卽爲將扶欄去自輪軸。新澆水泥所生之載重集中量，較輪軸及支承物爲重。生鋼柱礎備以越過軌道，支於水泥

二碼之水泥桶用運輸汽車載至隧道內預備澆鋪於顚倒部份

架上。此種鋼柱及連接扛重器直接穿入壳子之下層橫樑；當澆置水泥時，卽以之承受重量。在移動時卽加升起，使軌道潔淨。每一扛重器及鋼柱之載重量爲九十二噸。拱圈壳子之集合及設備之佈置，包括活動脚手鐵架(Gun carriage)及輸送管等，用以補充長凡八十尺之壳子。活動脚手鐵架爲一鋼製之架，下有輪軸，以之擕載兩具二碼水泥器，空氣容受器(Air receiver)起重機及活動馬達等。此架位置於運載車之下部，輸入六寸管子內；以達于拱圈壳子。水泥由運輸汽車載置活動脚架，迨拌攪器升舉後，水泥卽行起卸，將所含四碼水泥平分爲兩，導入管內。水泥管之使用，全依標準方法，雖每管均用空氣接受器，空氣之平常壓力後爲一百磅，當澆完至二碼時，壓力卽減至五十磅。兩具六吋水泥發射管，(discharge pipes)在豎立壳子之初，卽延伸至最後拱圈部份左邊之斷口，如此則水泥於發射後，先儲於此斷口內，漸漸下流，藉活動木製障壁(baffles用以調節水泥下流之用者)，將水泥導入壳子之底角。當水泥下流時，卽移動活動脚架，將管漸漸撤去。拱圈之交接處與邊牆及倒置部份同。拱圈最後之灌澆(水泥)及移去拱圈壳子，其間完成時間僅限十二小時。

曲線

充實隧道內容所用之工具，在曲線部份須加更動。邊牆及拱圈壳子築成二十尺之剖面，另有設備用以插置三角形之尖釘(gores)。曲線內邊之尖角認爲並不需要，故將一尺長之尖釘置於每隔二十尺之剖面曲線，將對面增加濶度。曲線最尖銳處，此種三角形尖釘之最高濶度爲三尺云。進行此壳子工程之其他特殊問題，卽爲楔形剖面，在後於顚倒部份將告堵塞。楔形木片墊料備置於堵塞部份，以螺釘緊於壳子之外面。結果備置三尺所必需之填充水泥，將內部之水泥依型澆填無悞，並用臨時木墊，舖於隧道內使其平坦，在後將其移去，而用以堵塞之水泥卽開始灌澆。

水泥與運輸

充塡用之水泥係比例混合後，置於下流之機器中，離隧道上流之空處約二千尺。雖每一輪轉時間(Shift)所混合之水泥，並不消耗四具四碼水泥混合器之容量，但一切所備工具無時不在進行，蓋在充塡時須需用三種水泥也。倒置部份及邊牆之水泥，所用之混雜物，其最高度為三寸，拱圈水泥則為一時半。倒置部份及邊牆水泥，其混合之比例約為1:2.2:4.6，每立方碼約含水泥一又三分之一磅云。

特殊之木壳子上有小空水泥卽由此滑卸

其他問題卽為運輸水泥之計劃與佈置，務使在充實工作時能平滑順流。初步計劃係用三具完整之充實壳子及設置，在後又添置一副，如此則四隧道能同時工作，不相阻礙。且如此則三處傾澆工作能在同時於同一隧道內工作。如此則傾倒部份之水泥運輸車係經過拱圈及邊牆壳子，邊牆壳子之水泥運輸車則經過拱圈壳子。倒置部份之道路，備有寬綽地位，以利運輸車之交通。因在三

邊牆壳子之運輸車行於軌道之上旁有斜槽以便滑卸水泥

隧道門口之水泥用起重機運輸於充塡部份傾卸之

鄰份之塡充工程，須有不同之混合水泥，故運輸車不能隨意轉向，而須有三輛汽車在同一隧道內循環工作，在最高度時曾有十八輛汽車不息工作。

合同上曾載明對於充塡水泥，每隔二星期須作放射水點使水泥潤濕之防護。(Spray cure)。倒置部份則無困難，因道路材料能保持水泥潤濕也。此項工作在邊牆方面有二困難。問其一因水份使道路濡滑，題行駛運輸車輛極感困難。夏季在隧道內之氣候，特別燥熱，放射水點後，其潮氣更難忍受。結果採用亨脫(Hunt)方法，將地瀝清性之外層，以蓋護水泥面部云。　(完)

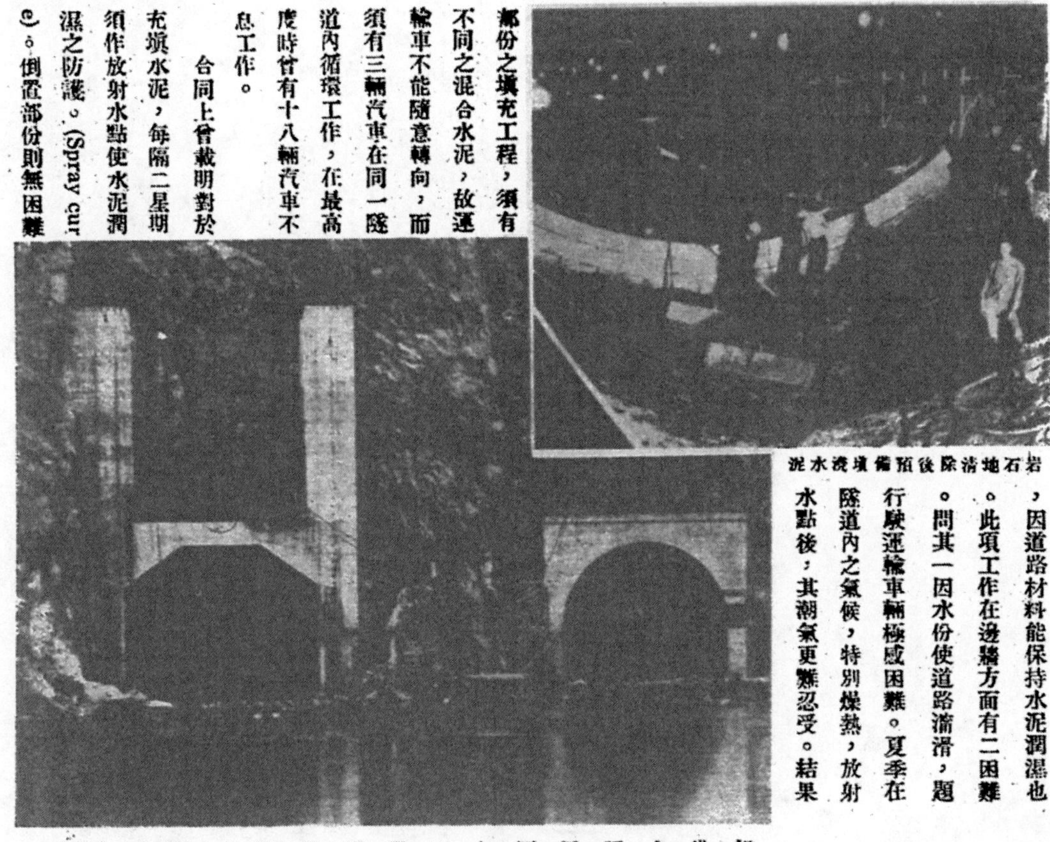

岩石地清除後預備塡澆水泥

胡佛水閘周圍之珂羅列陀河(Colorado River)

原刊缺第一百〇三至一百一十頁

書所開一萬兩。並未全部給付。是被上訴人自已違約。上訴人自不能負賠償責任云云。當提出英文合同，領款證書，信件，賬單之副本證據。原本大率在十九年地字第一六〇二號，二十一年上字第六三四號造價案卷內，並引證人鴻達之證言爲證。

被上訴人代理人聲明請求駁回上訴。並令上訴人負担兩審訴訟費用。其答辯略稱。上訴人主張被上訴人不依鴻達建築師早於民國二十年三月十八日辭職。其於四月二十七日簽發之領欵證書。當然不生效力。況該證書內包括未經被上訴人同意之加賬。被上訴人尤不能負給付之義務。至於付款方法。究竟如何。合同原本俱在。不難認定。誰謂被上訴人應依建築師所開數目實付上訴人。殊不能停頓價值數萬兩之工程。其侵害被上訴人權益。甚爲明顯。自應依合同第十六欵規定負賠償之責云。

理　由

本件上訴人承造被上訴人所計劃之普慶戲院。雙方於民國十九年六月念三日簽訂承攬合同。其第十二欵載建築師在工作進行中。應依承攬人之要求。證明營造地方已完工程及已運到材料之價值。由定作人依下述辦法付欵。於承攬人即建築師估算已完工程及已到材料之價值。至簽發證書時爲止。不包含在前曾簽發證書之內。已滿銀一萬兩或其他建築師所認可之數額時。承攬人得依此數於簽發證書時起一星期內實收該數額之七成。直至工作完成爲止。餘下數額四份之三於建築師證明工程爲完全滿意時領取。其餘四份之一。期於建築師發給上述完工證書。從九個月終了時。證明工程確屬完美可用後領受等語。是承攬人應得之報酬。依當事人所約定須照建築師之估計部分給付。今被上訴人於上訴人提示鴻達建築師簽發之一萬兩領款證書後。僅付六千兩。上訴人因無款所墊。遂致工程停頓。未能如期完竣。遲延責任。究應誰負。即本件所待解決者。被上訴人主張其對於鴻達建築師於民國二十年四月二十七日第四次簽發之領欵證書。不負照付之義務。其理由有三。即(一)鴻達已於是年三月十八日辭職。其於四月二十七日簽發證書。當然無效。(二)證書內包括加賬。計銀八千七百三十二兩七錢。事先未經被上訴人同意。被上訴人自無照付之義務。(三)依合同第十二款解釋。被上訴人於工程完竣前。實無給付此項報酬之義務。是已關於第一點。業據證人鴻達建築師到案證明。被上訴人於其提出辭職後。曾派人問其慰留。並於四月二十四日捐銀百兩於奥國慈善機關。故仍繼續担任。該鴻達雖於原審曾被列爲共同被告。但查上訴人訴被上訴人造價一案記錄。被上訴人於第一審對於奥國慈善救濟會之收欵據。已承認無異。見十九年地字第一六零二號民國二十一年九月十三日筆錄。復查該鴻達之證言。與其在造價案第二審二十一年上字第六三四號所供事實。前後完全一致。絕無疵累。自可憑信。且鴻達如已辭職。被上訴人於上訴人提示鴻達所簽證書後。何以尙付銀六千兩。其謂已經鴻達辭職云云。殊不足信。關於第二點。加工是否已經被上訴人同意一問題。查被上訴人知有加工之事。實而不爲反對之意思表示。卷閱十九年地字第一六零二號民國二十一年九月十三日筆錄。令被上訴人以加工須經書面同意爲藉口。否認給付報酬之義務。顯難謂當被上訴人關於此點抗辯。亦不能認爲有理由。茲就第三點言。合同十二欵究應如何解釋。按該欵文義。領欵證上之數額已照實價打過七折。其未開入證書之三成。則併入下次計算。以此類推。是被上訴人應依證書上所開數額。全部給付。實甚明瞭。關此層。復有建築師鴻達及建築協會代表宋天壤之證言。可資考證。見本件民國二十二年五月卅一日筆錄。且按被上訴人主張之解釋。上訴人截至第三次領欵爲止。已有透支。何以第四次被上訴人又繼續給付上訴人六千兩。關於此點。被上訴人尤難自圓其說。合同第十六條。因日期爲契約要素之規定。第被上訴人自己不依合同履行義務。而欲上訴人如期完工。否則責令賠償。殊難認爲允當。原審判令上訴人負賠償之責。自難以照折服。據上論結。本件上訴有理由。爰依民事訴訟法第四百十六條第八十一條判決如左文。

當事人如不服本判決。得于送達後二十日內上訴於最高法院。

中華民國二十二年七月三日

江蘇高等法院第二分院民事庭

審判長推事　李　棟

推事　葉在晒

推事　倪徵隩

書記官　高　潔

本件證明與原本無異

本刊發行部啓事

本刊每期出版後，均經按期寄發；惟少數自取之定閱諸君，倘有未曾來取者，本刊殊感手續上之困難。且本刊銷路日增，時有告罄之虞，定閱諸君如歷久來取時書已售完，亦屬損失。嗣後凡自取定戶，希於出版三個月內取去，過期自難照補，尙希注意爲荷。

問答欄

王希眞君問

（一）二號牛毛毯每捲長若干？闊若干？

（二）四吋，六吋生鉄管價若干？何處可購？

（三）Bent Bar, Vertical Stirrups 之中譯如何？

本會服務部答

（一）二號牛毛毯長二百十六呎，闊三呎。

（二）四吋生鉄管長六呎，每根洋五元。六吋生鉄管長六呎，每根洋九元。此貨本會服務部可代購，並有特別折扣優待。

（三）Bent Bar 中譯元寶鉄，Vertical Stirrups 中譯豎直環或豎直箍。

太原鉄路管理處問

屋內回音如何避免？

本會服務部答

避免屋內回音之法，可於牆上及平頂地上釘以Accoutic隔音板。此外尚有簡省辦法一種：即牆上粉刷使毛，蓋牆壁，地板及平頂，光滑如鏡，音波即如鏡光之反射而起嚷雜回音。

呂冠羣君問

（一）毛水門汀外牆面，加罩黃色漆，是否有防水作用？

（二）平頂及板牆，不用板條子，改用鉄絲網之原因如何？

本會服務部答

（一）黃色漆加於外牆毛水門汀，確有防水效用。惟不耐久，最好用禪臣洋行油漆部之「外牆水泥顏色粉」，無論新舊牆壁，一經該粉塗刷，至少有四年至七年之耐久性，且永無脫落及起皮之虞。聞該行前數月曾在上海大西路宏恩醫院前之 Victoria Nurses' Home，做有乳白色之粉牆數條，歷數月之久，幾經風雨，今仍完好云。

（二）板條子易腐爛，着火，韌裂，鉄絲網則無此弊端。

久記營造廠李寶元君問

（一）今有一大料，較長於鋼條，因此須將鋼條接搭，其法如何？其力之變化如何？

（二）Balcony與Verandah之區別如何？

本會服務部答

（一）接鉄之法，若元寶鉄則接於元寶轉處；若在承受壓力之處，則接於中間；受拉力之處，則接於撑子或柱子外之兩端。接搭處應交錯，較鉄條頂端大六十倍。（參觀附圖）至於與原算之力，並無變化。

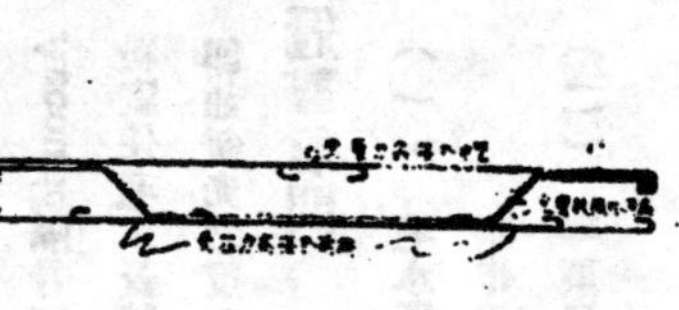

（二）Balcony 與 Verandah 之分別，即 Verandah 之上有遮蓋屋面，Balcony 之上則無。

周效才君問

設有水泥一塊，長六十八呎二吋，闊九呎三吋，高五呎四吋，計有若干方？算法如何？

本會服務部答

共計三三●六二九方。其算式如下：

$$\text{體積} = 68\frac{2'}{12} \times 9\frac{3'}{12} \times 5\frac{4'}{12}$$
$$= \frac{409'}{6} \times \frac{37'}{4} \times \frac{16'}{3}$$
$$= \frac{30266}{9}\text{立方呎} = 3362.9\text{立方呎}$$
$$= 33.629\text{方}$$

福興營造公司問

冷溶油之效用如何？

本會服務部答

冷溶油之效用約有下列諸優點：（一）代價低廉；（二）只需用少數工人，故工資較省；（三）在施工時不需要極費之工具設備；（四）工價時間節省，困難減少；（五）最大之優點則在此油之能隨澆隨乾，工程師即可勘視，不若熱液柏油之必須等待相當時間也。

胡性初君問

（一）貴刊所載之建築圖樣，可否於英文註釋外，附填中文，以便閱覽。

（二）居住問題欄可否多登適宜於都市郊外之二層樓獨立住宅，四週須留相當空地，以植花木。

本會服務部答

（一）目前中外建築師所繪圖樣，大都均用英字註說，如須添註中文，必須重行繪製，手續過煩，一時尚難改革。且我國建築名辭未嘗統一，即或註以中文，亦未能使全體讀者明瞭，故本刊現謀根本辦法，即編纂建築辭典，先圖名辭之統一也。

（二）本期刊登之二層樓立體式住宅圖樣全套，係本會服務部所設計，委辦業主為嘉善陸天驥君。

施守一君問

附上一圖，圖上Tie Beam下無平頂等重量，Stress Dia.應如何做法？

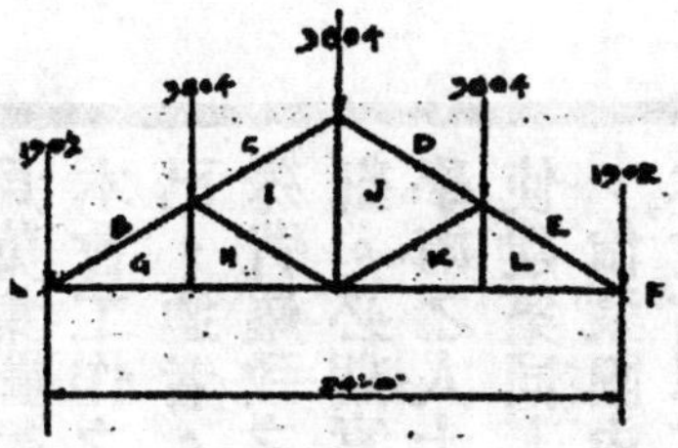

本會服務部答

Stress Dia.及Stresses Record如下：

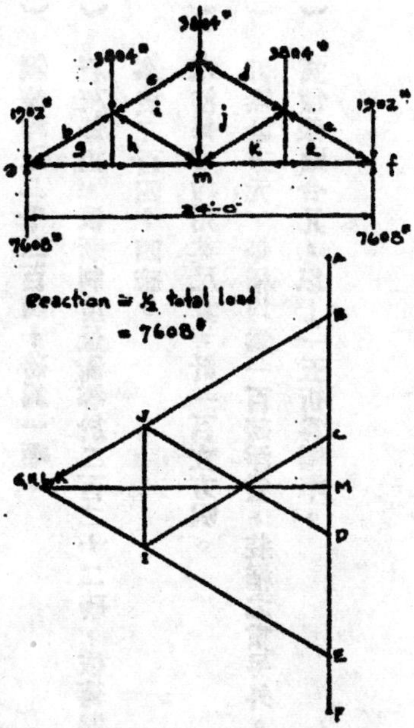

STRESSES RECORD

Member	GM	HM	BG	CI	GH	HI	IJ
Stresses	+9700	+9700	−11300	−7500	0	−3800	+3900

有(+)號的，受 Tension; (−)號的，受 Compresion.

EL=BG; DJ=CI; LK=GH; KJ=HI; KM=HM; &LM=GM.

施錦華君問

(一)鋼條每噸(指英噸或美噸而言)若干磅。

(二)石灰一担等於若干磅？

(三)水沙每方合若干英尺？

(四)美方釘與國貨元釘每桶之重量若干？

(五)自廢兩改元後，貨價普通以何數折合爲洋。

本會服務部答

（一）鋼條均以二千二百四十磅爲一噸。

（二）石灰每担，依新制度量衡等於二百二十二磅，依舊制等於三百四十四磅。

（三）水沙每方均用英尺算，計一百立方呎。

（四）釘無論方元，每桶均爲一百磅淨貨，裝桶之重另外。

（五）貨價銀兩合元，以七一五折爲標準。

孔憲華君問

Squint Quoins 中文譯名如何？

本會服務部答

Squint Quoins 中文譯名可分爲二，因其角度不同而別：凡牆角爲鈍角，則名「八字角」；倘爲銳角，則名「兇角」。在英文固無此區別。

▲本會徵集圖書啓事

本會成立之始。即以研究建築學術爲宗旨。研究之基礎。端爲蒐集圖書。藉供博採觀摩。故組織建築圖書館。亦嘗列入本會工作之一。而限於經濟。因循未成。耿耿之心。則無寗已。迺者。檢集歷年存書。得中西書刊數百本。束之高閣。殊背羅致之初衷。以致借閱。則嫌掛一而漏萬。爰擬積極籌劃。必期實現。除量力增購以圖擴允外。並盼熱心提倡建築學術之人士。踴躍捐贈。如割愛可惜。則暫行借存亦可。務使建築同人獲得讀書之機會。功在昌明建築學術。彌深企禱。倘蒙國內外出版家贈閱有關建築之定期刊物。亦所歡迎。本會當以本刊奉酬也。此啓。

元豐公司

專製上等油色漆墨

上海北京路九十六號

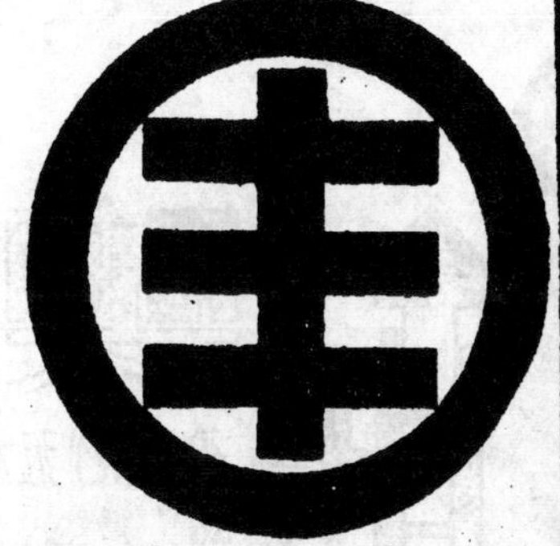

△元豐牌建築油漆

白厚漆　黃厚漆　紅厚漆　頂上白厚漆
燥頭　淺色魚油　快燥亮油　三煉光油
香水　漿狀洋灰釉　調合洋灰釉　漿狀水粉漆
綠黃釉　柚木釉　花利釉　紅丹釉
各色一層漆又名普及漆

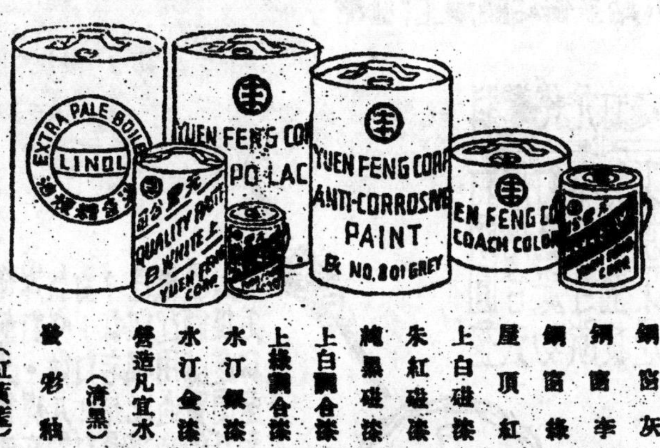

鋼窗灰　鋼窗李　鋼窗綠　屋頂紅　上白磁漆　朱紅磁漆　純黑磁漆　上白調合漆　上綠調合漆　水汀銀漆　水汀金漆　營造凡宜水（清黑）　發彩釉（紅黃藍）

價目表承索即寄

電話一二八九五

長城牌油漆

採用油漆諸君最後結果總是改用

永固造漆公司

地址
本廠　上海泛濱路九百號
推銷部　上海北河南路四百另七號
分銷處　上海東區華德路二二二號　同昌棧五金號

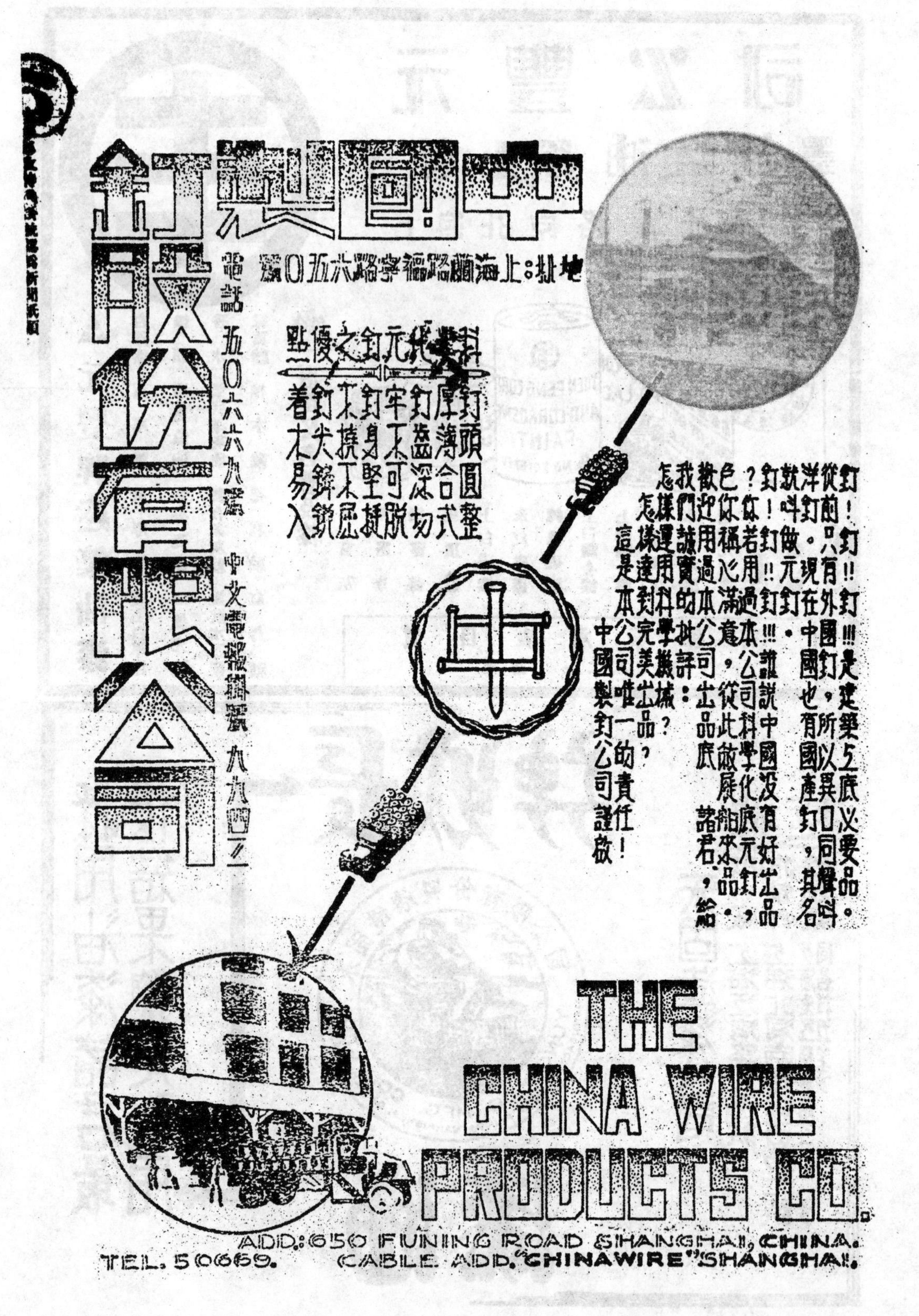

中國製釘股份有限公司
地址：上海蘭路福寧路六五〇號
電話 五〇六六九號
中文電報掛號 九九四二
科學化元釘之優點
釘頭圓整 厚薄合式 釘蓋深切 牢不可脫 釘身堅挺 不撓不屈 釘尖鋒銳 着木易入
釘！釘!!釘!!!是建築上底必要品。從前只有外國釘，所以異口同聲叫洋釘。現在中國也有國產釘，其名就叫做元釘・
釘！釘!!釘!!!誰說中國沒有好出品？你若用過本公司科學化底元釘，包你稱心滿意，從此敵屐舶來品・
歡迎用過本公司出品底諸君，給我們誠實的批評：怎樣運用科學機械？怎樣達對完美出品？這是本公司唯一的責任！
中國製釘公司謹啟
中
THE CHINA WIRE PRODUCTS CO.
ADD: 650 FUNING ROAD SHANGHAI, CHINA.
TEL. 50669. CABLE ADD. "CHINAWIRE" SHANGHAI.